Modern Design Methods
(2nd Edition)
现代设计方法
（第2版）

冯慧华　向建华　覃文洁　程 颖　左正兴 ◎ 编著

北京理工大学出版社
BEIJING INSTITUTE OF TECHNOLOGY PRESS

图书在版编目（CIP）数据

现代设计方法 / 冯慧华等编著. -- 2 版. -- 北京 ：北京理工大学出版社，2023.11

ISBN 978-7-5763-3160-8

Ⅰ. ①现… Ⅱ. ①冯… Ⅲ. ①机械设计-高等学校-教材 Ⅳ. ①TH122

中国国家版本馆 CIP 数据核字（2023）第 230203 号

责任编辑： 刘　派　　**文案编辑：** 李丁一
责任校对： 周瑞红　　**责任印制：** 李志强

出版发行 / 北京理工大学出版社有限责任公司
社　　址 / 北京市丰台区四合庄路 6 号
邮　　编 / 100070
电　　话 /（010）68944439（学术售后服务热线）
网　　址 / http://www.bitpress.com.cn

版 印 次 / 2023 年 11 月第 2 版第 1 次印刷
印　　刷 / 三河市华骏印务包装有限公司
开　　本 / 787 mm × 1092 mm　1/16
印　　张 / 19
字　　数 / 446 千字
定　　价 / 58.00 元

前言

PREFACE

现代设计方法课程可面向不同工科专业的本科生开设，在培养方案的整个知识体系结构中，该课程既具有专业支撑性课程的属性，也具有专业应用型课程的特征，与数学类、力学类、机械设计类及专业核心课程有机衔接，支撑相关专业学生的知识能力系统构成。

现代设计方法课程的目的是培养学生在结构设计方面的理念和能力，使其了解现代设计理念及其基础理论方法，并初步掌握现代设计方法的实际应用工具。课程的目标是使学生重点掌握计算机辅助设计、有限元法、优化设计和可靠性设计等方面的基本概念，弄懂现代设计方法解决复杂工程问题的思路和基本原理，能够应用有关通用软件进行CAD建模、结构强度有限元分析、计算机辅助机构动力学分析、结构优化设计和评价等方面的基本工作，具备在毕业后的工作岗位上运用现代设计方法解决复杂工程问题的基本能力，并具有不断深入理解和掌握现代设计理论的终身学习能力。

本书主要针对车辆工程、能源与动力工程、机械工程等专业高年级本科生编写，也可用于其他近机械类专业的教学或工程人员自学。

考虑到车辆、发动机、机械等相关企业对本科毕业生的岗位要求，结构设计和建模、结构强度/刚度分析、机构运动学/动力学分析、结构优化和可靠性评价是需要优先掌握的知识和技能。因此，本书的主要内容安排了五个部分，即计算机辅助设计、计算机辅助机构运动学/动力学分析、有限元法、优化设计和可靠性设计。每个部分都包含软件应用实例，用于引导和帮助学生通过动手实践的方式理解和掌握核心知识。

根据不同专业特点，可就本书全部内容或选择其中3～4个部分进行讲授。建议每一个部分课堂教学为6～8学时，此外，还需安排学生在计算机和软件环境中进行训练，每一个部分应有课上课下共相当于3～4学时的上机实践。

本书是在《现代设计方法》的基础上，由冯慧华、向建华、覃文洁、程颖和左正兴合作编写而成，融入了编者现代设计方法课程教学的经验，在教材编写过程中得到了任培荣博士后和其他师生的帮助，在此一并表示感谢！

由于作者水平有限，书中难免有错误和不足之处，敬请读者批评指正。

编　者

目 录
CONTENTS

第Ⅱ部分　计算机辅助系统运动学/动力学分析

第Ⅲ部分　有 限 元 法

第Ⅳ部分　优 化 设 计

第Ⅴ部分　可靠性设计

绪　论

0.1　关于现代设计方法

1. 现代设计方法概念

现代设计方法的概念是相对于传统经验设计方法而言的，它是传统经验设计方法的延伸和发展。目前还没有一致公认的关于现代设计方法及其范畴的精确定义。总的来说，现代设计方法就是以现代的设计理念、现代的理论基础和现代的手段工具开展设计的方法。

要认识现代设计方法，首先需理解什么是设计。人类为了适应生存环境和提高生活质量，解决自身的各种物质和精神上的需求，通过创造性的思维进行构思，采取一定的技术途径实现这些构思，这个过程就是设计。因此，设计是人有别于其他动物所具有的特殊能力，是具备高级思维能力的体现，是随着社会的进步而不断发展的。

产品设计是设计的一个分支，机械产品设计又是产品设计的一个重要领域，它既包括比较简单的日常工具和零件设计，也包括复杂的机器和装备设计。这些产品的设计目的，一方面是满足人们的生存和生活需要，另一方面是实现改造自然和治理社会。本教材所讲的设计，所涉及的范畴主要是机械产品的设计，如发动机、汽车、机床等的设计。

机械产品现代设计方法的内涵反映在理念、理论和工具上，主要体现在设计的方式和途径上，包括模型表征、分析计算、程序规程和评价准则等。相对于以往的传统设计方法，现代设计方法的特点和优势主要体现在设计质量和设计效率两个方面。在设计质量方面，对于复杂机械产品设计问题，现代设计方法的设计结果更加定量化，设计参量及性能评价更加精确，能够取得对于全局或多学科的更强适应性。在设计效率方面，现代设计方法能够大幅缩短设计周期，能够高效地将设计分析和实验研究的工具和信息有效综合，能够有机地实现设计者和设计团队的并行协同。

设计理念、理论基础和手段工具也是我们了解现代设计发展历程的三个视角，20 世纪之前的一百多年来，变分原理、线性代数、数值分析等数学方面的进展为追求最优的或卓越的设计理念打下了坚实的基础，弹塑性力学、流体力学和各种物理场表征及分析理论使复杂问题的精确化预测设计分析成为可能。而从 20 世纪 60 年代末开始的计算机技术快速发展，对现代设计方法的系统形成起到至关重要的推动作用。事实上，人的创新能力促进了科技发展，而科技进步又促进了人的创新能力提高，人类每一次重大的创新能力进步，都得益于某一科技领域的快速进步和多个科学领域的共同积淀。基于上述理念、理论和工具的发展，现代设计方法将以往试凑的、静态的、个体化的、单一性的和基于经验的设计方式，逐步转变为预测的、动态的、协同化的、多方位的和基于科学的设计方式。因此可以说，现代设计方法在力学等科学理论、应用数学等基础方法、计算机和软件技术等实用工具发展的基础上不断产生和走向工程应用，并且随着信息化、网络化、智能化和各种硬件技术的发展向更高水平迈进。

2. 常用的现代设计方法分支

（1）计算机辅助设计　计算机辅助设计（Compute Aided Design，CAD）是利用计算机软硬件辅助人们进行设计的方法和技术。即通过计算机硬件及其图形、图像和各种人机交互设备的工具平台支撑，以及计算机软件系统的设计方法流程支撑，帮助人提高设计效率、以更好的方式实现设计表达和输出。除了硬件，一般意义上的 CAD 软件系统应包括交互式图形系统、工程数据管理系统和建模程序系统。广义的 CAD 系统还包括部分计算机辅助分析程序，按照一般习惯，这里将复杂的计算机辅助分析工作归入计算机辅助工程（CAE）。

（2）计算机辅助工程　计算机辅助工程（Computer Aided Engineering，CAE）广义上包括产品设计和制造信息化的所有方面，而一般意义上，CAE 主要指用计算机辅助对产品进行各种性能的分析和模拟，包括产品强度、动力响应、温度场、流场等结构分析，以及计算机辅助机构动力学、运动学分析和虚拟样机模拟等。有限元法、机械优化设计、计算机辅助多体系统动力学分析等很多其他现代设计方法分支都可视作计算机辅助工程的有机部分。

（3）有限元法　有限元法（Finite Element Method，FEM）是对连续场进行求解的数值分析方法，是目前用于复杂结构分析最常用和最普适有效的方法。该方法将连续求解区域离散为有限个单元的组合体，用每个单元内设定的近似函数来表示该分区的未知场函数，并将各个单元的表达方程联立起来，使一个连续的无限自由度问题变成离散的有限自由度问题。由于可以选用不同的单元组合方式和不同的单元形状，故能将复杂的产品模型分割为每个单元几何形状都很简单的网格模型。基于在单元内的规范化表达，以及考虑边界条件后进行方程组的规范化求解，整个过程易于采用计算机编程实现，能够达到对各种结构的通用。

（4）优化设计　优化设计（Optimum Design）是将工程设计问题转化为最优化问题，根据设计意图建立优化设计的目标函数、设计变量和设计约束条件，利用数学规划等计算分析方法确立设计分析途径和优化迭代步骤，通过计算机编程实现优化过程。利用该方法，借助计算机的运算能力，能够在复杂产品设计的众多方案乃至无数方案中寻找出最优方案。

（5）可靠性设计　可靠性设计（Reliability Design）是保证产品及零部件满足给定可靠性指标的设计方法，其设计理念是在预测和预防产品所有可能发生的故障的基础上，使所设计的产品达到规定的可靠性目标值。可靠性是指产品在规定的工作条件下和规定的时间内完成规定功能的能力，该性能直接反映了产品质量性能的优劣。可靠性设计的内容包括对产品可靠性指标进行预计、分配、设计和评估等环节。

（6）模块化设计　模块化设计（Modular Design）将产品看成具有一定功能和特定结合要素的模块组成，这些模块可以是零件、组件或部件。模块化设计的过程包括，根据设计要求进行功能分析并创建模块，根据设计要求将一组模块合理地组合成产品。其设计理念是通过少量模块尽可能设计更多的产品，尽可能取得产品设计的高质量和模块联系简单化。

（7）并行设计　并行设计（Concurrent Design）是相对于按照串行顺序进行设计的传统方式而提出的新设计理念和方法。其设计思想体现为，在设计伊始就以并行的方式综合考虑产品全寿命周期中工艺、制造、装配、使用、维修等环节，使产品研发过程各阶段的工作交叉进行，及早发现整个研发周期中存在的问题并及时解决，以达到缩短产品开发周期、提高产品质量和降低生产成本的目的。

（8）人机工程学　人机工程学（Ergonomics）是综合考虑人、机器与环境因素开展设计的方法。其设计思想是以人–机–环境系统为基本研究对象，通过生理、心理等相关特征和参数的分析，根据人和机器的条件和特点，合理分配人和机器的职能，并使之相互适应，从而为人创造出更加舒适和安全的工作环境，提高系统的工效。

（9）绿色设计　绿色设计（Green Design）是一种综合考虑资源和环境因素的设计方法。该方法的理念是在产品及其全寿命周期全过程的设计中，要充分考虑对资源和环境的影响，在充分考虑产品的功能、质量、开发周期和成本的同时，更要优化各种相关因素，以使产品的各项指标符合绿色环保的要求，即在设计阶段就将环境因素和预防污染的措施纳入产品设计中，使产品及其制造过程中对环境的总体负面影响达到最小。

（10）智能设计　智能设计（Intelligent Design）就是用人工智能和计算机辅助系统开展产品设计，即将知识系统的处理能力与计算机系统的计算分析能力、数据管理能力、图形处理能力等有机地结合起来进行设计。智能设计方法包括设计过程的知识挖掘、知识再认识、知识表达、推理机制、自学习机制、专家系统和智能化人机接口等。

0.2　关于现代设计方法课程和本教材

1. 现代设计方法课程的目的

现代设计方法课程可面向不同工科专业的本科生开设，在培养方案的整个知识体系结构中，该课程既具有专业支撑性课程的属性，也具有专业应用型课程的特征，与数学类、力学类、机械设计类及专业核心课程有机衔接，支撑相关专业学生的知识能力系统构成。

现代设计方法课程的目的是培养学生在结构设计方面的理念和能力，使其了解现代设计理念及其基础理论方法，并初步掌握现代设计方法的实际应用工具。课程的目标是使学生重点掌握计算机辅助设计、有限元法、优化设计和可靠性设计等方面的基本概念，弄懂现代设计方法解决复杂工程问题的思路和基本原理，能应用有关通用软件进行 CAD 建模、结构强度有限元分析、计算机辅助机构动力学分析、结构优化设计和评价等方面的基本工作，具备在毕业后的工作岗位上运用现代设计方法解决复杂工程问题的基本能力，并具有不断深入理解和掌握现代设计理论的终身学习能力。

2. 现代设计方法课程的特点

现代设计方法是随着当代科学技术发展起来的，包含诸多学科的理论知识和多种设计分析方法，其中每一种方法又可展开为自成体系的理论或技术，对于一般专业本科阶段的学习，不可能也不应该定位于完整全面地将理论方法和应用过程讲述透彻，而应当针对所在专业的特点选择几个分支内容，主要从学习概念和实践锻炼来开展教学。

现代设计方法基本概念和过程的讲解，涉及不少专业基础理论。由于课时的限制，需要将讲基本概念、讲思维方法与讲系统知识有效区分开来。教材、课件和教学的配合，应主要避免两个极端：一是没有花足够时间和篇幅讲清基本概念，使后续的学习不知所云或无从下手；二是花大量时间和篇幅用于讲述和检查关于理论和方法过程的学习，使学生没有足够的时间去实践，直观感觉和动手能力不足，造成学得匆忙而忘得迅速。如果出现这两种情况，就会对学生今后自学或终身学习现代设计方法造成兴趣障碍或知识障碍。

动手是提高教学效果的最有效途径，尤其适用于应用型课程的学习。针对现代设计方法课程内容具有很强应用性的特点，应当通过具体案例设计培养学生运用基本概念分析问题的能力，通过上机操作培养其应用现代设计工具的技能。同时，坚持“做中学”的理念，通过对案例的实践和总结，检验和巩固学生对基本概念的理解和掌握。

3. 关于本教材

本教材主要针对车辆工程、能源与动力工程、机械工程等专业高年级本科生编写，也可用于其他近机械类专业的教学或工程人员自学。

考虑到车辆、发动机、机械等相关企业对本科毕业生的岗位要求，结构设计和建模、结构强度/刚度分析、机构运动学/动力学分析、结构优化和可靠性评价是需要优先掌握的知识和技能。因此，本教材的主要内容安排了五个部分，即计算机辅助设计、计算机辅助机构运动学/动力学分析、有限元法、优化设计和可靠性设计。

计算机辅助设计部分主要学习和掌握 CAD 的基本概念，通过设计实例初步学会利用软件实现 CAD 建模。核心知识点是 CAD 造型方法、计算机辅助零件及装配设计。计算机辅助机构运动学/动力学分析部分学习多体系统动力学分析的基本概念，掌握机构运动学和动力学分析的基本过程与软件应用。核心知识是平面运动系统的运动学和动力学分析原理。有限元法部分主要学习和掌握有限元分析的基本原理，理解有限元模型中的基本概念，通过应用实例学会使用有限元软件进行常见结构的静力学分析、动力学分析和温度场分析。核心知识是弹性力学平面问题的有限元法等参数单元的原理和有限元建模的基本原则。优化设计部分主要学习优化设计思想和基本方法，掌握优化设计的模型建立及软件应用。核心知识是优化设计算法基础、结构优化方法及基本概念。可靠性设计部分主要学习基本概念和基本过程，掌握可靠性设计的常用指标，理解可靠性设计原理和模型。核心知识点是可靠性设计原理、零件可靠性设计和系统可靠性设计的主要过程。

每个部分都包含实例和软件应用，用于引导和帮助学生通过动手实践的方式理解和掌握核心知识。

根据不同专业特点，可就本教材全部内容或选择其中 3～4 个部分进行讲授。建议每一部分课堂教学为 6～8 学时，此外，还需安排学生在计算机和软件环境中进行训练，每一部分应有课上课下共相当于 3～4 学时的上机实践。

第Ⅰ部分　计算机辅助设计

第 1 章

CAD 概 述

1.1 CAD 的概念

计算机辅助设计（Computer Aided Design，CAD），是一种运用计算机软硬件系统辅助人们进行设计的方法与技术，包括几何造型、绘图、工程分析与文档制作等设计活动，是一门多学科综合应用的技术。

从设计方法学的角度来看，设计过程可分为若干个阶段，各阶段又可划分为若干个步骤。CAD 以计算机为工具，可以帮助设计人员完成设计过程中的大部分活动，比如利用数据库来查阅已有的设计资料和数据，利用专家系统等人工智能手段来帮助建立设计方案，利用计算机强大的计算能力进行性能预测、强度分析和优化设计，利用计算机的图形处理功能帮助设计者进行产品几何形状的修改、确定及输出图纸。在上述活动中，CAD 的目的是追求设计的自动化，但并不排除人的主观能动作用，而是将人的抽象思维能力、经验和计算机的高速运算能力、存储能力、图形显示与处理能力有机地结合起来，各尽所长，最大限度地发挥设计人员的创造力。

从技术角度来看，CAD 是把产品的物理模型转化为存储在计算机中的数字化模型，然后进行计算、分析和处理。20 世纪 60 年代初出现的 CAD 主要解决自动绘图问题，随着计算机软硬件及其相关技术的发展，设计过程中越来越多的活动都可以采用 CAD 技术加以实现，CAD 的覆盖面也越来越广，目前已成为一门综合性的应用技术，涉及图形处理、工程分析、数据管理与交换、文档处理、软件设计等多种技术与学科。

1.2 CAD 系统的功能及特点

1. CAD 系统的功能

目前，CAD 技术不仅用于自动绘图或三维建模，其已发展成为一种综合性的技术。对于一个典型的产品设计过程，CAD 系统可以发挥的功能包括：

（1）图形处理　如计算机绘图、几何造型（把物体的几何形状转变为计算机能够接受的数学描述，这种数学描述可以将物体的图像在图形终端上进行显示和变换）、图形仿真及其他图形输入、输出技术。

（2）工程计算分析　通过工程分析软件，进行产品性能的分析与计算、刚强度计算、优化分析等。

（3）数据管理与数据交换　如数据库管理、产品数据交换规范及接口技术等。

（4）文档处理　如文档制作、编辑及文字处理等。

（5）软件设计　如窗口界面设计、软件工具、软件工程规范等。

2. CAD 系统的特点

计算机辅助设计能利用计算机运算速度快、计算精度高、存储信息量大等优点，代替人工进行计算和文档处理工作，其主要特点有：

（1）强交互性　计算机在设计过程中需要不断与设计者交流，反馈设计信息，输入设计决策，直至完成产品设计，因此，人机信息交流及交互工作方式是 CAD 系统最显著的特点。

（2）高效率　CAD 技术的应用大大减少了设计计算、制图的时间，提高了设计工作效率，缩短了设计周期，加快了产品的更新换代。

（3）设计规范、质量高　除保证设计技术文档的高质量外，通过建立合理的 CAD 应用规范，可以规范设计流程、统一技术文档格式，提高设计质量。

（4）设计可视化　产品设计结果出来以后，可以在计算机上获得其几何形状、物理场分布、运动仿真等，提高了设计的直观性。

（5）资源共享　CAD 系统可以有效地集成企业各种技术资料、生产资源，并为协同设计、异地设计创造条件。

1.3　CAD 的发展情况

20 世纪 50 年代，第一台电子计算机问世，CAD 处于准备、酝酿阶段。

60 年代初，麻省理工学院的研究生 I.E.Sutherland 发表了《人机对话图形通信系统》论文，首次提出了计算机图形学、交互技术及图形符号的分层存储数据结构等思想，为 CAD 技术提供了理论基础。他开发的图形操作系统 SKETCHPAD，利用光笔和简单的指令，就能方便地画出直线、圆、圆弧等图形，这些图形信息还可存储起来，用于其他图形中，这些研究成果开创了 CAD 技术的先河。此后在这一阶段出现的 CAD 系统主要用于二维绘图，并首先在电气工业中得到了成功应用，然后推广到了其他工业领域。

到了 70 年代，CAD 技术趋于成熟，以小型机、超小型机为主机的 CAD 系统进入市场，针对某个特定问题的 CAD 成套系统蓬勃发展。这个阶段的 CAD 系统主要是二维交互绘图系统及三维几何造型系统。

80 年代是 CAD 技术迅速发展的时期，出现了特征建模和参数化、变量化的建模方法。这时超大规模集成电路的出现，使计算机硬件成本大幅下降，同时，相关的应用技术如数据库技术、有限元分析、优化设计也得到迅速发展。这些技术及相应商品化软件的出现，促进了 CAD 技术的推广及应用。

90 年代以后，CAD 技术已不再停留于过去单一模式、单一功能、单一领域的水平，而是向着智能化、集成化、网络化和标准化方向发展。

（1）智能化　将人工智能与专家系统技术同传统的 CAD 技术结合起来，使 CAD 的应用领域进一步延伸到概念设计与方案设计阶段，使 CAD 系统更灵活、高效并富有创造力。

（2）集成化　在信息集成的基础上，还包括过程集成和企业集成，涉及的技术包括产品数字化建模、产品数据管理、产品数据交换、CAx、DFx 技术等。

（3）网络化　协同设计和异地设计技术正成为研究的热点，并逐步改变企业技术与组织管理模式，它使个人 CAD 系统的局限性得到有效改善，信息共享方便快捷。

（4）标准化　随着 CAD 技术的发展，其标准化问题越来越显示出它的重要性。迄今已制定了面向图形设备的标准 CGI、面向用户的图形标准 GKS 和 PHIGS、面向数据交换的标准 IGES 和 STEP 等，并且新的标准还会出现，这些标准对产品建模、数据管理和接口技术都会产生深刻的影响。

第 2 章
CAD 造型方法

在产品设计与制造中的诸多环节，如形状描述、结构分析、工艺设计、加工、仿真等，都是以产品几何形状的定义与描述为基础的，都需要能够处理三维形体的 CAD 系统。

2.1 几何造型

几何造型是 20 世纪 70 年代发展起来的一种通过计算机表示、控制、分析和输出几何实体的技术，是计算机辅助设计和制造的核心。

所谓几何造型，就是把物体的几何形状转变为计算机能够接受的数学描述，这种数学描述可以将物体的图像在图形终端上进行显示和变换。由于在计算机内部的数据是一维的、离散的、有限的，因此，在表达和描述三维形体时，怎样对几何实体进行定义，保证其准确性、完整性和唯一性，怎样选择数据结构描述有关数据，使其存取方便，都是几何造型系统必须解决的问题。

几何造型是将对实体的描述和表达建立在对几何信息和拓扑信息处理的基础上的。所谓几何信息，是指对物体在空间的形状、尺寸及位置的描述；拓扑信息是构成物体的各个分量的数目及相互之间的连接关系。按照对这两个方面信息描述和存储方法的不同，三维几何造型系统可以划分为**线框造型**（Wire－frame Modeling）、**表面造型**（Surface Modeling）和**实体造型**（Solid Modeling）三种主要类型。

1. 线框造型

（1）原理

利用基本线素来定义设计目标的棱线而构成实体的立体框架图。用这种方法生成的实体模型是由一系列直线、圆弧、点及自由曲线组成的，描述的是产品的外形轮廓。图 2－1 是一个单位立方体的线框模型。

线框模型的数据结构是表结构，存储的是物体的顶点及棱线信息，见表 2－1、表 2－2。

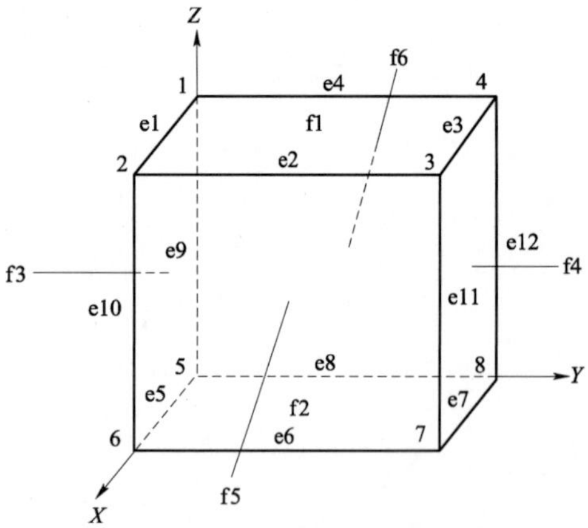

图 2－1　线框模型

（2）特点

① 因为线框模型的数据结构简单，所以需要的计算机存储量少，处理速度快。

② 表达形状的信息不够完整、充分，因此无法用这种模型来求体积、重量或进行隐线消除，有时还会产生多义性——几何定义不确定，如图 2－2 所示。

表 2-1　顶点表

顶点	x	y	z
1	0	0	1
2	1	0	1
3	1	1	1
4	0	1	1
5	0	0	0
6	1	0	0
7	1	1	0
8	0	1	0

表 2-2　边表

边	顶点	
e1	1	2
e2	2	3
e3	3	4
e4	4	1
e5	5	6
e6	6	7
e7	7	8
e8	8	5
e9	1	5
e10	2	6
e11	3	7
e12	4	8

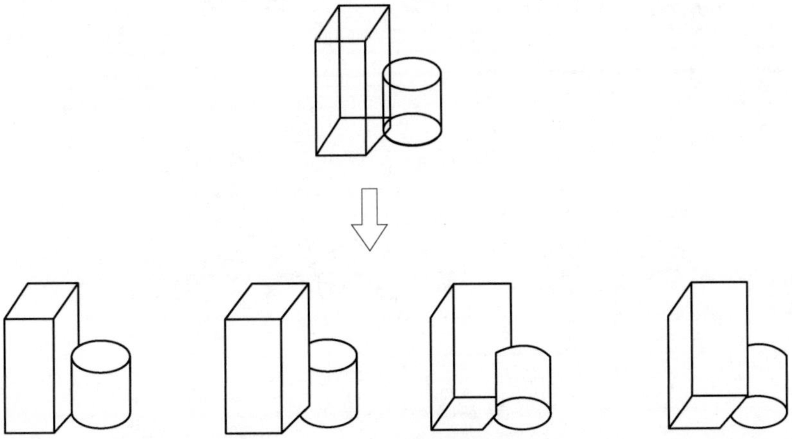

图 2-2　线框模型的多义性

2. 表面造型

通过对实体的各个表面进行描述从而构造三维模型。

（1）原理

先将复杂的外表面分解成若干个组成面，然后定义出一块块基本面素，通过各面素的连接构成组成面，各组成面的拼接就构成所需模型。

表面模型的数据结构仍是表结构，在线框模型的数据（顶点表、边表）基础上，增加了形成立体的各个面的相关数据，即面表。图 2-1 的单位立方体的面表见表 2-3。

表 2-3 面表

表面	边			
f1	1	2	3	4
f2	5	6	7	8
f3	1	10	5	9
f4	2	10	6	11
f5	3	11	7	12
f6	4	9	8	12

（2）特点

① 能够实现消隐、着色，构造复杂曲面的形体，生成刀具轨迹。

② 无法表示零件的实体属性。比如很难确定一个表面造型生成的三维物体是实心的还是一个壳，给物体质量分析带来困难。

3. 实体造型

要完整、唯一地描述物体的三维几何信息，需要采用实体造型的方法。目前，实体造型广泛采用的是边界表示（B-rep）法和构造实体几何（CSG）法（体素造型法）。

（1）边界表示（B-rep）法

其基本思想是：一个形体可以通过包容它的面来表示，而每个面又可以用构成该面的边来描述，边通过点来定义，点通过其坐标值来定义，如图 2-3 所示。

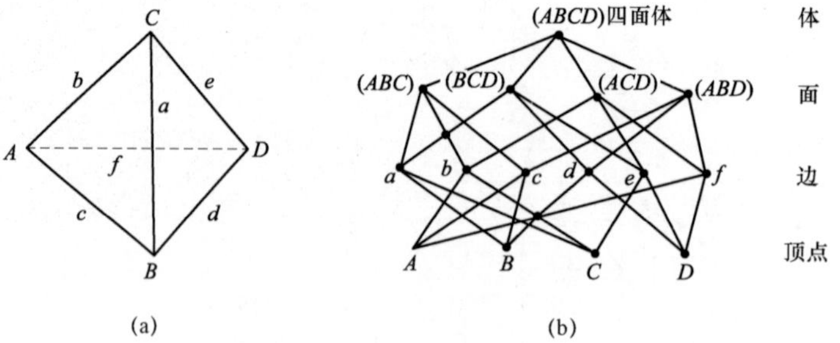

图 2-3 边界表示法

（2）构造实体几何（CSG）法

此法是一种由简单的体素（如球、圆柱、圆锥、立方体、棱柱体等，如图 2-4 所示）通过布尔运算（如并、交、差等）构造复杂三维实体的方法。

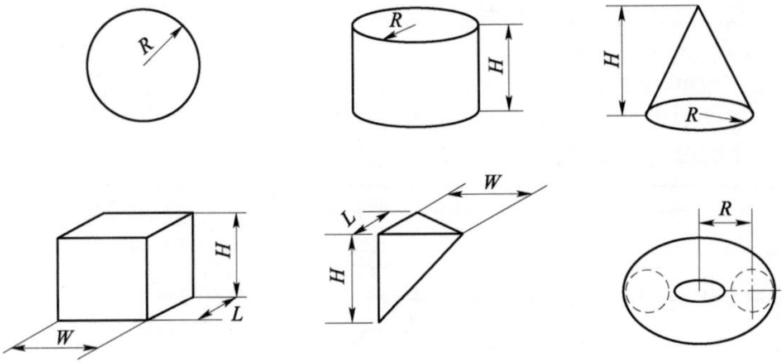

图 2-4　常用基本体素

构造实体几何法以二叉树的形式记录生成实体的各体素的拼接过程（图 2-5），其中每个体素都有定位参数和尺寸参数，CSG 树的数据结构中只存储各组成体素的数据信息，而不存储最终实体的面、边、顶点等有关边界信息。

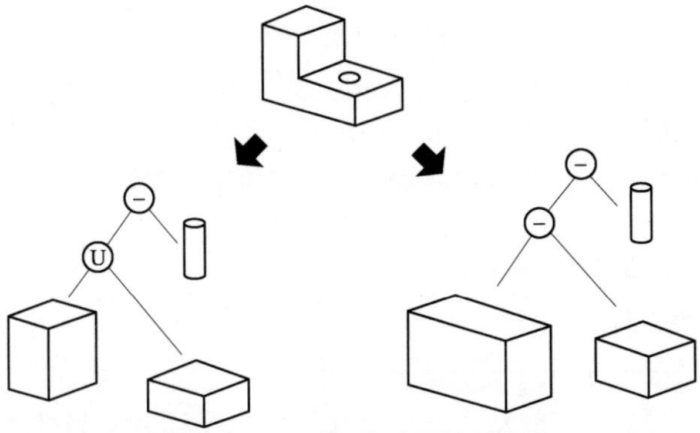

图 2-5　一个形体的两种 CSG 表示

上述两种方法的比较见表 2-4。

表 2-4　边界表示法和构造实体几何法的比较

类型	B-rep	CSG
数据结构中的信息单元	面、线、点	体
构造方法	（1）将产品形体按树状结构分解，形成以体、面、边及顶点为节点的有向图； （2）先构造顶点，由点生成边，由边生成面，再由生成的一组面构成产品的边界表面	（1）将产品形体按简单体素分解，形成 CSG 树； （2）生成 CSG 树最底层的基本体素； （3）依次将左子树和右子树按其根节点的集合运算符完成运算，结果存入该根节点； （4）继续执行上一层运算，直至 CSG 树的根节点

续表

类型	B－rep	CSG
特点	（1）详细记录了构成实体的所有几何信息和拓扑信息，可直接获得各个面、边、点的几何定义数据和元素定义之间的关系； （2）数据结构复杂，存储量大。对几何形体的整体描述能力弱，不能表示物体的构造过程和特点	（1）只表示物体的过程模型或隐式模型，不反映物体的面、边、顶点等边界信息； （2）表示一个复杂形体非常简洁，用户输入信息量少，数据结构紧凑，占用空间少

2.2 特征造型

考虑到并行设计中计算机辅助工艺设计（Computer Aided Process Planning，CAPP）和面向制造的设计（Design for Manufacture，DFM）等设计活动对零件信息模型的要求，不但要表达零件的几何信息和拓扑信息，还要表达有关零件的工程语义（工程师的设计和制造意图），为此，需要开发基于特征的零件信息建模系统，将零件模型中要求的高层次信息以“特征”的形式表示出来。因此，特征造型是几何造型技术的自然延伸，它对实体的描述更具有工程含义。

1. 特征的概念

零件的功能是靠零件的结构形状、材料和精度等要素来保证的，而零件的结构形状又对应一种或多种加工方法，每种加工方法又与加工设备密切相关。这样，零件的功能—结构形状—加工工艺—加工设备就密切联系起来，而联系的纽带就是“特征”。

特征是对诸如零件形状、工艺和功能等与零件相关的信息集的综合描述，是反映零件特点的可按一定规则分类的产品描述信息。它具有以下含义：

① 特征不是体素，是某个或某几个加工表面；

② 特征不是完整的零件；

③ 特征的分类与该表面加工工艺规程密切相关；

④ 在描述特征的信息中，除了表达形状的几何信息及约束关系信息外，还需要包含材料、精度等制造信息；

⑤ 通过简单的特征可以生成组合特征。

2. 特征的分类

按产品定义数据的性质，特征可分为：

（1）形状特征　用于描述有一定工程意义的几何形状信息，是精度特征和材料特征的载体。

（2）精度特征　用于描述几何形状和尺寸的许可变动量或误差，如尺寸公差、几何公差（形位公差）、表面粗糙度等。

（3）装配特征　用于表达零件在装配过程中应该具备的信息。

（4）材料特征　反映材料的类型、性能与处理方式等信息。

（5）管理特征　表达产品的管理信息，是零件的宏观属性描述，如零件名称、批量、设计者、日期等。

（6）性能分析特征　表达零件的性能参数和技术要求等信息。

基于特征的零件信息模型如图 2-6 所示。

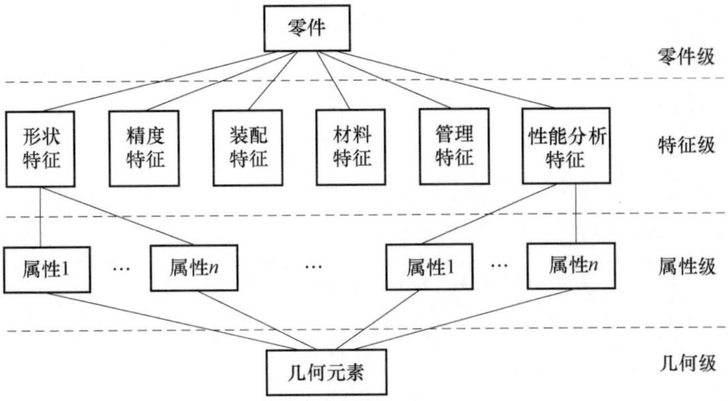

图 2-6　基于特征的零件信息模型

3. 特征造型

特征造型是以实体模型为基础，用具有一定设计或加工功能的特征作为造型的基本单元，从而建立产品模型的方法。基于特征的产品设计系统框架如图 2-7 所示。

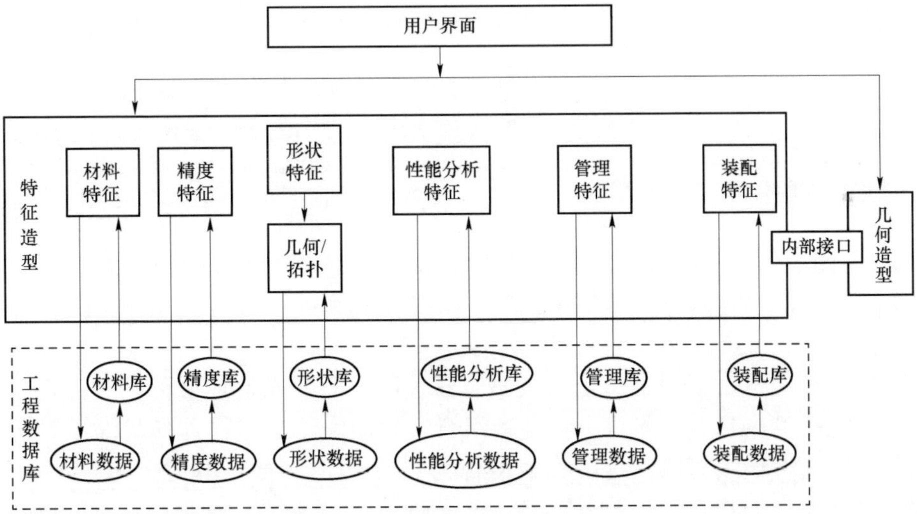

图 2-7　基于特征的产品设计系统

2.3　曲线曲面造型

在 CAD 中经常要处理复杂的自由形状曲线和曲面，例如飞机、汽车、船舶等的外形曲面。这些自由曲线曲面不能用简单的数学函数来描述，而是通过给出一系列离散点坐标及选定在离散点之间进行拟合的函数模式来定义。拟合（fitting）是插值和逼近的统称。当由给定的一组有序的数据点构造的一条曲线顺序地通过这些数据点时，称为对这些数据点进行插值（interpolation），所构造的曲线称为插值曲线；构造一条曲线，使之在某种意义下最接近给定的数据点，称为对这些数据进行逼近（approximation），所构造的曲线为逼近曲线。通常离散点的数目越多、分布越密，拟合精度越高。可以将曲线的拟合推广到曲面。一般采用分段或分片拟合后，用拼合的方法构造各种复杂曲线或曲面，在分段或分片间要求光顺连接。目前应用中最广泛采用的拟合函数是三次多项式，曲线曲面通常用参数形式来描述。本节主要介绍几种常用的样条曲线。

1. 曲线的基本概念

参数表示是将曲线上点的坐标表示为某参数的函数。一条用参数表示的三维曲线是一个有界、连续的点集，可表示为

$$x = x(t), y = y(t), z = z(t)\text{，}\quad 0 \leqslant t \leqslant 1$$

如图 2－8 所示，曲线的两个端点分别在 t=0、t=1 处，曲线上任意一点的位置向量可用向量 $P(t)$ 表示为

$$\boldsymbol{P}(t) = [x(t)\ y(t)\ z(t)]\text{，}\quad 0 \leqslant t \leqslant 1$$

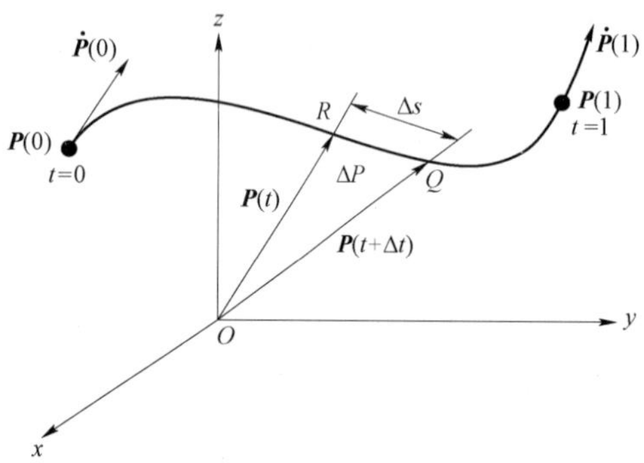

图 2－8　参数曲线上的相关向量

曲线上两点 R 、Q 的参数值分别为 t 、$t+\Delta t$ ，位置向量分别为 $\boldsymbol{P}(t)$ 、$\boldsymbol{P}(t+\Delta t)$ ，向量 $\Delta\boldsymbol{P} = \boldsymbol{P}(t+\Delta t) - \boldsymbol{P}(t)$ 的大小表示连接 RQ 的弦长。当 Q 点逐渐靠近 R 点时（$\Delta t \to 0$），位置向量 $\boldsymbol{P}(t)$ 关于参数 t 的一阶导数向量 $\dot{\boldsymbol{P}}(t) = \dfrac{\mathrm{d}P}{\mathrm{d}t}$，称为曲线在该点处的切向量。切向量方向即为曲线在该点处的切线方向；如果曲线以弧长 s 为参数，则以弧长为参数的切向量 $\boldsymbol{T}(s) = \dot{\boldsymbol{P}}(s)$，为单位切向量，即 $|\boldsymbol{T}(s)| = 1$。曲线的主法矢定义为 $\boldsymbol{N}(s) = \dot{\boldsymbol{T}}(s)/|\dot{\boldsymbol{T}}(s)|$ ，主法矢总是指向曲线凹入的方向；曲线的曲率为 $k(s) = |\dot{\boldsymbol{T}}(s)|$，曲率表示切向量沿曲线的变化率，描述了曲线在某点的弯曲程度。曲率越大，曲线在此点弯曲得越厉害。曲率倒数称为曲率半径。

一条复杂曲线通常由多段曲线组合而成，曲线段之间的光滑连接问题即为连续性问题。曲线间连接的光滑度度量有两种：一种是把组合参数曲线构造成在连接处对于参数 t 具有 n 阶连续导数，即 n 阶连续可微，这类光滑度称为 C^n 或 n 阶参数连续性；另一种是几何连续性，若曲线在连接点处具有关于弧长参数 s 的 n 阶连续导数，则曲线在该点 G^n 或 n 阶几何连续。

主要拟合用曲线及其应用见表 2－5。

表 2－5　主要拟合用曲线及其应用特性

曲线名称	主要应用特性
三次样条曲线	拟合曲线可精确通过各型值点
Bezier 曲线	拟合曲线不通过中间的控制点，但落在控制点所围成的凸包中，接近于控制点所组成的折线；可通过改动控制点的位置和配置变动曲线形状；拟合方程式的阶数随控制点增多而增大

续表

曲线名称	主要应用特性
B 样条曲线	拟合曲线不通过中间的控制点，但也落在控制点的凸包中，且更接近于控制点所组成的折线；可通过改动控制点的位置和配置变动曲线形状，变动具有局部性；拟合方程式的阶数可独立选择，不因控制点增多而增大
非均匀有理 B 样条曲线（NURBS）	具备 B 样条曲线各项特性，但可更加灵活地控制曲线形状；可统一精确表达直线、圆弧、圆和圆锥曲线

2. 三次样条曲线

三次样条曲线对离散点列采用分段拟合，拟合的曲线可精确地按序通过离散点，并可实现在衔接处具有二阶连续性。但是如果控制点中的任一个改动，则整条曲线都受影响。因此，三次样条曲线难以实现局部修改和局部控制曲线形状。

（1）分段内的三次样条曲线

设给定 $n+1$ 个有序离散点，$P_i=(x_i,y_i,z_i)$ $(i=0,1,2,\cdots,n)$，将其循序划分为 1～n 个小段，在每个小段内用三次样条曲线拟合插值的参变量方程是

$$x(t)=a_x t^3+b_x t^2+c_x t+d_x$$
$$y(t)=a_y t^3+b_y t^2+c_y t+d_y$$
$$z(t)=a_z t^3+b_z t^2+c_z t+d_z$$

以矩阵形式表示为

$$[x(t)\ y(t)\ z(t)]=[t^3\ \ t^2\ \ t\ \ 1]\begin{bmatrix} a_x & a_y & a_z \\ b_x & b_y & b_z \\ c_x & c_y & c_z \\ d_x & d_y & d_z \end{bmatrix}$$

式中，t 为参变量，t=0 对应于每小段的始点，t=1 对应于每小段的终点；$a_x,b_x,\cdots,c_z,d_z$ 为待定系数，可根据每段的端点条件求解。已知两端点的坐标 (x_0,y_0,z_0)，(x_1,y_1,z_1) 及其对 t 的导数，代入后可求得

$$[x(t)\ y(t)\ z(t)]=[t^3\ \ t^2\ \ t\ \ 1]\begin{bmatrix} 2 & -2 & 1 & 1 \\ -3 & 3 & -2 & -1 \\ 0 & 0 & 1 & 0 \\ 1 & 0 & 0 & 0 \end{bmatrix}\begin{bmatrix} x_0 & y_0 & z_0 \\ x_1 & y_1 & z_1 \\ x'_0 & y'_0 & z'_0 \\ x'_1 & y'_1 & z'_1 \end{bmatrix}$$

式中，x'_0,y'_0,z'_0 和 x'_1,y'_1,z'_1 是 $x(t),y(t),z(t)$ 在始点和终点处对 t 的导数，由连续条件和端点条件求得。

（2）分段拟合衔接的连续条件

设在分段衔接处三次样条曲线具有二阶连续，则在相邻两小段中，前一小段终点处的二阶导数应等于后一小段始点处的二阶导数。二阶导数的计算可通过将上式对 t 求二阶导数得到，即

$$[x''(t)\ y''(t)\ z''(t)] = [6t\ \ 2\ \ 0\ \ 0]\begin{bmatrix} 2 & -2 & 1 & 1 \\ -3 & 3 & -2 & -1 \\ 0 & 0 & 1 & 0 \\ 1 & 0 & 0 & 0 \end{bmatrix}\begin{bmatrix} x_0 & y_0 & z_0 \\ x_1 & y_1 & z_1 \\ x_0' & y_0' & z_0' \\ x_1' & y_1' & z_1' \end{bmatrix}$$

当计算小段始点处二阶导数时，以 $t=0$ 代入；终点处的二阶导数以 $t=1$ 代入。$N+1$ 个有序离散点组成 n 个小段，共有 $n-1$ 个衔接连续条件。将 $n-1$ 连续条件汇总并整理成矩阵式为

$$\begin{bmatrix} 1\ 4\ 1\ 0\ 0 & & & 0 \\ 0\ 1\ 4\ 1\ 0 & & & \\ 0\ 0\ 1\ 4\ 1 & & & \\ & \ddots & & \\ & \ddots & \ddots & 1\ 4\ 1\ 0\ 0 \\ & & \ddots & 0\ 1\ 4\ 1\ 0 \\ 0 & & & 0\ 0\ 1\ 4\ 1 \end{bmatrix}\begin{bmatrix} x_0' & y_0' & z_0' \\ x_1' & y_1' & z_1' \\ x_2' & y_2' & z_2' \\ \vdots & \vdots & \vdots \\ x_{n-2}' & y_{n-2}' & z_{n-2}' \\ x_{n-1}' & y_{n-1}' & z_{n-1}' \\ x_n' & y_n' & z_n' \end{bmatrix} = \begin{bmatrix} 3x_2-3x_0 & 3y_2-3y_0 & 3z_2-3z_0 \\ 3x_3-3x_1 & 3y_3-3y_1 & 3z_3-3z_1 \\ \vdots & \vdots & \vdots \\ 3x_{n-1}-3x_{n-3} & 3y_{n-1}-3y_{n-3} & 3z_{n-1}-3z_{n-3} \\ 3x_n-3x_{n-2} & 3y_n-3y_{n-2} & 3z_n-3z_{n-2} \end{bmatrix}$$

（3）端点条件

在上述衔接连续条件方程组中，含有 $n+1$ 个离散点处的一阶导数，但只有 $n-1$ 组衔接点连续条件方程式，$n-1$ 组方程不足以求解 $n+1$ 组导数值。为了求解各点处导数，应补充端点条件。

夹持端点条件：直接给出两个边界端点处的导数 (x_0', y_0', z_0') 和 (x_n', y_n', z_n')，其他 $n-1$ 个点的导数便可由衔接连续方程组求出。

自由边界端点条件：假定在两个边界端点处的曲率为零，其二阶导数也相应为零，因而可补充两个方程式：

$$[2x_0'+x_1'\quad 2y_0'+y_1'\quad 2z_0'+z_1'] = 3[x_1-x_0\quad y_1-y_0\quad z_1-z_0]$$
$$[x_{n-1}'+2x_n'\quad y_{n-1}'+2y_n'\quad z_{n-1}'+2z_n'] = 3[x_n-x_{n-1}\quad y_n-y_{n-1}\quad z_n-z_{n-1}]$$

（4）拟合实例

【例 2-1】已知表 2-6 所示各点坐标值及端点处的导数值，按三次样条曲线拟合一条光滑曲线并通过下述各点。

表 2-6　例 2-1 表

x	0	150	250	350	365
y	60	92	138	62	0
x_1'	10				0
y_1'	0				-10

分析：

三次样条曲线分段拟合按以下步骤进行：

① 将给出的有序离散点坐标值顺序编号。

② 选择边界端点条件，按衔接连续条件方程组求解各点处的导数。

③ 根据各小段端点坐标值和导数值，列出小段内三次样条曲线计算式。

④ 变动参变量 t 计算段内各插值点坐标。

解：将给出的点顺序编号为 0～4；将两边界端点处导数值加入衔接连续方程组中，组成以下矩阵方程：

$$\begin{bmatrix}1&0&0&0&0\\1&4&1&0&0\\0&1&4&1&0\\0&0&1&4&1\\0&0&0&0&1\end{bmatrix}\begin{bmatrix}x_0'&y_0'\\x_1'&y_1'\\x_2'&y_2'\\x_3'&y_3'\\x_4'&y_4'\end{bmatrix}=\begin{bmatrix}10&0\\3(250-0)&3(138-60)\\3(350-150)&3(62-92)\\3(365-250)&3(0-138)\\0&-10\end{bmatrix}$$

求解可得各点处导数值，见表 2－7。

表 2－7　各点导数值

x_1'	10	161.5	93.5	62.8	0
y_1'	0	61.8	－13.5	－97.6	－10

已知各点的坐标及导数，将上述各点每相邻两点间作为一小段拟合，段内的拟合插值按三次样条曲线计算式进行。如在各段内部皆计算 5 个点，分别对应于 t=1/6，1/3，1/2，2/3，5/6，t=0 和 t=1 是小段端点，其坐标值为已知值。计算得到的（0，60）～（150，92）间的 5 个点的 x，y 值见表 2－8。

表 2－8　5 个点的 x，y 值

x	0	8	28	56	87	120	150
y	60	60	63	68	74	82	92

3. Bezier 曲线

Bezier 曲线是法国雷诺汽车公司的 Bezier 于 1962 年提出的一种曲线构造方法。Bezier 曲线不通过给定的中间离散点，设计人员可以容易地通过改变这些离散点的位置来控制和改变拟合的 Bezier 曲线的形状。因此，给出的离散点又称为控制点。Bezier 曲线适用于汽车车身等自由形状的构形设计。

（1）曲线方程

对给定的 $n+1$ 个控制点 $P_i(x_i, y_i, z_i)\ \ (i=0,1,2,\cdots,n)$：

$$\boldsymbol{P}(t)=\sum_{i=0}^{n}P_i\times B_{in}(t)\quad 0\leqslant t\leqslant 1$$

式中，$\boldsymbol{P}(t)=[x(t)\ y(t)\ z(t)]$，为整个拟合范围内任意插值点；$t$ 为参变量；$B_{in}(t)$ 为混合函数且 $B_{in}(t)=\dfrac{n!}{i!(n-i)!}t^i(1-t)^{n-i}$。

Bezier 曲线的拟合实例如图 2－9 和图 2－10 所示。

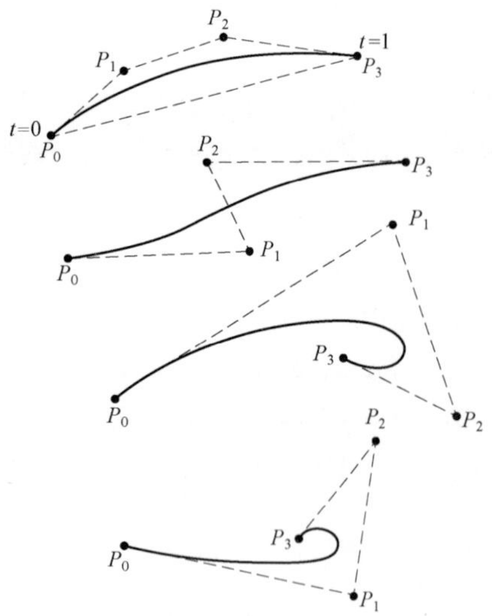

图 2－9　Bezier 曲线

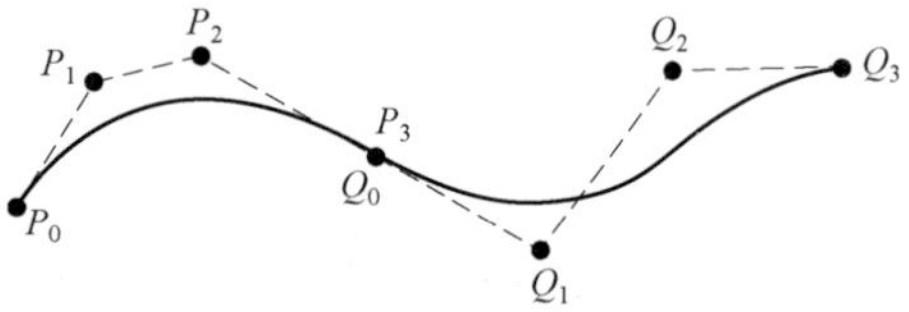

图 2－10　Bezier 曲线衔接

（2）曲线性质

Bezier 曲线具有如下性质：

① 曲线通过给定点中的始点和终点。

② 将给定的控制点循序连接，可组成一折线，Bezier 曲线光滑地随着该折线变化。给定的控制点所围成的最小凸多边形称为凸包，Bezier 曲线必落在控制点围成的凸包内。

③ Bezier 曲线在两端切于控制点连线折线的起始边和终止边。

④ Bezier 曲线函数也是多项式，其次数为段控制点数目减 1。当控制点数目较多时，只用一整段 Bezier 曲线拟合，则多项式的次数太高，此时，宜分段拟合。为得到分段之间的光滑过渡，在衔接点处应使前段的最后两个控制点和后段的最前两个控制点（见图 2－10 中的 P_2P_3 和 Q_0Q_1）同在一条直线上。根据性质③，满足上述条件可以使两段曲线在衔接处具有相同的切线方向。

⑤ 当控制点数目为 4 时，拟合的 Bezier 曲线函数是三次多项式函数。将 Bezier 曲线三次多项式按定义计算式展开，经整理后可得

$$\boldsymbol{P}(t)=[x(t)\ y(t)\ z(t)]=[t^3\ \ t^2\ \ t\ \ 1]\times\begin{bmatrix}-1 & 3 & -3 & 1\\ 3 & -6 & 3 & 0\\ -3 & 3 & 0 & 0\\ 1 & 0 & 0 & 0\end{bmatrix}\begin{bmatrix}x_0 & y_0 & z_0\\ x_1 & y_1 & z_1\\ x_2 & y_2 & z_2\\ x_3 & y_3 & z_3\end{bmatrix}$$

4. B 样条曲线

B 样条曲线与 Bezier 曲线类似，其特点是 B 样条曲线不通过给定的控制点，多项式的次数可不受控制点数目的限制，能独立选择次数并具有局部构形性。

（1）曲线方程

B 样条有多种等价定义。在此只介绍作为标准算法的德布尔－考克斯递推公式。对给定的 n+1 个点 $P_i(x_i,y_i,z_i)\quad i=0,1,2,\cdots,n$，B 样条曲线多项式的次数为 p，B 样条的曲线方程可写为

$$\boldsymbol{P}(t)=\sum_{i=0}^{n}P_i\times N_{i,p}(t)$$

式中，$P_i=(x_i,y_i,z_i)$，为给定的第 i 个控制点坐标，顺序连成的折线称为 B 样条控制多边形；$\boldsymbol{P}(t)=[x(t)\ y(t)\ z(t)]$ 为整个拟合范围内任意插值点坐标；t 为参变量；$N_{i,p}(t)$ 为 B 样条基函数，其递推的定义为

$$N_{i,0}(t)=\begin{cases}0, & t_i\leqslant t\leqslant t_{i+1}\\ 1, & 其他\end{cases}$$

$$N_{i,p} = \frac{(t-t_i)N_{i,p-1}(t)}{t_{i+p}-t_i} + \frac{(t_{i+p+1}-t)N_{i+1,p-1}(t)}{t_{i+p+1}-t_{i+1}}$$

并约定 0/0=0。

（2）曲线性质

B 样条曲线具有如下性质：

① 节点值在端点处重复 $p+1$ 次可使曲线通过始点和终点，并且曲线在端点处相切于控制点连线的起始边和终止边。

② 曲线落在控制点所组成的凸包中，比 Bezier 曲线更逼近于控制点连线折线。

③ 如果改动某一控制点，由此引起的曲线变化局限在 $p+1$ 个跨度内。即变动具有局部性。

④ 可以与控制点的数目无关地自由选择拟合曲线多项式的次数 p。一般来说，B 样条在整个拟合范围内的二阶连续性，可满足使用上的连续和光顺要求。

⑤ 如果节点向量只含有在端点处重复 $p+1$ 次项，则此 B 样条曲线是 Bezier 曲线。

（3）三次 B 样条曲线

在实际中应用最多的是三次 B 样条曲线。当给定 $P_{-1},P_0,P_1,\cdots,P_n,P_{n+1}$ 等点的数目为 $n+3$ 时，可将各两相邻点之间都组成一个跨度小段。对三次 B 样条曲线来说，任意插值点的坐标值只与相邻四个控制点坐标有关；如果改动任意某个控制点的坐标，对曲线形状影响波及的范围只是前后各三个小段跨度。

插值点坐标的计算式是

$$P(t)=[x(t)\ y(t)\ z(t)]=\frac{1}{6}[t^3\ \ t^2\ \ t\ \ 1]\begin{bmatrix}-1 & 3 & -3 & 1\\ 3 & -6 & 3 & 0\\ -3 & 0 & 3 & 0\\ 1 & 4 & 1 & 0\end{bmatrix}\begin{bmatrix}x_{i-2} & y_{i-2} & z_{i-2}\\ x_{i-1} & y_{i-1} & z_{i-1}\\ x_i & y_i & z_i\\ x_{i+1} & y_{i+1} & z_{i+1}\end{bmatrix}$$

B 样条曲线具有灵活控制拟合曲线形状的性能。对控制点做特殊配置时，可实现一些特定形状的拟合要求，如图 2－11 所示。对常用的三次 B 样条曲线，如果三个控制点重合，则 B 样条曲线通过此重合点；如果三个控制点共直线，则 B 样条曲线相切于此直线；如果四个控制点共直线，则 B 样条曲线与此直线的一部分重合。

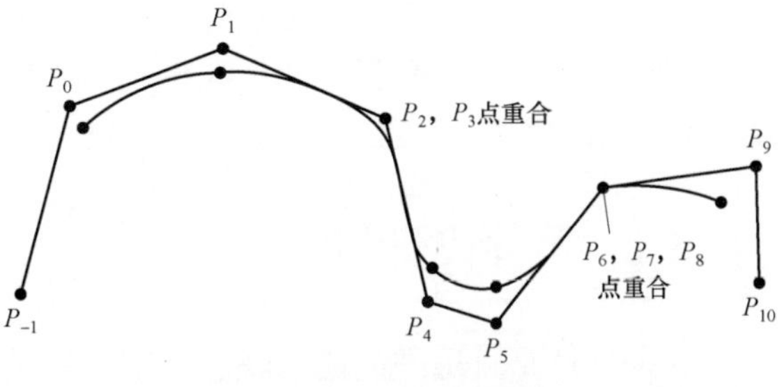

图 2－11　B 样条曲线

5. 非均匀有理 B 样条（UNRBS）

UNRBS 是 Non－Uniform Rational B－Splines 的缩写，是非均匀有理 B 样条的意思。UNRBS 技术提供了对标准解析几何和自由曲线、曲面的统一数学描述方法，可通过调整控制顶点和因子方便地改变曲面的形状，同时也可方便地转换对应的 Bezier 曲面，UNRBS 曲面可以由任何曲线生成。UNRBS 方法已成为曲线、曲面建模中最为流行的技术。STEP 产品数据交换标准将非均匀有理 B 样条作为曲面几何描述的唯一方法。

第3章
机械产品计算机辅助设计

人类社会从事设计工作的发展进程大致经历了从直觉设计、经验设计、半理论半经验设计到现代设计四个阶段。在现代设计阶段，CAD 技术的应用使获得设计计算结果及生产图纸更加方便快捷；CAD 技术通过虚拟样机和 CAE 技术对设计对象进行分析计算，对产品进行全面的评估，并提出可行的、更优的设计方案，为产品的优化提供依据，同时可以根据分析结果自动修改原始设计方案等得到更优的设计结果。下面基于 CREO 软件说明机械产品的 CAD 设计。

CREO 是美国 PTC 公司推出的 CAD 设计软件包，整合了 PTC 公司的三个软件，即 Pro/ENGINEER 的参数化技术、CoCreate 的直接建模技术及 ProductView 的三维可视化技术的新型 CAD 设计软件，针对不同的任务应用采用了更为简单化的子应用方式，所有子应用采用统一的文件格式。CREO 的目的在于解决目前 CAD 系统难用及多 CAD 系统数据共用等问题。CREO 是一个灵活的套件，集成了多个可互操作的应用程序，功能覆盖整个产品开发领域。CREO 的产品设计程序使企业中的每个人都能使用最适合自己的工具参与产品开发过程。其中 CREO Parametric 的前身是 Pro/ENGINEER，是当今流行的三维实体建模软件之一，其内容丰富、功能强大，是一款参数化、基于特征的实体造型系统，广泛应用于产品设计、零件装配、模具设计、工程图设计、运动仿真、钣金设计等过程，能使工程设计人员在第一时间设计出完美的产品。因此，在电子、通信、航空航天、汽车、家电和玩具等工业领域得到广泛应用。

3.1 零件设计

机械零件是机械产品或系统的基础，机械产品由若干零件和部件组成。按照零件的应用范围，可将零件分为通用零件和专用零件两类。通用的机械零件包括齿轮、弹簧、轴、滚动轴承、滑动轴承、联轴器、离合器等。

零件设计就是确定零件的材料、结构和尺寸参数，使零件满足有关设计和性能方面的要求。机械零件除一般要满足强度、刚度、寿命、稳定性、公差等级等方面的设计性能要求，还要满足材料成本、加工费用等方面的经济性要求。零件设计首先是零件形体的设计，在基于特征技术的零件设计中，主要是通过形状特征的定义和组合实现。

1. 零件设计过程

采用基于特征的方法来构造零件，过程与实际加工流程具有相似性（图 3-1），一般需要经过如下几个基本步骤：

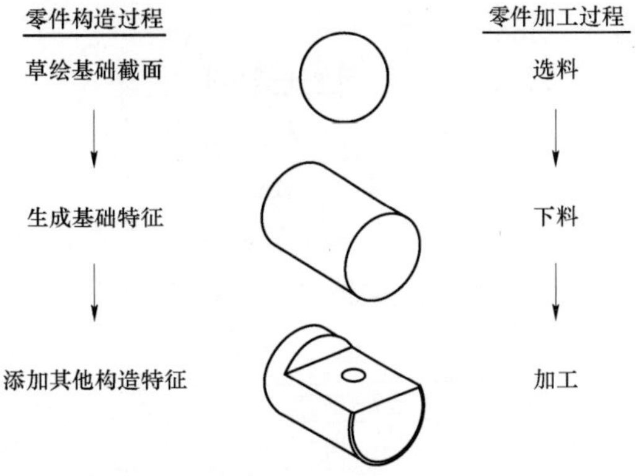

图 3－1　CREO 中零件构造的过程

（1）确定基础特征　明确基础特征的形状是什么，是拉伸的、旋转的、扫描的还是混合的？是实体还是壳体？

（2）确定标注方案　标注控制设计或用于加工的尺寸，方便设计的修改。还可以添加参考尺寸、设置公差。

（3）确定其他构造特征　确定其他构造特征的种类、顺序和相似性，然后依次建立各个特征。在建立构造特征时，要注意标注方案和各种关系。

2. 特征

（1）基准特征（Datum）　主要是在建立三维模型时作参考用的，分为基准面（Datum plane）、轴线（Datum axis）、曲线（Datum curve）、点（Datum point）、坐标系（Datum coordinate system）。

1）基准面的建立方法有：

Through——基准面穿过某轴、平面的边、参考点、顶点或圆柱面轴线；

Normal——基准面与某一轴、平面的边或平面垂直；

Parallel——基准面与某一平面平行；

Offset——基准面与某一平面或坐标系相距一段距离；

Angle——基准面与某一平面成一夹角；

Tangent——基准面与某一圆弧或圆锥面相切；

Blend Section——基准面通过 Blend 特征中的任一截面。

2）轴线的建立方法有：

Thru Edge——通过一直线建立轴线；

Normal Pln——垂直于一平面，并给定定位尺寸建立轴线；

Pnt Norm Pln——通过一个点且垂直于一平面建立轴线；

Thru Cyl——以圆柱体的中心线作为轴线；

Two Planes——以两平面的交线作为轴线；

Two Pnt/Vtx——通过两点作一轴线；

Pnt on Surf——通过曲面上的一点，且在此点垂直于此曲面建立轴线；

Tan Curve——以曲线端点的切线作为轴线。

（2）构造特征　是用来创建零件实体的。CREO 提供了如下基本构造特征：

Hole——打孔；

Round——倒圆角；

Edge Chamfer——倒角；

Remove Material——切除；

Protrusion——凸起；

Rib——加筋；

Shell——抽壳；

Pipe——管道；
Tweak——表面变形特征；
Intersect——裁剪零件几何。
（3）创建构造特征的方法
CREO 中创建构造特征的方法主要有拉伸、旋转、扫描、混合。
1）拉伸（图 3-2）：由草绘截面向一定方向整体伸展创建特征，适合创建等截面实体。

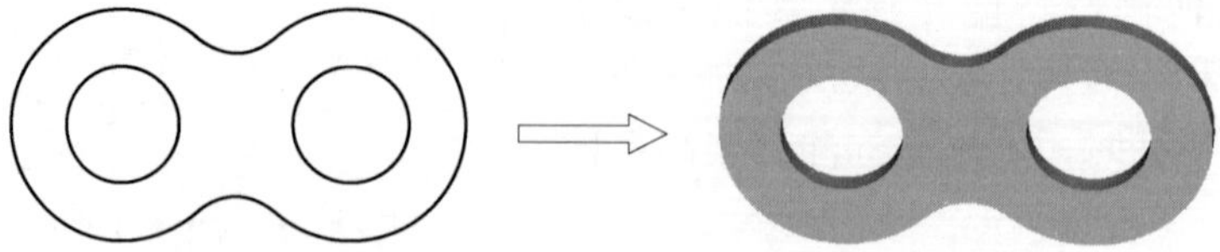

图 3-2　创建拉伸特征示意

2）旋转（图 3-3）：由特征截面绕旋转中心线旋转形成特征，适合构造回转体模型。

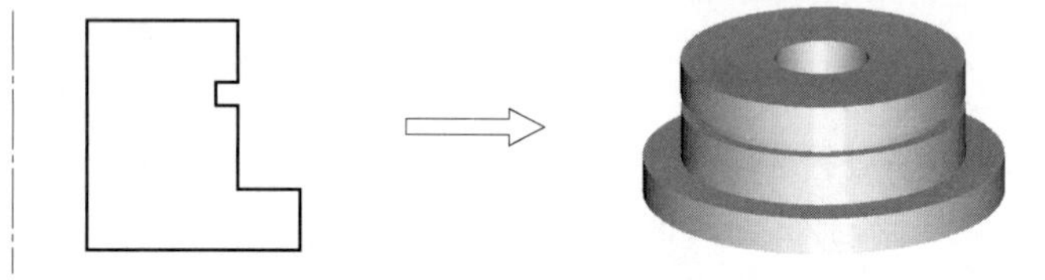

图 3-3　创建旋转特征示意

3）扫描（图 3-4）：由特征截面沿空间轨迹线扫掠形成特征。

图 3-4　创建扫描特征示意

4）混合（图 3-5）：由两个或两个以上截面通过曲面过渡形成一个连续的形体。

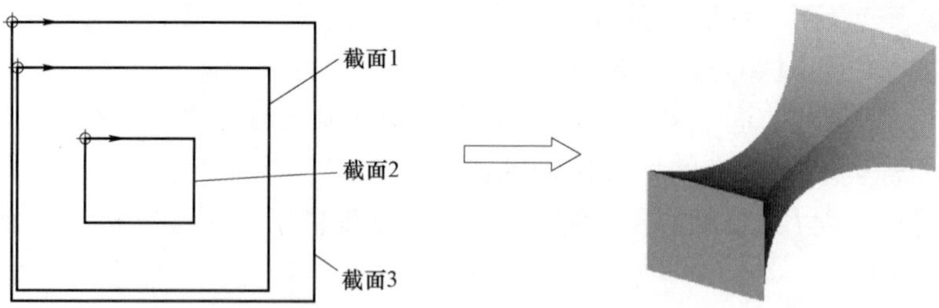

图 3-5　创建混合特征示意

在创建构造特征时，除了需要定义尺寸参数外，还要定义其他属性：
Depth——厚度属性，如果不是通孔特征的厚度值，就可以被修改；
Direction——方向属性；
Placement——定位方式，如：

Linear——参考两个面/边来定位；
Radial——参考一根轴和一个面来定位；
Coaxial——参考一根公共轴来定位；
On Point——过基准面上的一点来定位。

3. 创建零件的基本技术

（1）使用基准面

合理地使用基准面可以辅助其他特征的建立，基准面的作用有：

① 用作尺寸标注的参考；
② 决定视图（View）的方向；
③ 作为绘图平面（Sketching plane）；
④ 作为装配时零件相互配合的参考面；
⑤ 作为剖视面等。

（2）父子关系

在建立特征的过程中，如果后建立的特征是以前面建立的特征为基准的，则这两个特征之间就建立了父子关系。父特征的某些改变将会对子特征产生影响。

（3）修改特征

特征可以通过“Edit”命令来修改尺寸或通过“Edit Definition”命令来重新定义某些属性或参数。

（4）确定特征的相似性

零件上如有相似的特征，可以通过复制或阵列快速生成。如果截面形状具有相似性，可以存储截面用于其他特征。

（5）压缩特征

使用“Suppress”命令可以使特征暂时消去，以简化和加速零件的生成。压缩过的特征可以用“Resume”命令恢复。

（6）使用图层

图层可以用于特征的组织管理，用户将相同性质的特征置于一个图层上后，就可对图层中的对象进行整体操作（如显示控制等）。

3.2　装配设计

1. 装配设计过程

产品装配设计主要有自底向上（BOTTOM－UP）和自顶向下（TOP－DOWN）两种典型模式。

（1）自底向上

在实际工程产品开发过程中，通常是用已定义好的零件进行装配部件及产品的设计过程。其主要步骤包括添加零件或部件、建立零件或部件间的装配关系，即自底向上的设计方法。

这种方法的优点是便于思考，将需要设计的产品分割成基本的单元体，再对单元体进行设计，简化了设计的强度，零部件设计相对独立，设计人员可以专注于某个零件的设计。由于进行零件结构设计要占用较多时间，目前商用三维 CAD 系统软件对零件结构设计的方法和工具支持也较多，可以提高设计效率。对于结构简单、无须过多考虑零部件之间的配合关系，或只有很少设计人员参与的产品而言，自底向上的设计模式还能满足开发需求。当产品装配结构复杂、设计人员众多时，这种模式就存在很多缺点。由于每个零件是用特征单独定义的，缺乏相互联系，当某些设计条件改变时，产品模型不能实现相关零部间的联动修改。并且过早进行零件的设计容易造成零件间关系的不一致性、过分约束和零件冗余，在装配时才能检查零件之间的配合是否合理、产品设计是否满足预期目标，由此引起返工及使产品装配出现问题。

（2）自顶向下

产品的创新设计往往是一个复杂的创造过程。先要设计出初步方案及装配草图，建立约束驱动的产品模型，然后确定设计参数，进行详细结构设计，再通过装配建模进行装配，最后对设计方案进行分析、修改及验证，直到得到满足功能要求的产品，该过程即是自顶向下的设计过程。

由于是先建立装配体，再在装配体中进行零件的造型和编辑，优点是可以参考一个零部件的几何尺寸生成或修改其他相关的零部件，从而确保零件之间存在准确的尺寸及装配关系，当被参考零件的尺寸发生改变时，相关联的零件尺寸会自动发生改变，从而保证零件之间的配合关系不发生改变。这种关联设计能实现方案布局设计、零件设计、装配建模的互动设计，即方案设计可驱动装配设计和零件设计，反之，零件的修改也能自适应地反馈到装配模型，甚至总体布局。

2. 创建装配

（1）固定约束方式

在装配时，如果要组装进来的零部件相对于装配体是固定件，则采取固定约束装配。CREO 软件提供了包括“自动”“距离”“角度偏移”“平行”“重合”“法向”及“默认”等多种约束类型选项，可进行固定约束装配，限制元件的所有自由度，模拟螺栓连接、焊接、铆接及过盈配合等机械结构的固定连接方式。基本装配约束见表 3－1。

表 3－1　基本装配约束示意

名称	约束前	约束后
距离	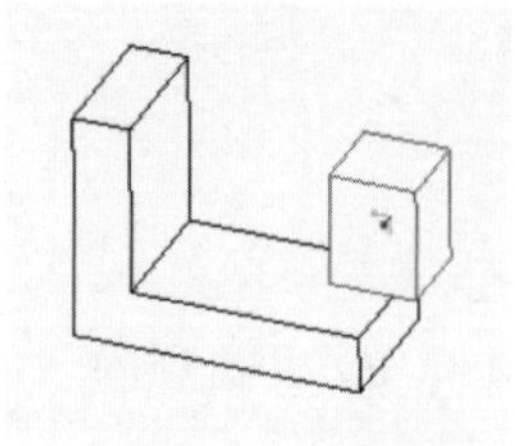	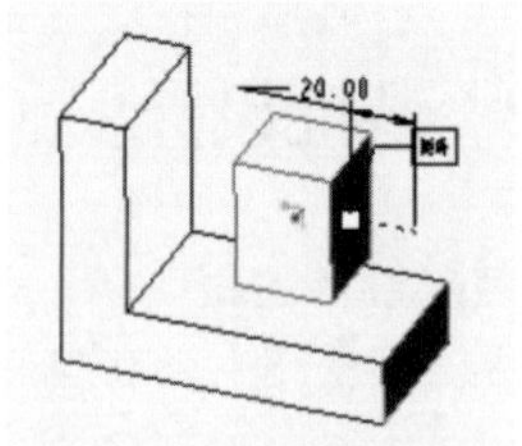
角度偏移	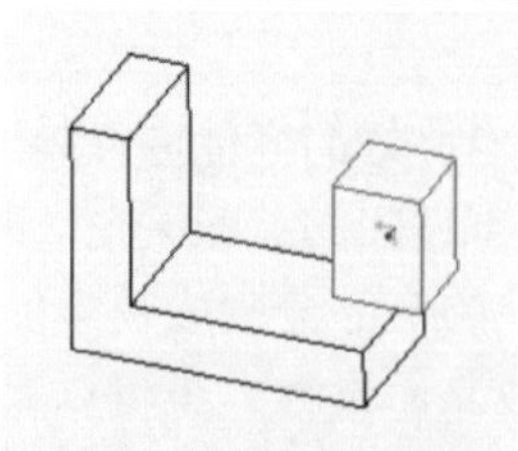	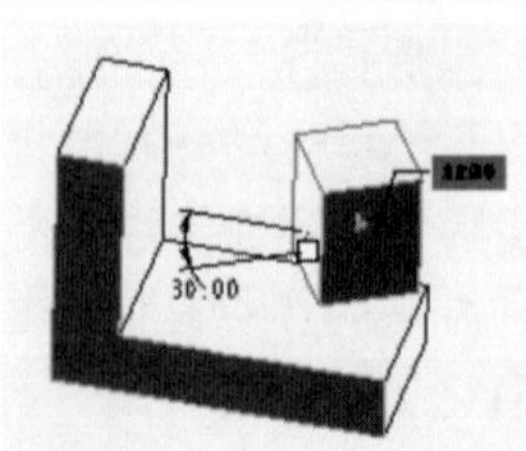

续表

名称	约束前	约束后
平行	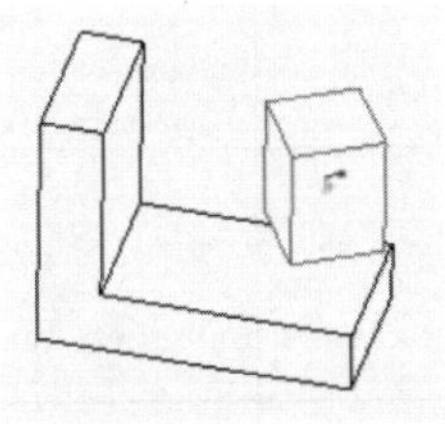	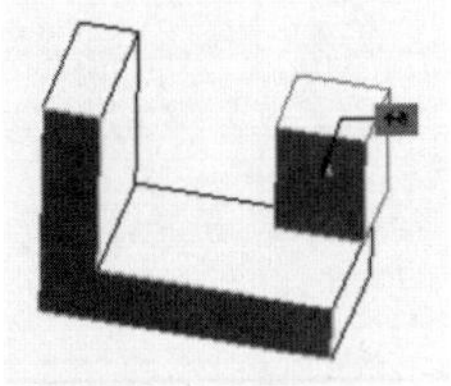
重合	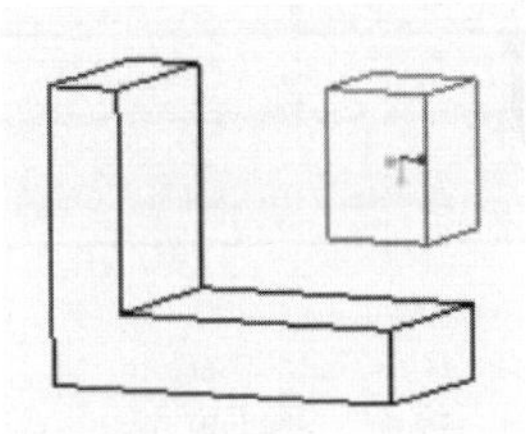	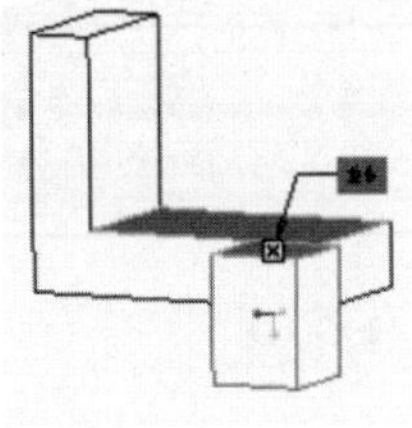
法向	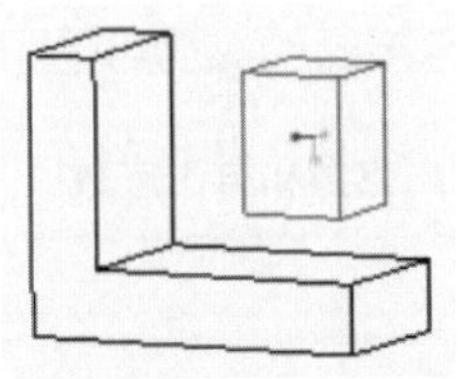	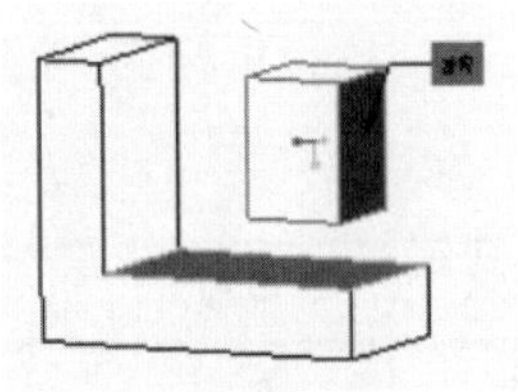
共面	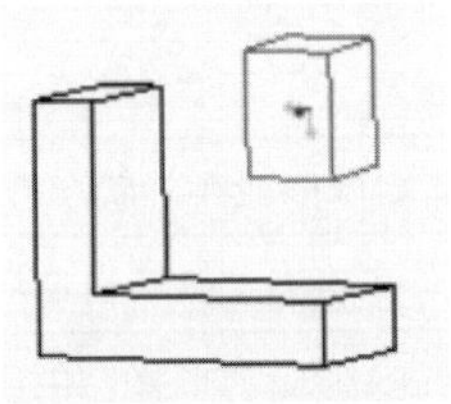	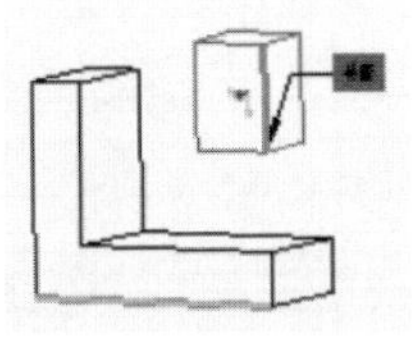
居中	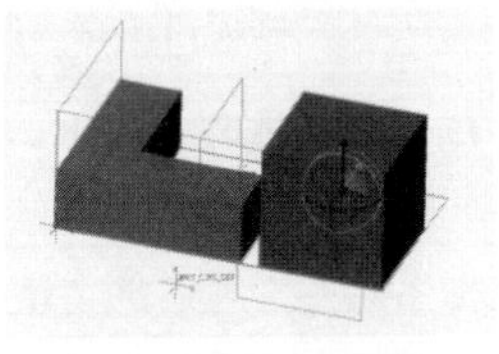	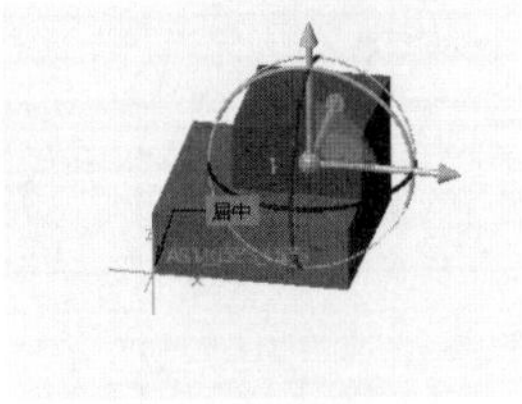
相切	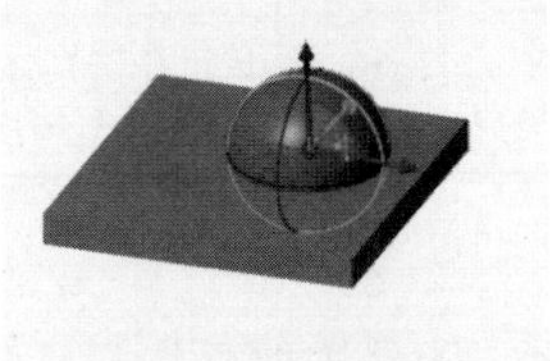	

续表

名称	约束前	约束后
固定	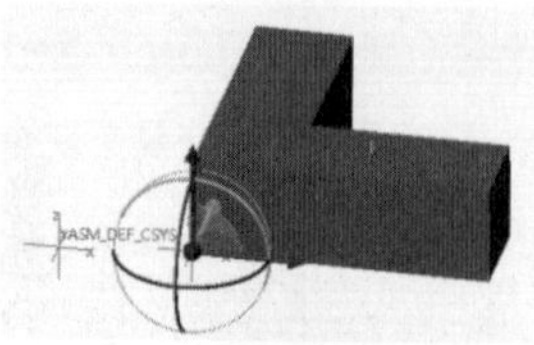	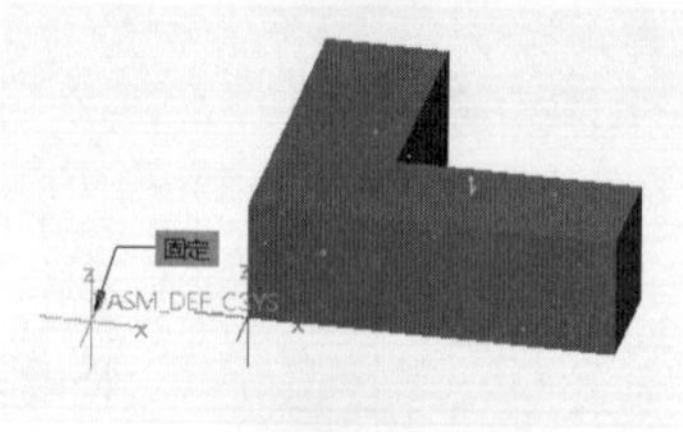
默认	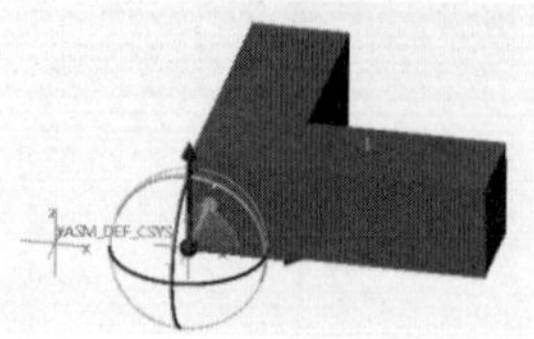	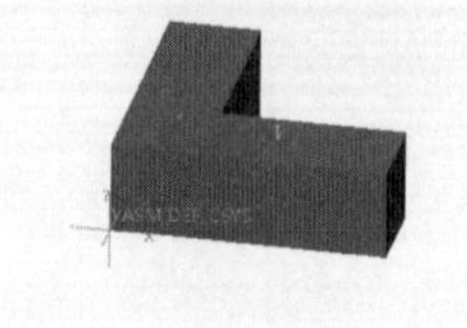

（2）连接装配

如果要组装进来的零部件相对于装配体是活动件，则要采取连接装配。CREO 软件提供了一系列预定义约束集，包括“刚性”“销钉”“滑动杆”“圆柱”等选项，用于定义元件在装配中的运动，模拟机构构件的可动连接。各种连接的约束数和自由度数见表 3－2。

表 3－2　各种连接的约束数和自由度数

连接名称	约束数	自由度数	说　　明
刚性	6	0	完全限制 6 个自由度，和约束装配类似
销钉	5	1	需定义“轴对齐”和“平移”，旋转自由度为 1
滑动杆	5	1	需定义“轴对齐”和“旋转”，平移自由度为 1
圆柱	4	2	需定义轴、边或曲线作为轴对齐参考，旋转、平移自由度各为 1
平面	3	3	保留 2 个平移和 1 个旋转自由度
球	3	3	使用点对齐限制 3 个平移自由度，保留 3 个旋转自由度
焊接	6	0	使用“坐标系”约束限制所有自由度
轴承	2	4	旋转自由度为 3，平移自由度为 1
常规	0~6	6~0	向元件中施加一个或数个约束，根据约束结果来判断元件的自由度及运动状态
6DOF	0	6	使用“坐标系对齐”约束定义元件和装配的坐标系对齐。连接元件具有 6 个自由度
槽	2	4	元件上的某点沿曲线运动
万向	3	3	坐标系中心对齐，但不允许轴自由转动，元件可绕配合坐标系原点进行旋转，旋转自由度为 3，平移自由度为 0

（3）自动装配

使用接口界面可以实现元件放置的自动化。元件接口是指元件界面中包含用于快速放置元件的已存储约束或连接。在界面的定义过程中，可以指定装配条件或装配规则等附加界面信息，这样可以有效地确保根据设计意图放置元件。

拖动式自动放置也是一种实现元件自动放置的方式，当装配带有界面的元件时，系统会自动将元件放置在满足界面定义的第一个位置处。使用拖动式自动放置的方式装配螺栓、螺钉等元件是非常方便的。

（4）柔性体装配

柔性零件在产品实际中经常应用，如弹簧零件等，柔性零件的形状会随受力变化发生相应变化，通过定义柔性零件可以实现它们在组件中的不同状态。有效地控制可变项是实现柔性体装配的关键。

3. 在装配环境下创建元件

在装配环境下可以创建零件、子组件、骨架模型、主体项及包络等。

（1）装配中的布尔运算

装配环境下可以完成零件间的布尔运算，包括合并、切除和相交，见表 3－3。

表 3－3　装配中的布尔运算实例

<table>
<tr><th colspan="2">零件</th><th>合并</th><th>切除</th><th>相交</th></tr>
<tr><td>A</td><td></td><td rowspan="2">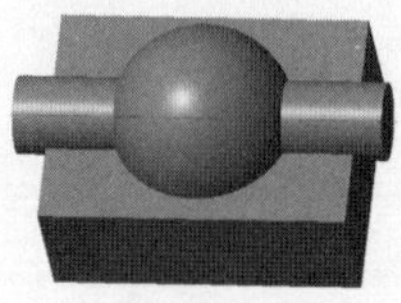</td><td rowspan="2"></td><td rowspan="2"></td></tr>
<tr><td>B</td><td></td></tr>
</table>

（2）骨架模型

骨架模型是由基准点、基准轴、基准坐标系、基准曲线曲面组成的，用于捕捉并定义设计意图及产品结构。借助骨架模型，设计者可传递设计信息，如产品结构、元件间界面位置、空间声明、连接与机构等。骨架模型主要包括标准骨架模型和运动骨架模型。可以使用骨架模型装配元件，也可以参考骨架模型创建元件。

3.3　曲面设计

在 CREO 中，曲面是一种没有厚度的几何特征，由曲面创建零件的主要过程包括：创建单个曲面，在对曲面进行修剪和偏移等操作的基础上，将曲面合并为一个整体面组，再将面组转化为实体零件。用拉伸、旋转、扫描和混合的方式创建曲面与创建实体基本相同。此外，还可以创建边界曲面、自由形状曲面，以及通过曲面扭曲、环形折弯、面组展开等方法创建曲面。在 CREO 中，可以构建参数化曲面模型，也可以构建自由曲面模型。CREO 的 ISDX（Interactive Surface Design Extension）曲面模块，以具有很强编辑能力的 3D 曲线为骨架来构造外观曲面，得到了广泛应用。造型曲面模块可以方便、迅速地创建自由造型的曲线和曲面，造型曲面以样条曲线为基础，通过曲率分布图，可直观地编辑曲线，得到所需的光滑、高质量的造型曲线，进而产生高质量造型曲面。

1. 曲线生成方法

（1）在“造型”模式中创建自由曲线

造型曲面模块中，曲线的类型包括自由曲线、平面曲线、COS（Curve On Surface）曲线及下落曲线。可以在绘图区域指定两个以上的自由点来绘制自由曲线，也可使用控制点创建自由曲线。COS 曲线是指在曲面上创建曲线，在创建时需选曲面为参考。下落曲线是将选定的曲线投影到指定的曲面上所创建的曲线，投影方向是选定平面的法向方向。通过相交产生 COS 曲线，是指将曲面与另一个曲面或基准平面相交来创建曲面上的曲线。

（2）用关系式驱动创建精确的曲线

曲线可以根据方程建立，如用笛卡儿坐标系的渐开线方程式驱动生成齿轮端面渐开线、用三条空间轨迹线方程创建电缆三绞线等。

2. 交互式曲面设计

在造型曲面模块中创建自由曲面需要使用一条或多条曲线作为线架。创建边界曲面前，要绘制至少 3 条或 4 条曲线为曲面边界，此外，还可以添加内部曲线，以控制曲面内部形状。创建放样曲面时，要以相同方向排列的曲线作为曲面线架。创建混合曲面时，以一条或两条轮廓曲线，以及至少一条与轮廓曲线相交的内部曲线作为线架。

第 4 章 基于 CREO 的设计示例

4.1 参数化设计直齿圆柱齿轮

1. 设计思路

齿轮的应用非常广泛，齿轮的设计是机械设计中最常见的工作之一。本示例采用参数化设计方法进行。参数化设计可以通过变更参数来方便地修改设计意图。参数是参数化设计的核心；关系是捕获特征之间、参数之间或组件之间的设计关系的一种方式。通过关系式体现参数之间的相互制约，改变关系也就改变了模型。将关系和参数配合使用可方便地建立齿轮的参数化模型，通过改变模数、齿数，可生成不同尺寸的同类齿轮。齿廓线可以通过输入渐开线方程得到。

2. 直齿圆柱齿轮设计

1）创建零件模型文件：创建新模型文件，选择零件（Part）任务，输入零件名称。

2）创建基础特征：选择凸起特征（Protrusion），绘制齿顶圆截面，通过拉伸（Extrude）建立基础特征实体（Solid），如图 4－1 所示。

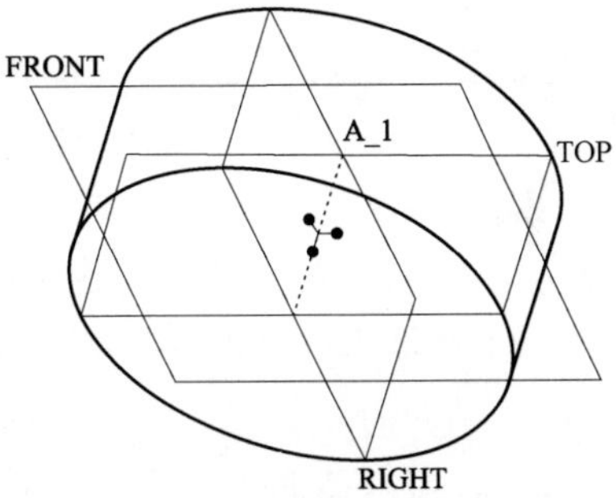

图 4－1　基础特征实体

3）切除齿槽：首先用基准曲线特征（Datum curve），用渐开线方程创建一条齿廓曲线，同时镜像生成另一条曲线，然后以这两条曲线和齿根圆为轮廓创建截面图，通过拉伸（Extrude）来切除（Remove Material）齿槽材料，如图 4－2 所示。

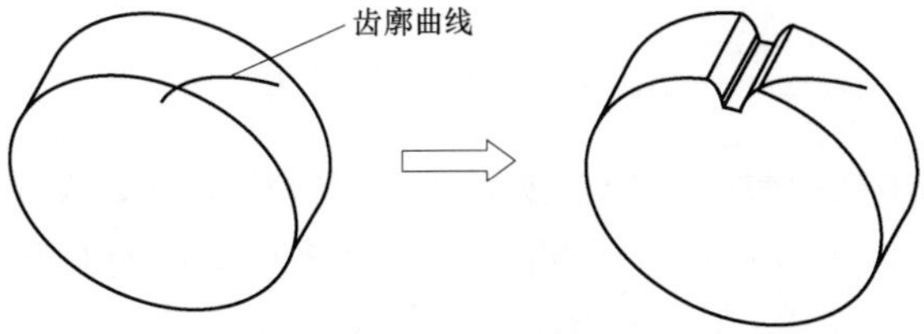

图 4－2　切除齿槽

4）阵列生成其他齿槽：根据齿数，沿圆周方向进行阵列（Pattern），生成所有齿槽，从

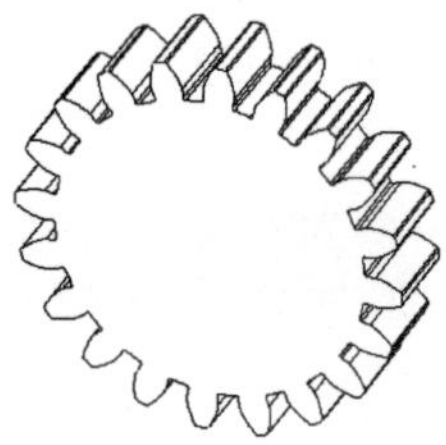

图 4－3　齿轮轮齿

而完成齿轮轮齿部分的建模，如图 4－3 所示。

5）建立辐板部位的其他特征：运用打孔特征（Hole）打出中心轴孔，切除（Remove Material）辐板厚度方向的部分材料，辐板上按圆周方向排布的孔可先打出一个孔后阵列产生其他的孔。过程如图 4－4 所示。

6）最后添加倒角等特征，完成零件实体模型的建立。

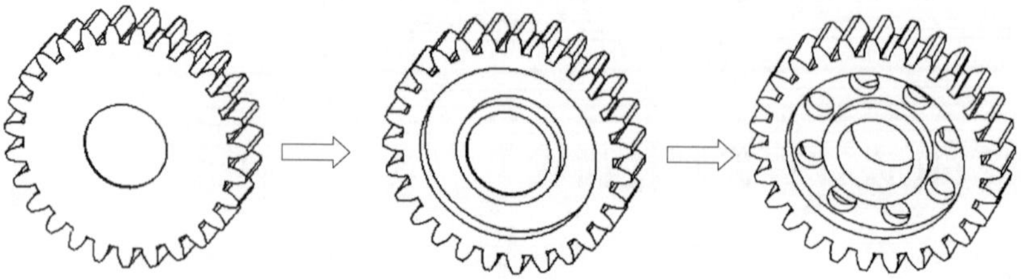

图 4－4　创建辐板部位特征

4.2　主控零件法设计鼠标

1. 设计思路

对于鼠标这类外壳由多个壳体类零件构成的完整造型的产品而言，为保证变更后的零件曲面还能形成一个光滑的曲面造型，设计时不应孤立地进行每个零件设计，而是先进行产品的整体造型，再把此造型文件合并到每个相关零件中，取其所需部分，并进行细节设计。造型文件中的设计变更可以传递到相关的零件进行相应变更。这就是所谓的主控零件法，这个造型文件也叫主控零件。适用于主控零件法设计的产品很多，如手机、卡通玩具等。

2. 鼠标设计

1）新建装配文件：创建装配文件，并输入名称。

2）设计主控件：设计鼠标的骨架模型，通过创建基准平面、基准点、绘制草图来构建鼠标的基础曲面特征；接着通过创建拉伸曲面进行合并，获取鼠标其他部分的轮廓特征，并添加圆角；进行曲面实体化后，添加一拉伸曲面作为移除材料的参照。如图 4－5 所示。

图 4－5　创建主控零件

3）设计二级控件：由主控件（骨架模型）曲面实体化生成二级控件。通过拉伸偏移等操作生成曲面，并且经过曲面合并得到可以进行实体化移除材料的曲面，如图 4－6 所示。

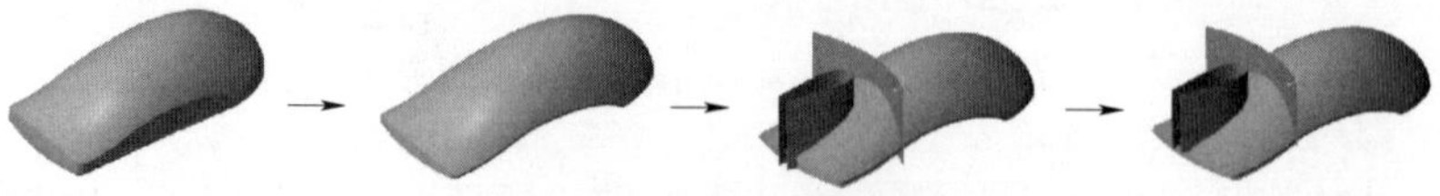

图 4－6　创建二级控件

4）设计下盖：利用主控件曲面实体化除去上半材料，再对余下的部分进行抽壳，在基础的下盖壳体上逐一构建拉伸、筋、打孔及圆角特征，如图 4－7 所示。

图 4－7　设计下盖

5）设计上盖和按键：在二级控件的基础上进行曲面实体化移除材料的操作，分别得到上盖和按键，如图 4－8 所示。

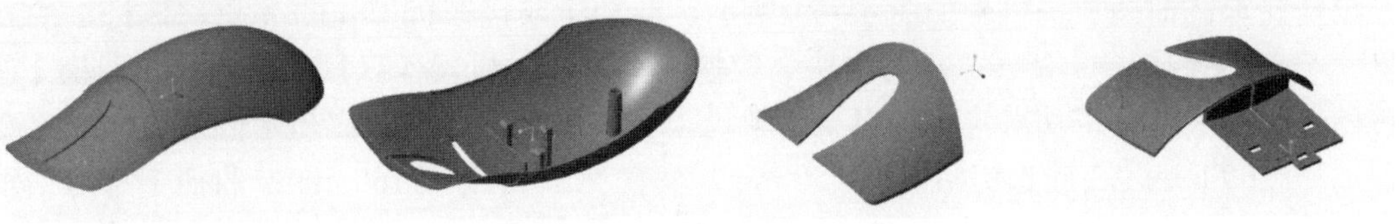

图 4－8　设计上盖和按键

6）设计最后的滚轮零件，如图 4－9 所示。

图 4－9　设计滚轮零件

7）设计流程图如图 4－10 所示。

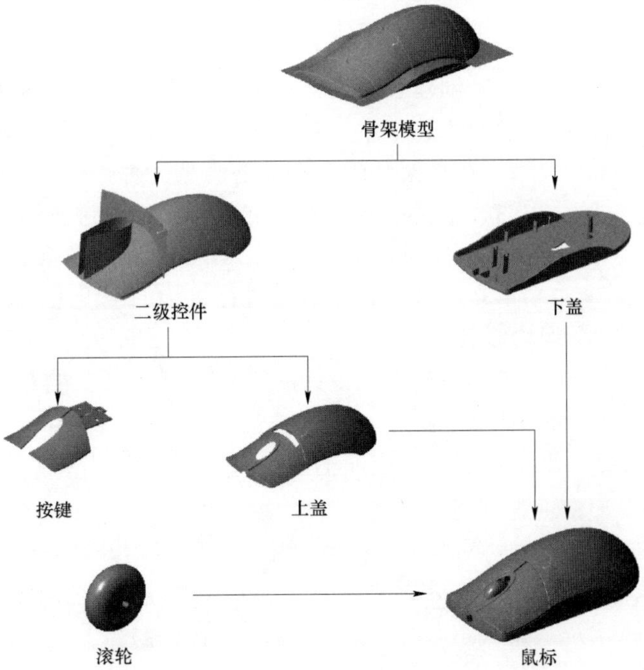

图 4－10　设计流程图

4.3 利用骨架模型设计曲柄滑块机构

1. 设计思路

在设计新机器或分析现有机器时，常把运动机构用机构运动简图表示。机构运动简图是用国家标准规定的简单符号和线条代表运动副和构件，并按一定的比例尺表示机构的运动尺寸绘制的机构简明图形。应用 CREO 可以建立类似于机构运动简图的骨架模型，即运动骨架模型，使用运动骨架模型可以在创建实际的装配元件前，在骨架模型中对机构进行设计、分析和优化。

2. 曲柄滑块机构设计

设计要求：曲柄滑块机构如图 4－11 所示，曲柄 1 铰接在机架 4 的 A 点，连杆 2 的一端在 B 点与曲柄铰接，一端在 C 点与滑块 3 铰接，滑块 3 与机架 4 以移动副连接。曲柄 1 绕 A 点转动，通过连杆 2 带动滑块 3 在机架的轨道上往复移动。曲柄长度初始值为 40 mm，变化范围：35～65 mm；连杆长初始值为 150 mm，变化范围：130～160 mm；曲柄 1 从与铅垂方向成 β 角（β=30°）的位置开始，逆时针转动 50°；滑块 3 移动 30 mm；要求压力角 α（连杆与滑块移动方向的夹角）的平均值尽量小。

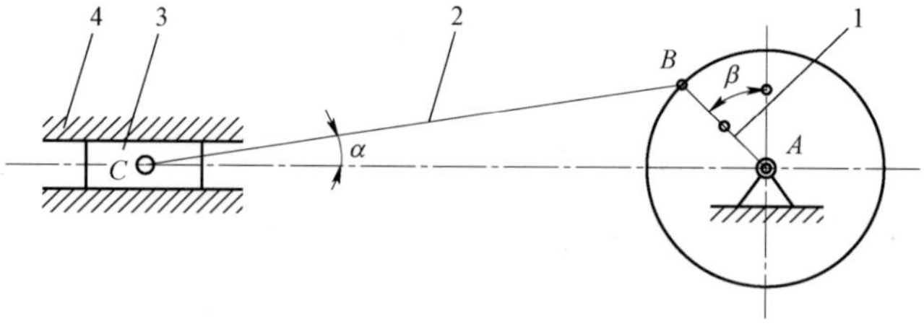

图 4－11　曲柄滑块机构简图

1—曲柄；2—连杆；3—滑块；4—机架

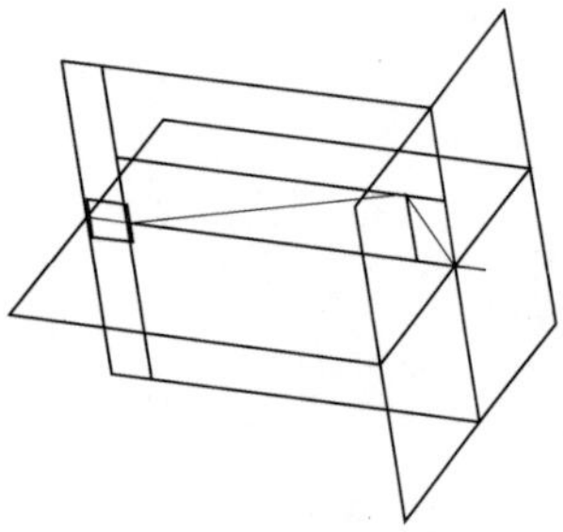

图 4－12　基础骨架模型

1）创建装配设计，选择设计任务，并输入名称。

2）添加基本参数，创建基础骨架模型，并在骨架上添加尺寸关系；在骨架基础上创建各骨架元件，如图 4－12 所示。

3）定义机构，添加伺服电动机，进行运动分析和测量；获取压力角变化量、曲轴位移、滑块位移等参数。

4）通过变量和参数进行机构的敏度分析、可行性分析和尺寸优化设计。

5）根据优化设计的骨架模型，可以很方便地生成机架和杆件的实体结构。

6）对生成的机构零件重新组装，完成曲柄滑块机构实体模型的建立，如图 4－13 所示。

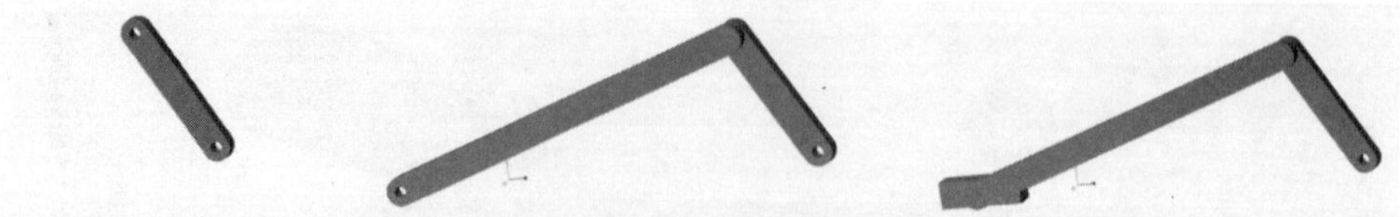

图 4－13　曲柄滑块机构实体模型

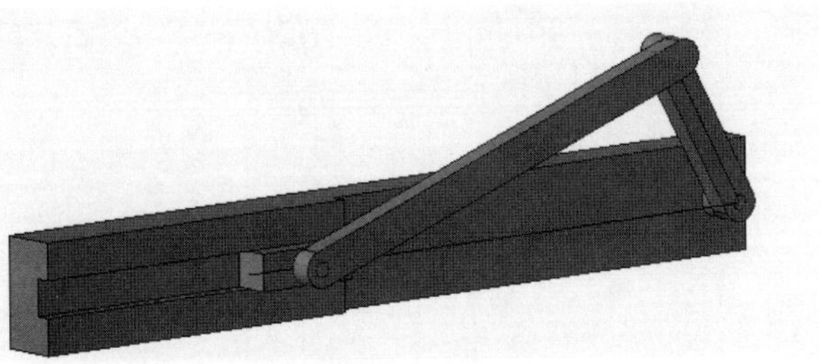

图 4－13　曲柄滑块机构实体模型（续）

7）最后再次定义机构，进行运动分析，从测量的结果框中观察验证参数满足设计要求。

4.4　利用二维布局进行紧固螺栓连接设计

1. 设计思路

布局是一个非参数化的 2D 草绘，可通过输入绘图将现有设计作为其余设计过程的布局。可以通过布局来定义组件的基本要求和约束，可对尺寸建立参数及关系。可建立全局基准实现元件的自动装配和元件的自动替换。通过将组建、子组建和零件声明到布局中向它们传递信息。

2. 紧固螺栓连接设计

1）新建记事本（布局）文件：创建记事本，输入名称 JGLSLJ.LAY。

2）设计基本二维布局图：通过草绘画出基础的布局图，并添加基准和注解，如图 4－14 所示。

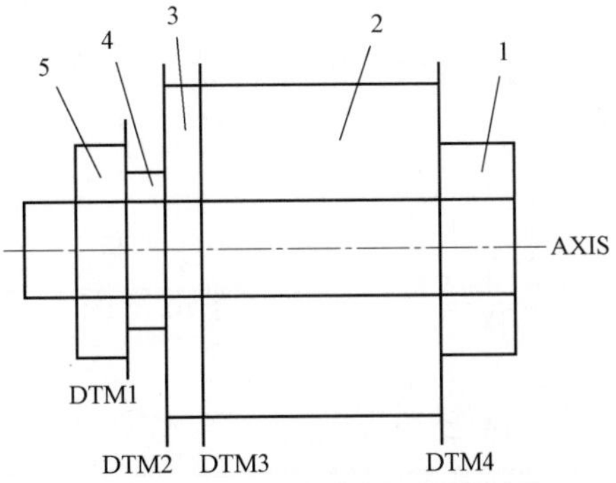

图 4－14　设计基本二维布局图

1—螺栓；2—被连接件 1；3—被连接件 2；4—垫圈；5—螺母

3）设计零件实体：根据布局和注释，分别设计六角头螺栓、被连接件 1、垫圈、被连接件 2、六角螺母，如图 4－15 所示。

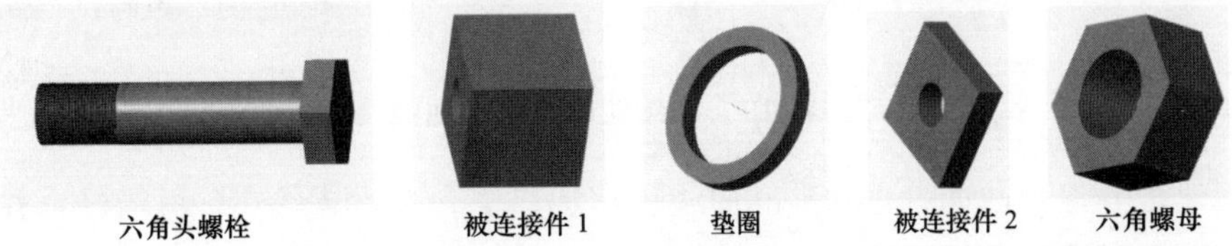

图 4－15　设计零件实体

4）声明零件的布局：根据布局图中基准位置对所有零件（全局基准）进行声明，如图 4－16 所示。

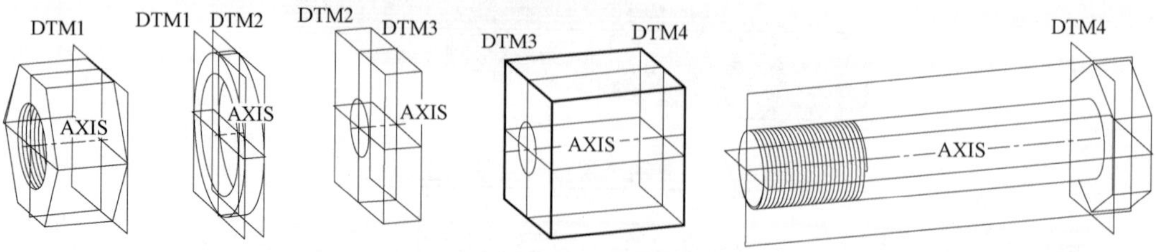

图 4－16　声明零件的布局

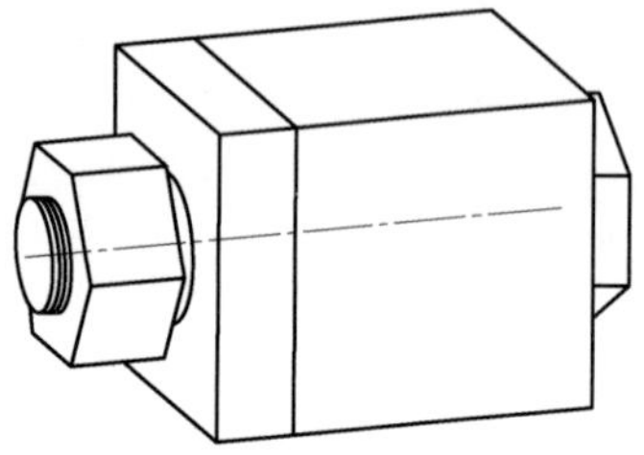

图 4－17　自动装配零件的产品

5）自动装配零件的产品：新建装配，依次组装各零件。首先组装六角头螺栓，默认约束类型，之后依次组装被连接件 1、被连接件 2、垫圈、六角螺母，约束类型均选择“自动”。可以很方便地进行装配，如图 4－17 所示。

6）添加参数和关系式驱动尺寸，修改尺寸后的零件需要重新生成，装配图会自动随之改变。

4.5　曲面设计

1. 设计思路

CREO 中曲面的内容非常丰富，除专门的曲面造型模块外，还可以创建一些曲面特征，如拉伸曲面、旋转曲面、等截面扫描、平行混合、旋转混合及一般混合。

2. 淋浴把手设计

1）新建零件模型文件：创建零件实体，输入零件名称。

2）创建轮廓的基准曲线特征：通过偏移创建基准平面和基准点，草绘各基准曲线，如图 4－18 所示。

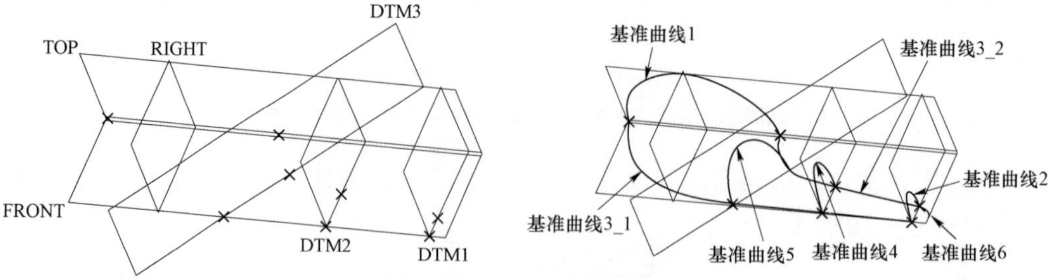

图 4－18　创建轮廓的基准曲线特征

3）创建边界混合曲面：通过基准曲线进行边界混合并设置约束，再经过合并生成轮廓面组，如图 4－19 所示。

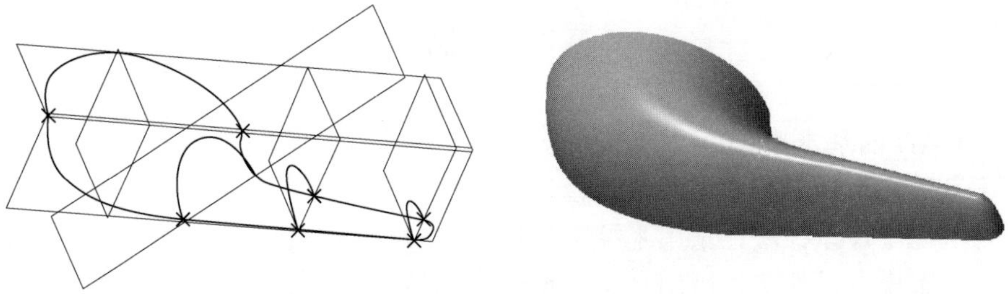

图 4-19　创建边界混合曲面

4）镜像生成另一半曲面，并合并生成整体的轮廓面组，如图 4-20 所示。

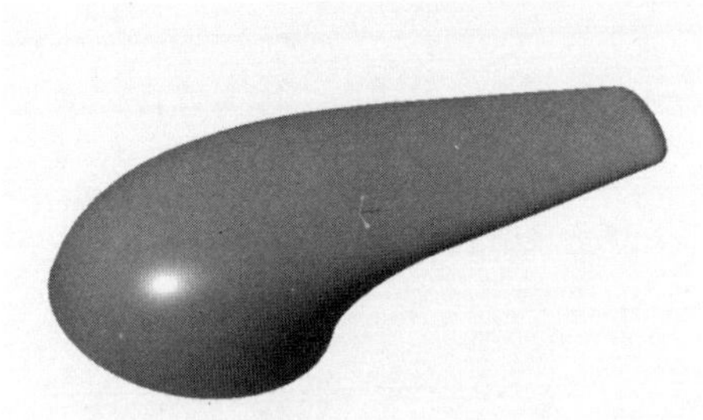

图 4-20　生成整体的轮廓面组

5）添加拔模偏移特征和倒角特征，如图 4-21 所示。

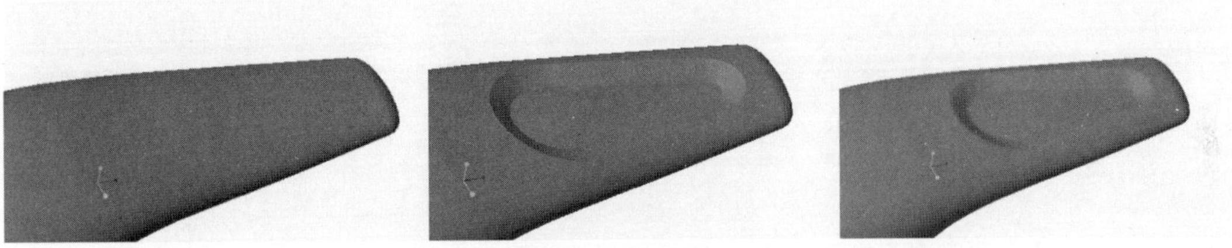

图 4-21　添加拔模偏移特征和倒角特征

6）加厚面组，并拉伸除料构造孔特征，完成淋浴把手的实体模型，如图 4-22 所示。

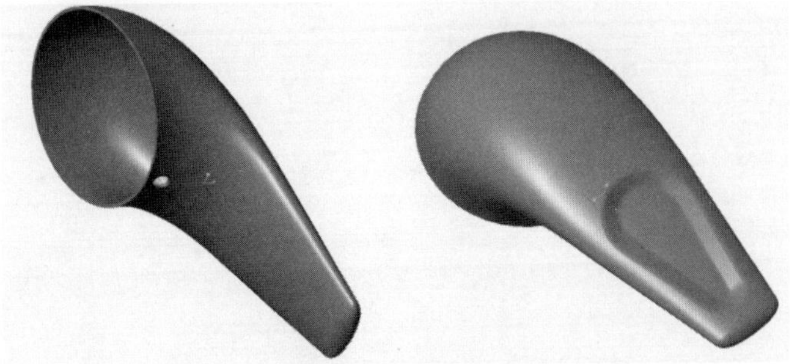

图 4-22　完成淋浴把手的实体模型

习　　题

1. 试述 CAD 的基本概念。
2. 试述参数化设计法，并用参数化设计法设计一产品。
3. 何为主控零件设计法？试用主控零件设计法设计一产品。
4. 何为骨架模型设计法？试用骨架模型设计法设计一产品。
5. 试述装配设计的两种主要设计思路：自底向上和自顶向下，并设计产品。

第Ⅱ部分　计算机辅助系统运动学/动力学分析

第 5 章
概　　述

5.1　多体系统

各种机构都是由多个部件通过铰（约束副）或力元（如弹簧阻尼器）连接在一起的系统（图 5-1），通常它们的部件会有较大的移动或转动位移，这样的系统可称为**多体系统**。

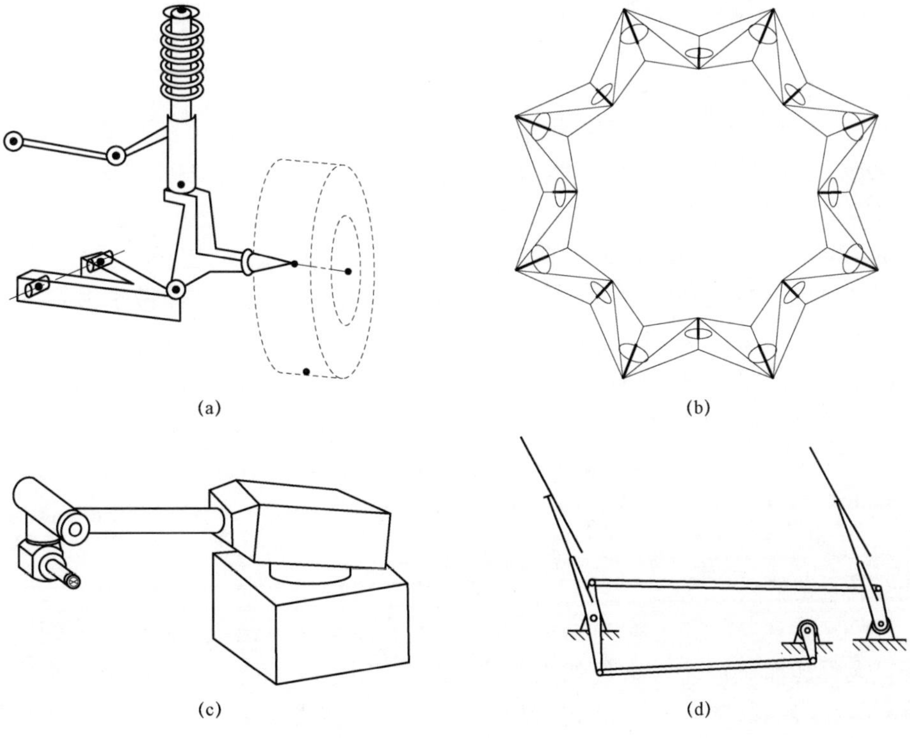

图 5-1　多体系统

如果一个物体的变形非常小，对其宏观运动的影响可以被忽略，那么这个物体就可认为是刚体，由若干个刚体组成的多体系统就是**多刚体系统**。所谓**刚体**，就是其中任意两点的距离在所有时间和构形中都保持不变的物体。一个刚体在空间的运动用六个广义坐标就可以完整地描述。

对一个多体系统进行分析，一般从运动学和动力学两个方面进行。运动学分析只考虑系统中物体的运动，而不考虑运动的起因，包括位置分析、速度分析和加速度分析等。动力学分析则是研究力与运动的关系，包含了运动、力和惯性等多种因素。大家都知道的一个动力学方程就是牛顿第二定律：$F = m\ddot{x}$，其中 F 是作用在物体运动方向上的力，m 是物体的质量，$\ddot{x}$ 是物体的加速度。牛顿第二定律将力与物体的加速度通过质量联系起来，又称作运动定律。

过去对机构进行分析多采用解析法或图解法，这些方法只能用于系统中物体个数不多的情况，并且精度也有限。能够进行高速运算的计算机的出现，使分析含有大量物体和较的复杂系统成为可能。计算多体系统动力学提供了用于多体系统动力学分析的工具，其目的是建立适用于一大类多体系统分析的通用方法，包括建立通用的系统运动学、动力学方程及这些方程的计算机求解。

5.2 多刚体系统动力学分析方法

20 世纪 60 年代初，宇宙及机械领域的一些学者们开始进行多刚体系统动力学的研究，这是一个结合古典的刚体力学、分析力学和电子计算机技术的力学分支，目前已经形成了几个比较系统的方法，主要有牛顿–欧拉方法、拉格朗日方法、罗伯逊–维登伯格方法及凯恩方法等。

1. 牛顿–欧拉方法

在进行刚体动力学分析时，可以将刚体的一般运动分解为随其上某点的平动（移动）和绕此点的转动，分别采用牛顿定律和欧拉方程进行分析。这种方法被自然地推广到多刚体系统，通常称为牛顿–欧拉方法。

用牛顿–欧拉方法建立的动力学方程会含有大量的、未知的理想约束反力，一个重要的问题就是如何消除这些约束反力。德国学者 W.O.Schiehlen 在这方面做了大量的工作，其方法是在列出系统的以笛卡儿广义坐标表示的牛顿–欧拉方程以后，对完整系统用达朗贝尔（D’ Alembert）原理消除约束反力，对非完整系统采用茹尔当（Jourdain）原理消除约束反力，最后得到与系统自由度数目相同的动力学方程。Schiehlen 等人还编制了相应的计算机程序 NEWEUL。

2. 拉格朗日方法

18 世纪法国著名的数学家、力学家拉格朗日运用数学分析的方法建立了以广义坐标表示的受理想约束的完整系统的动力学方程——第二类拉格朗日方程，该方程被广泛运用到多刚体系统动力学分析中。在建立系统的动力学方程时，由于采用传统的独立拉格朗日广义坐标十分困难，人们转而采用比较方便的不独立的笛卡儿广义坐标，具有代表性的是美国学者 M.A.Chace 和 E.J.Haug 的工作。Chace 选取的是每个刚体质心在总体基中的三个直角坐标和确定刚体方位的三个欧拉角作为笛卡儿广义坐标，对于所得到的混合微分–代数动力学方程，Chace 等人应用了吉尔（Gear）刚性积分算法，采用稀疏矩阵技术提高计算效率，编制了计算机程序 ADAMS。Haug 选取的笛卡儿广义坐标中采用四个欧拉参数来确定刚体的方位，研究了广义坐标分类、奇异值分解等算法，编制了计算机程序 DADS。

3. 罗伯逊–维登伯格方法

美国学者 E.R.Roberson 和德国学者 J.Wittenburg 创造性地应用图论的一些概念来描述多刚体系统的结构特征，使不同结构的系统能用统一的数学模型进行描述。他们采用铰链的相对运动变量作为广义坐标，导出可适用于任意结构的多刚体系统动力学方程的一般形式，是一组非线性运动方程。Wittenburg 和乌尔兹（Wolz）还编写了相应的计算机程序 MESA VERDE。

4. 凯恩方法

凯恩（Kane）方法是建立一般多自由度离散系统动力性方程的一种普遍方法。该方法以伪速度作为独立变量来描述系统的运动，既适用于完整系统，也适用于非完整系统，在动力学方程中不出现理想约束的反力，计算过程规格化，便于计算机计算。

第 6 章 有关力学基础

6.1 广义坐标与约束

1. 广义坐标

用来确定系统中所有物体的位置和方位（位形）的参数称为系统的**广义坐标**。对于有 n 个广义坐标的质点系统，各质点的直角坐标为

$$\begin{cases} x_i = x_i(q_1, q_2, \cdots, q_n, t) \\ y_i = y_i(q_1, q_2, \cdots, q_n, t) \\ z_i = z_i(q_1, q_2, \cdots, q_n, t) \quad (i = 1, 2, \cdots N) \end{cases} \tag{6-1}$$

或用向量表示为

$$\boldsymbol{r}_i = \boldsymbol{r}_i(q_1, q_2, \cdots, q_n, t) \qquad (i = 1, 2, \cdots N) \tag{6-2}$$

其中，N 为系统的质点数。

2. 约束

当一个系统的运动受到某些限制时，此系统就称为非自由系统，而那些限制系统位形和速度的运动学条件就是**约束**。约束可以用数学方程表示出来，这种用数学方程表示的约束关系就称为**约束方程**，其一般形式为

$$\boldsymbol{\Phi}(q_1, q_2, \cdots, q_n, t) = \boldsymbol{\Phi}(\boldsymbol{q}, t) = 0 \tag{6-3}$$

根据约束方程中是否含有坐标的导数，约束可分为几何约束和运动约束。

几何约束是指约束只限制系统中各物体在空间的位置，即在约束方程中不显含坐标的导数，即

$$\boldsymbol{\Phi}(\boldsymbol{q}, t) = 0 \tag{6-4}$$

运动约束是指对物体的速度、加速度等进行限制，即在约束方程中显含坐标的导数，如

$$\boldsymbol{\Phi}(\boldsymbol{q}, \dot{\boldsymbol{q}}, t) = 0 \tag{6-5}$$

如果该微分方程式是可积分的，如 $\dot{x}_C - R\dot{\varphi} = 0$，这种可积分的约束方程通过积分可以转化成几何约束方程。

几何约束和可积分的运动约束统称为**完整约束**，完整约束实质上是对系统位形的限制。除此以外，不可积分的运动约束称为**非完整约束**。一个机械系统，如果只受到完整约束的作用，这个系统就称为**完整系统**。如果受到的约束有非完整约束，则称为**非完整系统**。

若质点系虽然受到约束，但在某些方向可以脱离约束的限制，则这类约束称为**单面约束**。

单面约束的约束方程是不等式。若质点系受到在任何方向上都不能脱离的约束，则这种约束称为**双面约束**。双面约束的约束方程是等式。

6.2　动力学普遍方程

1. 虚位移原理

（1）虚位移

当质点系位于某个位置时（即在某个确定的瞬时），为约束所允许的可能实现的任何无限小位移，称为质点系在该位置（该瞬时）的**虚位移**。虚位移实际上就是广义坐标的等时变分（固定时间），可表示为

$$\begin{aligned}\delta \boldsymbol{r}_i &= \sum_{j=1}^{n} \frac{\partial \boldsymbol{r}_i}{\partial q_j}\delta q_j + \frac{\partial \boldsymbol{r}_i}{\partial t}\delta t \\ &= \sum_{j=1}^{n} \frac{\partial \boldsymbol{r}_i}{\partial q_j}\delta q_j \qquad (i = 1, 2, \cdots, N)\end{aligned} \tag{6-6}$$

（2）理想约束

作用在质点系上的约束反力在系统的任一虚位移上所做的虚功之和为零的约束称为**理想约束**。其数学表达式为

$$\sum_{i=1}^{N} \boldsymbol{R}_i \cdot \delta \boldsymbol{r}_i = 0 \tag{6-7}$$

式中，$\boldsymbol{R}_i$ 是作用于质点 i 上的约束反力。

（3）虚位移原理

具有双面、稳定、理想约束的静止质点系，能够继续保证静止的充要条件是所有主动力在质点系的任意虚位移中所做的虚功之和为零。其数学表达式为

$$\sum_{i=1}^{N} \boldsymbol{F}_i \cdot \delta \boldsymbol{r}_i = 0 \tag{6-8}$$

式中，$\boldsymbol{F}_i$ 是作用于质点 i 上的主动力；$\delta \boldsymbol{r}_i$ 是质点 i 的虚位移。

2. 动力学普遍方程

动力学普遍方程也称**达朗贝尔－拉格朗日方程**，是分析力学中最基本的原理，可以表述为：受理想约束的系统在运动的任意瞬时，主动力与惯性力在虚位移中所做的虚功之和等于零。其数学表达式为

$$\sum_{i=1}^{N} (\boldsymbol{F}_i - m_i \boldsymbol{a}_i) \cdot \delta \boldsymbol{r}_i = 0 \tag{6-9}$$

式中，m_i 是质点 i 的质量。

6.3　向量运算

1. 向量

向量是一个具有方向与大小的量，它的大小称为**模**。对于向量 $\boldsymbol{a}$，它的模记为$|\boldsymbol{a}|$。

模相等、方向一致的两个向量相等。

标量 α 与向量 $\boldsymbol{a}$ 的积为一个向量，其方向与向量 $\boldsymbol{a}$ 一致，模是它的 α 倍。

$$\boldsymbol{c}=\alpha\boldsymbol{a} \tag{6-10}$$

两向量 $\boldsymbol{a}$ 与 $\boldsymbol{b}$ 的和为一向量（如图 6-1 所示），记为 $\boldsymbol{c}$:

$$\boldsymbol{c}=\boldsymbol{a}+\boldsymbol{b} \tag{6-11}$$

两向量 $\boldsymbol{a}$ 与 $\boldsymbol{b}$ 的点积为一标量，它的大小为

$$\boldsymbol{a}\cdot\boldsymbol{b}=|\boldsymbol{a}||\boldsymbol{b}|\cos\theta \tag{6-12}$$

其中，θ 为向量 $\boldsymbol{a}$ 与 $\boldsymbol{b}$ 的夹角。

两向量 $\boldsymbol{a}$ 与 $\boldsymbol{b}$ 的叉积为一向量，记为 $\boldsymbol{c}$:

$$\boldsymbol{c}=\boldsymbol{a}\times\boldsymbol{b} \tag{6-13}$$

它的方向按右手法则确定（图 6-2），大小为

$$|\boldsymbol{c}|=|\boldsymbol{a}||\boldsymbol{b}|\sin\theta \tag{6-14}$$

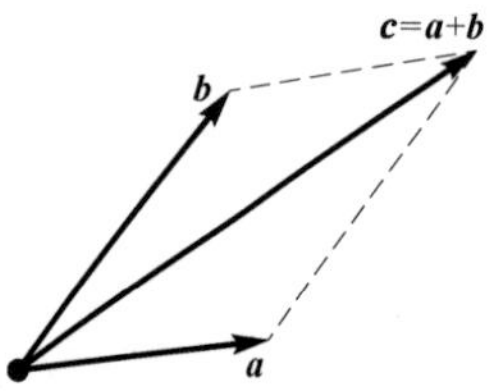

图 6-1　向量的和

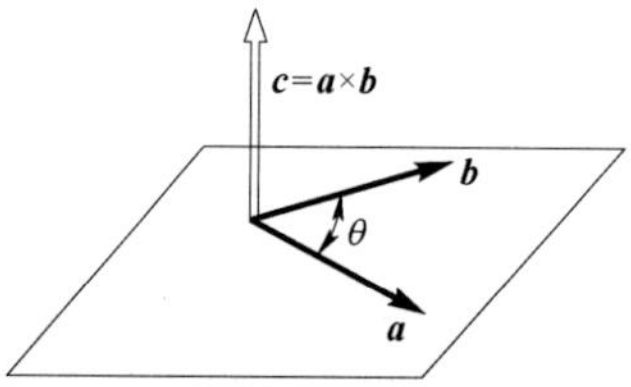

图 6-2　向量的叉积

向量的点积具有交换律:

$$\boldsymbol{a}\cdot\boldsymbol{b}=\boldsymbol{b}\cdot\boldsymbol{a} \tag{6-15}$$

向量的叉积无交换律:

$$\boldsymbol{a}\times\boldsymbol{b}=-\boldsymbol{b}\times\boldsymbol{a} \tag{6-16}$$

向量的点积和叉积具有分配律:

$$\boldsymbol{a}\cdot(\boldsymbol{b}+\boldsymbol{c})=\boldsymbol{a}\cdot\boldsymbol{b}+\boldsymbol{a}\cdot\boldsymbol{c} \tag{6-17}$$

$$\boldsymbol{a}\times(\boldsymbol{b}+\boldsymbol{c})=\boldsymbol{a}\times\boldsymbol{b}+\boldsymbol{a}\times\boldsymbol{c} \tag{6-18}$$

由上述基本运算还可得到如下常用的二重积关系式:

$$\boldsymbol{a}\cdot(\boldsymbol{b}\times\boldsymbol{c})=\boldsymbol{c}\cdot(\boldsymbol{a}\times\boldsymbol{b})=\boldsymbol{b}\cdot(\boldsymbol{c}\times\boldsymbol{a}) \tag{6-19}$$

$$\boldsymbol{a}\times(\boldsymbol{b}\times\boldsymbol{c})=\boldsymbol{b}(\boldsymbol{a}\cdot\boldsymbol{c})-(\boldsymbol{b}\cdot\boldsymbol{a})\boldsymbol{c} \tag{6-20}$$

2. 基向量

用三个正交的单位向量 $\boldsymbol{e}_1$、$\boldsymbol{e}_2$、$\boldsymbol{e}_3$ 构成一个参考空间，称为**向量基**（简称**基**）或**坐标系**，这三个正交的单位向量称为**基向量**，它们存在如下的关系:

$$\boldsymbol{e}_\alpha\cdot\boldsymbol{e}_\beta=\delta_{\alpha\beta} \tag{6-21}$$

$$\boldsymbol{e}_\alpha\times\boldsymbol{e}_\beta=\varepsilon_{\alpha\beta\gamma}\boldsymbol{e}_\gamma \tag{6-22}$$

其中，$\delta_{\alpha\beta}$ 为 Kronecher（克罗内克）符号，规定为

$$\delta_{\alpha\beta}=\begin{cases}1, \alpha=\beta \\ 0, \alpha\neq\beta\end{cases} \quad (\alpha,\beta=1,2,3) \tag{6-23}$$

$\varepsilon_{\alpha\beta\gamma}$ 为 Levi－Civita（李奇）符号，规定为

$$\varepsilon_{\alpha\beta\gamma}=\begin{cases}0, & i=j \text{ 或 } j=k \text{ 或 } i=k \\ 1, & \alpha,\beta,\gamma \text{ 依次循环} \\ -1, & \text{其他}\end{cases} \quad (\alpha,\beta,\gamma=1,2,3) \tag{6-24}$$

向量基可以用基向量 $\boldsymbol{e}_1$、$\boldsymbol{e}_2$、$\boldsymbol{e}_3$ 构成的阵列向量 $\boldsymbol{e}=(\boldsymbol{e}_1 \quad \boldsymbol{e}_2 \quad \boldsymbol{e}_3)^{\mathrm{T}}$ 来表示，且

$$\boldsymbol{e}\cdot\boldsymbol{e}^{\mathrm{T}}=\boldsymbol{I} \tag{6-25}$$

$$\boldsymbol{e}\times\boldsymbol{e}^{\mathrm{T}}=\begin{bmatrix}0 & \boldsymbol{e}_3 & -\boldsymbol{e}_2 \\ -\boldsymbol{e}_3 & 0 & \boldsymbol{e}_1 \\ \boldsymbol{e}_2 & -\boldsymbol{e}_1 & 0\end{bmatrix} \tag{6-26}$$

3. 向量的坐标矩阵

向量的几何描述很难处理复杂的运算问题，通常用得比较多的是向量的代数表达方式。在某个向量基 $\boldsymbol{e}$ 上，任意向量 $\boldsymbol{a}$ 可表示成

$$\boldsymbol{a}=a_1\boldsymbol{e}_1+a_2\boldsymbol{e}_2+a_3\boldsymbol{e}_3 \tag{6-27}$$

其中，a_1、a_2、a_3 称为向量 $\boldsymbol{a}$ 在三个基向量上的坐标，它们构成的阵列称为向量 $\boldsymbol{a}$ 在该基向量上的**坐标阵列**。

$$\overline{\boldsymbol{a}}=(a_1 \quad a_2 \quad a_3)^{\mathrm{T}} \tag{6-28}$$

这样向量 $\boldsymbol{a}$ 又可表示成

$$\boldsymbol{a}=\overline{\boldsymbol{a}}^{\mathrm{T}}\boldsymbol{e}=\boldsymbol{e}^{\mathrm{T}}\overline{\boldsymbol{a}} \tag{6-29}$$

以向量在基向量上的三个坐标为元素，还可构成一个反对称方阵

$$\tilde{\boldsymbol{a}}=\begin{bmatrix}0 & -a_3 & a_2 \\ a_3 & 0 & -a_1 \\ -a_2 & a_1 & 0\end{bmatrix} \tag{6-30}$$

对于 $\boldsymbol{c}=\boldsymbol{a}\times\boldsymbol{b}$，由于

$$\boldsymbol{c}=\boldsymbol{a}\times\boldsymbol{b}=\begin{bmatrix}\boldsymbol{e}_1 & \boldsymbol{e}_2 & \boldsymbol{e}_3 \\ a_1 & a_2 & a_3 \\ b_1 & b_2 & b_3\end{bmatrix}$$
$$=(a_2b_3-a_3b_2)\boldsymbol{e}_1+(a_3b_1-a_1b_3)\boldsymbol{e}_2+(a_1b_2-a_2b_1)\boldsymbol{e}_3$$

所以

$$\overline{\boldsymbol{c}}=\begin{bmatrix}a_2b_3-a_3b_2 \\ a_3b_1-a_1b_3 \\ a_1b_2-a_2b_1\end{bmatrix}=\begin{bmatrix}0 & -a_3 & a_2 \\ a_3 & 0 & -a_1 \\ -a_2 & a_1 & 0\end{bmatrix}\begin{bmatrix}b_1 \\ b_2 \\ b_3\end{bmatrix} \tag{6-31}$$
$$\overline{\boldsymbol{c}}=\tilde{\boldsymbol{a}}\overline{\boldsymbol{b}}$$

【例 6－1】 向量 $\boldsymbol{a}$、$\boldsymbol{b}$ 的坐标阵列分别为 $\overline{\boldsymbol{a}}=(0 \quad -5 \quad 1)^{\mathrm{T}}$、$\overline{\boldsymbol{b}}=(1 \quad -2 \quad 3)^{\mathrm{T}}$，求 $\boldsymbol{c}=\boldsymbol{a}\times\boldsymbol{b}$。

解：

$$\tilde{\boldsymbol{a}}=\begin{bmatrix}0 & -1 & -5\\ 1 & 0 & 0\\ 5 & 0 & 0\end{bmatrix}$$

$\boldsymbol{c}=\boldsymbol{a}\times\boldsymbol{b}$ 的坐标阵列为

$$\overline{\boldsymbol{c}}=\tilde{\boldsymbol{a}}\overline{\boldsymbol{b}}=\begin{bmatrix}0 & -1 & -5\\ 1 & 0 & 0\\ 5 & 0 & 0\end{bmatrix}\begin{bmatrix}1\\ -2\\ 3\end{bmatrix}=\begin{bmatrix}-13\\ 1\\ 5\end{bmatrix}$$

第 7 章 刚体运动学/动力学

7.1 质点运动学/动力学

1. 质点运动学

质点是被假设为没有大小的，因此，在空间中可以被当作一个点来处理。质点运动学主要考虑的是点在给定坐标系下的移动。如质点 P 在三维笛卡儿坐标系中的位置向量（图 7－1）可以写为

$$\boldsymbol{r} = x_1\boldsymbol{e}_1 + x_2\boldsymbol{e}_2 + x_3\boldsymbol{e}_3 \tag{7-1}$$

其中，x_1、x_2、x_3 是质点的笛卡儿坐标；$\boldsymbol{e}_1$、$\boldsymbol{e}_2$、$\boldsymbol{e}_3$ 是沿坐标轴 X_1、X_2、X_3 的单位向量，位置向量的坐标阵列可写为 $\overline{\boldsymbol{r}} = (x_1 \quad x_2 \quad x_3)^{\mathrm{T}}$。

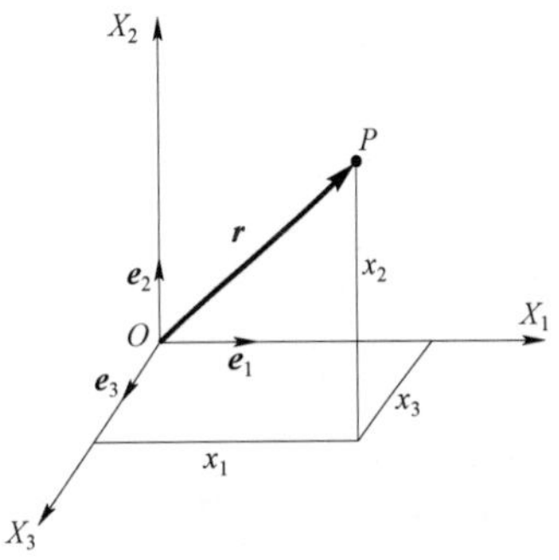

图 7－1 质点 P 的位置

质点的速度向量定义为位置向量对时间的导数，假设坐标轴 X_1、X_2、X_3 是固定的（不随时间变化），则质点的速度向量可以写为

$$\boldsymbol{v} = \dot{\boldsymbol{r}} = \frac{\mathrm{d}\boldsymbol{r}}{\mathrm{d}t} = \dot{x}_1\boldsymbol{e}_1 + \dot{x}_2\boldsymbol{e}_2 + \dot{x}_3\boldsymbol{e}_3 \tag{7-2}$$

速度向量的坐标阵列可写为 $\overline{\boldsymbol{v}} = (\dot{x}_1 \quad \dot{x}_2 \quad \dot{x}_3)^{\mathrm{T}}$。

质点的加速度向量定义为速度向量对时间的导数，可以写为

$$\boldsymbol{a} = \frac{\mathrm{d}\boldsymbol{v}}{\mathrm{d}t} = \ddot{x}_1\boldsymbol{e}_1 + \ddot{x}_2\boldsymbol{e}_2 + \ddot{x}_3\boldsymbol{e}_3 \tag{7-3}$$

加速度向量的坐标阵列可写为 $\overline{\boldsymbol{a}} = (\ddot{x}_1 \quad \ddot{x}_2 \quad \ddot{x}_3)^{\mathrm{T}}$。

2. 质点动力学

设作用在质点上的力向量为 $\boldsymbol{F}$，质点质量为 m，质点的速度向量为 $\boldsymbol{v}$，根据牛顿第二定律，可以得到

$$\boldsymbol{F} = m\frac{\mathrm{d}\boldsymbol{v}}{\mathrm{d}t} = m\boldsymbol{a}$$

如果令 $\boldsymbol{F}^* = -m\boldsymbol{a}$ 为惯性力向量，则

$$\boldsymbol{F} + \boldsymbol{F}^* = 0 \tag{7-4}$$

这就是**达朗贝尔原理**。简单地说，就是质点上作用的外力与惯性力之和为零。达朗贝尔原理可以推广运用到质点系统、刚体系统或质点与刚体的混合系统。

7.2 平面运动刚体运动学

与质点不同，刚体的质量是分散的，描述刚体在空间的运动需要六个自由度：三个描述刚体移动的自由度和三个描述刚体方位（姿态）的自由度。对于做平面运动的刚体，则只需要三个自由度，一般用固定在刚体上的连体基原点在平面内的两个移动自由度和连体基相对于固定参考基（总体基）的一个转动自由度来描述。

1. 坐标转换矩阵

设连体基 $X_bO_bY_b$ 的 X_b 轴相对于总体基 XOY 的 X 轴的转角为 θ（图 7-2），连体基上沿 X_b、Y_b 轴的单位向量 $\boldsymbol{e}_1^b$ 、 $\boldsymbol{e}_2^b$ 与总体基的单位向量 $\boldsymbol{e}_1$ 、 $\boldsymbol{e}_2$ 的转换可表示为

$$\boldsymbol{e}_1 = \cos\theta \boldsymbol{e}_1^b - \sin\theta \boldsymbol{e}_2^b$$

$$\boldsymbol{e}_2 = \sin\theta \boldsymbol{e}_1^b + \cos\theta \boldsymbol{e}_2^b$$

令

$$\boldsymbol{A} = \begin{bmatrix} \cos\theta & -\sin\theta \\ \sin\theta & \cos\theta \end{bmatrix} \tag{7-5}$$

则

$$\begin{bmatrix} \boldsymbol{e}_1 \\ \boldsymbol{e}_2 \end{bmatrix} = \boldsymbol{A} \begin{bmatrix} \boldsymbol{e}_1^b \\ \boldsymbol{e}_2^b \end{bmatrix} \tag{7-6}$$

矩阵 $\boldsymbol{A}$ 就是从连体基到总体基的**坐标转换矩阵**，它可以用来定义刚体的方位。

2. 刚体上一点的位置、速度和加速度

如图 7-3 所示，刚体上连体基 $X_bO_bY_b$ 基点 O_b 的位置向量为 $\boldsymbol{r}$，从基点到刚体上任意一点 P 的向量为 $\boldsymbol{u}^P$，则 P 点在总体基 XOY 中的位置向量 $\boldsymbol{r}^P$ 为

$$\boldsymbol{r}^P = \boldsymbol{r} + \boldsymbol{u}^P \tag{7-7}$$

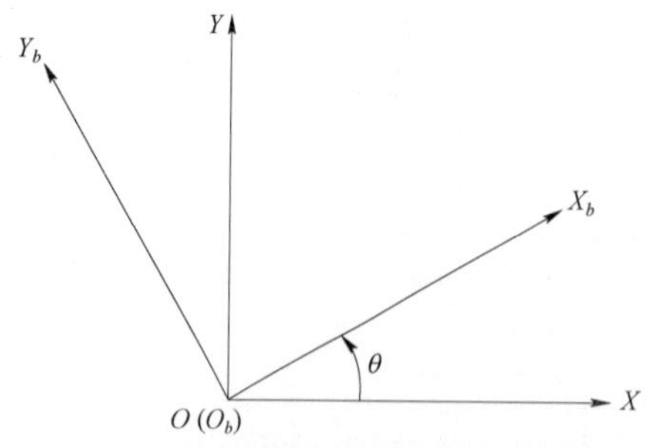

图 7-2　连体基相对于总体基的转动

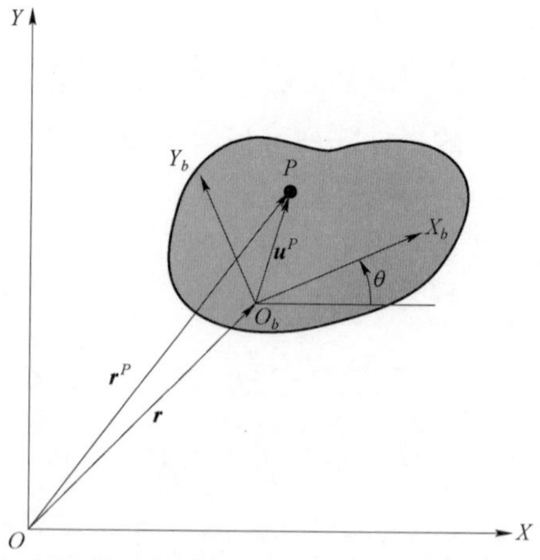

图 7-3　刚体上任意一点的位置

P 点在连体基 $X_bO_bY_b$ 中的坐标阵列为

$$\bar{\boldsymbol{u}}_b^P=(x_b^P \quad y_b^P)^{\mathrm{T}} \tag{7-8}$$

转换到总体基 XOY 下为

$$\bar{\boldsymbol{u}}^P=\begin{bmatrix}x^P\\ y^P\end{bmatrix}=\begin{bmatrix}x_b^P\cos\theta & -y_b^P\sin\theta\\ x_b^P\sin\theta & y_b^P\cos\theta\end{bmatrix}=\begin{bmatrix}\cos\theta & -\sin\theta\\ \sin\theta & \cos\theta\end{bmatrix}\begin{bmatrix}x_b^P\\ y_b^P\end{bmatrix}$$

即

$$\bar{\boldsymbol{u}}^P=\boldsymbol{A}\bar{\boldsymbol{u}}_b^P \tag{7-9}$$

则 P 点在总体基 XOY 中的位置向量 $\boldsymbol{r}^P$ 的坐标阵列为

$$\bar{\boldsymbol{r}}^P=\bar{\boldsymbol{r}}+\boldsymbol{A}\bar{\boldsymbol{u}}_b^P \tag{7-10}$$

因此，刚体运动的位移可用固定在刚体上的连体基基点的位移及绕通过连体基基点并垂直于刚体运动平面的轴的转动来表示。

将式（7-10）对时间求导，可得刚体上任意一点速度向量的坐标阵列为

$$\dot{\bar{\boldsymbol{r}}}^P=\dot{\bar{\boldsymbol{r}}}+\dot{\boldsymbol{A}}\bar{\boldsymbol{u}}_b^P \tag{7-11}$$

由于

$$\dot{\boldsymbol{A}}=\dot{\theta}\boldsymbol{A}_\theta \tag{7-12}$$

其中，

$$\boldsymbol{A}_\theta=\begin{bmatrix}-\sin\theta & -\cos\theta\\ \cos\theta & -\sin\theta\end{bmatrix} \tag{7-13}$$

因此

$$\dot{\bar{\boldsymbol{r}}}^P=\dot{\bar{\boldsymbol{r}}}+\dot{\theta}\boldsymbol{A}_\theta\bar{\boldsymbol{u}}_b^P \tag{7-14}$$

定义**角速度向量**为

$$\boldsymbol{\omega}=\dot{\theta}\boldsymbol{e}_3 \tag{7-15}$$

$\boldsymbol{e}^3$ 是沿垂直于运动平面的坐标轴的单位向量。该角速度向量的坐标阵列可以写为

$$\bar{\boldsymbol{\omega}}=(0 \quad 0 \quad \dot{\theta})^{\mathrm{T}} \tag{7-16}$$

由于

$$\boldsymbol{\omega}\times\boldsymbol{u}^P=\begin{vmatrix}\boldsymbol{e}_1 & \boldsymbol{e}_2 & \boldsymbol{e}_3\\ 0 & 0 & \dot{\theta}\\ x^P & y^P & 0\end{vmatrix}$$

其坐标阵列为

$$\begin{bmatrix}-\dot{\theta}y^P\\ \dot{\theta}x^P\end{bmatrix}=\dot{\theta}\begin{bmatrix}-x_b^P\sin\theta-y_b^P\cos\theta\\ x_b^P\cos\theta-y_b^P\sin\theta\end{bmatrix}=\dot{\theta}\boldsymbol{A}_\theta\bar{\boldsymbol{u}}_b^P$$

因此

$$\dot{\boldsymbol{r}}^P=\dot{\boldsymbol{r}}+\boldsymbol{\omega}\times\boldsymbol{u}^P \tag{7-17}$$

这说明刚体上任意一点的绝对速度是连体基基点的绝对速度 $\dot{\boldsymbol{r}}$ 与该点相对于基点的相对速度

（$\boldsymbol{\omega}\times\boldsymbol{u}^P$）之和。

将式（7－14）对时间求导，可得刚体上任意一点加速度向量的坐标阵列为

$$\ddot{\bar{\boldsymbol{r}}}^P=\ddot{\bar{\boldsymbol{r}}}+\dot{\theta}\dot{\boldsymbol{A}}_\theta\bar{\boldsymbol{u}}_b^P+\ddot{\theta}\boldsymbol{A}_\theta\bar{\boldsymbol{u}}_b^P \tag{7-18}$$

由于

$$\dot{\boldsymbol{A}}_\theta=-\dot{\boldsymbol{A}}\dot{\theta} \tag{7-19}$$

所以

$$\ddot{\bar{\boldsymbol{r}}}^P=\ddot{\bar{\boldsymbol{r}}}-\dot{\theta}^2\dot{\boldsymbol{A}}\bar{\boldsymbol{u}}_b^P+\ddot{\theta}\boldsymbol{A}_\theta\bar{\boldsymbol{u}}_b^P \tag{7-20}$$

令

$$\boldsymbol{\varepsilon}=\ddot{\theta}\boldsymbol{e}_3 \tag{7-21}$$

为**角加速度向量**，则

$$\ddot{\boldsymbol{r}}^P=\ddot{\boldsymbol{r}}+\boldsymbol{\omega}\times(\boldsymbol{\omega}\times\boldsymbol{u}^P)+\boldsymbol{\varepsilon}\times\boldsymbol{u}^P \tag{7-22}$$

这说明刚体上任意一点的绝对加速度是连体基基点的绝对加速度 $\ddot{\boldsymbol{r}}$ 与该点相对于基点的法向加速度 $\boldsymbol{\omega}\times(\boldsymbol{\omega}\times\boldsymbol{u}^P)$ 及切向加速度 $\boldsymbol{\varepsilon}\times\boldsymbol{u}^P$ 之和。

7.3 平面运动刚体动力学

描述一个刚体在空间的运动需要六个自由度，描述其运动的动力学方程相应地也有六个。如果选刚体的质心为连体基的基点，那么描述其移动的动力学方程就是牛顿方程，描述其转动的动力学方程就是欧拉方程。

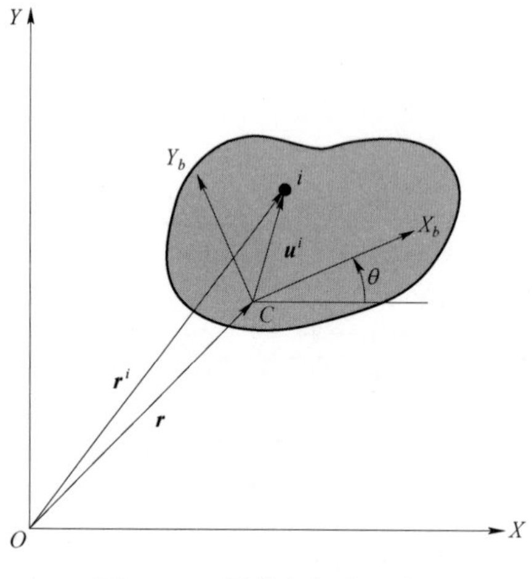

图 7－4 刚体上任意一点 *i*

1. 牛顿方程

一个刚体可以看作由无数个质点组成的。如图 7－4 所示，刚体上连体基 X_bCY_b 基点 C 是刚体的质点，设刚体的密度为 ρ，则刚体上任意一点 i 的质量为 $\rho\mathrm{d}V$，V 为刚体的体积，根据达朗贝尔原理，得

$$\int_V \ddot{\boldsymbol{r}}^i\rho\mathrm{d}V=\boldsymbol{F} \tag{7-23}$$

其中，$\boldsymbol{r}^i$ 是从总体基基点到刚体上任意一点 i 的位置向量；$\boldsymbol{F}$ 是作用在刚体上的合力。

对于做平面运动的刚体，由式（7－20）可知

$$\ddot{\bar{\boldsymbol{r}}}^i=\ddot{\bar{\boldsymbol{r}}}-\dot{\theta}^2\boldsymbol{A}\bar{\boldsymbol{u}}_b^i+\ddot{\theta}\boldsymbol{A}_\theta\bar{\boldsymbol{u}}_b^i$$

其中，$\boldsymbol{r}$ 是连体基基点的位置向量；$\bar{\boldsymbol{u}}_b^i$ 是 i 点在连体基中的坐标阵列。由于连体基的基点是刚体的质心，因此

$$\int_V \rho\bar{\boldsymbol{u}}_b^i\mathrm{d}V=0 \tag{7-24}$$

利用式（7－23）可得

$$\int_V \rho\ddot{\boldsymbol{r}}\mathrm{d}V = \boldsymbol{F} \tag{7-25}$$

由于刚体的质心加速度与点 i 的位置无关，且刚体的质量为

$$m = \int_V \rho\mathrm{d}V$$

最后得到

$$m\ddot{\boldsymbol{r}} = \boldsymbol{F} \tag{7-26}$$

这就是刚体运动的**牛顿方程**。

2. 欧拉方程

对于惯性力矩，根据达朗贝尔原理，可得

$$\int_V \rho\boldsymbol{u}^i \times \ddot{\boldsymbol{r}}^i\mathrm{d}V = \boldsymbol{M} \tag{7-27}$$

其中，$\boldsymbol{M}$ 是关于连体基基点的合力矩向量，对于刚体的平面运动来说，其坐标阵列为 $[0\ 0\ M]^{\mathrm{T}}$。

令刚体的质心为连体基的基点，由式（7-22）可知

$$\ddot{\boldsymbol{r}}^i = \ddot{\boldsymbol{r}}+\boldsymbol{\omega}\times(\boldsymbol{\omega}\times\boldsymbol{u}^i)+\boldsymbol{\varepsilon}\times\boldsymbol{u}^i$$

其中，$\boldsymbol{\omega}$ 是角速度向量；$\boldsymbol{\varepsilon}$ 是角加速度向量；$\boldsymbol{u}^i$ 是连体基基点到刚体上一点 i 的向量。将该式代入式（7-27），并考虑到式（7-24）及 $\boldsymbol{u}^i$ 与 $\boldsymbol{\omega}\times(\boldsymbol{\omega}\times\boldsymbol{u}^i)$ 是平行向量，式（7-27）变为

$$\int_V \rho\boldsymbol{u}^i \times (\boldsymbol{\varepsilon}\times\boldsymbol{u}^i)\mathrm{d}V = \boldsymbol{M}$$

对于刚体的平面运动，$\boldsymbol{\varepsilon} = \ddot{\theta}\boldsymbol{e}_3$，并且 $\bar{\boldsymbol{u}}_b^i = [x_b^i \quad y_b^i \quad 0]^{\mathrm{T}}$，$\boldsymbol{M}=[0\ 0\ M]^{\mathrm{T}}$，因此

$$\int_V \rho\bar{\boldsymbol{u}}_b^{i\mathrm{T}}\bar{\boldsymbol{u}}_b^i\ddot{\theta}\mathrm{d}V = \int_V \rho[(x_b^i)^2 + (y_b^i)^2]\ddot{\theta}\mathrm{d}V = M$$

而

$$J = \int_V \rho[(x_b^i)^2 + (y_b^i)^2]\mathrm{d}V$$

是刚体相对于质心的**极转动惯量**。最后得到

$$J\ddot{\theta} = M \tag{7-28}$$

这就是刚体运动的**欧拉方程**。

表 7-1 是一些常用平面运动构件的质心位置及其相对于质心的极转动惯量。

表 7-1　常用构件的质心位置及其相对于质心的极转动惯量

名称	示意图	值
杆	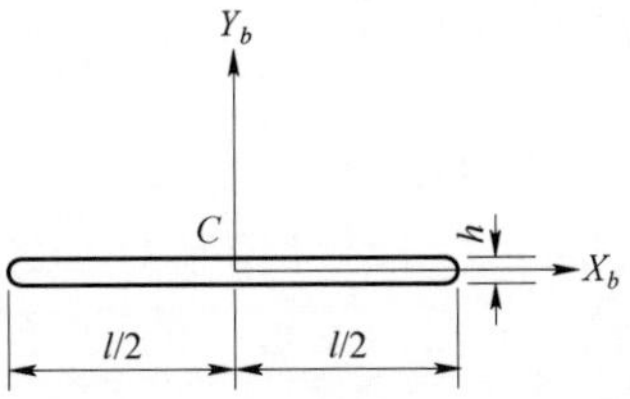	$J = \frac{1}{12}ml^2$

续表

名称	示意图	值
矩形	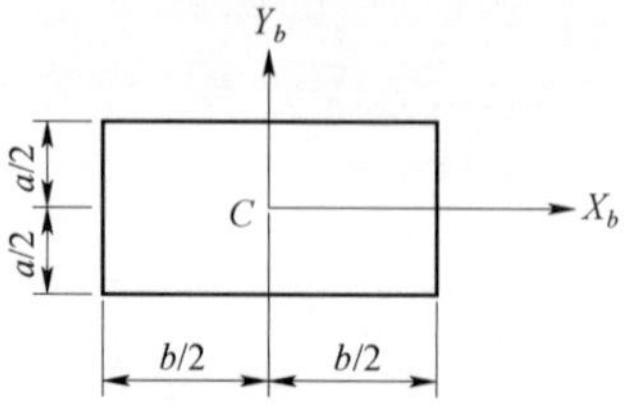	$J=\frac{1}{12}m(a^2+b^2)$
圆	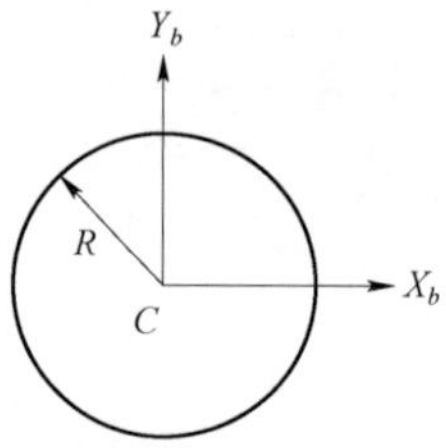	$J=\frac{1}{2}mR^2$
半圆	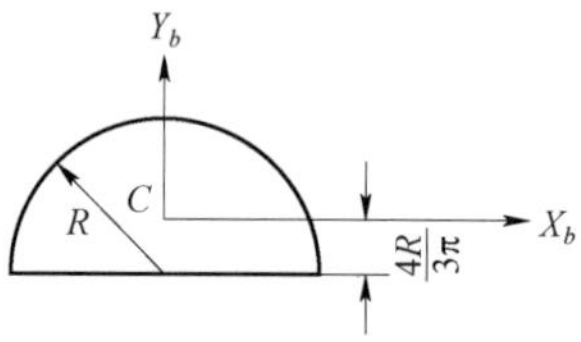	$J=mR^2\left(\frac{1}{2}-\frac{16}{9\pi^2}\right)$
薄环	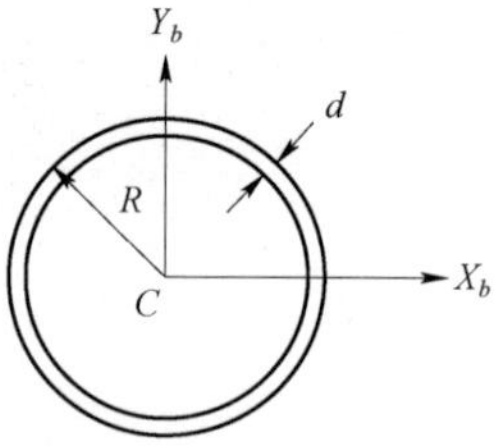	$J=mR^2$

如果已知刚体相对于质心的极转动惯量，那么刚体相对于刚体上任意点 i 的极转动惯量 J^i 可由式（7－29）求得

$$J^i=J+m\left|\boldsymbol{u}^i\right|^2 \tag{7-29}$$

其中，$\boldsymbol{u}^i$ 是从连体基基点到刚体上任意一点 i 的位置向量。

描述刚体平面运动的牛顿－欧拉方程可以写成标量形式为

$$\begin{cases} ma_x=F_x \\ ma_y=F_y \\ J\ddot{\theta}=M \end{cases} \tag{7-30}$$

其中，a_x、a_y 分别为刚体（质心）移动加速度在 X、Y 方向的分量；F_x、F_y 分别为作用在刚体质心的载荷在 X、Y 方向的分量。

【例 7－1】 如图 7－5 所示的拖拉机，没有悬架，可用一个刚体来模拟，其质量为 m，相对于连体基 $X_1O_1Y_1$ 基点 O_1 的极转动惯量为 J。拖拉机的后轮上作用了一个牵引力 T_r，地面作用在前后轮上的反作用力分别是 F_f 和 F_r。试写出其运动的动力学方程。

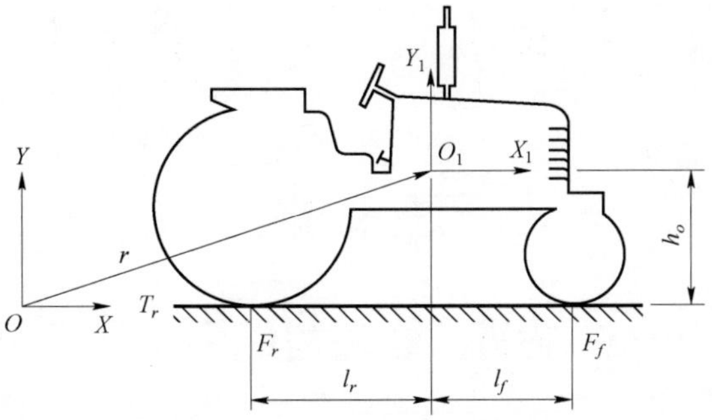

图 7-5　拖拉机的平面运动

解：

地面对轮胎产生的作用力可以模拟为

$$F = f(d) = \begin{cases} kd, & d \geqslant 0 \\ 0, & d < 0 \end{cases}$$

其中，k 是轮胎的刚度系数；d 是轮胎的变形。

设连体基基点在总体基中的坐标阵列为 $\bar{\boldsymbol{r}} = (x_1 \quad y_1)^{\mathrm{T}}$，它到前后轮着地点的距离为 l_f、l_r，由于车身存在一个小的倾角 ϕ，因此前后轮的变形分别为

$$d_f = h_o - (y_1 + l_f\phi)$$

$$d_r = h_o - (y_1 - l_r\phi)$$

其中，h_o 是轮胎没有变形时拖拉机质心的高度。则地面作用在轮胎上的支撑力为

$$F_f = k[h_o - (y_1 + l_f\phi)]$$

$$F_r = k[h_o - (y_1 - l_r\phi)]$$

根据式（7-30），拖拉机运动的动力学方程为

$$m\ddot{x}_1 = T_r$$

$$m\ddot{y}_1 = k(h_o - y_1 - l_f\phi) + k(h_o - y_1 + l_r\phi)$$

$$J\ddot{\phi} = l_f k(h_o - y_1 - l_f\phi) - l_r k(h_o - y_1 + l_r\phi) + T_r h_o$$

第 8 章
平面运动系统运动学分析原理

在工程实际中，很多机构（如机器人、曲柄滑块机构、汽车中的转向系统、飞机的起落架等）的构件都可简化为刚体，刚体之间用“铰”相连。连接构件的“铰”，可以是圆柱铰链（两个刚体之间只有一个相对转动的自由度）、滑移铰（两个刚体之间只有一个相对移动的自由度），也可以是其他形式的运动学约束。这些铰在系统运动学、动力学分析中都可用相应的约束方程（一般是代数方程）来表示，通过求解这些约束方程，就可得到系统中各部件的运动规律。

8.1 绝对坐标

对于由 N 个做平面运动刚体组成的多刚体系统，在系统的运动平面上定义一个总体基 XOY，在刚体 i（i=1，2，…，N）上建立一连体基 $X_iC_iY_i$。设该刚体的质心 C_i 相对于总体基的坐标为（x_i，y_i），连体基 X_i 轴相对于总体基 X 轴的转角为 θ_i，如前所述，自由刚体的平面运动可以用这三个独立变量来描述，它们就构成了刚体 i 的笛卡儿坐标阵列，也被称作刚体 i 的绝对笛卡儿广义坐标。

$$\boldsymbol{q}_i = (x_i \quad y_i \quad \theta_i)^{\mathrm{T}} \qquad (i = 1, 2, \cdots, N) \tag{8-1}$$

N 个自由刚体组成的系统的广义坐标有 $3N$ 个，其笛卡儿坐标阵列为

$$\begin{aligned}\boldsymbol{q} &= (\boldsymbol{q}_1^{\mathrm{T}} \quad \boldsymbol{q}_2^{\mathrm{T}} \quad \cdots \quad \boldsymbol{q}_N^{\mathrm{T}})^{\mathrm{T}} \\ &= (x_1 \quad y_1 \quad \theta_1 \quad x_2 \quad y_2 \quad \theta_2 \quad \cdots \quad x_N \quad y_N \quad \theta_N)^{\mathrm{T}}\end{aligned} \tag{8-2}$$

8.2 约束方程

由于约束的存在，由 N 个刚体组成的系统的 $3N$ 个广义坐标并不是独立的，必须满足相应的约束方程，描述系统的约束方程一般可以表示为

$$\boldsymbol{\Phi} = \boldsymbol{\Phi}(\boldsymbol{q}, t) = \boldsymbol{0} \tag{8-3}$$

其中，$\boldsymbol{\Phi} = (\Phi_1 \quad \Phi_2 \quad \cdots \quad \Phi_s)^{\mathrm{T}}$；$s$ 为约束方程的个数；t 为时间。

系统的约束一般包括驱动约束和运动学约束，驱动约束是对运动轨迹的定义，如广义坐标随时间的变化；运动学约束描述的是刚体之间位置或方位的关系，常见的运动约束有绝对位置约束、转动铰、滑移铰等，下面给出它们的具体方程。

1. 驱动约束

对于刚体 i，如果其上 P 点的运动轨迹由函数 $\bar{\boldsymbol{f}}(t) = [f_1(t) \quad f_2(t)]^{\mathrm{T}}$ 确定，则该驱动约束方

程可以写为

$$\boldsymbol{r}_i^P = \boldsymbol{r}_i + \boldsymbol{u}_i^P = \boldsymbol{f}(t) \tag{8-4}$$

其中，$\boldsymbol{r}_i$ 是刚体上连体基基点的位置向量；$\boldsymbol{u}_i^P$ 是从连体基基点到刚体上 P 点的向量；$\boldsymbol{A}_i$ 是刚体 i 上的连体基到总体基的坐标转换矩阵。其坐标阵列的形式为

$$\overline{\boldsymbol{r}}_i^P = \overline{\boldsymbol{r}}_i + \boldsymbol{A}_i \overline{\boldsymbol{u}}_i^P = \overline{\boldsymbol{f}}(t) \tag{8-5}$$

其中，$\overline{\boldsymbol{u}}_i^P = (x_i^P \quad y_i^P)^{\mathrm{T}}$，是刚体 i 上的 P 点在连体基中的坐标阵列。式（8－5）进一步写成关于广义坐标的标量形式的代数方程为

$$\begin{cases} x_i + x_i^P \cos\theta_i - y_i^P \sin\theta_i = f_1(t) \\ y_i + x_i^P \sin\theta_i + y_i^P \cos\theta_i = f_2(t) \end{cases} \tag{8-6}$$

如果从刚体 i 上的 P 点到刚体 j 上的 Q 点的向量由函数 $\overline{\boldsymbol{f}}(t) = [f_1(t) \quad f_2(t)]^{\mathrm{T}}$ 确定，$\boldsymbol{A}_j$ 是刚体 j 上的连体基到总体基的坐标转换矩阵，则该驱动约束方程可以写为

$$\overline{\boldsymbol{r}}_i^P - \overline{\boldsymbol{r}}_j^Q = \overline{\boldsymbol{r}}_i + \boldsymbol{A}_i \overline{\boldsymbol{u}}_i^P - \overline{\boldsymbol{r}}_j - \boldsymbol{A}_j \overline{\boldsymbol{u}}_j^Q = \overline{\boldsymbol{f}}(t) \tag{8-7}$$

或

$$\begin{aligned} x_i + x_i^P \cos\theta_i - y_i^P \sin\theta_i - x_j - x_j^Q \cos\theta_j + y_j^Q \sin\theta_j = f_1(t) \\ y_i + x_i^P \sin\theta_i + y_i^P \cos\theta_i - y_j - x_j^Q \sin\theta_j - y_j^Q \cos\theta_j = f_2(t) \end{aligned} \tag{8-8}$$

如果刚体 i 和刚体 j 之间的方位由函数 $f(t)$ 确定，则该驱动约束方程可以写为

$$\theta_i - \theta_j = f(t) \tag{8-9}$$

2. 固定约束

如果一个刚体的自由度为零，其约束则为固定约束（也称固定铰）。施加在刚体 i 上的固定约束方程为

$$\boldsymbol{q}_i - \boldsymbol{c} = \boldsymbol{0} \tag{8-10}$$

其中，$\boldsymbol{c}=[c_1\ c_2\ c_3]^{\mathrm{T}}$ 是一个常向量。方程（8－10）写成标量形式的代数方程为

$$\begin{cases} x_i - c_1 = 0 \\ y_i - c_2 = 0 \\ \theta_i - c_3 = 0 \end{cases} \tag{8-11}$$

3. 转动铰

当两个刚体通过转动铰连接时，它们之间只能进行相对转动。如图 8－1 所示，刚体 i 上的 P 点与刚体 j 上的 Q 点通过转动铰连接，那么这两个点到总体基基点的向量相等，其驱动约束方程为

$$\overline{\boldsymbol{r}}_i^P - \overline{\boldsymbol{r}}_j^Q = \overline{\boldsymbol{r}}_i + \boldsymbol{A}_i \overline{\boldsymbol{u}}_i^P - \overline{\boldsymbol{r}}_j - \boldsymbol{A}_j \overline{\boldsymbol{u}}_j^Q = 0 \tag{8-12}$$

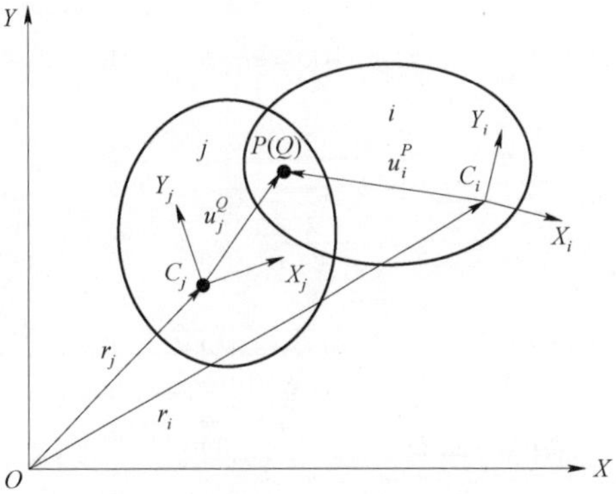

图 8－1　转动铰

写成坐标阵列的形式为

$$\begin{bmatrix} x_i \\ y_i \end{bmatrix} + \begin{bmatrix} \cos\theta_i & -\sin\theta_i \\ \sin\theta_i & \cos\theta_i \end{bmatrix} \begin{bmatrix} x_i^P \\ y_i^P \end{bmatrix} - \begin{bmatrix} x_j \\ y_j \end{bmatrix} - \begin{bmatrix} \cos\theta_j & -\sin\theta_j \\ \sin\theta_j & \cos\theta_j \end{bmatrix} \begin{bmatrix} x_j^P \\ y_j^P \end{bmatrix} \tag{8-13}$$

或

$$\begin{cases} x_i + x_i^P \cos\theta_i - y_i^P \sin\theta_i - x_j - x_j^Q \cos\theta_j + y_j^Q \sin\theta_j = 0 \\ y_i + x_i^P \sin\theta_i + y_i^P \cos\theta_i - y_j - x_j^Q \sin\theta_j - y_j^Q \cos\theta_j = 0 \end{cases} \tag{8-14}$$

这两个方程消除了两个刚体之间的相对移动自由度。

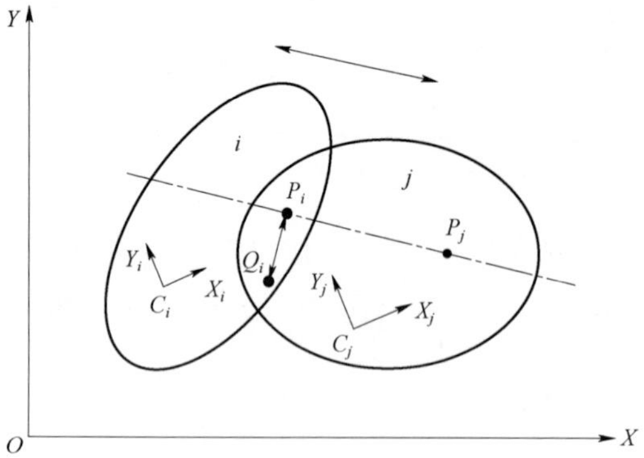

图 8-2　滑移铰

4. 滑移铰

当两个刚体通过滑移铰连接时，它们之间只能沿滑移铰轴线进行相对移动。如图 8-2 所示，刚体 i 和刚体 j 通过滑移铰连接，它们之间的相对转动被方程（8-15）约束。

$$\theta_i - \theta_j - c = 0 \tag{8-15}$$

其中，c 是一个常数，由刚体 i 和刚体 j 的初始方位角 θ_i^0 和 θ_j^0 定义：

$$c = \theta_i^0 - \theta_j^0$$

滑移铰的另一个约束方程是要消除两个刚体间沿垂直于滑移轴线方向的移动。为此，定义两个相互垂直的向量 $\boldsymbol{h}_{ji}$ 和 $\boldsymbol{v}_i$，向量 $\boldsymbol{h}_{ji}$ 连接滑移轴上并分别位于两个刚体上的两点 P_i 和 P_j，其中 P_i 位于刚体 i 上，P_j 位于刚体 j 上。

$$\boldsymbol{h}_{ij} = \boldsymbol{r}_i^P - \boldsymbol{r}_j^P$$

其坐标阵列形式为

$$\overline{\boldsymbol{h}}_{ij} = \overline{\boldsymbol{r}}_i^P - \overline{\boldsymbol{r}}_j^P = \overline{\boldsymbol{r}}_i + \boldsymbol{A}_i \overline{\boldsymbol{u}}_i^P - \overline{\boldsymbol{r}}_j - \boldsymbol{A}_j \overline{\boldsymbol{u}}_j^P \tag{8-16}$$

向量 $\boldsymbol{v}_i$ 垂直于向量 $\boldsymbol{h}_{ji}$，可用刚体 i 上连接点 P_i 和点 Q_i 的向量定义，即

$$\boldsymbol{v}_i = \boldsymbol{u}_i^P - \boldsymbol{u}_i^Q$$

其坐标阵列形式为

$$\overline{\boldsymbol{v}}_i = \boldsymbol{A}_i (\overline{\boldsymbol{u}}_i^P - \overline{\boldsymbol{u}}_i^Q) \tag{8-17}$$

这样约束两个刚体间沿垂直于滑移轴线方向移动的约束方程可以写为

$$\boldsymbol{h}_{ij} \cdot \boldsymbol{v}_i = 0$$

即

$$\overline{\boldsymbol{h}}_{ij}^{\mathrm{T}} \overline{\boldsymbol{v}}_i = 0 \tag{8-18}$$

这样，滑移铰约束方程就减少了系统的两个自由度。

【例 8-1】如图 8-3 所示的平面运动曲柄滑块机构，包括四个刚体：刚体 1 即机架，刚体 2 即曲柄 OA，刚体 3 即连杆 AB，刚体 4 即滑块；约束包括：刚体 1 的固定约束，刚体 2 的一端（O 点）通过转动铰与刚体 1 相连，另一端（A 点）通过转动铰与刚体 3 即连杆 AB 相连，刚体 4 通过转动铰与刚体 3 相连，与刚体 1 之间通过滑移铰相连。试写出该曲柄滑块机构的约束方程。

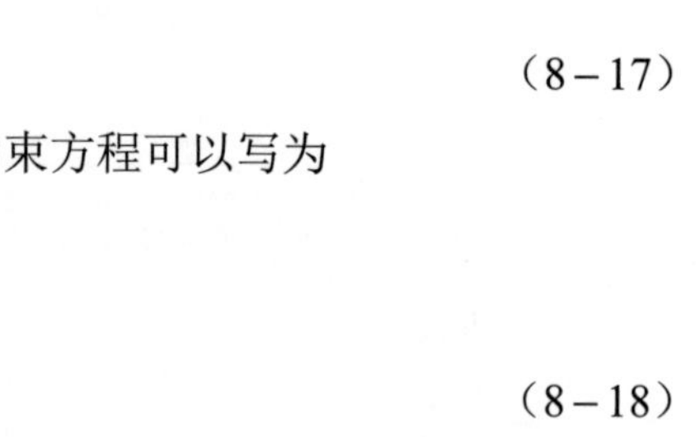

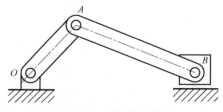

图 8-3　曲柄滑块机构

解：

建立各刚体的连体基，如图 8－4 所示，该曲柄滑块机构的广义坐标有 12 个，其阵列为

$$\boldsymbol{q}=(x_1\quad y_1\quad \theta_1\quad x_2\quad y_2\quad \theta_2\quad x_3\quad y_3\quad \theta_3\quad x_4\quad y_4\quad \theta_4)^{\mathrm{T}}$$

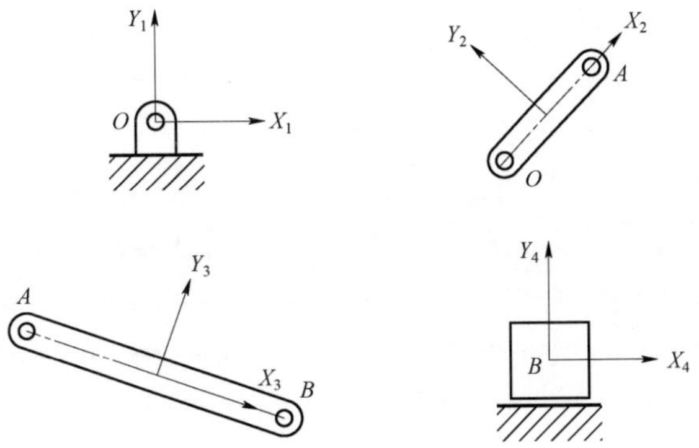

图 8－4　各刚体的连体基

设曲柄的初始转角为 $\theta_2{}^0$，各连体基基点在总体基中的位置向量为 $\boldsymbol{r}_i$（i=1，2，3，4），各刚体上的连体基到总体基的坐标转换矩阵为 $\boldsymbol{A}_i$（i=1，2，3，4），各铰接点在连体基中的位置坐标阵列分别为 $\bar{\boldsymbol{u}}_1^O$、$\bar{\boldsymbol{u}}_2^O$、$\bar{\boldsymbol{u}}_2^A$、$\bar{\boldsymbol{u}}_3^A$、$\bar{\boldsymbol{u}}_3^B$、$\bar{\boldsymbol{u}}_4^B$，下面建立各约束的方程。

假设曲柄的转动角速度是恒定的，为

$$\dot{\theta}_2=\omega$$

那么

$$\theta_2-\theta_2^0=\int_0^t \omega \mathrm{d}t=\omega t$$

则该机构的驱动约束可写为

$$\theta_2-\theta_2^0-\omega t=0$$

另外，刚体 4 与刚体 1 滑移铰的约束方程在此处退化为

$$y_4=0$$

$$\theta_4=0$$

整个系统的约束方程为

$$\boldsymbol{\Phi}(\boldsymbol{q},t)=\begin{bmatrix} x_1 \\ y_1 \\ \theta_1 \\ \bar{\boldsymbol{r}}_2+\boldsymbol{A}_2\bar{\boldsymbol{u}}_2^O \\ \bar{\boldsymbol{r}}_2+\boldsymbol{A}_2\bar{\boldsymbol{u}}_2^A-\bar{\boldsymbol{r}}_3-\boldsymbol{A}_3\bar{\boldsymbol{u}}_3^A \\ \bar{\boldsymbol{r}}_3-\boldsymbol{A}_3\bar{\boldsymbol{u}}_3^B-\bar{\boldsymbol{r}}_4-\boldsymbol{A}_4\bar{\boldsymbol{u}}_4^B \\ y_4 \\ \theta_4 \\ \theta_2-\theta_2^0-\omega t \end{bmatrix}=\boldsymbol{0}$$

设曲柄和连杆的长度分别为 l_2 和 l_3，则约束方程又可写为

$$
\begin{aligned}
&x_1=0\\
&y_1=0\\
&\theta_1=0\\
&x_2-\frac{l_2}{2}\cos\theta_2=0\\
&y_2-\frac{l_2}{2}\sin\theta_2=0\\
&x_2+\frac{l_2}{2}\cos\theta_2-x_3+\frac{l_3}{2}\cos\theta_3=0\\
&y_2+\frac{l_2}{2}\sin\theta_2-y_3+\frac{l_3}{2}\sin\theta_3=0\\
&x_3+\frac{l_3}{2}\cos\theta_3-x_4=0\\
&y_3+\frac{l_3}{2}\sin\theta_3-y_4=0\\
&y_4=0\\
&\theta_4=0\\
&\theta_2-\theta_2^0-\omega t=0
\end{aligned}
$$

其中，前三个方程是固定铰的约束方程，中间六个方程是三个转动铰的约束方程，后三个方程是刚体 4 与刚体 1 滑移铰的约束方程和曲柄上的转动驱动方程，方程数与广义坐标数相等，则系统的运动可由运动学分析确定。

8.3 运动学分析

假设一个系统的广义坐标数是 n，受到的约束（包括驱动约束和运动约束）共有 s 个约束方程，如果 $n=s$，那么系统的运动可由运动学分析确定；如果 $n<s$，那么系统的运动就需要在力分析的基础上才能确定。本节仅介绍 $n=s$ 这种情况的运动学分析。

1. 矩阵求导

若矩阵 $\boldsymbol{A}$ 的元素 a_{ij}（i，j=1，2，…，n）为时间 t 的函数，则它对时间的导数定义为

$$\frac{\mathrm{d}}{\mathrm{d}t}\boldsymbol{A}=\dot{\boldsymbol{A}}=\left(\frac{\mathrm{d}a_{ij}}{\mathrm{d}t}\right)_{m\times n} \tag{8-19}$$

设一个 n 阶列矩阵为 $\boldsymbol{q}=(q_1\ \ q_2\ \ \cdots\ \ q_n)^{\mathrm{T}}$，$a(\boldsymbol{q})$ 为以该列矩阵元素为自变量的标量函数，定义函数 $a(\boldsymbol{q})$ 对变量阵 $\boldsymbol{q}$ 的偏导数为

$$\frac{\partial a}{\partial \boldsymbol{q}}=a_q=\left(\frac{\partial a}{\partial q_j}\right)_{1\times n} \tag{8-20}$$

又有一个 m 阶列矩阵 $\boldsymbol{\Phi}=(\Phi_1(\boldsymbol{q})\ \ \Phi_2(\boldsymbol{q})\ \ \cdots\ \ \Phi_m(\boldsymbol{q}))^{\mathrm{T}}$，其元素为以变量阵 $\boldsymbol{q}$ 的元素为自变量的函数，定义阵列 $\boldsymbol{\Phi}$ 对变量阵 $\boldsymbol{q}$ 的偏导数为

$$\frac{\partial \boldsymbol{\Phi}}{\partial \boldsymbol{q}} = \boldsymbol{\Phi}_q = \left(\frac{\partial \Phi_i}{\partial q_j}\right)_{m\times n} \tag{8-21}$$

2. 约束方程的求解

设系统的广义坐标有 n 个，为

$$\boldsymbol{q} = (q_1 \quad q_2 \quad \cdots \quad q_n)^{\mathrm{T}} \tag{8-22}$$

受到的驱动约束和运动学约束的方程数也是 n 个，组成的阵列为

$$\boldsymbol{\Phi} = [\Phi_1(\boldsymbol{q},t) \quad \Phi_2(\boldsymbol{q},t) \quad \cdots \quad \Phi_n(\boldsymbol{q},t)]^{\mathrm{T}} = \boldsymbol{0} \tag{8-23}$$

（1）位置分析

方程（8－23）是一组非线性的代数方程，可以采用牛顿－拉斐逊法进行求解。求解的步骤是：假设某一个时刻 t 的广义坐标值为 $\boldsymbol{q}^{(k)}$，其精确值为 $\boldsymbol{q}^{(k)}=\boldsymbol{q}^{(k)}+\Delta\boldsymbol{q}^{(k)}$，根据泰勒原理，约束方程组阵列为

$$\boldsymbol{\Phi}(\boldsymbol{q}^{(k)} + \Delta\boldsymbol{q}^{(k)}, t) = \boldsymbol{\Phi}(\boldsymbol{q}^{(k)}, t) + \boldsymbol{\Phi}_{\boldsymbol{q}^{(k)}}\Delta\boldsymbol{q}^{(k)} + \cdots = \boldsymbol{0} \tag{8-24}$$

其中，k 是迭代序号；$\Delta\boldsymbol{q} = (\Delta q_1 \quad \Delta q_2 \quad \cdots \quad \Delta q_n)^{\mathrm{T}}$；$\boldsymbol{\Phi}_{\boldsymbol{q}^{(k)}}$ 为约束的雅可比矩阵。

$$\boldsymbol{\Phi}_{\boldsymbol{q}^{(k)}} = \begin{bmatrix} \dfrac{\partial \Phi_1}{\partial q_1} & \dfrac{\partial \Phi_1}{\partial q_2} & \cdots & \dfrac{\partial \Phi_1}{\partial q_n} \\ \dfrac{\partial \Phi_2}{\partial q_1} & \dfrac{\partial \Phi_2}{\partial q_2} & \cdots & \dfrac{\partial \Phi_2}{\partial q_n} \\ \vdots & \vdots & & \vdots \\ \dfrac{\partial \Phi_n}{\partial q_1} & \dfrac{\partial \Phi_n}{\partial q_2} & \cdots & \dfrac{\partial \Phi_n}{\partial q_n} \end{bmatrix}_{\boldsymbol{q}=\boldsymbol{q}^{(k)}} \tag{8-25}$$

忽略式（8－24）二阶及二阶以上的高阶项，得

$$\boldsymbol{\Phi}(\boldsymbol{q}^{(k)}, t) + \boldsymbol{\Phi}_{\boldsymbol{q}^{(k)}}\Delta\boldsymbol{q}^{(k)} \approx \boldsymbol{0} \tag{8-26}$$

进一步

$$\boldsymbol{\Phi}_{\boldsymbol{q}^{(k)}}\Delta\boldsymbol{q}^{(k)} = -\boldsymbol{\Phi}(\boldsymbol{q}^{(k)}, t) \tag{8-27}$$

如果约束方程是线性无关的，那么约束的雅可比矩阵 $\boldsymbol{\Phi}_{\boldsymbol{q}^{(k)}}$ 就是非奇异阵，由方程（8－27）就可求出 $\Delta\boldsymbol{q}^{(k)}$的值，进一步可得

$$\boldsymbol{q}^{(k+1)} = \boldsymbol{q}^{(k)} + \Delta\boldsymbol{q}^{(k)} \tag{8-28}$$

$\boldsymbol{q}^{(k+1)}$再次代入方程（8－27）就可求出 $\Delta\boldsymbol{q}^{(k+1)}$的值。不断迭代下去，直到满足下列收敛条件：

$$\left|\Delta\boldsymbol{q}^{(k)}\right| < \varepsilon_1 \ \text{或}\ \left|\boldsymbol{\Phi}(\boldsymbol{q}^{(k)}, t)\right| < \varepsilon_2 \tag{8-29}$$

其中，ε_1 和 ε_2 是指定的误差值，从而得到广义坐标的近似值。

【例 8－2】试写出例 8－1 中所建立的平面运动曲柄滑块机构约束方程的雅可比矩阵。

解：利用式（8－21）或式（8－25）可得

$$\boldsymbol{\Phi}_q=\begin{bmatrix}1&0&0&0&0&0&0&0&0&0&0&0\\0&1&0&0&0&0&0&0&0&0&0&0\\0&0&1&0&0&0&0&0&0&0&0&0\\0&0&0&1&0&\frac{l_2}{2}\sin\theta_2&0&0&0&0&0&0\\0&0&0&0&1&-\frac{l_2}{2}\cos\theta_2&0&0&0&0&0&0\\0&0&0&1&0&-\frac{l_2}{2}\sin\theta_2&-1&0&-\frac{l_3}{2}\sin\theta_3&0&0&0\\0&0&0&0&1&\frac{l_2}{2}\cos\theta_2&0&-1&\frac{l_3}{2}\cos\theta_3&0&0&0\\0&0&0&0&0&0&1&0&-\frac{l_3}{2}\sin\theta_3&-1&0&0\\0&0&0&0&0&0&0&1&\frac{l_3}{2}\cos\theta_3&0&-1&0\\0&0&0&0&0&0&0&0&0&0&1&0\\0&0&0&0&0&0&0&0&0&0&0&1\\0&0&0&0&0&1&0&0&0&0&0&0\end{bmatrix}$$

（2）速度分析

将约束方程（8－23）对时间进行求导，得到速度约束方程

$$\boldsymbol{\Phi}_q\dot{\boldsymbol{q}}+\boldsymbol{\Phi}_t=\boldsymbol{0} \tag{8－30}$$

其中，

$$\boldsymbol{\Phi}_t=\begin{bmatrix}\frac{\partial\boldsymbol{\Phi}_1}{\partial t}&\frac{\partial\boldsymbol{\Phi}_2}{\partial t}&\cdots&\frac{\partial\boldsymbol{\Phi}_n}{\partial t}\end{bmatrix} \tag{8－31}$$

对于非奇异的雅可比矩阵 $\boldsymbol{\Phi}_q$，速度向量 $\dot{\boldsymbol{q}}$ 可由方程（8－32）求得

$$\boldsymbol{\Phi}_q\dot{\boldsymbol{q}}=-\boldsymbol{\Phi}_t \tag{8－32}$$

（3）加速度分析

继续将速度约束方程（8－30）对时间进行求导，得到加速度约束方程

$$(\boldsymbol{\Phi}_q\dot{\boldsymbol{q}}+\boldsymbol{\Phi}_t)_q\dot{\boldsymbol{q}}+\frac{\partial}{\partial t}(\boldsymbol{\Phi}_q\dot{\boldsymbol{q}}+\boldsymbol{\Phi}_t)=\boldsymbol{0}$$

整理得

$$\boldsymbol{\Phi}_q\ddot{\boldsymbol{q}}+(\boldsymbol{\Phi}_q\dot{\boldsymbol{q}})_q\dot{\boldsymbol{q}}+2\boldsymbol{\Phi}_{qt}\dot{\boldsymbol{q}}+\boldsymbol{\Phi}_{tt}=\boldsymbol{0} \tag{8－33}$$

加速度向量 $\ddot{\boldsymbol{q}}$ 可由方程（8－34）求得

$$\boldsymbol{\Phi}_q\ddot{\boldsymbol{q}}=\boldsymbol{\gamma} \tag{8－34}$$

其中，

$$\boldsymbol{\gamma}=-(\boldsymbol{\Phi}_q\dot{\boldsymbol{q}})_q\dot{\boldsymbol{q}}-2\boldsymbol{\Phi}_{qt}\dot{\boldsymbol{q}}-\boldsymbol{\Phi}_{tt} \tag{8－35}$$

是加速度方程的右项。

若已经求出了 $\boldsymbol{q}$ 和 $\dot{\boldsymbol{q}}$ 的值，求解方程（8－34）就可得到 $\ddot{\boldsymbol{q}}$ 的值。

第 9 章
平面运动系统动力学分析原理

9.1 虚功和广义力

1. 广义力的定义

对于由 N 个质点组成的系统，描述系统运动的广义坐标有 n 个，$\boldsymbol{q}=[q_1,q_2,\cdots,q_n]^{\mathrm{T}}$，则第 i 个质点的位置向量为

$$\boldsymbol{r}_i=\boldsymbol{r}_i(q_1,q_2,\cdots,q_n) \tag{9-1}$$

其虚位移可以写为

$$\delta\boldsymbol{r}_i=\frac{\partial\boldsymbol{r}_i}{\partial q_1}\delta q_1+\frac{\partial\boldsymbol{r}_i}{\partial q_2}\delta q_2+\cdots+\frac{\partial\boldsymbol{r}_i}{\partial q_n}\delta q_n=\sum_{j=1}^{n}\frac{\partial\boldsymbol{r}_i}{\partial q_j}\delta q_j \tag{9-2}$$

设 $\boldsymbol{F}_i$ 为作用在质点 i 上的外力，其虚功为

$$\delta W=\sum_{i=1}^{N}\boldsymbol{F}_i\cdot\delta\boldsymbol{r}_i=\sum_{i=1}^{N}\left(\boldsymbol{F}_i\cdot\sum_{j=1}^{n}\frac{\partial\boldsymbol{r}_i}{\partial q_j}\delta q_j\right)=\sum_{j=1}^{n}\left(\sum_{i=1}^{N}\boldsymbol{F}_i\cdot\frac{\partial\boldsymbol{r}_i}{\partial q_j}\right)\delta q_j \tag{9-3}$$

定义对应于广义坐标 q_j 的**广义力** Q_j 为

$$Q_j=\sum_{i=1}^{N}\boldsymbol{F}_i\cdot\frac{\partial\boldsymbol{r}_i}{\partial q_j}\quad(j=1,2,\cdots,n) \tag{9-4}$$

则

$$\delta W=\sum_{i=1}^{N}\boldsymbol{F}_i\cdot\delta\boldsymbol{r}_i=\sum_{j=1}^{n}Q_j\delta q_j \tag{9-5}$$

【例 9-1】图 9-1 是一个质量为 m_1、m_2 的两个质点组成的系统，两个质点用不可伸长、不计质量的细绳悬住，在 m_2 上作用有水平力 F，假定系统在铅直平面内运动，且细绳始终保持在张紧状态。选取 θ_1 和 θ_2 作为系统位形的广义坐标，试求外力对应的广义力。

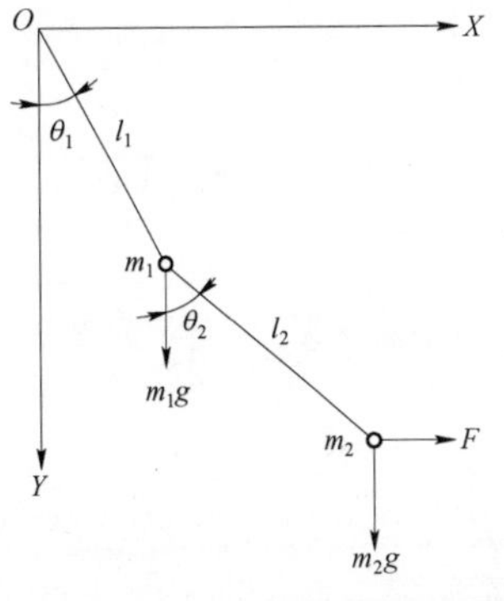

图 9-1　质量为 m_1、m_2 的两个质点组成的系统

解：质点 m_1 的直角坐标为

$$x_1=l_1\sin\theta_1$$
$$y_1=l_1\cos\theta_1$$

质点 m_2 的直角坐标为

$$x_2 = l_1 \sin\theta_1 + l_2 \sin\theta_2$$

$$y_2 = l_1 \cos\theta_1 + l_2 \cos\theta_2$$

作用在系统上所有外力的虚功之和为

$$\begin{aligned}\delta W &= m_1 g\delta y_1 + m_2 g\delta y_2 + F\delta x_2 \\ &= m_1 g\delta(l_1\cos\theta_1) + m_2 g\delta(l_1\cos\theta_1 + l_2\cos\theta_2) + F\delta(l_1\sin\theta_1 + l_2\sin\theta_2) \\ &= l_1(F\cos\theta_1 - m_1 g\sin\theta_1 - m_2 g\sin\theta_1)\delta\theta_1 + l_2(F\cos\theta_2 - m_2 g\sin\theta_2)\delta\theta_2\end{aligned}$$

由此可以得到对应于广义坐标 θ_1、θ_2 的广义力分别为

$$Q_1 = l_1(F\cos\theta_1 - m_1 g\sin\theta_1 - m_2 g\sin\theta_1)$$

$$Q_2 = l_2(F\cos\theta_2 - m_2 g\sin\theta_2)$$

2. 作用在刚体上的广义外力

考虑做平面运动的刚体 i（图9–2），其上作用有外力 $\bar{\boldsymbol{F}}_i = [F_{ix} \quad F_{iy}]^{\mathrm{T}}$ 和外力矩 $\boldsymbol{M}_i$，其中外力 $\boldsymbol{F}_i$ 作用在 P 点，则作用在刚体上的虚功为

$$\delta W_i = \bar{\boldsymbol{F}}_i^{\mathrm{T}}\delta\bar{\boldsymbol{r}}_i + M_i\delta\theta_i \qquad (9-6)$$

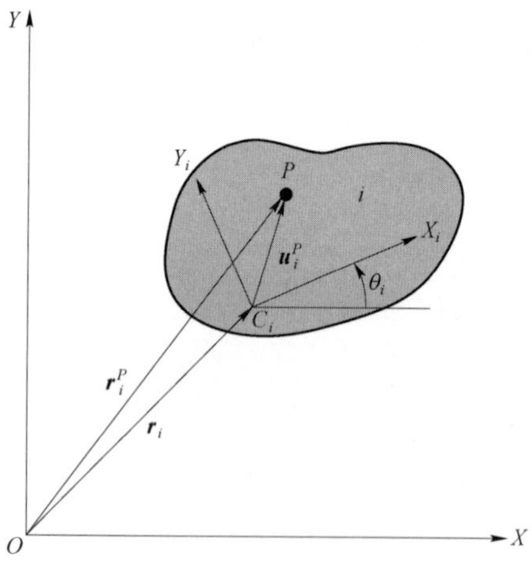

图9–2　平面运动的刚体

由于

$$\bar{\boldsymbol{r}}_i^P = \bar{\boldsymbol{r}}_i + \boldsymbol{A}_i\bar{\boldsymbol{u}}_i^P$$

则

$$\delta\bar{\boldsymbol{r}}_i = \delta\bar{\boldsymbol{r}}_i^P - \boldsymbol{A}_{i\theta}\bar{\boldsymbol{u}}_i^P\delta\theta_i$$

其中，

$$\boldsymbol{A}_{i\theta} = \begin{bmatrix} -\sin\theta_i & -\cos\theta_i \\ \cos\theta_i & -\sin\theta_i \end{bmatrix}$$

因此式（9–6）变为

$$\begin{aligned}\delta W_i &= \bar{\boldsymbol{F}}_i^{\mathrm{T}}\delta\bar{\boldsymbol{r}}_i^P + (M_i - \bar{\boldsymbol{F}}_i^{\mathrm{T}}\boldsymbol{A}_{i\theta}\bar{\boldsymbol{u}}_i^P)\delta\theta_i \\ &= [\bar{\boldsymbol{F}}_i^{\mathrm{T}} \quad M_i - \bar{\boldsymbol{F}}_i^{\mathrm{T}}\boldsymbol{A}_{i\theta}\bar{\boldsymbol{u}}_i^P]\begin{bmatrix}\delta\bar{\boldsymbol{r}}_i^P \\ \delta\theta_i\end{bmatrix} \\ &= [\boldsymbol{Q}_{ir}^{\mathrm{T}} \quad Q_{i\theta}]\begin{bmatrix}\delta\bar{\boldsymbol{r}}_i^P \\ \delta\theta_i\end{bmatrix}\end{aligned}$$

其中，对应于广义坐标 $\bar{\boldsymbol{r}}_i$ 的广义力阵列为

$$\boldsymbol{Q}_{ir}^{\mathrm{T}} = \bar{\boldsymbol{F}}_i^{\mathrm{T}}$$

对应于广义坐标 θ_i 的广义力为

$$Q_{i\theta} = M_i - \bar{\boldsymbol{F}}_i^{\mathrm{T}}\boldsymbol{A}_{i\theta}\bar{\boldsymbol{u}}_i^P$$

$-\bar{\boldsymbol{F}}_i^{\mathrm{T}}\boldsymbol{A}_{i\theta}\bar{\boldsymbol{u}}_i^P$ 是外力 $\boldsymbol{F}_i$ 对连体基基点产生的力矩 $\boldsymbol{u}_i^P \times \boldsymbol{F}_i$ 的坐标阵列，当 $\boldsymbol{F}_i$ 作用在连体基基点上时，此项为零，此时刚体 i 上的广义外力阵列为

$$\boldsymbol{Q}_i=\begin{bmatrix}\overline{\boldsymbol{F}}_i\\ Q_{i\theta}\end{bmatrix}=\begin{bmatrix}F_{ix}\\ F_{iy}\\ M_i\end{bmatrix} \tag{9-7}$$

9.2 质量矩阵

下面运用刚体的动能表达式来推导其广义质量矩阵。对于刚体 i，其动能定义为

$$T_i=\frac{1}{2}\int_{V_i}\rho_i\dot{\overline{\boldsymbol{r}}}_i^{P\mathrm{T}}\dot{\overline{\boldsymbol{r}}}_i^{P}\mathrm{d}V_i \tag{9-8}$$

其中，ρ_i 和 V_i 分别是刚体的密度和体积；$\overline{\boldsymbol{r}}_i^P$ 是刚体上任意一点 P 到总体基基点的向量在总体基中的坐标阵列（图 9－2）。由于 $\overline{\boldsymbol{r}}_i^P=\overline{\boldsymbol{r}}_i+\boldsymbol{A}_i\overline{\boldsymbol{u}}_i^P$，对时间求导，得

$$\dot{\overline{\boldsymbol{r}}}_i^P=\dot{\overline{\boldsymbol{r}}}_i+\dot{\theta}\boldsymbol{A}_{i\theta}\overline{\boldsymbol{u}}_b^P \tag{9-9}$$

写成矩阵的形式为

$$\dot{\overline{\boldsymbol{r}}}_i^P=[\boldsymbol{I}\quad \boldsymbol{A}_{i\theta}\overline{\boldsymbol{u}}_i^P]\begin{bmatrix}\dot{\overline{\boldsymbol{r}}}_i\\ \dot{\theta}_i\end{bmatrix} \tag{9-10}$$

其中，$\boldsymbol{I}$ 是 2×2 阶的单位矩阵。

将式（9－10）代入式（9－8）得

$$T_i=\frac{1}{2}\begin{bmatrix}\dot{\overline{\boldsymbol{r}}}_i^{\mathrm{T}} & \dot{\theta}\end{bmatrix}\left\{\int_{V_i}\rho_i\begin{bmatrix}\boldsymbol{I} & \boldsymbol{A}_{i\theta}\overline{\boldsymbol{u}}_i^P\\ \overline{\boldsymbol{u}}_i^{P\mathrm{T}}\boldsymbol{A}_{i\theta}^{\mathrm{T}} & \overline{\boldsymbol{u}}_i^{P\mathrm{T}}\overline{\boldsymbol{u}}_i^P\end{bmatrix}\mathrm{d}V_i\right\}\begin{bmatrix}\dot{\overline{\boldsymbol{r}}}_i\\ \dot{\theta}_i\end{bmatrix}$$

而

$$T_i=\frac{1}{2}\dot{\boldsymbol{q}}_i^{\mathrm{T}}\boldsymbol{M}_i\dot{\boldsymbol{q}}_i \tag{9-11}$$

其中，

$$\boldsymbol{q}_i=[\overline{\boldsymbol{r}}_i^{\mathrm{T}}\quad \theta_i]^{\mathrm{T}}=[x_i\quad y_i\quad \theta_i]^{\mathrm{T}} \tag{9-12}$$

因此

$$\boldsymbol{M}_i=\begin{bmatrix}\boldsymbol{m}_i^{rr} & \boldsymbol{m}_i^{r\theta}\\ \boldsymbol{m}_i^{\theta r} & m_i^{\theta\theta}\end{bmatrix} \tag{9-13}$$

且

$$\begin{aligned}\boldsymbol{m}_i^{rr}&=\int_{V_i}\rho_i\boldsymbol{I}\mathrm{d}V_i=m_i\boldsymbol{I}\\ \boldsymbol{m}_i^{r\theta}&=\boldsymbol{m}_i^{\theta r\mathrm{T}}=\boldsymbol{A}_{i\theta}\int_{V_i}\rho_i\overline{\boldsymbol{u}}\rho_i\mathrm{d}V_i\\ m_i^{\theta\theta}&=\int_{V_i}\rho_i\overline{\boldsymbol{u}}_i^{P\mathrm{T}}\overline{\boldsymbol{u}}_i^P\mathrm{d}V_i=J_i'\end{aligned} \tag{9-14}$$

其中，m_i 是刚体的质量；J_i' 是刚体相对于连体基基点的极转动惯量。

如果连体基的基点为刚体的质心，那么

$$\boldsymbol{M}_i=\begin{bmatrix}\boldsymbol{m}_i^{rr} & \boldsymbol{0}\\ \boldsymbol{0} & m_i^{\theta\theta}\end{bmatrix}=\begin{bmatrix}\boldsymbol{m}_i^{rr} & \boldsymbol{0}\\ \boldsymbol{0} & J_i\end{bmatrix} \tag{9-15}$$

J_i是刚体相对于刚体质心的极转动惯量。

【例 9-2】假设一均匀细长杆件的密度为 ρ，横截面积为 a，长度为 l，连体基的基点为杆件的一个端点，且连体基的 X 轴与杆的轴线重合，试写出该细长杆件的质量矩阵。

解：由于杆上任意一点在连体基上的坐标为$\bar{\boldsymbol{u}}=[x\quad 0]^{\mathrm{T}}$，因此

$$\mathrm{d}V=a\mathrm{d}x$$

那么杆的总质量为

$$m=\int_V \rho \mathrm{d}V=\int_0^l \rho a \mathrm{d}x=\rho a l$$

根据式（9-14），可得

$$\boldsymbol{m}^{rr}=\int_V \rho \boldsymbol{I} \mathrm{d}V=m\boldsymbol{I}=\begin{bmatrix} m & 0 \\ 0 & m \end{bmatrix}$$

$$\boldsymbol{m}^{r\theta}=\boldsymbol{m}^{\theta r\mathrm{T}}=\boldsymbol{A}_\theta \int_V \rho \bar{\boldsymbol{u}} \mathrm{d}V$$

$$m^{\theta\theta}=\int_V \rho \bar{\boldsymbol{u}}^{\mathrm{T}} \bar{\boldsymbol{u}} \mathrm{d}V=\int_0^l \rho a x^2 \mathrm{d}x=\frac{ml^2}{3}$$

由于

$$\boldsymbol{A}_\theta=\begin{bmatrix} -\sin\theta & -\cos\theta \\ \cos\theta & -\sin\theta \end{bmatrix}$$

则

$$\boldsymbol{m}^{r\theta}=\boldsymbol{m}^{\theta r\mathrm{T}}=\frac{ml}{2}\begin{bmatrix} -\sin\theta \\ \cos\theta \end{bmatrix}$$

总的质量矩阵为

$$\boldsymbol{M}=\begin{bmatrix} m & 0 & -\frac{1}{2}ml\sin\theta \\ 0 & m & \frac{1}{2}ml\cos\theta \\ -\frac{1}{2}ml\sin\theta & \frac{1}{2}ml\cos\theta & \frac{1}{3}ml^2 \end{bmatrix}$$

9.3　约束多刚体系统的运动方程

下面将运用动力学普遍方程（达朗贝尔-拉格朗日方程）来建立多刚体系统运动的动力学方程。动力学普遍方程可表述为：受理想约束的系统在运动的任意瞬时，主动力与惯性力在虚位移中所做的虚功之和等于零。

1. 惯性力的虚功

对于系统中的任一刚体 i，广义惯性力的虚功为

$$\delta W_i^{in}=\int_{V_i} \rho_i \ddot{\bar{\boldsymbol{r}}}_i^{P\mathrm{T}} \delta \bar{\boldsymbol{r}}_i^P \mathrm{d}V_i \tag{9-16}$$

由于

$$\delta \overline{\boldsymbol{r}}_i^P = \delta \overline{\boldsymbol{r}}_i + \boldsymbol{A}_{i\theta} \overline{\boldsymbol{u}}_i^P \delta \theta_i = [\boldsymbol{I} \quad \boldsymbol{A}_{i\theta} \overline{\boldsymbol{u}}_i^P] \begin{bmatrix} \delta \overline{\boldsymbol{r}}_i \\ \delta \theta_i \end{bmatrix} \tag{9-17}$$

且

$$\ddot{\overline{\boldsymbol{r}}}_i^P = [\boldsymbol{I} \quad \boldsymbol{A}_{i\theta} \overline{\boldsymbol{u}}_i^P] \ddot{\boldsymbol{q}}_i + [\boldsymbol{0} \quad -\dot{\theta} \boldsymbol{A}_i \overline{\boldsymbol{u}}_i^P] \dot{\boldsymbol{q}}_i \tag{9-18}$$

广义虚位移可表示为

$$\delta \boldsymbol{q}_i = \begin{bmatrix} \delta \boldsymbol{r}_i \\ \delta \theta_i \end{bmatrix} \tag{9-19}$$

刚体 i 的惯性力虚功为

$$\delta W_i^{in} = \int_{V_i} \rho_i \ddot{\boldsymbol{q}}_i^{\mathrm{T}} \begin{bmatrix} \boldsymbol{I} \\ \overline{\boldsymbol{u}}_i^{P\mathrm{T}} \boldsymbol{A}_{i\theta}^{\mathrm{T}} \end{bmatrix} [\boldsymbol{I} \quad \boldsymbol{A}_{i\theta} \overline{\boldsymbol{u}}_i^P] \delta \boldsymbol{q}_i \mathrm{d}V_i + \int_{V_i} \rho_i \dot{\boldsymbol{q}}_i^{\mathrm{T}} \begin{bmatrix} \boldsymbol{0} \\ -\dot{\theta} \overline{\boldsymbol{u}}_i^{P\mathrm{T}} \boldsymbol{A}_i^{\mathrm{T}} \end{bmatrix} [\boldsymbol{I} \quad \boldsymbol{A}_{i\theta} \overline{\boldsymbol{u}}_i^P] \delta \boldsymbol{q}_i \mathrm{d}V_i$$

由于

$$\int_{V_i} \rho_i \begin{bmatrix} \boldsymbol{I} \\ \overline{\boldsymbol{u}}_i^{P\mathrm{T}} \boldsymbol{A}_{i\theta}^{\mathrm{T}} \end{bmatrix} [\boldsymbol{I} \quad \boldsymbol{A}_{i\theta} \overline{\boldsymbol{u}}_i^P] \delta \boldsymbol{q}_i \mathrm{d}V_i = \boldsymbol{M}_i$$

因此

$$\delta W_i^{in} = [\boldsymbol{M}_i \ddot{\boldsymbol{q}}_i - \boldsymbol{Q}_i^v]^{\mathrm{T}} \delta \boldsymbol{q}_i \tag{9-20}$$

其中，

$$\begin{aligned} \boldsymbol{Q}_i^v &= \int_{V_i} \rho_i \begin{bmatrix} \boldsymbol{I} \\ \boldsymbol{A}_{i\theta} \overline{\boldsymbol{u}}_i^P \end{bmatrix} [\boldsymbol{0} \quad -\dot{\theta} \overline{\boldsymbol{u}}_i^P \boldsymbol{A}_i] \dot{\boldsymbol{q}}_i \mathrm{d}V_i \\ &= \dot{\theta}^2 \boldsymbol{A}_i \begin{bmatrix} \int_{V_i} \rho_i \overline{\boldsymbol{u}}_i^P \mathrm{d}V_i \\ 0 \end{bmatrix} \end{aligned} \tag{9-21}$$

是离心惯性力。

当连体基基点定义在刚体的质心上时，$\boldsymbol{Q}_i^v = \boldsymbol{0}$，惯性力的虚功为

$$\delta W_i^{in} = [\boldsymbol{M}_i \ddot{\boldsymbol{q}}_i]^{\mathrm{T}} \delta \boldsymbol{q}_i \tag{9-22}$$

2. 多刚体系统的运动方程

根据动力学普遍方程，对于系统中的任一刚体 i，有

$$\delta W_i^{in} = \delta W_i + \delta W_i^c \tag{9-23}$$

其中，

$$\delta W_i = \boldsymbol{Q}_i^{\mathrm{T}} \delta \boldsymbol{q} \tag{9-24}$$

是广义外力所做的虚功；δW_i^c 是作用在刚体 i 上的广义约束力所做的虚功。

对于由 N 个刚体组成的多刚体系统，则有

$$\sum_{i=1}^{N} \delta W_i^{in} = \sum_{i=1}^{N} \delta W_i + \sum_{i=1}^{N} \delta W_i^c \tag{9-25}$$

对于受理想约束的多刚体系统，约束力在系统的任一虚位移上所做的虚功之和为零，即

$$\sum_{i=1}^{N} \delta W_i^c = 0 \tag{9-26}$$

那么

$$\sum_{i=1}^{N}(\delta W_i^{in}-\delta W_i)=0 \tag{9-27}$$

如果连体基的基点定义在刚体的质心上，将式（9-22）和式（9-24）代入式（9-27）得

$$\sum_{i=1}^{N}[\boldsymbol{M}_i\ddot{\boldsymbol{q}}_i-\boldsymbol{Q}_i]^{\mathrm{T}}\delta\boldsymbol{q}_i=\boldsymbol{0} \tag{9-28}$$

或

$$\delta\boldsymbol{q}^{\mathrm{T}}[\boldsymbol{M}\ddot{\boldsymbol{q}}-\boldsymbol{Q}]=\boldsymbol{0} \tag{9-29}$$

其中，

$$\boldsymbol{q}=\begin{bmatrix}\boldsymbol{q}_1\\ \boldsymbol{q}_2\\ \vdots\\ \boldsymbol{q}_i\\ \vdots\\ \boldsymbol{q}_N\end{bmatrix},\quad \boldsymbol{M}=\begin{bmatrix}\boldsymbol{M}_1 & & & & & \\ & \boldsymbol{M}_2 & & & \boldsymbol{0} & \\ & & \ddots & & & \\ & & & \boldsymbol{M}_i & & \\ & \boldsymbol{0} & & & \ddots & \\ & & & & & \boldsymbol{M}_N\end{bmatrix},\quad \boldsymbol{Q}=\begin{bmatrix}\boldsymbol{Q}_1\\ \boldsymbol{Q}_2\\ \vdots\\ \boldsymbol{Q}_i\\ \vdots\\ \boldsymbol{Q}_N\end{bmatrix}$$

这就是多刚体系统运动的变分方程。

3. 约束多刚体系统的运动方程

组成一个多刚体系统的各个刚体之间往往由各种“铰”连接，即存在着约束——包括运动学约束方程和驱动约束。约束方程的一般形式可以写为

$$\boldsymbol{\Phi}=\boldsymbol{\Phi}(\boldsymbol{q},t)=\boldsymbol{0}$$

对其进行等时变分，可得

$$\boldsymbol{\Phi}_{\boldsymbol{q}}\delta\boldsymbol{q}=\boldsymbol{0} \tag{9-30}$$

其中，$\boldsymbol{\Phi}_{\boldsymbol{q}}$ 为约束的雅可比矩阵

$$\boldsymbol{\Phi}_{\boldsymbol{q}}=\begin{bmatrix}\dfrac{\partial\Phi_1}{\partial q_1} & \dfrac{\partial\Phi_1}{\partial q_2} & \cdots & \dfrac{\partial\Phi_1}{\partial q_n}\\ \dfrac{\partial\Phi_2}{\partial q_1} & \dfrac{\partial\Phi_2}{\partial q_2} & \cdots & \dfrac{\partial\Phi_2}{\partial q_n}\\ \vdots & \vdots & & \vdots\\ \dfrac{\partial\Phi_{n_c}}{\partial q_1} & \dfrac{\partial\Phi_{n_c}}{\partial q_2} & \cdots & \dfrac{\partial\Phi_{n_c}}{\partial q_n}\end{bmatrix} \tag{9-31}$$

下标 n_c 为约束方程的个数。

（1）拉格朗日乘子定理

设 $\boldsymbol{b}$ 是一个 n 维常向量，$\boldsymbol{x}$ 为 n 维变向量，$\boldsymbol{A}$ 为 $m\times n$ 阶的常数矩阵，如果

$$\overline{\boldsymbol{b}}^{\mathrm{T}}\overline{\boldsymbol{x}}=\boldsymbol{0} \tag{9-32}$$

且

$$\boldsymbol{A}\overline{\boldsymbol{x}}=\boldsymbol{0} \tag{9-33}$$

则存在一个 m 阶的向量 $\boldsymbol{\lambda}$，满足

$$\overline{\boldsymbol{b}}^{\mathrm{T}}\overline{\boldsymbol{x}}+\boldsymbol{\lambda}^{\mathrm{T}}\boldsymbol{A}\overline{\boldsymbol{x}}=\boldsymbol{0} \tag{9-34}$$

其中，$\boldsymbol{\lambda}$ 就称为**拉格朗日乘子向量**。

（2）微分–代数混合方程

对于约束多刚体系统来说，方程（9–29）中的广义坐标变分 $\delta \boldsymbol{q}$ 并不是独立的，考虑约束方程（9–30），运用拉格朗日乘子定理可得

$$(\boldsymbol{M}\ddot{\boldsymbol{q}}-\boldsymbol{Q})^{\mathrm{T}}\delta\boldsymbol{q}+\boldsymbol{\lambda}^{\mathrm{T}}\boldsymbol{\Phi}_q\delta\boldsymbol{q}=(\boldsymbol{M}\ddot{\boldsymbol{q}}+\boldsymbol{\Phi}_q^{\mathrm{T}}\boldsymbol{\lambda}-\boldsymbol{Q})^{\mathrm{T}}\delta\boldsymbol{q}=\boldsymbol{0} \tag{9–35}$$

由于方程（9–35）对于任意的 $\delta \boldsymbol{q}$ 均成立，因此

$$\boldsymbol{M}\ddot{\boldsymbol{q}}+\boldsymbol{\Phi}_q^{\mathrm{T}}\boldsymbol{\lambda}-\boldsymbol{Q}=\boldsymbol{0} \tag{9–36}$$

方程（9–36）的变量包括 n 个广义加速度和 n_c 个拉格朗日乘子，共 $n+n_c$ 个未知量，而方程（9–36）的个数仅有 n 个，还需要 n_c 个方程才能求解，这 n_c 个方程就是表示系统中各种连接“铰”或驱动的约束方程

$$\boldsymbol{\Phi}(\boldsymbol{q},t)=\boldsymbol{0}$$

将其对时间求一次导数和二次导数可得速度和加速度约束方程

$$\begin{cases}\boldsymbol{\Phi}_q\dot{\boldsymbol{q}}+\boldsymbol{\Phi}_t=\boldsymbol{0}\\ \boldsymbol{\Phi}_q\ddot{\boldsymbol{q}}=\boldsymbol{\gamma}\end{cases} \tag{9–37}$$

其中，

$$\boldsymbol{\gamma}=-(\boldsymbol{\Phi}_q\dot{\boldsymbol{q}})_q\dot{\boldsymbol{q}}-2\boldsymbol{\Phi}_{qt}\dot{\boldsymbol{q}}-\boldsymbol{\Phi}_{tt} \tag{9–38}$$

是加速度方程的右项。

将方程（9–36）和方程（9–37）合并写为

$$\begin{bmatrix}\boldsymbol{M} & \boldsymbol{\Phi}_q^{\mathrm{T}}\\ \boldsymbol{\Phi}_q & \boldsymbol{0}\end{bmatrix}\begin{bmatrix}\ddot{\boldsymbol{q}}\\ \boldsymbol{\lambda}\end{bmatrix}=\begin{bmatrix}\boldsymbol{Q}\\ \boldsymbol{\gamma}\end{bmatrix} \tag{9–39}$$

这就是约束多刚体系统的运动方程，它是一个微分–代数混合方程组。

【例 9–3】图 9–3 所示是一个单摆，摆杆长 $2l$，质量 m 均匀分布。试写出其动力学方程。

解：建立如图 9–3 所示的总体基和连体基，其中连体基的基点位于杆的质心，则其质量矩阵为

$$\boldsymbol{M}=\begin{bmatrix}m & 0 & 0\\ 0 & m & 0\\ 0 & 0 & \dfrac{1}{3}ml^2\end{bmatrix}$$

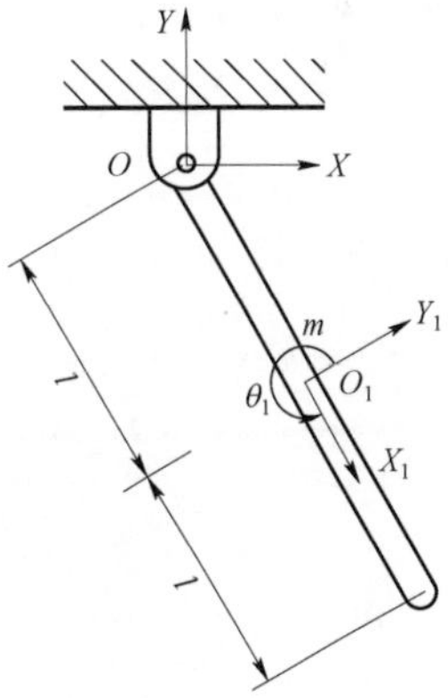

图 9–3　单摆

由于外力的虚功为

$$\delta W=[\delta x_1\quad \delta y_1\quad \delta\theta_1]^{\mathrm{T}}\begin{bmatrix}0\\ -mg\\ 0\end{bmatrix}$$

因此广义外力阵列为

$$\boldsymbol{Q}=[0\quad -mg\quad 0]^{\mathrm{T}}$$

该系统的广义坐标为 $\boldsymbol{q}=[x_1 \quad y_1 \quad \theta_1]^{\mathrm{T}}$，铰 O 的约束方程为

$$\boldsymbol{\Phi}=\begin{bmatrix} x_1 & -l\cos\theta_1 \\ y_1 & -l\sin\theta_1 \end{bmatrix}=\boldsymbol{0}$$

其雅可比矩阵为

$$\boldsymbol{\Phi}_q=\begin{bmatrix} 1 & 0 & l\sin\theta_1 \\ 0 & 1 & -l\cos\theta_1 \end{bmatrix}$$

加速度方程的右项为

$$\gamma=-l\dot{\theta}_1^2\begin{bmatrix} \cos\theta_1 \\ \sin\theta_1 \end{bmatrix}$$

独立的约束方程有 2 个，因此拉格朗日乘子也有 2 个，为 λ_1 和 λ_2。由式（9－39）可得单摆的动力学方程为

$$\begin{bmatrix} m & 0 & 0 & 1 & 0 \\ 0 & m & 0 & 0 & 1 \\ 0 & 0 & \dfrac{1}{3}ml^2 & l\sin\theta_1 & -l\cos\theta_1 \\ 1 & 0 & l\sin\theta_1 & 0 & 0 \\ 0 & 1 & -l\cos\theta_1 & 0 & 0 \end{bmatrix}\begin{bmatrix} x_1 \\ y_1 \\ \theta_1 \\ \lambda_1 \\ \lambda_2 \end{bmatrix}=\begin{bmatrix} 0 \\ -mg \\ 0 \\ -l\ddot{\theta}_1^2\cos\theta_1 \\ -l\ddot{\theta}_1^2\sin\theta_1 \end{bmatrix}$$

9.4 约束多刚体系统运动方程的数值求解

方程（9－39）的可解性取决于其系数矩阵的非奇异性。如果质量矩阵是正定矩阵，并且约束是独立的，那么方程就存在唯一解，这可以通过下面的等价命题进行证明。

命题：齐次方程

$$\begin{bmatrix} \boldsymbol{M} & \boldsymbol{\Phi}_q^{\mathrm{T}} \\ \boldsymbol{\Phi}_q & \boldsymbol{0} \end{bmatrix}\begin{bmatrix} \bar{\boldsymbol{x}} \\ \bar{\boldsymbol{y}} \end{bmatrix}=\begin{bmatrix} \boldsymbol{0} \\ \boldsymbol{0} \end{bmatrix} \tag{9-40}$$

只有零解。

将方程（9－40）可写成下面两个独立的方程：

$$\boldsymbol{M}\bar{\boldsymbol{x}}+\boldsymbol{\Phi}_q^{\mathrm{T}}\bar{\boldsymbol{y}}=\boldsymbol{0} \tag{9-41}$$

$$\boldsymbol{\Phi}_q\bar{\boldsymbol{x}}=\boldsymbol{0} \tag{9-42}$$

用 $\bar{\boldsymbol{x}}^{\mathrm{T}}$ 左乘方程（9－41）的两边并考虑方程（9－42），得

$$\bar{\boldsymbol{x}}^{\mathrm{T}}\boldsymbol{M}\bar{\boldsymbol{x}}=\boldsymbol{0} \tag{9-43}$$

由于质量矩阵是正定矩阵，那么由方程（9－43）得到的解 $\bar{\boldsymbol{x}}=\boldsymbol{0}$。将 $\bar{\boldsymbol{x}}=\boldsymbol{0}$ 代入方程（9－41），得到

$$\boldsymbol{\Phi}_q^{\mathrm{T}}\bar{\boldsymbol{y}}=\boldsymbol{0} \tag{9-44}$$

由于约束是独立的，$\boldsymbol{\Phi}_q^{\mathrm{T}}$ 是满秩矩阵，满足方程（9－44）的 $\bar{\boldsymbol{y}}=\boldsymbol{0}$。

由此可见，方程（9－40）只有唯一的零解：$\bar{\boldsymbol{x}}=\bar{\boldsymbol{y}}=\boldsymbol{0}$，因此其系数矩阵$\begin{bmatrix}\boldsymbol{M} & \boldsymbol{\Phi}_q^{\mathrm{T}}\\ \boldsymbol{\Phi}_q & \boldsymbol{0}\end{bmatrix}$是非奇异的。

求解方程（9－39）可以采用直接法，其基本步骤是：

① 预估确定系统初始构形的初始广义坐标$\boldsymbol{q}^{(0)}$和广义速度$\dot{\boldsymbol{q}}^{(0)}$值。

② 计算进行到第 k 步，根据广义坐标$\boldsymbol{q}^{(k)}$和广义速度$\dot{\boldsymbol{q}}^{(k)}$值求解方程（9－39）中的系数和加速度方程（9－38）的右项。

③ 求解方程（9－39），得到广义加速度$\ddot{\boldsymbol{q}}^{(k)}$和拉格朗日乘子$\boldsymbol{\lambda}^{(k)}$的值。

④ 对广义加速度$\ddot{\boldsymbol{q}}^{(k)}$进行数值积分，得到$\boldsymbol{q}^{(k+1)}$和$\dot{\boldsymbol{q}}^{(k+1)}$的值。

⑤ 重复步骤②～④，直到计算收敛。

从上述计算过程可知，参与求解方程（9－39）的是加速度约束方程，广义坐标$\boldsymbol{q}^{(k)}$和广义速度$\dot{\boldsymbol{q}}^{(k)}$是对广义加速度$\ddot{\boldsymbol{q}}^{(k)}$进行数值积分得到的，不一定满足约束方程$\boldsymbol{\Phi}(\boldsymbol{q},t)=\boldsymbol{0}$和速度约束方程$\dot{\boldsymbol{\Phi}}=\boldsymbol{\Phi}_q\dot{\boldsymbol{q}}+\boldsymbol{\Phi}_t=\boldsymbol{0}$，即

$$\boldsymbol{\Phi}^{(k)}=\varepsilon_1\neq\boldsymbol{0}$$

$$\dot{\boldsymbol{\Phi}}^{(k)}=\varepsilon_2\neq\boldsymbol{0}$$

这就是所谓的违约现象。随着计算步数的增加，误差累积会造成数值解的发散，因此需要改进，也就说所谓的违约修正。

违约修正法的思想来源于控制反馈原理。如有一扰动方程

$$\ddot{y}=0$$

所描述的开环系统是不稳定的，当受到扰动后，解可能发散。但加上反馈回路的闭环系统是稳定的，这时的方程变为

$$\ddot{y}+2a\dot{y}+\beta^2y=0$$

其中，α、β 为正的非零常数，适当选择这两个参数可保证解渐近稳定。

运用上述思想，将数值积分的误差看作外界的干扰，将违约$\boldsymbol{\Phi}^{(k)}=\varepsilon_1\neq\boldsymbol{0}$、$\dot{\boldsymbol{\Phi}}^{(k)}=\varepsilon_2\neq\boldsymbol{0}$看作是数值积分引起的，将加速度约束方程（9－37）改为

$$\boldsymbol{\Phi}_q\ddot{\boldsymbol{q}}=\boldsymbol{\gamma}-2\alpha\boldsymbol{\varepsilon}_1-\beta^2\boldsymbol{\varepsilon}_2$$

约束多刚体系统运动方程修正为

$$\begin{bmatrix}\boldsymbol{M} & \boldsymbol{\Phi}_q^{\mathrm{T}}\\ \boldsymbol{\Phi}_q & \boldsymbol{0}\end{bmatrix}\begin{bmatrix}\ddot{\boldsymbol{q}}\\ \boldsymbol{\lambda}\end{bmatrix}=\begin{bmatrix}\boldsymbol{Q}\\ \boldsymbol{\gamma}-2\alpha\boldsymbol{\varepsilon}_1-\beta^2\boldsymbol{\varepsilon}_2\end{bmatrix} \tag{9-45}$$

在第 k 步迭代时，如果求得的$\boldsymbol{q}^{(k)}$和$\dot{\boldsymbol{q}}^{(k)}$值能够使约束方程和速度约束方程得到满足，即$\boldsymbol{\Phi}^{(k)}=\boldsymbol{0}$，$\dot{\boldsymbol{\Phi}}^{(k)}=\boldsymbol{0}$，那么方程（9－45）和方程（9－39）是等价的；否则出现违约，方程（9－45）的修正项就通过修正广义加速度起作用，使积分得到的$\boldsymbol{q}^{(k+1)}$和$\dot{\boldsymbol{q}}^{(k+1)}$值朝着满足约束的方向移动，数值结果在精确解附近摆动，摆动的幅值和频率取决于 α 和 β 的大小，α、β 的经验值为 5～50。

9.5　约束反力

对于一个系统，如果其约束方程（包括运动约束和驱动约束）的个数与系统的自由度数

相等，那么系统的位置、速度和加速度通过运动学分析就可以完全确定，系统在运动学上就是确定的，这时约束方程的雅可比矩阵是非奇异的方阵。

展开约束多刚体系统的运动方程（9－39）可得

$$\boldsymbol{M}\ddot{\boldsymbol{q}}+\boldsymbol{\Phi}_q^{\mathrm{T}}\boldsymbol{\lambda}=\boldsymbol{Q} \tag{9-46}$$

$$\boldsymbol{\Phi}_q\ddot{\boldsymbol{q}}=\boldsymbol{\gamma} \tag{9-47}$$

由于 $\boldsymbol{\Phi}_q$ 是非奇异方阵，因此，由式（9－47）可得

$$\ddot{\boldsymbol{q}}=\boldsymbol{\Phi}_q^{-1}\boldsymbol{\gamma} \tag{9-48}$$

将求得的 $\ddot{\boldsymbol{q}}$ 代入方程（9－46），可得

$$\boldsymbol{\lambda}=(\boldsymbol{\Phi}_q^{\mathrm{T}})^{-1}[\boldsymbol{Q}-\boldsymbol{M}\ddot{\boldsymbol{q}}] \tag{9-49}$$

这是一个线性代数方程，解出拉格朗日乘子，就可求得系统的约束反力（矩）和驱动力（矩）的值。下面讨论约束反力（矩）和驱动力（矩）的求解方法。

如图 9－4 所示的两个刚体 i 和 j 在 P 点通过一个铰 k 连接，其约束方程为 $\Phi_k=0$。根据系统运动的变分方程（9－35），并令 $\delta\boldsymbol{q}_{j(j\neq i)}=\boldsymbol{0}$，得

$$\delta\boldsymbol{q}_i\boldsymbol{M}_i\ddot{\boldsymbol{q}}_i+\sum_{\substack{l=1\\l\neq k}}^{n_c}\delta\boldsymbol{q}_i{}^{\mathrm{T}}\boldsymbol{\Phi}_{q_il}^{\mathrm{T}}\lambda_l+\delta\boldsymbol{q}_i{}^{\mathrm{T}}\boldsymbol{\Phi}_{q_ik}^{\mathrm{T}}\lambda_k=\delta\boldsymbol{q}_i{}^{\mathrm{T}}\boldsymbol{Q}_i \tag{9-50}$$

P 点的广义坐标阵列为

$$\overline{\boldsymbol{r}}_i^P=\overline{\boldsymbol{r}}_i+\boldsymbol{A}_i\overline{\boldsymbol{u}}_i^P$$

则

$$\delta\overline{\boldsymbol{r}}_i=\delta\overline{\boldsymbol{r}}_i^P+\boldsymbol{A}_{i\theta}\overline{\boldsymbol{u}}_i^P\delta\theta_i$$

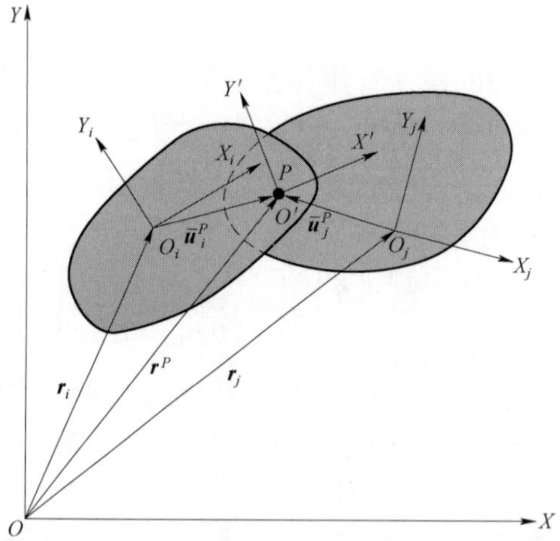

图 9－4　在 *P* 点通过一个铰连接的两个刚体

在铰点 P 上建立固结于刚体上的基 $X'O'Y'$，设该基到连体基 $X_iO_iY_i$ 的坐标转换矩阵为 $\boldsymbol{C}_i^c$。如果将铰 k 打断，引入约束反力（矩），其在基 $X'O'Y'$上的坐标阵列为$[\overline{\boldsymbol{F}}_i' \quad M_i']^{\mathrm{T}}$，在总体基上的坐标阵列为

$$\bar{\boldsymbol{Q}}_i^c=[\boldsymbol{A}_i\boldsymbol{C}_i^c\bar{\boldsymbol{F}}_i' \quad M_i']^{\mathrm{T}}$$

则

$$\delta\boldsymbol{q}_i\boldsymbol{M}_i\ddot{\boldsymbol{q}}_i+\sum_{\substack{l=1\\l\neq k}}^{n_c}\delta\boldsymbol{q}_i^{\mathrm{T}}\boldsymbol{\Phi}_{q_il}^{\mathrm{T}}\lambda_l=\delta\boldsymbol{q}_i^{\mathrm{T}}\boldsymbol{Q}_i-\delta\bar{\boldsymbol{r}}_i^{P\mathrm{T}}\boldsymbol{A}_i\boldsymbol{C}_i^c\bar{\boldsymbol{F}}_i'-\delta\theta_iM_i'$$

方程描述的系统运动与式（9－50）描述的完全相同，因此

$$-\delta\boldsymbol{q}_i^{\mathrm{T}}\boldsymbol{\Phi}_{q_ik}^{\mathrm{T}}\lambda_k=\delta\bar{\boldsymbol{r}}_i^{P\mathrm{T}}\boldsymbol{A}_i\boldsymbol{C}_i^c\bar{\boldsymbol{F}}_i'+\delta\theta_iM_i'$$

即

$$-[\delta\bar{\boldsymbol{r}}_i^{P\mathrm{T}}\boldsymbol{\Phi}_{r_ik}^{\mathrm{T}}\lambda_k+\delta\theta_i(\boldsymbol{\Phi}_{\theta_ik}^{\mathrm{T}}-\bar{\boldsymbol{u}}_i^{P\mathrm{T}}\boldsymbol{A}_{i\theta}^{\mathrm{T}}\boldsymbol{\Phi}_{r_ik}^{\mathrm{T}})\lambda_k]=\delta\bar{\boldsymbol{r}}_i^{P\mathrm{T}}\boldsymbol{A}_i\boldsymbol{C}_i^c\bar{\boldsymbol{F}}_i'+\delta\theta_iM_i' \tag{9-51}$$

由于虚位移 $\delta\bar{\boldsymbol{r}}_i^{P\mathrm{T}}$ 和 $\delta\theta_i$ 是任意的，在方程（9－51）中它们的系数应该相等，由此可得

$$\begin{aligned}\bar{\boldsymbol{F}}_i'&=-\boldsymbol{C}_i^{c\mathrm{T}}\boldsymbol{A}_i^{\mathrm{T}}\boldsymbol{\Phi}_{r_ik}^{\mathrm{T}}\lambda_k\\M_i'&=(\bar{\boldsymbol{u}}_i^{P\mathrm{T}}\boldsymbol{A}_{i\theta}^{\mathrm{T}}\boldsymbol{\Phi}_{r_ik}^{\mathrm{T}}-\boldsymbol{\Phi}_{\theta_ik}^{\mathrm{T}})\lambda_{ki}\end{aligned} \tag{9-52}$$

【例 9－4】对于例 9－3 中的单摆，如果铰 O 为一驱动铰，其驱动约束方程为

$$\boldsymbol{\Phi}^d=\theta_1-2\pi t=0$$

试求其约束反力和驱动力矩。

解：考虑铰 O 的运动约束

$$\boldsymbol{\Phi}^c=\begin{bmatrix}x_1-l\cos\theta_1\\y_1-l\sin\theta_1\end{bmatrix}=\boldsymbol{0}$$

加上驱动约束得总的约束方程

$$\boldsymbol{\Phi}=\begin{bmatrix}x_1-l\cos\theta_1\\y_1-l\sin\theta_1\\\theta_1-2\pi t_0\end{bmatrix}=\boldsymbol{0}$$

其雅可比矩阵为

$$\boldsymbol{\Phi}_{\boldsymbol{q}}=\begin{bmatrix}1&0&l\sin\theta_1\\0&1&-l\cos\theta_1\\0&0&1\end{bmatrix}$$

加速度方程为

$$\begin{bmatrix}1&0&l\sin\theta_1\\0&1&-l\cos\theta_1\\0&0&1\end{bmatrix}\begin{bmatrix}\ddot{x}_1\\\ddot{y}_1\\\ddot{\theta}_1\end{bmatrix}=\begin{bmatrix}-l\ddot{\theta}_1^2\cos\theta_1\\-l\ddot{\theta}_1^2\sin\theta_1\\0\end{bmatrix}$$

求得加速度阵列为

$$\begin{bmatrix}\ddot{x}_1\\\ddot{y}_1\\\ddot{\theta}_1\end{bmatrix}=\begin{bmatrix}-l\dot{\theta}_1^2\cos\theta_1\\-l\dot{\theta}_1^2\sin\theta_1\\0\end{bmatrix}$$

由方程（9－34）得系统的动力学方程

$$\begin{bmatrix} m & 0 & 0 \\ 0 & m & 0 \\ 0 & 0 & \frac{1}{3}ml^2 \end{bmatrix}\begin{bmatrix} \ddot{x}_1 \\ \ddot{y}_1 \\ \ddot{\theta}_1 \end{bmatrix}+\begin{bmatrix} 1 & 0 & 0 \\ 0 & 1 & 0 \\ l\sin\theta_1 & -l\cos\theta_1 & 1 \end{bmatrix}\begin{bmatrix} \lambda_1 \\ \lambda_2 \\ \lambda_3 \end{bmatrix}=\begin{bmatrix} 0 \\ -mg \\ 0 \end{bmatrix}$$

代入加速度的解，即可求得拉格朗日乘子为

$$\begin{bmatrix} \lambda_1 \\ \lambda_2 \\ \lambda_3 \end{bmatrix}=\begin{bmatrix} ml\dot{\theta}_1^2\cos\theta_1 \\ -mg+ml\dot{\theta}_1^2\sin\theta_1 \\ -mgl\cos\theta_1 \end{bmatrix}$$

在铰点 O 上建立固结于刚体上平行于连体基 $X_1O_1Y_1$ 的基，这样该基到连体基的坐标转换矩阵 $\boldsymbol{C}_1^c$ 为单位阵。

连体基关于总体基的方向余弦矩阵为

$$\boldsymbol{A}_1=\begin{bmatrix} \cos\theta_1 & -\sin\theta_1 \\ \sin\theta_1 & \cos\theta_1 \end{bmatrix}$$

而由雅可比矩阵可得

$$\boldsymbol{\Phi}_{r_1}=\begin{bmatrix} 1 & 0 \\ 0 & 1 \\ 0 & 0 \end{bmatrix},\quad \boldsymbol{\Phi}_{\theta_1}=\begin{bmatrix} l\sin\theta_1 \\ -l\cos\theta \\ 1 \end{bmatrix}$$

将 $\boldsymbol{A}_1$、$\boldsymbol{C}_1^c$、$\boldsymbol{\Phi}_{r_1}$、$\boldsymbol{\Phi}_{\theta_1}$ 及拉格朗日乘子的值代入式（9－52），就可得到铰点 O 上的约束反力和驱动力矩为

$$\bar{\boldsymbol{F}}_1'=\begin{bmatrix} -ml\dot{\theta}_1^2+mg\sin\theta_1 \\ mg\cos\theta_1 \end{bmatrix}$$

$$M_1'=mgl\cos\theta_1$$

9.6 静平衡

当一个系统处于静平衡状态时，$\ddot{\boldsymbol{q}}=\dot{\boldsymbol{q}}=0$，代入系统运动方程可得

$$\boldsymbol{\Phi}_q^{\mathrm{T}}\boldsymbol{\lambda}=\boldsymbol{Q} \tag{9-53}$$

这就是系统的**静平衡方程**。

静平衡方程中的未知变量是 $\boldsymbol{q}$ 和 $\boldsymbol{\lambda}$，共有 $n+n_c$ 个，而方程（9－53）的个数仅有 n 个，还需要联立约束方程

$$\boldsymbol{\Phi}(\boldsymbol{q},t)=\boldsymbol{0}$$

一起求解。数值求解的结果可能收敛于稳定的平衡状态或不稳定的平衡状态，这与选取的初始估算值有关。

第10章 运用ADAMS软件进行机构运动学/动力学分析实例

10.1 ADAMS软件简介

ADAMS（Automatic Dynamic Analysis of Mechanical Systems），原由美国MDI公司开发，目前已被美国 MSC 公司收购成为 MSC/ADAMS，是最著名的虚拟样机分析软件。目前，ADAMS 已在汽车、飞机、铁路、工程机械、航天机械等领域得到广泛应用，已经被全世界各行各业的大多数制造商采用。

ADAMS软件具有以下功能特点：

① 利用交互式图形环境和零件库、约束库、力库建立机械系统三维参数化模型。

② 可以进行机械系统的运动学、静力学和准静力学分析，以及线性和非线性动力学分析，零件可以是刚体或柔性体。

③ 具有组装、分析和动态显示计算结果的能力，提供多种“虚拟样机”方案。

④ 具有一个强大的函数库供用户自定义力和运动发生器。

⑤ 具有开放式结构，允许用户集成自己的子程序。

⑥ 自动输出位移、速度、加速度和反作用力曲线，仿真结果可显示为动画。

⑦ 具有组装、分析和动态显示计算结果的能力，预测机械系统性能，提供多种“虚拟样机”方案。

⑧ 支持同大多数CAD、FEA和控制设计软件包之间的双向通信。

ADAMS 的模块包括基本模块、扩展模块、接口模块、专业模块等，其中基本模块包括ADAMS/View、ADAMS/Solver、ADAMS/PostProcessor和ADAMS/Insight。ADAMS/View是ADAMS 的核心模块之一，是以用户为中心的交互式图形环境，将图标操作、菜单操作与交互式图形建模、仿真计算、动画显示、图形输出等功能集成在一起。ADAMS/Solver是ADAMS的另一核心模块，也是软件仿真的“发动机”，它自动形成机械系统的动力学方程，提供静力学、运动学和动力学的解算结果。ADAMS/PostProcessor 是后处理模块，用来处理仿真结果数据、显示仿真结果等。

ADAMS软件仿真的基本步骤如图10－1所示。下面通过一个夹紧机构（图10－2）的实例来介绍运用ADAMS/View进行机构的运动学、动力学分析及优化的基本过程。这个机构要求在手柄（Handle）上施加的力不大于80 N的情况下，在锁钩（Hook）上能产生的夹紧力不小于800 N。

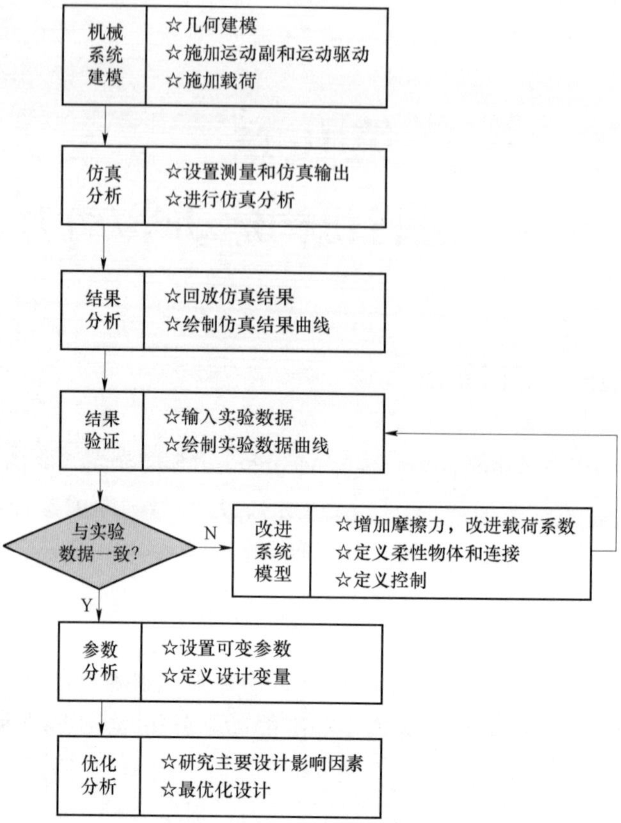

图 10－1　ADAMS 软件仿真的基本步骤

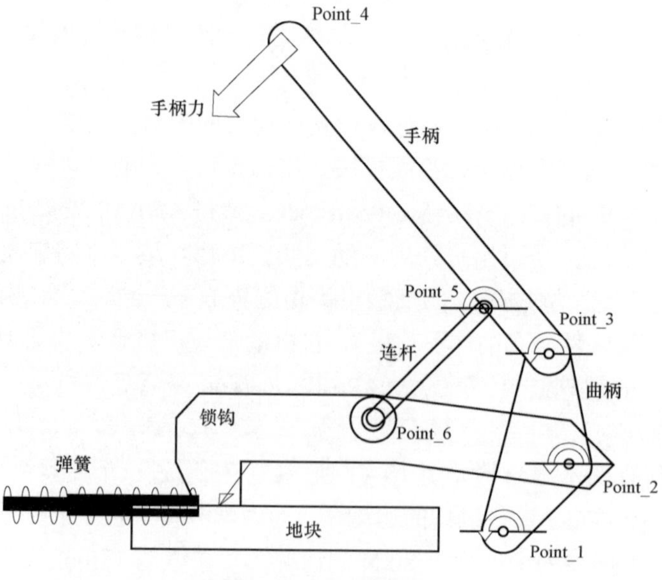

图 10－2　夹紧机构

10.2　创建模型

创建模型包括建立零件的刚体模型、建立约束副、施加载荷等。

1. 创建刚体模型

创建刚体模型主要需要确定刚体的质量、惯量张量、质心位置等属性。需要指出的是，对于做空间运动的刚体，描述刚体惯性的量除了质量以外，还有惯量张量；而对于做平面运动的刚体，则是相对于参考点的转动惯量。

惯性张量与参考点 O 有关，也与刚体的质量及其分布有关，其坐标矩阵为

$$\boldsymbol{J}_O = \begin{bmatrix} J_{11} & -J_{12} & -J_{13} \\ -J_{12} & J_{22} & -J_{23} \\ -J_{13} & -J_{23} & J_{33} \end{bmatrix} \tag{10-1}$$

这是一个对称矩阵，称为**惯量矩阵**。其中，J_{11}、J_{22}、J_{33} 称为刚体在基中对于参考点 O 的**惯量矩**或过参考点与基向量 $\boldsymbol{e}_1$、$\boldsymbol{e}_2$、$\boldsymbol{e}_3$ 相平行轴的**转动惯量**；J_{12}、J_{23}、J_{13} 称为刚体在基 $\boldsymbol{e}$ 中对于参考点 O 的**惯量积**。

由于实对称矩阵总可以通过一个正交矩阵变换成一个对称矩阵，因此惯量矩阵也可以转换成另一个基 $\boldsymbol{e}'$中的对称矩阵，即

$$\boldsymbol{J}' = \begin{bmatrix} J_1 & 0 & 0 \\ 0 & J_2 & 0 \\ 0 & 0 & J_3 \end{bmatrix} \tag{10-2}$$

J_1、J_2、J_3 称为刚体对于参考点 O 的**主惯量矩**，而过参考点 O 与三个基向量 $\boldsymbol{e}_1'$、$\boldsymbol{e}_2'$、$\boldsymbol{e}_3'$相平行的轴就称为**惯性主轴**。

ADAMS 提供了简单形状的零件库及几何造型和布尔运算功能用于建立刚体零件的几何模型，ADAMS 会根据零件的密度自动计算零件的相关属性（质量、惯性张量、质心位置等），用户也可以自行修改，从而得到零件的刚体模型。本例中为了进行优化设计，采用了参数化建模的方法，先定义了 6 个控制点（其坐标见表 10－1），通过这些控制点建立简单几何形状零件的刚体模型。

表 10－1　控制点坐标

控制点	*X* 坐标	*Y* 坐标	*Z* 坐标
Point_1	0	0	0
Point_2	3	3	0
Point_3	2	8	0
Point_4	－10	22	0
Point_5	－1	10	0
Point_6	－6	5	0

2. 创建约束副

创建约束副需要定义约束相对运动的两个零件、约束副的位置及方向特征等。除了转动铰、滑移铰这样的有物理铰对应的约束副以外，还可以单纯施加限制两个零件间某种相对运动的约束副。在本例中，在大地与曲柄（Pivot）间的 Point_1 处、手柄与曲柄之间的 Point_3 处、手柄与连杆（Slider）之间的 Point_5 处、连杆与锁钩之间的 Point_6 处、锁钩与曲柄之

间的 Point_2 处都是施加的转动铰（Revolution Joint），在锁钩与地块（Ground_block）之间则是施加限制锁钩只能在地块平面上运动的约束（Inplane）。

3. 施加载荷

载荷可以是系统外部施加在系统内零件上的力，直接作用在零件的一个点上，可以是单分量的力或力矩，也可以是多分量的力或力矩。载荷还可以是只在两个零件之间有相对运动时产生的力或力矩，在 ADAMS 中叫作柔性连接，如线弹簧阻尼器，其大小由两个零件上的两点间的相对移动位移（r）及速度确定：

$$F=-C\frac{\mathrm{d}r}{\mathrm{d}t}-K(r-r_0)+F_0 \tag{10-3}$$

其中，K 是弹簧刚度；C 是阻尼系数；F_0 是预紧力。

此外，柔性连接还可以是衬套，其大小定义为

$$\begin{bmatrix}F_x\\F_y\\F_z\\T_x\\T_y\\T_z\end{bmatrix}=-\begin{bmatrix}K_1&0&0&0&0&0\\0&K_2&0&0&0&0\\0&0&K_3&0&0&0\\0&0&0&K_4&0&0\\0&0&0&0&K_5&0\\0&0&0&0&0&K_6\end{bmatrix}\begin{bmatrix}x\\y\\z\\\alpha\\\beta\\\gamma\end{bmatrix}-\begin{bmatrix}C_1&0&0&0&0&0\\0&C_2&0&0&0&0\\0&0&C_3&0&0&0\\0&0&0&C_4&0&0\\0&0&0&0&C_5&0\\0&0&0&0&0&C_6\end{bmatrix}\begin{bmatrix}v_x\\v_y\\v_z\\\omega_x\\\omega_y\\\omega_z\end{bmatrix}+\begin{bmatrix}F_{x0}\\F_{y0}\\F_{z0}\\T_{x0}\\T_{y0}\\T_{z0}\end{bmatrix} \tag{10-4}$$

其中，F_x、F_y、F_z、T_x、T_y、T_z 和 F_{x0}、F_{y0}、F_{z0}、T_{x0}、T_{y0}、T_{z0} 分别是局部坐标系下的力和力矩及其初始值；x、y、z 和 α、β、γ 是在局部坐标系下的相对位移和相对转角；v_x、v_y、v_z 和 ω_x、ω_y、ω_z 是相应的线速度和角速度；K_1-K_6 及 C_1-C_6 为刚度和阻尼。

无质量梁，其大小定义为

$$\begin{bmatrix}F_x\\F_y\\F_z\\T_x\\T_y\\T_z\end{bmatrix}=-\begin{bmatrix}K_{11}&0&0&0&0&0\\0&K_{22}&0&0&0&K_{26}\\0&0&K_{33}&0&K_{35}&0\\0&0&0&K_{44}&0&0\\0&0&K_{53}&0&K_{55}&0\\0&K_{62}&0&0&0&K_{66}\end{bmatrix}\begin{bmatrix}x-L\\y\\z\\\alpha\\\beta\\\gamma\end{bmatrix}-\begin{bmatrix}C_{11}&C_{12}&C_{13}&C_{14}&C_{15}&C_{16}\\C_{21}&C_{22}&C_{23}&C_{24}&C_{25}&C_{26}\\C_{31}&C_{32}&C_{33}&C_{34}&C_{35}&C_{36}\\C_{41}&C_{42}&C_{43}&C_{44}&C_{45}&C_{46}\\C_{51}&C_{52}&C_{53}&C_{54}&C_{55}&C_{56}\\C_{61}&C_{62}&C_{63}&C_{64}&C_{65}&C_{66}\end{bmatrix}\begin{bmatrix}v_x\\v_y\\v_z\\\omega_x\\\omega_y\\\omega_z\end{bmatrix}+\begin{bmatrix}F_{x0}\\F_{y0}\\F_{z0}\\T_{x0}\\T_{y0}\\T_{z0}\end{bmatrix} \tag{10-5}$$

其中，L 是梁段的长度。

力场，其大小定义为

$$\begin{bmatrix}F_x\\F_y\\F_z\\T_x\\T_y\\T_z\end{bmatrix}=-\begin{bmatrix}K_{11}&K_{12}&K_{13}&K_{14}&K_{15}&K_{16}\\K_{21}&K_{22}&K_{23}&K_{24}&K_{25}&K_{26}\\K_{31}&K_{32}&K_{33}&K_{34}&K_{35}&K_{36}\\K_{41}&K_{42}&K_{43}&K_{44}&K_{45}&K_{46}\\K_{51}&K_{52}&K_{53}&K_{54}&K_{55}&K_{56}\\K_{61}&K_{62}&K_{63}&K_{64}&K_{65}&K_{66}\end{bmatrix}\begin{bmatrix}x-x_0\\y-y_0\\z-z_0\\\alpha-\alpha_0\\\beta-\beta_0\\\gamma-\gamma_0\end{bmatrix}-\begin{bmatrix}C_{11}&C_{12}&C_{13}&C_{14}&C_{15}&C_{16}\\C_{21}&C_{22}&C_{23}&C_{24}&C_{25}&C_{26}\\C_{31}&C_{32}&C_{33}&C_{34}&C_{35}&C_{36}\\C_{41}&C_{42}&C_{43}&C_{44}&C_{45}&C_{46}\\C_{51}&C_{52}&C_{53}&C_{54}&C_{55}&C_{56}\\C_{61}&C_{62}&C_{63}&C_{64}&C_{65}&C_{66}\end{bmatrix}\begin{bmatrix}v_x\\v_y\\v_z\\\omega_x\\\omega_y\\\omega_z\end{bmatrix}+\begin{bmatrix}F_{x0}\\F_{y0}\\F_{z0}\\T_{x0}\\T_{y0}\\T_{z0}\end{bmatrix} \tag{10-6}$$

其中，x_0、y_0、z_0、α_0、β_0、γ_0 是两个零件之间的初始位移。

本例中系统的载荷包括施加在手柄上的外力（80 N），以及锁钩与大地之间的线弹簧力。

10.3　仿真测试

ADAMS/View 可以进行运动学计算、动力学计算及静平衡计算，求解过程是 ADAMS/Solver 在后台完成的。分析完成之后，通过 ADAMS/PostProcessor 能够生成计算结果曲线，对曲线数值进行数学计算，或生成仿真动画，完整再现系统的运动过程。

1. 建立测量

通过将某一测量值作为试验设计变量，可以在仿真过程中监视变量的变化情况，跟踪了解仿真分析过程，在仿真结束后绘制有关变量的变化曲线图，在设计研究、试验设计和优化分析中定义对象。

在本例中，需要考察夹紧力的大小，因此建立了弹簧力的测试。图 10－3 是进行一次时长 0.2 s、50 步的仿真结果。

又由于在机构运动过程中，手柄不能位于地面以下，因此对 Point_5 和 Point_3 连线、Point_3 和 Point_6 连线所成的角度建立了测量（命名为 overcenter），以便对其进行限制。图 10－4 是一次时长 0.2 s、50 步的仿真结果。

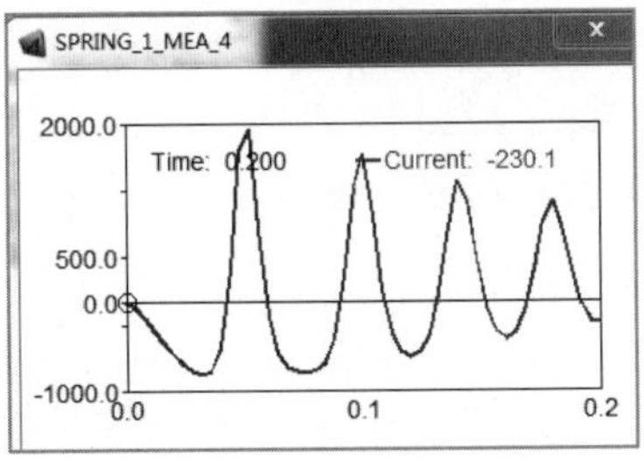

图 10－3　弹簧力测量结果

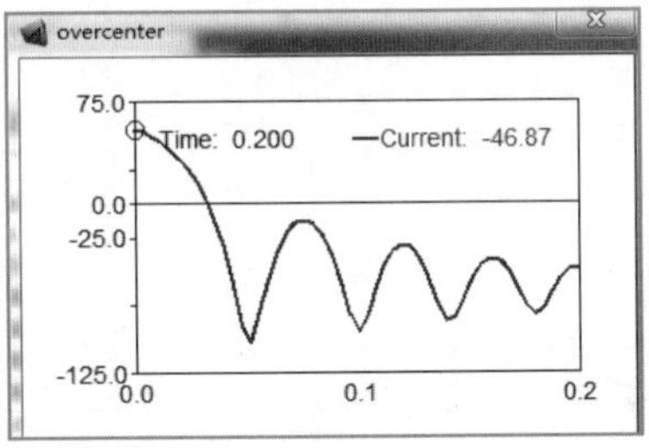

图 10－4　角度测量结果

2. 建立传感器

传感器可以用来触发仿真过程中的某个动作，比如终止仿真、改变模型中的参数、改变仿真的输入，甚至改变模型的拓扑结构。在本例中，建立的传感器是当前面建立的角度测量（overcenter）小于或等于 1° 时就终止仿真，以限制手柄的运动位置。

3. 仿真结果

在有传感器的作用下，同样进行一次 0.2 s 的仿真，得到的弹簧力及角度测量结果如图 10－5 所示。

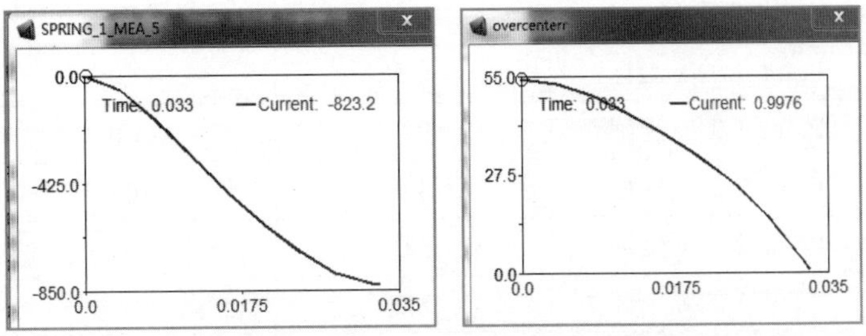

图 10－5　在传感器作用下两个测量的仿真结果

10.4 验证测试结果

在 ADAMS/PostProcessor 中，还可以输入实测数据，与仿真数据进行对比，对仿真模型进行验证。图 10－6 就是弹簧力随手柄角度变化曲线的仿真值与测量值的对比。

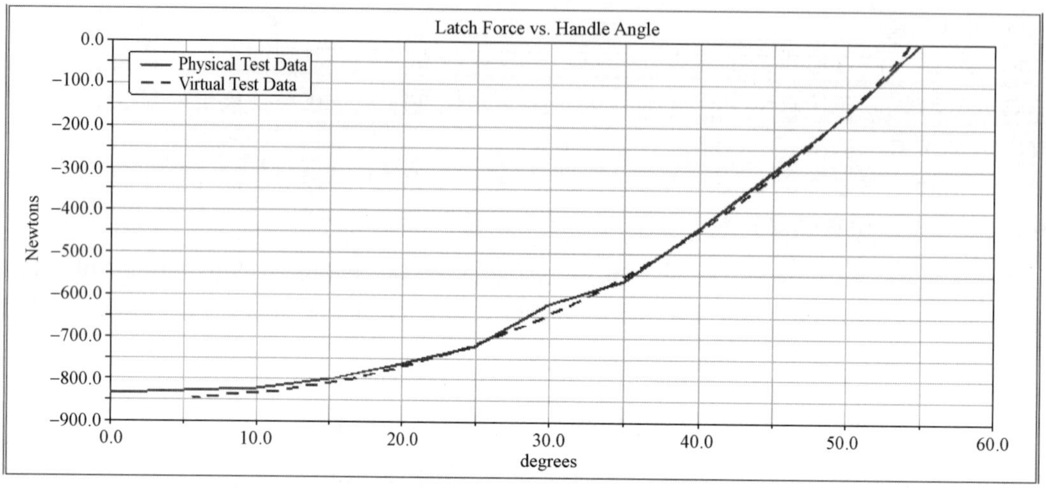

图 10－6　弹簧力的仿真值与测量值对比

10.5 参数分析

参数分析主要是研究设计变量对目标函数的影响情况，可以集中考察一个变量在其变化区间内变动时目标函数的变化情况，即灵敏度分析，也可以采用实验设计的方法，对多个变量的显著性进行分析。

在本例中，首先将前面建立的 6 个控制点中除 Point_4 之外的其他几个点的坐标进行参数化，设置其变化范围，见表 10－2。然后对每个参数进行灵敏度分析，图 10－7 是对参数 DV_1 在其变化范围内均匀变动 5 次得到的弹簧力即夹紧力的测量结果，从中可以得出弹簧力在该变量初始值时的灵敏度为－82 N/cm。

表 10－2　参数设置

参数	设计变量	初始值	上限	下限
DV_1	Point_1 的 x 坐标	0.0	－1.0	1.0
DV_2	Point_1 的 y 坐标	0.0	－1.0	1.0
DV_3	Point_2 的 x 坐标	3.0	－10.0	10.0
DV_4	Point_2 的 y 坐标	3.0	－10.0	10.0
DV_5	Point_3 的 x 坐标	2.0	－10.0	10.0
DV_6	Point_3 的 y 坐标	8.0	－10.0	10.0

续表

参数	设计变量	初始值	上限	下限
DV_7	Point_5 的 x 坐标	−1.0	−10.0	10.0
DV_8	Point_5 的 y 坐标	10.0	−10.0	10.0
DV_9	Point_6 的 x 坐标	−6.0	−10.0	10.0
DV_10	Point_6 的 y 坐标	5.0	−10.0	10.0

对 10 个参数都进行分析，得到对弹簧力影响最大的 3 个变量为 DV_4、DV_6、DV_8，也就是 Point_2 的 y 坐标、Point_3 的 y 坐标和 Point_5 的 y 坐标，弹簧力在它们初始时刻的灵敏度分别 −440 N/cm、 −281 N/cm 和 −287 N/cm。

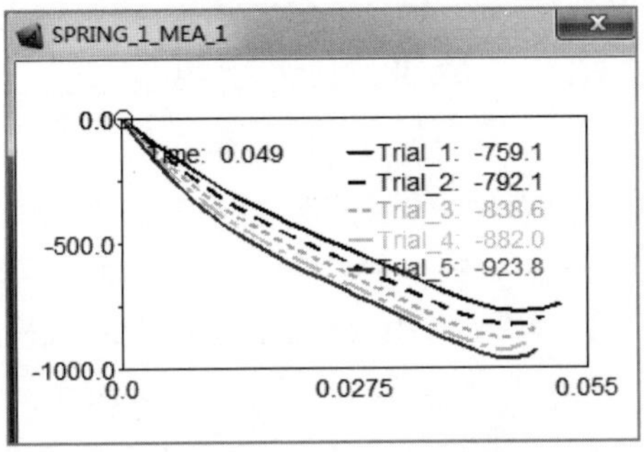

图 10−7　改变参数 DV_1 的弹簧力变化

10.6　优化设计

以 DV_4、DV_6 和 DV_8 为设计变量，以弹簧力绝对值最大为优化目标，对该夹紧机构进行优化设计。迭代过程中弹簧力的变化如图 10−8 所示。

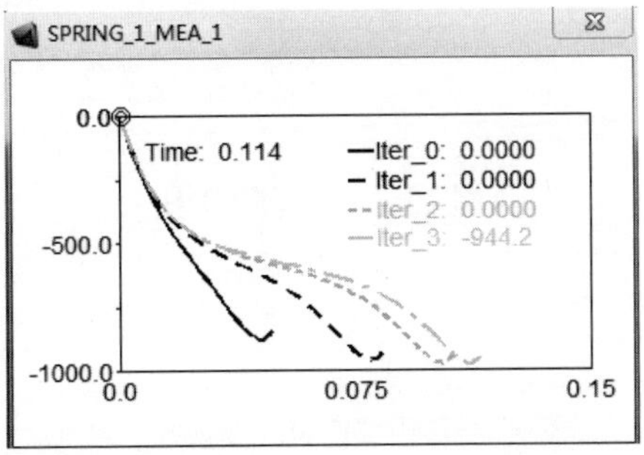

图 10−8　迭代过程中弹簧力的变化

最终得到，当设计变量 DV_4、DV_6 和 DV_8 的值分别为 3.160 0 cm、7.903 2 cm 和 10.032 cm 时，机构的夹紧力达到最大，其值为 971 N。

习　题

1. 试写出向量二重积运算 $\boldsymbol{d}=\boldsymbol{a}\times(\boldsymbol{b}\times\boldsymbol{c})$ 所对应的坐标阵列形式。

2. 试写出刚体 i 上连体基基点的运动轨迹由函数 $\boldsymbol{f}(t)=[f_1(t)\,f_2(t)]^{\mathrm{T}}$ 确定的驱动约束方程。

3. 试写出刚体上一点 P 固定的约束方程。

4. 请写出图 10－9 所示机构的约束方程。

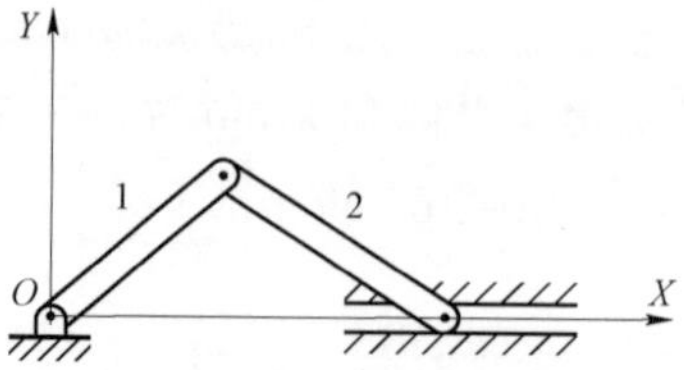

图 10－9　习题 4 图

5. 如果将例 9－2 中的连体基基点定义在其质心上，试写出此时细长杆件的质量矩阵。

6. 图 10－9 所示的机构中，连杆 1 的长度为 $2l_1$，质量为 m_1，连杆 2 的长度为 $2l_2$，质量为 m_2，分别在其质心建立连体基，试写出系统的动力学方程。

7. 在 ADAMS/View 中建立如图 10－10 所示的曲柄滑块机构。其中，曲柄长度为 15 cm，宽度为 2 cm，厚度为 1 cm；连杆长度为 35 cm，宽度为 2 cm，厚度为 1 cm。材料密度均为 0.007 8 kg/cm³，滑块质量为 3 kg。曲柄与总体坐标系的 X 轴方向所成的初始角度为 30°，在曲柄与大地之间的转动铰上施加角速度为 150 rad/s 的恒定角速度驱动。试分析：

（1）滑块的位移、速度和加速度；

（2）作用在曲柄上的驱动力矩；

（3）滑块作用在移动铰上的侧向力。

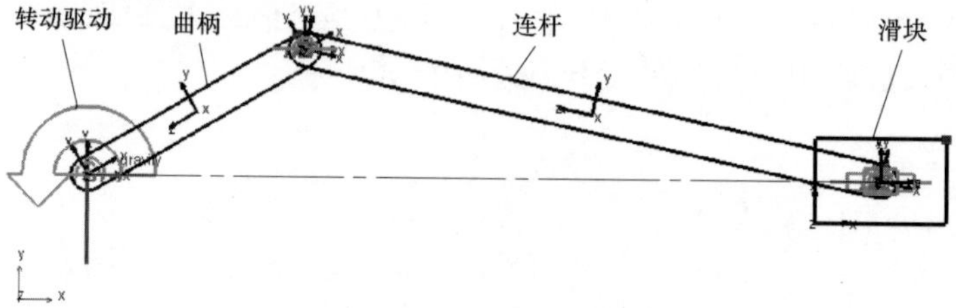

图 10－10　习题 7 图

第Ⅲ部分　有 限 元 法

第 11 章
有限元法概述

许多工程分析问题，如固体力学中位移场和应力场分析、振动特性分析、传热学中的温度场分析、流体力学中的流场分析等，都可归结为给定边界条件下求解其控制方程（一般为偏微分方程）的问题。这些控制方程只有在极简单的情况下才能获得解析解，大部分情况下只能用数值方法求得其近似解。随着计算机技术的飞速发展，数值解法变得越来越重要。

目前，工程中常用的微分方程的数值解法主要有有限差分法、有限元法和边界元法等。它们的共同特点是设法将实际上是无穷多自由度的连续介质问题近似地简化为由有限个“节点”构成的有限个自由度问题，并以这些节点的“自由度”为未知量，设法将控制方程近似地化为一组线性代数方程，然后用计算机求解。有限元法则是运用最成功、最广泛的解微分方程的数值方法之一，它首先被应用在结构分析领域，然后在其他领域中得到广泛应用。目前，有限元法的应用范畴已从弹性力学扩展到了弹塑性力学、岩石力学、地质力学、流体力学、传热学等各种学科和应用领域，取得了极大的成功。

本章将简要介绍弹性力学问题有限元法的基本原理及有限元分析软件的工程应用。

11.1 有限元法的基本思想

有限元法的基本思想是将连续的求解区域离散为一组有限个且按一定方式相互连接在一起的单元的组合体。由于单元能按不同的连接方式进行组合，且单元本身又可以有不同形状，因此可以模型化几何形状复杂的求解域。有限元法利用在每一个单元内假设的近似函数来分片地表示全求解域上的未知场函数。单元内的近似函数通常由未知函数或其导数在单元的各个节点的数值和其插值函数来表达。因此，在有限元分析中，未知场函数或其导数在各个节点上的数值就成为新的未知量（即自由度），从而使一个连续的无限自由度问题变成离散的有限自由度问题。一经求解出这些未知量，就可以通过插值函数计算出各个单元内场函数的近似值，从而得到整个求解域上的近似解。由于将求解域离散成有限个单元是有限元法最重要的特点，故因此得名。

有限元法的实质是通过两次近似将描述连续求解区域的偏微分方程的求解转化为代数方程组的求解。第一次近似为单元划分，精确的边界被离散为简单的边界，连续的求解区域被离散为一系列只有节点相连的单元；第二次近似为单元内真实复杂的自由度分布，被近似为简单函数描述的自由度分布。这两次近似降低了求解难度，增大了有限元法解决问题的应用范围。显然，随着单元数目的增加，即单元尺寸的缩小，或随着单元自由度的增加，即插值函数精度的提高，解的近似程度将不断改进。如果单元是满足收敛要求的，近似解最后将收敛于精确解。

离散化的思想早在 20 世纪 40 年代就已经提出来了。由于当时计算机刚出现，离散化的观念没有引起重视。过了 10 年，英国航空教授阿吉里斯（Argyris）和他的同事运用网格思想成功地进行了结构分析。与此同时，美国克劳夫（R.W.Clough）教授运用三角形单元对飞机结构进行了计算，并在 1960 年首次提出了“有限元法”这一名称。在以后 10 年中，有限元法在国际上蓬勃发展起来。60 年代中后期，国外数学家开始介入对有限元法的研究，促使有限元法有了坚实的数学基础。而我国著名数学教授冯康早在 1956 年就发表了研究论文，这比美国数学家从事有限元法研究还要早。1965 年，津基威茨（O.C.Zienkiewicz）和同事 Y.K.Ceung 宣布，有限元法适用于所有能按变分形式进行计算的场问题，使有限元法获得了一个更为广泛的解释，有限元法的应用也推广到更广阔的范围。

11.2 有限元法在工程中的应用

有限元法应用范围很广，它可以解决工程中的线性问题和非线性问题。对于各种不同性质的固体材料，如各向同性和各向异性材料、黏弹性和黏塑性材料及流体等，均能求解；另外，对工程中最有普遍意义的非稳态问题也能求解，甚至还可以模拟构件之间的高速碰撞、炸药的爆炸燃烧和应力波的传播。有限元法最先应用于航空工程，现已迅速推广到机械与汽车、造船、建筑等各种工程技术领域，并从固体力学领域拓展到流体、电磁声、振动等学科。近年来，随着计算机工业的迅速崛起、计算机及计算技术的迅速发展，基于有限元法原理的软件大量出现，它们在实际工程中发挥了越来越重要的作用。目前，专业的著名有限元分析软件有几十家，国际上著名的通用有限元分析软件有 ANSYS、ABAQUS、MSC/NASTRAN、MSC/MARC、ADINA、ALGOR 等。

有限元法几乎在设计分析的各个领域中都得到发展和应用，已成为一个基础稳固并为大家所接受的工程分析工具。下面是有限元分析应用实例。图 11－1（a）是用有限元法对直齿圆柱齿轮进行的力学分析，左图为有限元网格模型，右图为应力分布云图；图 11－1（b）是车身的固有特性分析，左图为有限元网格模型，右图为一阶扭转振型。

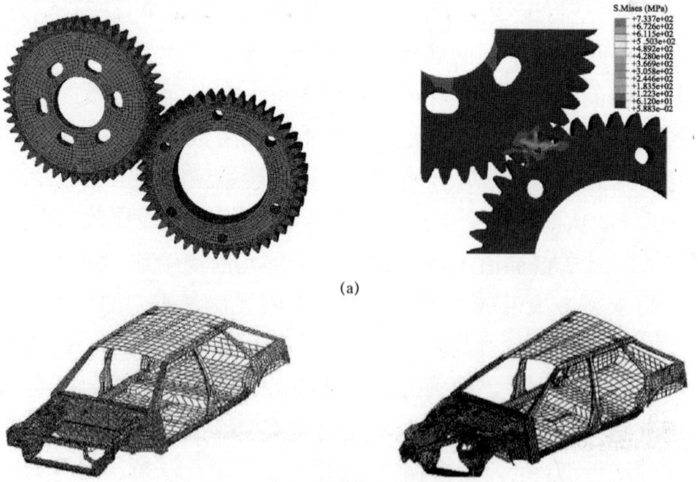

图 11－1　有限元分析应用实例

（a）直齿圆柱齿轮的应力分析；（b）车身的固有特性分析

11.3　有限元法求解引例

下面以一个一维杆单元问题为例来介绍有限元法的一些基本概念和求解步骤。

【例 11－1】 受自重作用的等截面直杆，上端固定、下端自由，长度为 L，截面积为 A，单位长度的重力为 q，材料弹性模量为 E，如图 11－2 所示，求杆各单元的应力。

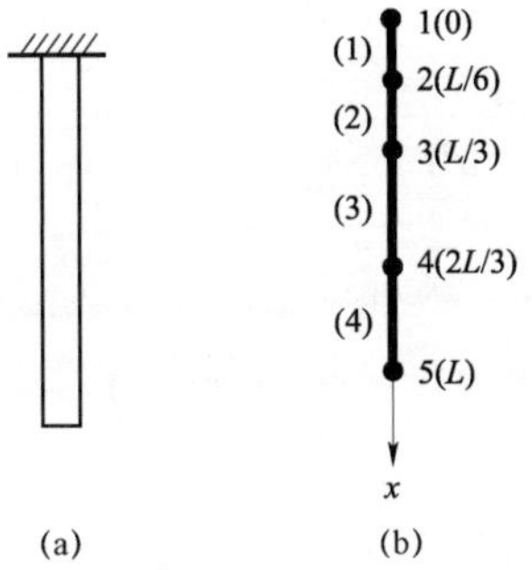

图 11－2　有限元求解的基本步骤引例

（a）受自重的悬垂杆；（b）单元与节点图

1. 离散化

对于直杆受拉问题，选择杆单元划分网格。节点编号及坐标见表 11－1，单元编号及单元节点号见表 11－2。

表 11－1　节点编号及坐标

节点编号	1	2	3	4	5
x 坐标	0	$L/6$	$L/3$	$2L/3$	L

表 11－2　单元编号及单元节点号

单元编号	（1）	（2）	（3）	（4）
单元 i 节点号	1	2	3	4
单元 j 节点号	2	3	4	5

2. 选取单元位移函数

本例中任一单元受力后都只有 x 方向位移 u，u 是 x 的函数。设单元位移函数 u 与 x 的关系式为

$$u=\alpha_1+\alpha_2 x$$

式中，α_1、α_2 为待定系数。

设 i、j 两节点坐标为 x_i、x_j，位移为 u_i、u_j，则 $u_i=\alpha_1+\alpha_2 x_i$，$u_j=\alpha_1+\alpha_2 x_j$。解之，得

$$\alpha_1=\frac{x_j u_i-x_i u_j}{x_j-x_i},\quad \alpha_2=\frac{u_j-u_i}{x_j-x_i}$$

将 α_1、α_2 代回原式，得

$$u=\frac{x_j u_i - x_i u_j}{x_j - x_i}+\frac{u_j - u_i}{x_j - x_i}x=\frac{x_j - x}{x_j - x_i}u_i+\frac{x - x_i}{x_j - x_i}u_j$$

3. 单元分析

单元应变：

$$\varepsilon=\frac{\mathrm{d}u}{\mathrm{d}x}=\frac{u_j - u_i}{x_j - x_i}$$

单元应力：

$$\sigma=E\varepsilon=E\frac{u_j - u_i}{x_j - x_i}$$

由以上二式可见，按线性位移函数推导出的单元内应变与应力均为常量。

单元内力 $F^{(e)}=A\sigma$，节点 i、j 处对单元的作用力 $F_i^{(e)}$、$F_j^{(e)}$ 叫单元的节点力。节点 i 对单元的作用力与 x 坐标方向相反，有

$$F_i^{(e)}=-A\sigma=-AE\frac{u_j - u_i}{x_j - x_i}$$

同理，节点 j 处的节点力：

$$F_j^{(e)}=AE\frac{u_j - u_i}{x_j - x_i}$$

写成矩阵形式：

$$\boldsymbol{F}^e=\begin{bmatrix}F_i^{(e)}\\F_j^{(e)}\end{bmatrix}=\frac{AE}{x_j - x_i}\begin{bmatrix}1 & -1\\-1 & 1\end{bmatrix}\begin{bmatrix}u_i\\u_j\end{bmatrix}=\boldsymbol{K}^e\boldsymbol{\Phi}^e$$

式中，$\boldsymbol{F}^e$ 为单元节点力阵列；$\boldsymbol{K}^e=\dfrac{AE}{x_j - x_i}\begin{bmatrix}1 & -1\\-1 & 1\end{bmatrix}$，$\boldsymbol{K}^e$ 为单元刚度矩阵；$\boldsymbol{\Phi}^e$ 为单元节点位移阵列。

4. 外载荷移置

将体积力移置到各节点，得节点 1～5 处与体积力等效的节点力 P_1，P_2，…，P_5：

$$P_1=P_i^{(1)}=\frac{q}{2}\left(\frac{1}{6}L-0\right)=\frac{qL}{12}$$

$$P_2=P_j^{(1)}+P_i^{(2)}=\frac{q}{2}\left(\frac{1}{6}L-0\right)+\frac{q}{2}\left(\frac{L}{3}-\frac{L}{6}\right)=\frac{qL}{6}$$

$$P_3=P_j^{(2)}+P_i^{(3)}=\frac{q}{2}\left(\frac{1}{3}L-\frac{1}{6}L\right)+\frac{q}{2}\left(\frac{2}{3}L-\frac{1}{3}L\right)=\frac{qL}{4}$$

$$P_4=P_j^{(3)}+P_i^{(4)}=\frac{q}{2}\left(\frac{2}{3}L-\frac{1}{3}L\right)+\frac{q}{2}\left(L-\frac{2}{3}L\right)=\frac{qL}{3}$$

$$P_5=P_j^{(4)}=\frac{q}{2}\left(L-\frac{2}{3}L\right)=\frac{qL}{6}$$

5. 整体分析

整个结构处于平衡状态，则每一节点也处于平衡状态，可对每个节点列出平衡方程。

节点 1：$F_i^{(1)} = P_1 + X$　　$\frac{3AE}{L}(2u_1 - 2u_2) = \frac{qL}{12} + X$

节点 2：$F_j^{(1)} + F_i^{(2)} = P_2$　　$\frac{3AE}{L}(-2u_1 + 4u_2 - 2u_3) = \frac{qL}{6}$

节点 3：$F_j^{(2)} + F_i^{(3)} = P_3$　　$\frac{3AE}{L}(-2u_2 + 3u_3 - u_4) = \frac{qL}{4}$

节点 4：$F_j^{(3)} + F_i^{(4)} = P_4$　　$\frac{3AE}{L}(-u_3 + 2u_4 - u_5) = \frac{qL}{3}$

节点 5：$F_j^{(4)} = P_5$　　$\frac{3AE}{L}(-u_4 + u_5) = \frac{qL}{6}$

令：

$$\boldsymbol{K} = \frac{3AE}{L}\begin{bmatrix} 2 & -2 & 0 & 0 & 0 \\ -2 & 4 & -2 & 0 & 0 \\ 0 & -2 & 3 & -1 & 0 \\ 0 & 0 & -1 & 2 & -1 \\ 0 & 0 & 0 & -1 & 1 \end{bmatrix}$$，叫作总刚度矩阵；

$\boldsymbol{\Phi} = [u_1 \quad u_2 \quad u_3 \quad u_4 \quad u_5]^{\mathrm{T}}$，叫作总位移阵列；

$\boldsymbol{R} = \left[\frac{qL}{12} + X \quad \frac{qL}{6} \quad \frac{qL}{4} \quad \frac{qL}{3} \quad \frac{qL}{6}\right]^{\mathrm{T}}$，叫作总载荷阵列。

上述方程组可写成矩阵形式：$\boldsymbol{K\Phi} = \boldsymbol{R}$，即

$$\frac{3AE}{L}\begin{bmatrix} 2 & -2 & 0 & 0 & 0 \\ -2 & 4 & -2 & 0 & 0 \\ 0 & -2 & 3 & -1 & 0 \\ 0 & 0 & -1 & 2 & -1 \\ 0 & 0 & 0 & -1 & 1 \end{bmatrix}\begin{bmatrix} u_1 \\ u_2 \\ u_3 \\ u_4 \\ u_5 \end{bmatrix} = \begin{bmatrix} \frac{qL}{12} + X \\ \frac{qL}{6} \\ \frac{qL}{4} \\ \frac{qL}{3} \\ \frac{qL}{6} \end{bmatrix}$$

6. 约束处理及位移求解

已知 $u_1 = 0$，将总刚矩阵第一行第一列划去，消除奇异性，得

$$\boldsymbol{K} = \frac{3AE}{L}\begin{bmatrix} 4 & -2 & 0 & 0 \\ -2 & 3 & -1 & 0 \\ 0 & -1 & 2 & -1 \\ 0 & 0 & -1 & 1 \end{bmatrix}$$

$$\boldsymbol{\Phi}=\begin{bmatrix}u_2 & u_3 & u_4 & u_5\end{bmatrix}^{\mathrm{T}}$$

$$\boldsymbol{R}=\begin{bmatrix}\frac{qL}{6} & \frac{qL}{4} & \frac{qL}{3} & \frac{qL}{6}\end{bmatrix}^{\mathrm{T}}$$

解方程组 $\boldsymbol{K\Phi}=\boldsymbol{R}$，可求出

$$u_2=\frac{11qL^2}{72EA}$$

$$u_3=\frac{5qL^2}{18EA}$$

$$u_4=\frac{4qL^2}{9EA}$$

$$u_5=\frac{qL^2}{2EA}$$

根据节点 1 的平衡方程，可求解出支点反力：

$$X=-qL$$

7. 求单元应力

将求出的各节点位移值代入应力表达式，即可求出各单元应力：

$$\sigma_1=E\frac{u_2-u_1}{x_2-x_1}=E\frac{\frac{11qL^2}{72EA}}{\frac{1}{6}L-0}=\frac{11qL}{12A}$$

$$\sigma_2=\frac{3qL}{4A}$$

$$\sigma_3=\frac{qL}{2A}$$

$$\sigma_4=\frac{qL}{6A}$$

本例的有限元分析已经结束，为研究有限元解出的位移与应力是否符合实际，用解析法对本例进行分析，求其精确解。

取杆的一段微元长度 dx，受作用力为 N 后产生 du 的变形，根据材料力学公式得 $\mathrm{d}u=\frac{N\mathrm{d}x}{EA}$，式中 $N=q(L-x)$，坐标为 x 处的变形量可由下式得出：

$$u=\int_0^x\frac{N\mathrm{d}x}{EA}=\int_0^x\frac{q(L-x)}{EA}\mathrm{d}x=\frac{q}{EA}\int_0^x(L-x)\mathrm{d}x=\frac{q}{2EA}(2Lx-x^2)$$

应变：

$$\varepsilon=\frac{\mathrm{d}u}{\mathrm{d}x}=\frac{q}{EA}(L-x)$$

应力：

$$\sigma=E\varepsilon=\frac{q}{A}(L-x)$$

将解析法的结果与有限元法的结果对比，如图 11－3 所示。

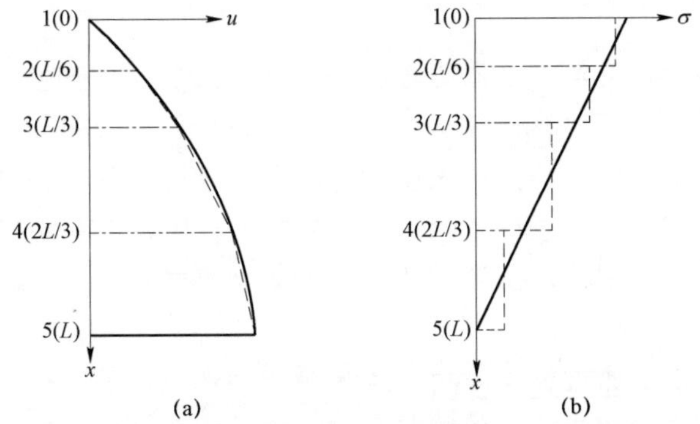

图 11－3　受自重悬垂杆位移和应力的解析解与有限元解对比

（a）位移；（b）应力

（实线为解析解，虚线为有限元解）

由上述结果可见，该悬垂杆的变形是 x 的二次函数，与有限元算法中假定的位移是线性变化不相符。而用有限元法求出的各节点位移却与解析法计算值完全一致。单元应力的精确值应是 x 的线性函数，本例中有限元单元假定为常应力单元，因而用有限元法求出的应力值实际上是单元中点的应力值，也就是单元的平均应力值。

11.4　有限元法的求解步骤

有限元法的基本思想使有限元法具有很强的程序性。只要能够采用有限元法，任何问题的求解都可以遵循一个标准的步骤。参照 11.3 节的有限元法求解引例，标准的步骤大体可以概括如下：

1. 结构离散化

结构离散化也称有限元网格划分，即针对求解问题的学科领域及定义域的特点，将结构划分为有限个规则形状的小块体，把每个小块体称为单元，相邻单元之间只通过若干个点相互连接，这些连接点称为节点。单元形状、属性和划分的疏密程度，应根据研究问题的性质、结构的形状和精度要求来确定。如一维问题可划分为杆单元和梁单元等，二维问题可划分为三角形和四边形单元，三维问题可划分为四面体和六面体等。由于理论上，定义域的单元划分存在无数种可能，因此，结构离散化时，通常遵循以下原则。

（1）简单原则　单元类型尽量简单，从而使单元的特性方程组容易求出，否则这种结构离散就失去了意义。一般而言，求解问题如具有对称性、周期性等特点，可以运用低维的单元简化模型。

（2）精确原则　定义域的结构离散后，单元所构成的有限元模型要尽可能精确地与原定义域等同。特别地，对于曲边、曲面等结构，需要采用相应的等参数单元来离散，以保证模型的精度。

（3）高效原则　单元划分越小，则相同的定义域包含的单元就越多，求解的规模也相应地越大，求解的效率则越低。结构离散化应该在保证精度的前提下，尽可能减少单元数，以提高求解效率。

2. 单元分析

针对结构离散得到的每个单元，假设单元上的待求函数（如弹性力学中的位移、热传导中的温度）的近似形式。然后选择单元上的若干个节点，将近似函数表示成节点的插值函数的形式，即单元形函数乘以单元节点待求函数。再利用单元上的插值函数，建立单元上节点的待求函数值与单元的节点边界条件之间满足的特性方程组，即单元方程组；在固定力学中，该方程组中的节点边界条件和待求函数的比值称为单元刚度矩阵。目前，建立单元方程组的途径主要有以下三种。

（1）直接法　这种方法通过物理分析，最早源于结构分析的直接刚度法，一般只能用于相对简单的问题。在 11.3 节引例中，假设杆单元上的位移为线性函数，并表示成两节点位移的插值函数；通过弹性力学求解，获得以节点位移表征的单元应变、单元应力；最终通过节点上力的平衡，获得单元平衡方程组。

（2）变分法　通过泛函取极值获得单元的特性方程。采用该方法，必须首先获得原问题的泛函。弹性力学中的泛函就是弹性体的能量，可以是结构的势能、余能或其他的形式。变分法既适用于简单单元，也适用于复杂单元。

（3）加权余量法　加权余量法直接从问题的控制方程入手，通过使选定形式的插值函数在某种加权意义上等于零，从而获得单元和系统的特性方程。这种方法可以用于存在泛函的问题，也可以用于不存在泛函的问题。

3. 整体分析

只有基于单元建立的特性方程组组集成表征整个问题的总体特性方程组，即建立起整体结构单元上的节点的待求函数值与整体结构外界条件之间满足的特性方程组（总体方程组），才能实现定义域的问题求解。对于不同的问题，组集的物理原理不同，如固体力学问题是基于节点的受力平衡，传热学问题则是基于节点的热流平衡；而在数学上，可以归结为积分的可加性原理。

4. 引入边界条件

待求函数的边界条件是指在定义域的某些点上给定的待求函数值、待求函数导数值或不同点上待求函数值、待求函数导数值之间的关系等。一般意义上，单元方程组是在没有区分单元上待求函数是否存在实际边界条件的情况下建立的。因此，通过单元方程组得到的整体方程组中也没有计入实际的待求函数条件。所以，只有引入求解问题中待求函数应该满足的边界条件后，修改总体方程组，使其能够反映问题的特有性质，才能获得问题的真实解。

5. 求解方程组

采用数值方法，求解修改后的总体方程组，获得待求函数的近似解。总体方程组一般为代数方程组，在有些情况下也可能为常微分方程组，其求解都有标准的数值解法。必要时，还要基于待求函数的近似解，完成其他相关变量的计算。

有限元法这种标准的求解步骤，规范、简明，便于用计算机程序实现。

第 12 章
弹性力学平面问题的有限元法

12.1 结构离散化

结构离散化就是将结构分成有限个小的单元体，单元与单元、单元与边界之间通过节点连接。结构离散化是有限元法分析的第一步，关系到计算精度与计算效率，是有限元法的基础步骤。

1. 单元类型的选择

离散化首先要选定单元类型，包括单元形状、单元节点数与节点自由度数三个方面的内容。常见的基本单元类型见表 12－1。

表 12－1 典型单元

<table>
<tr><th colspan="4">单元类型</th><th>节点数</th><th>节点自由度</th><th>典型应用</th></tr>
<tr><td rowspan="2">一维单元</td><td colspan="2">杆</td><td></td><td>2</td><td>1</td><td>桁架</td></tr>
<tr><td colspan="2">梁</td><td></td><td>2</td><td>3</td><td>平面刚架</td></tr>
<tr><td rowspan="4">二维问题</td><td rowspan="2">平面问题</td><td>三角形</td><td>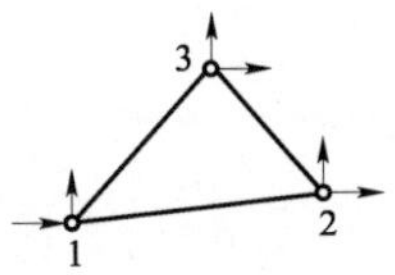</td><td>3</td><td>2</td><td>平面应用</td></tr>
<tr><td>四边形</td><td>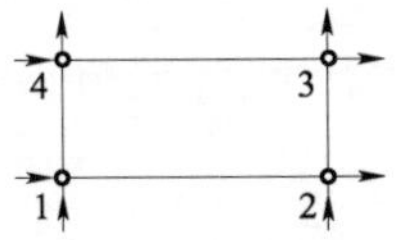</td><td>4</td><td>2</td><td>平面应用</td></tr>
<tr><td>轴对称问题</td><td>三角形</td><td>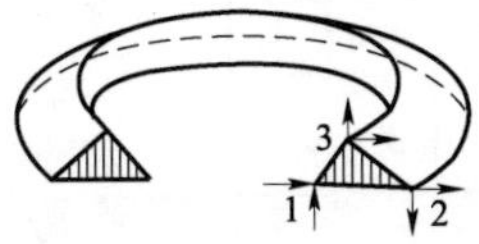</td><td>3</td><td>2</td><td>轴对称体</td></tr>
<tr><td>板弯曲问题</td><td>四边形</td><td>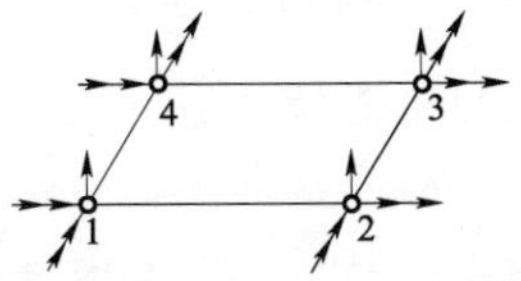</td><td>4</td><td>3</td><td>薄板弯曲</td></tr>
</table>

续表

单元类型				节点数	节点自由度	典型应用
二维问题	板弯曲问题	三角形	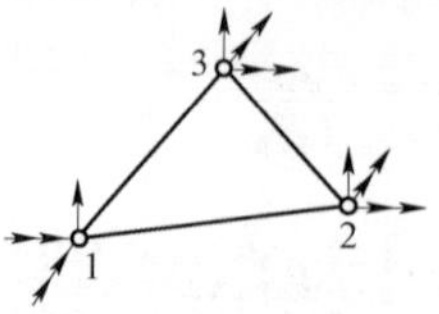	3	3	薄板弯曲
三维单元	四面体		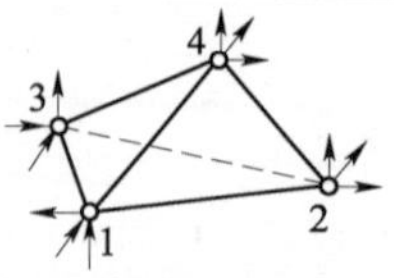	4	3	空间问题
	六面体		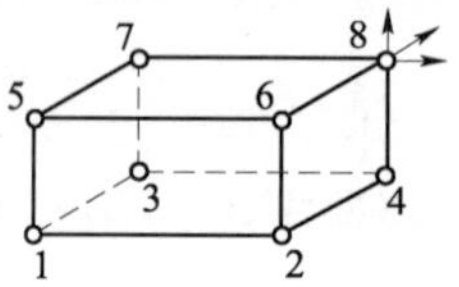	8	3	空间问题

2. 单元划分

目前，有限元分析软件基本上都具备了自动网格划分功能，自动网格划分是指在几何模型的基础上，通过一定的人为控制，由计算机自动划分出网格。对于平面问题和形状较规则的空间问题，为了对网格进行人为控制，也广泛采用半自动分网方法，即采用一种人机交互方法，由人定义节点和形成单元，由软件自动进行节点和单元编号，并提供一些加快节点和单元生成的辅助手段。

划分单元时，应注意以下几点：

（1）网格密度　网格划分越细，节点越多，计算结果越精确。对边界曲折处、应力变化大的区域，应加密网格；集中载荷作用点、分布载荷突变点及约束支承点均应布置节点，同时，要兼顾机时、费用与效果。网格加密到一定程度后，计算精度的提高就不再明显。应力－应变变化平缓的区域，没有必要细分网格。

（2）单元形态　应尽可能接近相应的正多边形或正多面体。如三角形单元三边应尽量接近，且不出现钝角，如图 12－1（a）所示；矩形单元长宽不宜相差过大，如图 12－1（b）所示。

（3）单元节点　应与相邻单元节点相连接，不能置于相邻单元边界上，如图 12－1（c）所示。

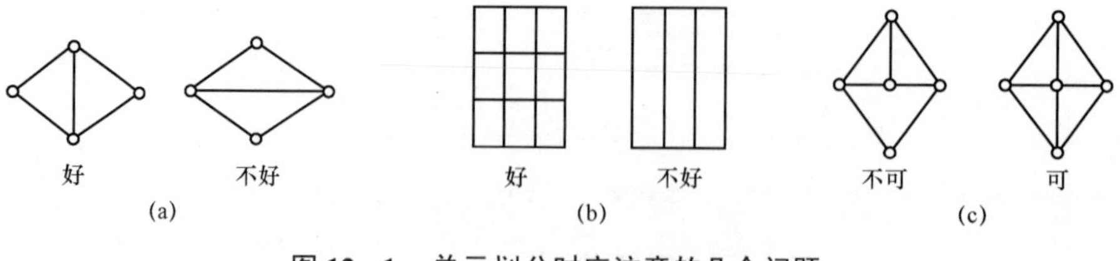

图 12－1　单元划分时应注意的几个问题

3. 典型单元应用举例

图 12－2 是几种典型单元的应用实例。杆梁结构是长度远大于其横截面尺寸的构件组成

的杆件系统，用有限元法分析杆梁结构已得到广泛应用，如汽车起重机的箱型伸缩臂、活动支腿、垂直支腿等，机床中的传动轴，刚架与桁架结构中的梁杆等。单根的杆梁作为杆梁结构的基本成分，材料力学与结构力学中已给出了其典型构件的解析解答，因此，杆梁单元本身无须使用近似函数作为位移模式，杆梁问题有限元分析可得到精确解。

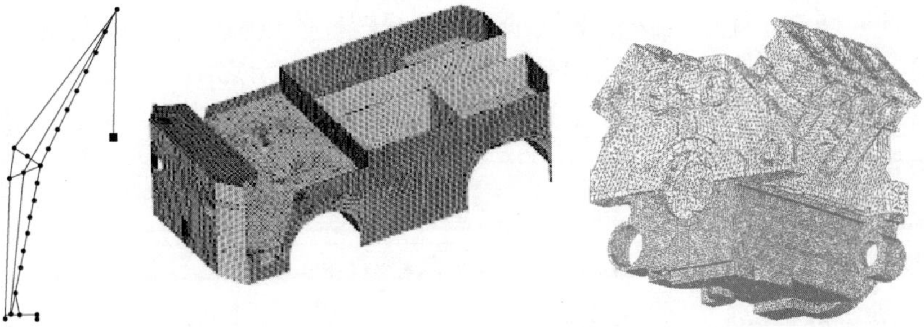

图 12－2　几种典型单元举例

薄板是实际工程结构中常见的重要构件，作用在薄板上的载荷总可以分解为沿板面与垂直于板面的纵向载荷与横向载荷。根据弹性力学的小变形假定，分析时可以分别加以考虑，纵向载荷作用下的薄板分析就是平面应力问题，横向载荷作用下的薄板分析就是薄板弯曲问题。箱型结构中的板通常既承受拉压作用，又承受弯扭作用，进行有限元分析时，既要考虑单元的拉压刚度，又要考虑弯曲刚度，这就是所谓的板壳元。此外，用有限元法分析壳体结构时，虽然壳体离散后得到曲面单元，但多数情况下还是利用板壳元的集合体（折板）近似壳体的几何形状加以分析。如汽车起重机的大梁、转台，挖掘机的回转平台，汽车的车架、货厢等，用板焊接而成，计算时原则上应该把每一块板都取为板单元，最终组合为相应的计算模型。薄壁箱型结构中，由于稳定性的要求，一般都设有纵向与横向加强筋，为了考虑这些加强筋的作用，需要采用梁板组合单元进行分析。三维实体分析模型用于三维空间中截面积不等，也不是轴对称的厚结构，如支座、发动机机体、缸盖、传动箱箱体等，应用范围极其广泛。

12.2　单元分析

结构受力变形后，内部各点产生位移，是坐标的函数，有两个分量（u 和 v）。但往往很难准确建立这种函数关系。有限元分析中，将结构离散为许多小单元的集合体，用较简单的函数来描述单元内各点位移的变化规律，称为位移模式。位移模式被整理成单元节点位移的插值函数形式。由于多项式不仅能逼近任何复杂函数，也便于数学运算，所以广泛使用多项式来构造位移模式。

三角形单元是一种简单方便、对边界适应性强的单元。以三角形单元的三个顶点为节点的单元，也称为三节点三角形单元。这种单元本身计算精度较低，使用时需要细分网格，但仍然是一种较常用的单元。下面仅就常见的平面单元中平面应力问题的三节点三角形单元有限元法进行介绍。

三节点三角形单元有三个节点（i、j 和 m），按逆时针方向编号，如图 12－3 所示。平面问题各节点只有对两坐标轴（如 x 和 y 坐标）的平移自由度。

这样，单元共有六个自由度。即位移向量为

$$\boldsymbol{\Phi}^e=((\boldsymbol{\Phi}_i^e)^{\mathrm{T}}\quad(\boldsymbol{\Phi}_j^e)^{\mathrm{T}}\quad(\boldsymbol{\Phi}_m^e)^{\mathrm{T}})^{\mathrm{T}}=(u_i\quad v_i\quad u_j\quad v_j\quad u_m\quad v_m)^{\mathrm{T}}$$

1. 位移函数与形函数

二维问题构造多项式位移模式时，选取多项式的原则是：使多项式具有对称性，以保证多项式的几何各向同性，尽可能保留低次项，以获得较好的近似性。可以利用 Passcal 三角形加以分析，将完全三次多项式各项按递升次序排列在一个三角形中，就得到如图 12－4 所示的三角形。三节点三角形单元有三个节点、六个自由度，构造位移函数时，可确定六个待定参数，故位移模式取为

$$\begin{aligned}u(x,y)&=\alpha_1+\alpha_2x+\alpha_3y\\v(x,y)&=\alpha_4+\alpha_5x+\alpha_6y\end{aligned}\tag{12-1}$$

式中，$\alpha_1\sim\alpha_6$ 为待定系数。

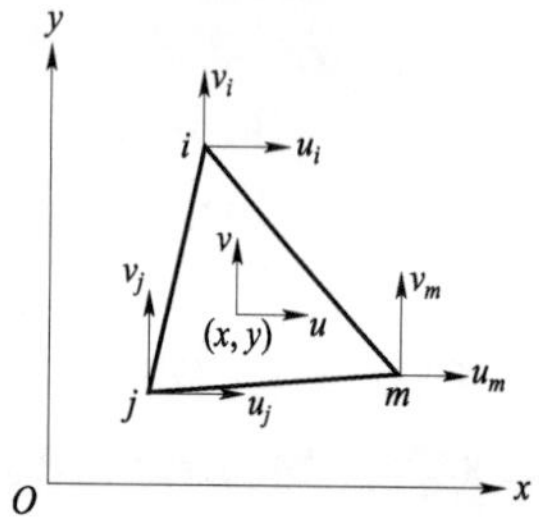

图 12－3　常应变三角形单元

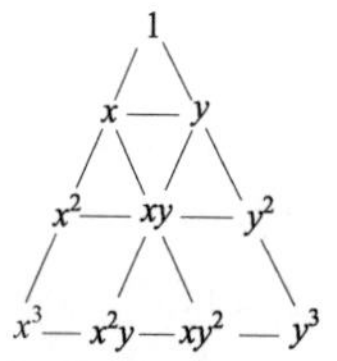

图 12－4　Passcal 三角形

上式可写成矩阵形式：

$$\boldsymbol{\Phi}=\begin{bmatrix}u\\v\end{bmatrix}=\begin{bmatrix}1&x&y&0&0&0\\0&0&0&1&x&y\end{bmatrix}\begin{bmatrix}\alpha_1\\\alpha_2\\\alpha_3\\\alpha_4\\\alpha_5\\\alpha_6\end{bmatrix}\tag{12-2}$$

或分开写成

$$u=[1\quad x\quad y]\begin{bmatrix}\alpha_1\\\alpha_2\\\alpha_3\end{bmatrix},\qquad v=[1\quad x\quad y]\begin{bmatrix}\alpha_4\\\alpha_5\\\alpha_6\end{bmatrix}$$

上述位移函数既然在单元内都成立，那么在三个节点处也应适用。将三个节点坐标代入可得

$$\begin{cases}u_i=\alpha_1+\alpha_2x_i+\alpha_3y_i,\ \ v_i=\alpha_4+\alpha_5x_i+\alpha_6y_i\\u_j=\alpha_1+\alpha_2x_j+\alpha_3y_j,\ \ v_j=\alpha_4+\alpha_5x_j+\alpha_6y_j\\u_m=\alpha_1+\alpha_2x_m+\alpha_3y_m,\ \ v_m=\alpha_4+\alpha_5x_m+\alpha_6y_m\end{cases}\tag{12-3}$$

解以上方程，有

$$\begin{cases}\alpha_1=(a_iu_i+a_ju_j+a_mu_m)/2A\\ \alpha_2=(b_iu_i+b_ju_j+b_mu_m)/2A\\ \alpha_3=(c_iu_i+c_ju_j+c_mu_m)/2A\\ \alpha_4=(a_iv_i+a_jv_j+a_mv_m)/2A\\ \alpha_5=(b_iv_i+b_jv_j+b_mv_m)/2A\\ \alpha_6=(c_iv_i+c_jv_j+c_mv_m)/2A\end{cases} \tag{12-4}$$

式中，

$$\begin{cases}a_i=(x_jy_m-x_my_j),b_i=y_j-y_m,c_i=x_m-x_j\\ a_j=(x_my_i-x_iy_m),b_j=y_m-y_i,c_j=x_i-x_m\\ a_m=(x_iy_j-x_jy_i),b_m=y_i-y_j,c_m=x_j-x_i\end{cases} \tag{12-5}$$

$$A=\frac{1}{2}\begin{vmatrix}1 & x_i & y_i\\ 1 & x_j & y_j\\ 1 & x_m & y_m\end{vmatrix}=\frac{1}{2}(x_jy_m+x_my_i+x_iy_j-x_my_j-x_iy_m-x_jy_i) \tag{12-6}$$

其中，A 为三角形单元 ijm 的面积。

将式（12-4）写成矩阵形式：

$$\begin{bmatrix}\alpha_1\\ \alpha_2\\ \alpha_3\\ \alpha_4\\ \alpha_5\\ \alpha_6\end{bmatrix}=\frac{1}{2A}\begin{bmatrix}a_i & 0 & a_j & 0 & a_m & 0\\ b_i & 0 & b_j & 0 & b_m & 0\\ c_i & 0 & c_j & 0 & c_m & 0\\ 0 & a_i & 0 & a_j & 0 & a_m\\ 0 & b_i & 0 & b_j & 0 & b_m\\ 0 & c_i & 0 & c_j & 0 & c_m\end{bmatrix}\begin{bmatrix}u_i\\ v_i\\ u_j\\ v_j\\ u_m\\ v_m\end{bmatrix} \tag{12-7}$$

将式（12-7）代入式（12-1），有

$$\begin{aligned}u(x,y)&=\frac{1}{2A}[(a_iu_i+a_ju_j+a_mu_m)+(b_iu_i+b_ju_j+b_mu_m)x+(c_iu_i+c_ju_j+c_mu_m)y]\\ &=\frac{1}{2A}[(a_i+b_ix+c_iy)u_i+(a_j+b_jx+c_jy)u_j+(a_m+b_mx+c_my)u_m]\end{aligned}$$

令

$$N_i(x,y)=(a_i+b_ix+c_iy)/(2A)\quad (i,j,m) \tag{12-8}$$

N_i、N_j、N_m 由上式轮换得出。则有

$$u(x,y)=N_iu_i+N_ju_j+N_mu_m$$
$$v(x,y)=N_iv_i+N_jv_j+N_mv_m$$

式中，N_i、N_j、N_m 是坐标 x、y 的函数，反映了单元的位移状态，称为形函数。

形函数有下列性质：

① 单元内任一点的三个形函数之和恒等于 1，即 $N_i+N_j+N_m=1$。

这个性质很容易证明。

由式（12-5）和式（12-6）可得到

$$a_i+a_j+a_m=2A,b_i+b_j+b_m=0,c_i+c_j+c_m=0$$

把它们代入下式：

$$N_i+N_j+N_m=\frac{1}{2A}[(a_i+a_j+a_m)+(b_i+b_j+b_m)x+(c_i+c_j+c_m)y]$$

即得
$$N_i + N_j + N_m = 1 \tag{12-9}$$

② 在节点 i 处： $N_i = 1, N_j = N_m = 0$

在节点 j 处： $N_j = 1, N_i = N_m = 0$ （12－10）

在节点 m 处： $N_m = 1, N_i = N_j = 0$

这一性质可以这样得到：将式（12－5）和式（12－6）代入式（12－8），得

$$N_i = \frac{(x_j y_m - x_m y_j) + (y_j - y_m)x + (x_m - x_j)y}{x_j y_m + x_m y_i + x_i y_j - x_m y_j - x_i y_m - x_j y_i} \quad (i, j, m)$$

再将节点 i、j、m 的坐标值 (x_i, y_i)、(x_j, y_j)、(x_m, y_m) 分别代入上式，就可得出式（12－10）的结论。

这个性质表明，形函数 N_i 在节点 i 的值为 1，在节点 j、m 的值为 0，N_j、N_m 类似。

N_i 为 i 节点发生单位位移时，位移在单元内部的分布规律，它是 x、y 的函数，其图像是一个平面。现已知该平面在三个节点处的值，故可以画出该平面的图像，如图 12－5（a）所示。图中 $ii'=1$，为一个单位位移，$i'jm$ 平面就是 $N_i(x,y)$ 的图像。$N_j(x,y)$、$N_m(x,y)$ 的图像可以用同样方法得到，如图 12－5（b）和图 12－5（c）所示。

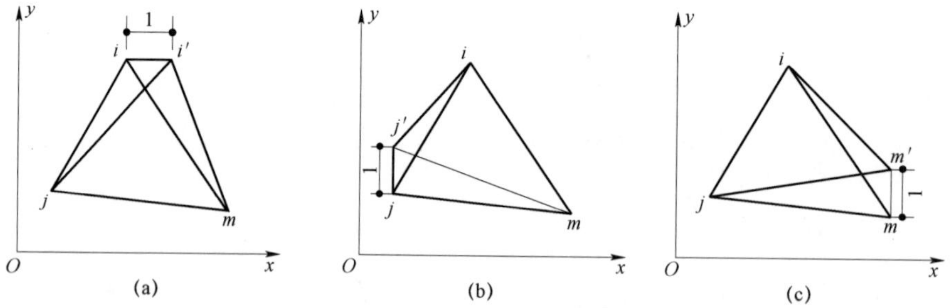

图 12－5 形函数的图像

综上所述，单元位移函数 $\boldsymbol{\Phi}(x,y)$ 与形函数的关系可写成

$$\boldsymbol{\Phi}(x,y) = \begin{bmatrix} u(x,y) \\ v(x,y) \end{bmatrix} = \begin{bmatrix} N_i(x,y) & 0 & N_j(x,y) & 0 & N_m(x,y) & 0 \\ 0 & N_i(x,y) & 0 & N_j(x,y) & 0 & N_m(x,y) \end{bmatrix} \boldsymbol{\Phi}^e = \boldsymbol{N}\boldsymbol{\Phi}^e \tag{12-11}$$

式中，$\boldsymbol{N}$ 叫作形函数矩阵；$\boldsymbol{\Phi}^e$ 是单元节点的位移阵列。

有限元法作为一种数值解法，为保证其收敛于精确解，选取位移函数时应考虑以下条件：

（1）完备条件　位移函数应至少包含单元刚体位移和常应变状态。当节点位移仅由刚体位移引起时，在单元内不允许产生应变，即应保证单元内所有各点能产生相同位移。此外，只有在单元位移函数包含常应变状态时，才能保证当单元尺寸逐步取小值时，单元应变趋于常量。分析表明，当位移函数包含常数项和完全的一次项时，平面问题的完备条件即可满足。

（2）协调条件　位移函数在本单元内部必须是连续的，在相邻两单元的公共边界上的位移也必须是连续的。作为一个连续体被离散化后，要求位移协调连续是很容易理解的。由于位移函数多取为多项式，单元内部的连续是可以满足的。这里应该指出，在选取位移函数时，应对各方向给予相同对待，即位移函数应是几何各向同性的，对各坐标轴应有相同性质。如

平面问题 x 和 y 两个方向均应予以相同对待。如二次项只能选取一项时，必须选 xy 项；能选两项时，必须选取 x^2 和 y^2 两项。要使相邻两单元公共边界上的位移连续，则应满足两个条件：

① 相邻边界上有相同的位移函数。

② 边界上各点位移只由该边界上各节点位移确定。

对三节点三角形单元而言，每条边只有两个节点，若已知两节点位移，则边界上位移只能是线性变化的。

理论和实践都已证明完备条件是有限元法收敛于正确解答的必要条件，而协调条件是有限元法收敛于正确解答的充分条件。

2. 单元应变

平面应力问题的应变包括 ε_x、ε_y、γ_{xy} 三个分量。根据弹性理论的几何方程，可以推导出单元应变与节点位移的关系式。

$$\boldsymbol{\varepsilon}=\begin{bmatrix}\varepsilon_x\\ \varepsilon_y\\ \gamma_{xy}\end{bmatrix}=\begin{bmatrix}\dfrac{\partial u}{\partial x}\\ \dfrac{\partial v}{\partial y}\\ \dfrac{\partial v}{\partial x}+\dfrac{\partial u}{\partial y}\end{bmatrix}=\begin{bmatrix}\dfrac{\partial}{\partial x} & 0\\ 0 & \dfrac{\partial}{\partial y}\\ \dfrac{\partial}{\partial y} & \dfrac{\partial}{\partial x}\end{bmatrix}\begin{bmatrix}u\\ v\end{bmatrix}=\frac{1}{2A}\begin{bmatrix}b_i & 0 & b_j & 0 & b_m & 0\\ 0 & c_i & 0 & c_j & 0 & c_m\\ c_i & b_i & c_j & b_j & c_m & b_m\end{bmatrix}\begin{bmatrix}u_i\\ v_i\\ u_j\\ v_j\\ u_m\\ v_m\end{bmatrix} \tag{12-12}$$

简写成

$$\boldsymbol{\varepsilon}=\boldsymbol{B\Phi}^e \tag{12-13}$$

矩阵 $\boldsymbol{B}=[\boldsymbol{B}_i \quad \boldsymbol{B}_j \quad \boldsymbol{B}_m]$，其子块矩阵为

$$\boldsymbol{B}_i=\frac{1}{2A}\begin{bmatrix}b_i & 0\\ 0 & c_i\\ c_i & b_i\end{bmatrix} \quad (i,j,m) \tag{12-14}$$

式（12－13）中的 $\boldsymbol{B}$ 矩阵叫作应变矩阵，它是位移与应变的转换矩阵，反映了单元应变与基本未知量位移之间的关系。由上述分析可见，应变矩阵只和各节点坐标有关，也就是说，单元内应变均为常量。因而这种三角形单元叫作常应变三角形单元。对其他单元而言，单元内各点应变应是坐标的函数。

3. 单元应力

由物理方程 $\boldsymbol{\sigma}=\boldsymbol{D\varepsilon}$，代入 $\boldsymbol{\varepsilon}=\boldsymbol{B\Phi}^e$，式中的 $\boldsymbol{D}$ 为材料弹性矩阵，对平面应力问题中各向同性材料，为

$$\boldsymbol{D}=\frac{E}{1-\mu^2}\begin{bmatrix}1 & \mu & 0\\ \mu & 1 & 0\\ 0 & 0 & \dfrac{1-\mu}{2}\end{bmatrix}$$

式中，E 为弹性模量；μ 为泊松比。可以得到用节点位移表示单元应力的表达式：

$$\boldsymbol{\sigma}=\boldsymbol{DB\Phi}^e=\boldsymbol{S\Phi}^e \tag{12-15}$$

式中，$\boldsymbol{S}=\boldsymbol{DB}=[\boldsymbol{S}_i \quad \boldsymbol{S}_j \quad \boldsymbol{S}_m]$，为应力矩阵，它反映了单元应力与基本未知量节点位移的关系。子块矩阵为

$$\boldsymbol{S}_i = \frac{E}{2(1-\mu^2)A}\begin{bmatrix} b_i & \mu c_i \\ \mu b_i & c_i \\ \frac{1-\mu}{2}c_i & \frac{1-\mu}{2}b_i \end{bmatrix} \quad (i,j,m) \tag{12-16}$$

由于弹性矩阵和应变矩阵中的元素都为常量，所以应力矩阵中的元素也为常量。不同单元的应力是不同的。相邻两单元的公共边界上，应力将有突变，随单元的细分而减小，精度会改善，不影响有限元解的收敛性。

12.3 单元刚度矩阵

1. 用虚位移原理推导单元刚度矩阵

有限元概述中的引例是用直接刚度法推导出了单元的刚度矩阵，现用虚位移原理来推导单元刚度矩阵。弹性体的虚位移原理可表述为如果弹性体处于平衡状态，则给以任意微小虚位移，外力所做的总虚功 δW 必等于应力在虚应变上所做的内力虚功 δU，即 $\delta U = \delta W$。

图 12－6（a）表示了作用于单元 e 上的节点力 $\boldsymbol{F}^e = [X_i^e, Y_i^e, X_j^e, Y_j^e, X_m^e, Y_m^e]^{\mathrm{T}}$，以及相应的应力分量 $\boldsymbol{\sigma}$，它们使单元处于平衡状态。假设单元节点由于某种原因发生虚位移 $(\boldsymbol{\Phi}^*)^e$，在单元内部引起的虚应变为 $\boldsymbol{\varepsilon}^* = \{\varepsilon_x^*, \varepsilon_y^*, \gamma_{xy}^*\}^{\mathrm{T}}$，如图 12－6（b）所示。现在在单元上只作用单元节点力 $\boldsymbol{F}^e$，应用虚位移方程，得

$$((\boldsymbol{\Phi}^*)^e)^{\mathrm{T}}\boldsymbol{F}^e = \iint_A (\boldsymbol{\varepsilon}^*)^{\mathrm{T}}\boldsymbol{\sigma} h \mathrm{d}x\mathrm{d}y \tag{12-17}$$

由几何方程：

$$\boldsymbol{\varepsilon}^* = \boldsymbol{B}(\boldsymbol{\Phi}^*)^e$$

由物理方程：

$$\boldsymbol{\sigma} = \boldsymbol{D}\boldsymbol{B}\boldsymbol{\Phi}^e$$

代入后，有

$$((\boldsymbol{\Phi}^*)^e)^{\mathrm{T}}\boldsymbol{F}^e = \iint_A (\boldsymbol{B}(\boldsymbol{\Phi}^*)^e)^{\mathrm{T}}\boldsymbol{D}\boldsymbol{B}\boldsymbol{\Phi}^e h \mathrm{d}x\mathrm{d}y$$

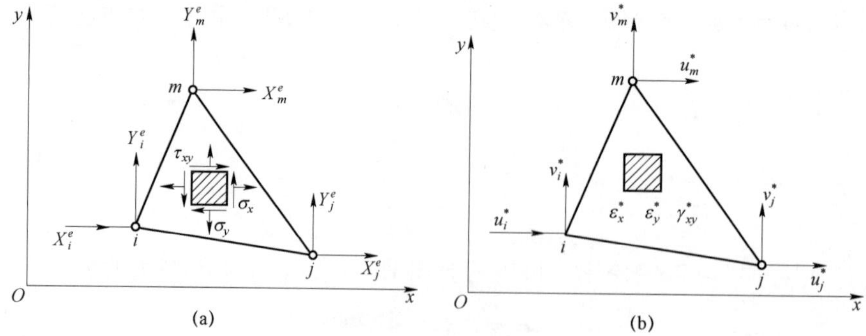

图 12－6　单元的节点力及单元的虚应变

由于虚位移 $(\boldsymbol{\Phi}^*)^e$ 与 $\boldsymbol{\Phi}^e$ 都不是位置的函数，故可将其分别提到积分式前后，得

$$((\boldsymbol{\Phi}^*)^e)^{\mathrm{T}}\boldsymbol{F}^e=((\boldsymbol{\Phi}^*)^e)^{\mathrm{T}}\iint_A \boldsymbol{B}^{\mathrm{T}}\boldsymbol{D}\boldsymbol{B}h\mathrm{d}x\mathrm{d}y\boldsymbol{\Phi}^e$$

$$\boldsymbol{F}^e=\left(\iint_A \boldsymbol{B}^{\mathrm{T}}\boldsymbol{D}\boldsymbol{B}h\mathrm{d}x\mathrm{d}y\right)\boldsymbol{\Phi}^e \tag{12-18}$$

令 $\boldsymbol{K}^e=\iint_A \boldsymbol{B}^{\mathrm{T}}\boldsymbol{D}\boldsymbol{B}h\mathrm{d}x\mathrm{d}y$，则 $\boldsymbol{F}^e=\boldsymbol{K}^e\boldsymbol{\Phi}^e$。

这就是单元平衡方程式，反映了单元节点力和节点位移之间的关系。$\boldsymbol{K}^e$ 叫作单元刚度矩阵。上述推导过程中，并没有涉及具体单元性质，因而上述单元刚度矩阵的积分公式是适用于任何一种单元的，是单元刚度矩阵的通式。

对三角形单元，$\boldsymbol{B}$ 与 $\boldsymbol{D}$ 的元素也均为常数，故可提到积分式之外，$\boldsymbol{K}^e=\boldsymbol{B}^{\mathrm{T}}\boldsymbol{D}\boldsymbol{B}hA$，其中 h 为单元厚度，A 为单元面积。

矩阵 $\boldsymbol{K}^e$ 写成分块矩阵形式为

$$\boldsymbol{K}^e=hA\begin{bmatrix}\boldsymbol{B}_i^{\mathrm{T}}\\ \boldsymbol{B}_j^{\mathrm{T}}\\ \boldsymbol{B}_m^{\mathrm{T}}\end{bmatrix}\boldsymbol{D}[\boldsymbol{B}_i\ \boldsymbol{B}_j\ \boldsymbol{B}_m]=\begin{bmatrix}\boldsymbol{K}_{ii}^e & \boldsymbol{K}_{ij}^e & \boldsymbol{K}_{im}^e\\ \boldsymbol{K}_{ji}^e & \boldsymbol{K}_{jj}^e & \boldsymbol{K}_{jm}^e\\ \boldsymbol{K}_{mi}^e & \boldsymbol{K}_{mj}^e & \boldsymbol{K}_{mm}^e\end{bmatrix} \tag{12-19}$$

对于平面应力问题，子块矩阵为

$$\boldsymbol{K}_{rs}^e=\boldsymbol{B}_r^{\mathrm{T}}\boldsymbol{D}\boldsymbol{B}_s hA=\frac{Eh}{4(1-\mu^2)A}\begin{bmatrix}b_r b_s+\dfrac{1-\mu}{2}c_r c_s & \mu b_r c_s+\dfrac{1-\mu}{2}c_r b_s\\ \mu c_r b_s+\dfrac{1-\mu}{2}b_r c_s & c_r c_s+\dfrac{1-\mu}{2}b_r b_s\end{bmatrix} \tag{12-20}$$

$$(r=i,j,m;s=i,j,m)$$

而对于平面应变问题，只要将上式中的 E 以 $\dfrac{E}{1-\mu^2}$ 代入，而 μ 以 $\dfrac{\mu}{1-\mu}$ 代入，即可得到

$$\begin{aligned}\boldsymbol{K}_{rs}^e&=\boldsymbol{B}_r^{\mathrm{T}}\boldsymbol{D}\boldsymbol{B}_s hA\\&=\frac{E(1-\mu)h}{4(1+\mu)(1-2\mu)A}\begin{bmatrix}b_r b_s+\dfrac{1-2\mu}{2(1-\mu)}c_r c_s & \dfrac{\mu}{1-\mu}b_r c_s+\dfrac{1-2\mu}{2(1-\mu)}c_r b_s\\ \dfrac{\mu}{1-\mu}c_r b_s+\dfrac{1-2\mu}{2(1-\mu)}b_r c_s & c_r c_s+\dfrac{1-2\mu}{2(1-\mu)}b_r b_s\end{bmatrix}\end{aligned} \tag{12-21}$$

$$(r=i,j,m;s=i,j,m)$$

从以上的推导过程中，可以看到节点位移、单元应变、单元应力、节点力四个物理量之间的转换关系，以及联系节点位移和节点力的单元刚度矩阵形成过程，如图 12－7 所示。

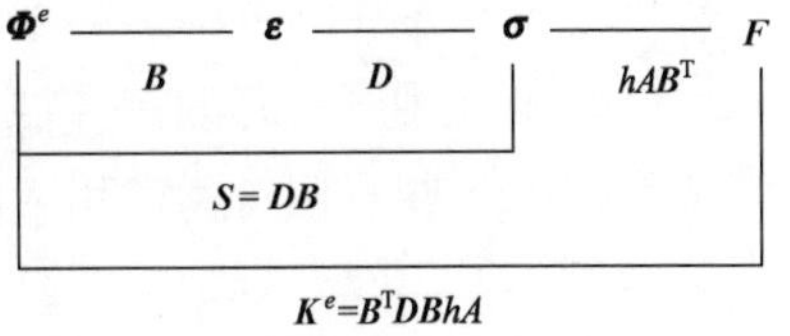

图 12－7　四个物理量之间的转换关系

2. 单元刚度矩阵的性质

由上述单元刚度矩阵可以看出其具有以下特点：

（1）单元刚度矩阵的阶　单元刚度矩阵是个方阵，它的阶等于单元的自由度总数。例如，前述三角形单元的三个节点共有六个自由度，因而单元刚度矩阵是 6×6 阶的。每行对应不同的自由度，每列也对应同样的自由度。自由度的排列按单元内部编号顺序。

（2）单元刚度矩阵元素的物理意义　为了说明单元刚度矩阵的物理意义，可将前述三角

形单元的单元刚度矩阵写成下式：

$$\boldsymbol{K}^e = \begin{bmatrix} K_{11} & K_{12} & K_{13} & K_{14} & K_{15} & K_{16} \\ K_{21} & K_{22} & K_{23} & K_{24} & K_{25} & K_{26} \\ K_{31} & K_{32} & K_{33} & K_{34} & K_{35} & K_{36} \\ K_{41} & K_{42} & K_{43} & K_{44} & K_{45} & K_{46} \\ K_{51} & K_{52} & K_{53} & K_{54} & K_{55} & K_{56} \\ K_{61} & K_{62} & K_{63} & K_{64} & K_{65} & K_{66} \end{bmatrix} \tag{12-22}$$

由单元平衡方程

$$\begin{bmatrix} K_{11} & K_{12} & K_{13} & K_{14} & K_{15} & K_{16} \\ K_{21} & K_{22} & K_{23} & K_{24} & K_{25} & K_{26} \\ K_{31} & K_{32} & K_{33} & K_{34} & K_{35} & K_{36} \\ K_{41} & K_{42} & K_{43} & K_{44} & K_{45} & K_{46} \\ K_{51} & K_{52} & K_{53} & K_{54} & K_{55} & K_{56} \\ K_{61} & K_{62} & K_{63} & K_{64} & K_{65} & K_{66} \end{bmatrix} \cdot \begin{bmatrix} u_i \\ v_i \\ u_j \\ v_j \\ u_m \\ v_m \end{bmatrix} = \begin{bmatrix} F_{ix} \\ F_{iy} \\ F_{jx} \\ F_{jy} \\ F_{mx} \\ F_{my} \end{bmatrix} \tag{12-23}$$

设 $u_i = 1$， $u_j = u_m = v_i = v_j = v_m = 0$ ，可得

$$\begin{bmatrix} K_{11} \\ K_{21} \\ K_{31} \\ K_{41} \\ K_{51} \\ K_{61} \end{bmatrix} = \begin{bmatrix} F_{ix} \\ F_{iy} \\ F_{jx} \\ F_{jy} \\ F_{mx} \\ F_{my} \end{bmatrix} \tag{12-24}$$

由此可见 K_{rs} 的物理意义为：当单元的第 s 个自由度上产生单位位移，而其他自由度上位移为零时，为实现平衡状态，需在第 r 个自由度上施加的节点力的大小。单元刚度越大，节点自由度产生单位位移所需施加的节点力就越大。

（3）影响单元刚度矩阵的因素　从前述单元刚度公式可见，单元刚度元素与单元材料特性、几何形状、大小有关，与所选取的单元位移模式有关。

（4）单元刚度矩阵的对称性　由上述常应变三角形单元的单元刚度矩阵可见，各单元刚度元素具有 $K_{ij} = K_{ji}$ 特性，因而单元刚度矩阵是对称矩阵。从另一角度看，由单元刚度矩阵的物理意义可知， K_{ij} 为在 i 自由度方向所加的使 j 自由度方向产生单位位移的力， K_{ji} 是在 j 自由度方向所加的使 i 自由度方向产生单位位移的力，按照功的互等定理，这两个力也应当相等。这也是单元刚度矩阵一定是对称矩阵的原理。

（5）单元刚度矩阵的奇异性　单元处于平衡时，节点力相互不是独立的，必须满足三个平衡方程，因此它们是线性相关的。另外，由于单元可以有任意的刚体位移，即使给定满足平衡的单元节点力，也不能确定单元的节点位移。

12.4　载荷移置

除节点所受集中载荷外，单元内部的载荷要合理地移置到节点上，这种将各种非节点载荷转化为节点载荷的移置应遵循能量等效原则，即原载荷与移置产生的节点载荷在虚位移上所做的虚功相等。对于给定的位移函数，这种移置的结果是唯一的。在线性位移函数情况下，也可按静力等效原则进行移置。

1. 体积力

设有三角形平面单元 ijm，单位体积内作用的体力为 $\boldsymbol{P}$，微元体 $h\mathrm{d}x\mathrm{d}y$ 上的体力为 $\boldsymbol{P}h\mathrm{d}x\mathrm{d}y$，在坐标方向上有两个分量：

$$\boldsymbol{P}=[\boldsymbol{P}_x \quad \boldsymbol{P}_y]^{\mathrm{T}} \tag{12-25}$$

移置到各节点的节点载荷向量 $\boldsymbol{P}^e$ 应该有六个分量：

$$\boldsymbol{P}^e=[P_{xi} \quad P_{yi} \quad P_{xj} \quad P_{yj} \quad P_{xm} \quad P_{ym}]^{\mathrm{T}} \tag{12-26}$$

现用虚功原理推导载荷移置关系式。设该单元产生虚位移 $\boldsymbol{\Phi}^*$，单元节点的虚位移 $(\boldsymbol{\Phi}^*)^e$。两虚位移之间仍应有如下关系：

$$\boldsymbol{\Phi}^*=\boldsymbol{N}(\boldsymbol{\Phi}^*)^e \tag{12-27}$$

按照虚功原理，此时 $\boldsymbol{P}^e$ 在 $(\boldsymbol{\Phi}^*)^e$ 上所做的虚功应等于单元体积力在 $\boldsymbol{\Phi}^*$ 上所做的虚功。这样就可将 $\boldsymbol{P}$ 等价移置成 $\boldsymbol{P}^e$ 了。

$$((\boldsymbol{\Phi}^*)^e)^{\mathrm{T}}\boldsymbol{P}^e=\iint_A(\boldsymbol{\Phi}^*)^{\mathrm{T}}\boldsymbol{P}h\mathrm{d}x\mathrm{d}y=\iint_A(\boldsymbol{N}(\boldsymbol{\Phi}^*)^e)^{\mathrm{T}}\boldsymbol{P}h\mathrm{d}x\mathrm{d}y=\iint_A((\boldsymbol{\Phi}^*)^e)^{\mathrm{T}}\boldsymbol{N}^{\mathrm{T}}\boldsymbol{P}h\mathrm{d}x\mathrm{d}y$$

由于 $(\boldsymbol{\Phi}^*)^e$ 是节点虚位移，与单元内坐标无关，因而可将其移到积分之外，并由于其任意性，可将等式两端 $(\boldsymbol{\Phi}^*)^e$ 项消去，得

$$\boldsymbol{P}^e=\iint_A\boldsymbol{N}^{\mathrm{T}}\boldsymbol{P}h\mathrm{d}x\mathrm{d}y \tag{12-28}$$

体积力移置时，一般应通过数值积分来计算。对于厚度为 h 的等厚、匀质的二维单元来说，体积力 $\boldsymbol{P}$ 是均匀分布的，则可移到积分之外。

$$\boldsymbol{P}^e=h\iint_A\boldsymbol{N}^{\mathrm{T}}\mathrm{d}x\mathrm{d}y\boldsymbol{P} \tag{12-29}$$

形函数矩阵 $\boldsymbol{N}$ 是由三个子矩阵 $\boldsymbol{N}_i$、$\boldsymbol{N}_j$、$\boldsymbol{N}_m$ 组成的。对常应变三角形单元而言，由前述及图 12-5 可见，一个形函数 $\boldsymbol{N}_r(r=i,j,m)$ 在三角形面积上的积分，数值等于以三角形为底，高度为 1 的三棱锥体积，它等于 $\dfrac{A}{3}$。故

$$\boldsymbol{P}^e=\frac{hA}{3}\begin{bmatrix}1&0\\0&1\\1&0\\0&1\\1&0\\0&1\end{bmatrix}\begin{bmatrix}\boldsymbol{P}_x\\\boldsymbol{P}_y\end{bmatrix} \tag{12-30}$$

若体力是沿 y 轴负方向的重力，材料重度为 ρ，则

$$\boldsymbol{P}^e=\begin{bmatrix}P_{xi}\\P_{yi}\\P_{xj}\\P_{yj}\\P_{xm}\\P_{ym}\end{bmatrix}=\frac{hA\rho}{3}\begin{bmatrix}0\\-1\\0\\-1\\0\\-1\end{bmatrix} \tag{12-31}$$

即相当于将单元重力向各节点处移置$\frac{1}{3}$。

2. 单元边上作用的面积分布载荷

厚度为 h 的二维单元的边上可以承受面积分布载荷。例如，常应变三角形单元的 ij 边上受面力 $\boldsymbol{P}$ 时，可用虚功原理推导出相似公式：

$$\boldsymbol{P}^e = h\int_0^l \boldsymbol{N}^{\mathrm{T}}\boldsymbol{P}\mathrm{d}s \tag{12-32}$$

式中，l 为该边的边长；s 为沿边长的长度变量，通常力沿边的法线方向分布，并以压向单元的力为正。

若 $\boldsymbol{P}$ 是均布力时，可得

$$\boldsymbol{P}^e = h\int_0^l \boldsymbol{N}^{\mathrm{T}}\mathrm{d}s\boldsymbol{P} \tag{12-33}$$

由图 12－5 可见，$\boldsymbol{N}_i$、$\boldsymbol{N}_j$ 在 ij 边上的积分，其数值等于以该边长为底，高度为 1 的三角形面积，即等于$\frac{l}{2}$。而 $\boldsymbol{N}_m$ 在 ij 边上的积分则为 0。故

$$\boldsymbol{P}^e = \begin{bmatrix} P_{xi} \\ P_{yi} \\ P_{xj} \\ P_{yj} \\ P_{xm} \\ P_{ym} \end{bmatrix} = \frac{hl}{2}\begin{bmatrix} 1 & 0 \\ 0 & 1 \\ 1 & 0 \\ 0 & 1 \\ 0 & 0 \\ 0 & 0 \end{bmatrix}\begin{bmatrix} P_x \\ P_y \end{bmatrix} = \frac{hl}{2}\begin{bmatrix} P_x \\ P_y \\ P_x \\ P_y \\ 0 \\ 0 \end{bmatrix} \tag{12-34}$$

12.5　整体分析

1. 结构的整体分析

上述单元平衡方程式不能用来求解节点位移，原因如下：

① 对整个结构来说，各单元不是孤立的，节点位移对周围各单元应有共同值。显然孤立地求解一个单元平衡方程是无法保证这一点的。

② 对许多单元来说，右端项节点力对整个结构来说是内力，是未知的。

③ 单元矩阵是奇异矩阵，不做约束处理是无法求解的。

可见只有用整个结构来求解各节点的位移。为此，应建立整个结构的总体平衡方程式，即全体节点上平衡方程式的总和。

结构的整体分析必须遵循两个原则：

① 一个离散体系的各单元在变形后必须在节点处协调地连接起来。例如，与 i 节点相连接的有 n 个单元，则这 n 个单元在该节点 i 处必须具有相同的节点位移（节点位移连续条件），即有

$$\boldsymbol{\Phi}_i^{(1)} = \boldsymbol{\Phi}_i^{(2)} = \cdots = \boldsymbol{\Phi}_i^{(n)} = \boldsymbol{\Phi}_i$$

② 组成离散体的各节点必须满足平衡条件。例如，与 i 节点之间相连接的所有各单元作用于该节点上的节点力，应与作用在该节点上的节点载荷保持平衡，用公式表示为

$$\sum_e \boldsymbol{F}_i^e - \boldsymbol{R}_i = 0 \tag{12-35}$$

式中，$\boldsymbol{F}_i^e = [F_{ix}^e \quad F_{iy}^e]^{\mathrm{T}}$，表示单元 e 的 i 节点的节点力向量；$\sum\limits_e$ 表示直接与节点 i 相连接的所有单元求和；$\boldsymbol{R}_i^e = [R_{ix}^e \quad R_{iy}^e]^{\mathrm{T}}$，表示节点 i 上的节点外载荷，它包括两部分：一是直接作用在 i 节点上的集中力 $\boldsymbol{Q}_i^e = [Q_{ix}^e \quad Q_{iy}^e]^{\mathrm{T}}$，二是各单元在节点 i 处的等效节点载荷的和，即

$$\boldsymbol{R}_i = \boldsymbol{Q}_i + \sum_e \boldsymbol{P}_i^e \tag{12-36}$$

如果在 i 节点上既无集中力作用，直接与 i 节点相连接的各单元也没有等效节点载荷分配到 i 节点上，则 $\boldsymbol{R}_i = [0 \quad 0]^{\mathrm{T}}$。

2. 总刚度方程的形成过程

现以图 12－8 所示的离散体系为例，用常应变三角形单元进行分析，来说明总刚度方程的形成过程。

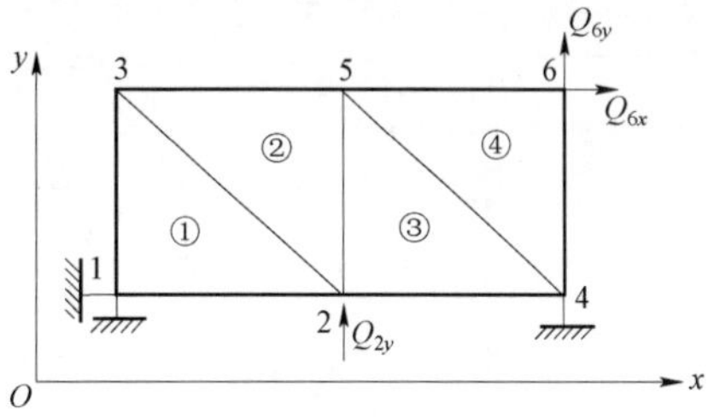

图 12－8　离散体系

首先应求出各单元的刚度矩阵，各单元的刚度方程分别为：

单元（1）：$i=1, j=2, m=3$

$$\begin{bmatrix} \boldsymbol{F}_1^{(1)} \\ \boldsymbol{F}_2^{(1)} \\ \boldsymbol{F}_3^{(1)} \end{bmatrix} = \begin{bmatrix} \boldsymbol{K}_{11}^{(1)} & \boldsymbol{K}_{12}^{(1)} & \boldsymbol{K}_{13}^{(1)} \\ \boldsymbol{K}_{21}^{(1)} & \boldsymbol{K}_{22}^{(1)} & \boldsymbol{K}_{23}^{(1)} \\ \boldsymbol{K}_{31}^{(1)} & \boldsymbol{K}_{32}^{(1)} & \boldsymbol{K}_{33}^{(1)} \end{bmatrix} \begin{bmatrix} \boldsymbol{\varPhi}_1^{(1)} \\ \boldsymbol{\varPhi}_2^{(1)} \\ \boldsymbol{\varPhi}_3^{(1)} \end{bmatrix}$$

单元（2）：$i=2, j=5, m=3$

$$\begin{bmatrix} \boldsymbol{F}_2^{(2)} \\ \boldsymbol{F}_5^{(2)} \\ \boldsymbol{F}_3^{(2)} \end{bmatrix} = \begin{bmatrix} \boldsymbol{K}_{22}^{(2)} & \boldsymbol{K}_{25}^{(2)} & \boldsymbol{K}_{23}^{(2)} \\ \boldsymbol{K}_{52}^{(2)} & \boldsymbol{K}_{55}^{(2)} & \boldsymbol{K}_{53}^{(2)} \\ \boldsymbol{K}_{32}^{(2)} & \boldsymbol{K}_{35}^{(2)} & \boldsymbol{K}_{33}^{(2)} \end{bmatrix} \begin{bmatrix} \boldsymbol{\varPhi}_2^{(2)} \\ \boldsymbol{\varPhi}_5^{(2)} \\ \boldsymbol{\varPhi}_3^{(2)} \end{bmatrix}$$

单元（3）：$i=4, j=5, m=2$

$$\begin{bmatrix} \boldsymbol{F}_4^{(3)} \\ \boldsymbol{F}_5^{(3)} \\ \boldsymbol{F}_2^{(3)} \end{bmatrix} = \begin{bmatrix} \boldsymbol{K}_{44}^{(3)} & \boldsymbol{K}_{45}^{(3)} & \boldsymbol{K}_{42}^{(3)} \\ \boldsymbol{K}_{54}^{(3)} & \boldsymbol{K}_{55}^{(3)} & \boldsymbol{K}_{52}^{(3)} \\ \boldsymbol{K}_{24}^{(3)} & \boldsymbol{K}_{25}^{(3)} & \boldsymbol{K}_{22}^{(3)} \end{bmatrix} \begin{bmatrix} \boldsymbol{\varPhi}_4^{(3)} \\ \boldsymbol{\varPhi}_5^{(3)} \\ \boldsymbol{\varPhi}_2^{(3)} \end{bmatrix}$$

单元（4）：$i=4, j=6, m=5$

$$\begin{bmatrix} \boldsymbol{F}_4^{(4)} \\ \boldsymbol{F}_6^{(4)} \\ \boldsymbol{F}_5^{(4)} \end{bmatrix} = \begin{bmatrix} \boldsymbol{K}_{44}^{(4)} & \boldsymbol{K}_{46}^{(4)} & \boldsymbol{K}_{45}^{(4)} \\ \boldsymbol{K}_{64}^{(4)} & \boldsymbol{K}_{66}^{(4)} & \boldsymbol{K}_{65}^{(4)} \\ \boldsymbol{K}_{54}^{(4)} & \boldsymbol{K}_{56}^{(4)} & \boldsymbol{K}_{55}^{(4)} \end{bmatrix} \begin{bmatrix} \boldsymbol{\varPhi}_4^{(4)} \\ \boldsymbol{\varPhi}_6^{(4)} \\ \boldsymbol{\varPhi}_5^{(4)} \end{bmatrix}$$

接着可建立各节点的平衡方程。由图 12－8 可得到用矩阵表示的平衡方程为

$$\boldsymbol{F}_1^{(1)} = \boldsymbol{R}_1$$

$$\boldsymbol{F}_2^{(1)} + \boldsymbol{F}_2^{(2)} + \boldsymbol{F}_2^{(3)} = \boldsymbol{R}_2$$

$$\boldsymbol{F}_3^{(1)} + \boldsymbol{F}_3^{(2)} = \boldsymbol{R}_3$$

$$F_4^{(3)}+F_4^{(4)}=R_4$$

$$F_5^{(2)}+F_5^{(3)}+F_5^{(4)}=R_5$$

$$F_6^{(4)}=R_6$$

式中，对应本例情况，$\boldsymbol{R}_1=[Q_{1x} \quad Q_{1y}]^{\mathrm{T}}$，$\boldsymbol{R}_4=[0 \quad Q_{4y}]^{\mathrm{T}}$，其中节点力分量理解为支反力，而 $\boldsymbol{R}_2=[0 \quad Q_{2y}]^{\mathrm{T}}$，$\boldsymbol{R}_6=[Q_{6x} \quad Q_{6y}]^{\mathrm{T}}$ 为节点外载荷（集中力），其余 $\boldsymbol{R}_3$、$\boldsymbol{R}_5$ 均为零向量。

将各单元刚度方程按节点力展开，并代入节点的平衡方程中，利用节点位移连续条件，即 $\boldsymbol{\Phi}_1^{(1)}=\boldsymbol{\Phi}_1$，$\boldsymbol{\Phi}_2^{(1)}=\boldsymbol{\Phi}_2^{(2)}=\boldsymbol{\Phi}_2^{(3)}=\boldsymbol{\Phi}_2$，$\boldsymbol{\Phi}_3^{(1)}=\boldsymbol{\Phi}_3^{(2)}=\boldsymbol{\Phi}_3$，$\boldsymbol{\Phi}_4^{(3)}=\boldsymbol{\Phi}_4^{(4)}=\boldsymbol{\Phi}_4$，$\boldsymbol{\Phi}_5^{(2)}=\boldsymbol{\Phi}_5^{(3)}=\boldsymbol{\Phi}_5^{(4)}=\boldsymbol{\Phi}_5$，$\boldsymbol{\Phi}_6^{(4)}=\boldsymbol{\Phi}_6$，可以得到用节点位移表示的各节点的平衡方程：

$$\boldsymbol{K}_{11}^{(1)}\boldsymbol{\Phi}_1+\boldsymbol{K}_{12}^{(1)}\boldsymbol{\Phi}_2+\boldsymbol{K}_{13}^{(1)}\boldsymbol{\Phi}_3=\boldsymbol{R}_1$$

$$\boldsymbol{K}_{21}^{(1)}\boldsymbol{\Phi}_1+(\boldsymbol{K}_{22}^{(1)}+\boldsymbol{K}_{22}^{(2)}+\boldsymbol{K}_{22}^{(3)})\boldsymbol{\Phi}_2+(\boldsymbol{K}_{23}^{(1)}+\boldsymbol{K}_{23}^{(2)})\boldsymbol{\Phi}_3+\boldsymbol{K}_{24}^{(3)}\boldsymbol{\Phi}_4+(\boldsymbol{K}_{25}^{(2)}+\boldsymbol{K}_{25}^{(3)})\boldsymbol{\Phi}_5=\boldsymbol{R}_2$$

$$\boldsymbol{K}_{31}^{(1)}\boldsymbol{\Phi}_1+(\boldsymbol{K}_{32}^{(1)}+\boldsymbol{K}_{32}^{(2)})\boldsymbol{\Phi}_2+(\boldsymbol{K}_{33}^{(1)}+\boldsymbol{K}_{33}^{(2)})\boldsymbol{\Phi}_3+\boldsymbol{K}_{35}^{(2)}\boldsymbol{\Phi}_5=\boldsymbol{R}_3$$

$$\boldsymbol{K}_{42}^{(3)}\boldsymbol{\Phi}_2+(\boldsymbol{K}_{44}^{(3)}+\boldsymbol{K}_{44}^{(4)})\boldsymbol{\Phi}_4+(\boldsymbol{K}_{45}^{(3)}+\boldsymbol{K}_{45}^{(4)})\boldsymbol{\Phi}_5+\boldsymbol{K}_{46}^{(4)}\boldsymbol{\Phi}_6=\boldsymbol{R}_4$$

$$(\boldsymbol{K}_{52}^{(2)}+\boldsymbol{K}_{52}^{(3)})\boldsymbol{\Phi}_2+\boldsymbol{K}_{53}^{(2)}\boldsymbol{\Phi}_3+(\boldsymbol{K}_{54}^{(3)}+\boldsymbol{K}_{54}^{(4)})\boldsymbol{\Phi}_4+(\boldsymbol{K}_{55}^{(2)}+\boldsymbol{K}_{55}^{(3)}+\boldsymbol{K}_{55}^{(4)})\boldsymbol{\Phi}_5+\boldsymbol{K}_{56}^{(4)}\boldsymbol{\Phi}_6=\boldsymbol{R}_5$$

$$\boldsymbol{K}_{64}^{(4)}\boldsymbol{\Phi}_4+\boldsymbol{K}_{65}^{(4)}\boldsymbol{\Phi}_5+\boldsymbol{K}_{66}^{(4)}\boldsymbol{\Phi}_6=\boldsymbol{R}_6$$

设 $\boldsymbol{K}_{ij}=\sum\limits_{e}\boldsymbol{K}_{ij}{}^{e}$，即有

$$\boldsymbol{K}_{11}=\boldsymbol{K}_{11}{}^{(1)},\quad \boldsymbol{K}_{12}=\boldsymbol{K}_{12}{}^{(1)},\quad \boldsymbol{K}_{13}=\boldsymbol{K}_{13}{}^{(1)}$$

$$\boldsymbol{K}_{21}=\boldsymbol{K}_{21}{}^{(1)},\quad \boldsymbol{K}_{22}=\boldsymbol{K}_{22}{}^{(1)}+\boldsymbol{K}_{22}{}^{(2)}+\boldsymbol{K}_{22}{}^{(3)},\quad \boldsymbol{K}_{23}=\boldsymbol{K}_{23}{}^{(1)}+\boldsymbol{K}_{23}{}^{(2)}$$

$$\boldsymbol{K}_{24}=\boldsymbol{K}_{24}{}^{(3)},\quad \boldsymbol{K}_{25}=\boldsymbol{K}_{25}{}^{(2)}+\boldsymbol{K}_{25}{}^{(3)}$$

$$\boldsymbol{K}_{31}=\boldsymbol{K}_{31}{}^{(1)},\quad \boldsymbol{K}_{32}=\boldsymbol{K}_{32}{}^{(1)}+\boldsymbol{K}_{32}{}^{(2)},\quad \boldsymbol{K}_{33}=\boldsymbol{K}_{33}{}^{(1)}+\boldsymbol{K}_{33}{}^{(2)},\quad \boldsymbol{K}_{35}=\boldsymbol{K}_{35}{}^{(2)}$$

$$\boldsymbol{K}_{42}=\boldsymbol{K}_{42}{}^{(3)},\quad \boldsymbol{K}_{44}=\boldsymbol{K}_{44}{}^{(3)}+\boldsymbol{K}_{44}{}^{(4)},\quad \boldsymbol{K}_{45}=\boldsymbol{K}_{45}{}^{(3)}+\boldsymbol{K}_{45}{}^{(4)},\quad \boldsymbol{K}_{46}=\boldsymbol{K}_{46}{}^{(4)}$$

$$\boldsymbol{K}_{52}=\boldsymbol{K}_{52}{}^{(2)}+\boldsymbol{K}_{52}{}^{(3)},\quad \boldsymbol{K}_{53}=\boldsymbol{K}_{53}{}^{(2)},\quad \boldsymbol{K}_{54}=\boldsymbol{K}_{54}{}^{(3)}+\boldsymbol{K}_{54}{}^{(4)},\quad \boldsymbol{K}_{55}=\boldsymbol{K}_{55}{}^{(2)}+\boldsymbol{K}_{55}{}^{(3)}+\boldsymbol{K}_{55}{}^{(4)}$$

$$\boldsymbol{K}_{56}=\boldsymbol{K}_{56}{}^{(4)},\quad \boldsymbol{K}_{64}=\boldsymbol{K}_{64}{}^{(4)},\quad \boldsymbol{K}_{65}=\boldsymbol{K}_{65}{}^{(4)},\quad \boldsymbol{K}_{66}=\boldsymbol{K}_{66}{}^{(4)}$$

这样，用节点位移表示的各节点的平衡方程可写为

$$\sum_{s=1}^{6}\boldsymbol{K}_{ps}\boldsymbol{\Phi}_s=\boldsymbol{R}_p \qquad (p=1,2,\cdots,6) \tag{12-37}$$

式中，如果 $\boldsymbol{R}_s$ 没有出现，则意味着所对应的 $\boldsymbol{K}_{ps}=\boldsymbol{0}$。

写成矩阵形式，即为

$$\begin{bmatrix} \boldsymbol{K}_{11} & \boldsymbol{K}_{12} & \boldsymbol{K}_{13} & 0 & 0 & 0 \\ \boldsymbol{K}_{21} & \boldsymbol{K}_{22} & \boldsymbol{K}_{23} & \boldsymbol{K}_{24} & \boldsymbol{K}_{25} & 0 \\ \boldsymbol{K}_{31} & \boldsymbol{K}_{32} & \boldsymbol{K}_{33} & 0 & \boldsymbol{K}_{35} & 0 \\ 0 & \boldsymbol{K}_{42} & 0 & \boldsymbol{K}_{44} & \boldsymbol{K}_{45} & \boldsymbol{K}_{46} \\ 0 & \boldsymbol{K}_{52} & \boldsymbol{K}_{53} & \boldsymbol{K}_{54} & \boldsymbol{K}_{55} & \boldsymbol{K}_{56} \\ 0 & 0 & 0 & \boldsymbol{K}_{64} & \boldsymbol{K}_{65} & \boldsymbol{K}_{66} \end{bmatrix} \begin{bmatrix} \boldsymbol{\Phi}_1 \\ \boldsymbol{\Phi}_2 \\ \boldsymbol{\Phi}_3 \\ \boldsymbol{\Phi}_4 \\ \boldsymbol{\Phi}_5 \\ \boldsymbol{\Phi}_6 \end{bmatrix} = \begin{bmatrix} \boldsymbol{R}_1 \\ \boldsymbol{R}_2 \\ \boldsymbol{R}_3 \\ \boldsymbol{R}_4 \\ \boldsymbol{R}_5 \\ \boldsymbol{R}_6 \end{bmatrix}$$

可简写成

$$\boldsymbol{K\Phi} = \boldsymbol{R} \tag{12-38}$$

式（12－38）称为结构的总刚度方程或结构的整体平衡方程组。式中，$\boldsymbol{\Phi}$ 为结构的节点位移矩阵；$\boldsymbol{R}$ 为结构的节点载荷矩阵，它的组成由式 $\boldsymbol{R}_i = \boldsymbol{Q}_i + \sum_e \boldsymbol{P}_i^e$ 规定；$\boldsymbol{K}$ 称为结构的总刚度矩阵。

3. 总刚度矩阵的形成与特征

从总刚度方程的构成可以看到，总刚度方程中关键是结构总刚度矩阵的形成。由上面的实例，可以看出总刚度矩阵中各子块矩阵的组成规律是：矩阵 $\boldsymbol{K}$ 中的子阵 $\boldsymbol{K}_{ij}$ 是与 i 、j 节点直接相连接的各单元刚度矩阵中出现的相应子矩阵 $\boldsymbol{K}_{ij}^e$ 的叠加，即

$$\boldsymbol{K}_{ij} = \sum_e \boldsymbol{K}_{ij}^e \tag{12-39}$$

如上例中 $\boldsymbol{K}_{25}$ 是与节点“2”“5”直接相连接的单元（2）、(3）的刚度矩阵中子块 $\boldsymbol{K}_{25}^{(2)}$ 和 $\boldsymbol{K}_{25}^{(3)}$ 叠加的结果。

按照上述特点，在计算出单元刚度矩阵之后，就可以按下述方法直接形成总刚度矩阵。仍以图 12－8 所示的例子加以说明。

① 计算出结构中所有单元的单元刚度矩阵。

② 根据结构的节点总数 n，画一个 $n \times n$ 的表格，上例中 $n=6$，则画一个 6×6 的表格，见表 12－2。表格中每一行和每一列分别用 $1,2,\cdots,n$ 编号，则每一方格可表示为总刚度矩阵中的一子块矩阵 $\boldsymbol{K}_{ij}(i=1,2,\cdots,n, j=1,2,\cdots,n)$。

表 12－2　$n \times n$ 的表格

$\boldsymbol{K}_{11}^{(1)}$	$\boldsymbol{K}_{12}^{(1)}$	$\boldsymbol{K}_{13}^{(1)}$			
$\boldsymbol{K}_{21}^{(1)}$	$\boldsymbol{K}_{22}^{(1)}$ $\boldsymbol{K}_{22}^{(2)}$ $\boldsymbol{K}_{22}^{(3)}$	$\boldsymbol{K}_{23}^{(1)}$ $\boldsymbol{K}_{23}^{(2)}$	$\boldsymbol{K}_{24}^{(3)}$	$\boldsymbol{K}_{25}^{(2)}$ $\boldsymbol{K}_{25}^{(3)}$	
$\boldsymbol{K}_{31}^{(1)}$	$\boldsymbol{K}_{32}^{(1)}$ $\boldsymbol{K}_{32}^{(2)}$	$\boldsymbol{K}_{33}^{(1)}$ $\boldsymbol{K}_{33}^{(2)}$		$\boldsymbol{K}_{35}^{(2)}$	
	$\boldsymbol{K}_{42}^{(3)}$		$\boldsymbol{K}_{44}^{(3)}$ $\boldsymbol{K}_{44}^{(4)}$	$\boldsymbol{K}_{45}^{(3)}$ $\boldsymbol{K}_{45}^{(4)}$	$\boldsymbol{K}_{46}^{(4)}$
	$\boldsymbol{K}_{52}^{(2)}$ $\boldsymbol{K}_{52}^{(3)}$	$\boldsymbol{K}_{53}^{(2)}$	$\boldsymbol{K}_{54}^{(3)}$ $\boldsymbol{K}_{54}^{(4)}$	$\boldsymbol{K}_{55}^{(2)}$ $\boldsymbol{K}_{55}^{(3)}$ $\boldsymbol{K}_{55}^{(4)}$	$\boldsymbol{K}_{56}^{(4)}$
			$\boldsymbol{K}_{64}^{(4)}$	$\boldsymbol{K}_{65}^{(4)}$	$\boldsymbol{K}_{66}^{(4)}$

③ 任一单元的单元刚度矩阵中的子块矩阵 $\boldsymbol{K}_{ij}^e$ 按其下标依次填入上述表格中的第 i 行 j 列的位置上，这一步称为“对号入座”，见表 12－2。

④ 同一位置的各子块矩阵相叠加，就得到总刚度矩阵中相应的子块矩阵。表中一些格子内无子块矩阵（即为空格）时，则总刚度矩阵中相应的子块矩阵为零矩阵。这种对号入座组集总刚度矩阵的方法，概念清楚，易于理解，但需占计算机较大的存储量。上述总刚度矩阵中每一子块矩阵，对平面问题而言，应展开为如下的 2×2 阶矩阵，即

$$\boldsymbol{K}_{ij} = \begin{bmatrix} K_{ij}^{11} & K_{ij}^{12} \\ K_{ij}^{21} & K_{ij}^{22} \end{bmatrix} \quad (i,j=1,2,\cdots,6)$$

总刚度矩阵应是 $2n \times 2n$ 阶矩阵（n 为结构节点总数）。对图 12－8 所示的实例，总刚度方

程可展开为

$$\begin{bmatrix} K_{11}^{11} & K_{11}^{12} & K_{12}^{11} & K_{12}^{12} & K_{13}^{11} & K_{13}^{12} & 0 & 0 & 0 & 0 & 0 & 0 \\ K_{11}^{21} & K_{11}^{22} & K_{12}^{21} & K_{12}^{22} & K_{13}^{21} & K_{13}^{22} & 0 & 0 & 0 & 0 & 0 & 0 \\ K_{21}^{11} & K_{21}^{12} & K_{22}^{11} & K_{22}^{12} & K_{23}^{11} & K_{23}^{12} & K_{24}^{11} & K_{24}^{12} & K_{25}^{11} & K_{25}^{12} & 0 & 0 \\ K_{21}^{21} & K_{21}^{22} & K_{22}^{21} & K_{22}^{22} & K_{23}^{21} & K_{23}^{22} & K_{24}^{21} & K_{24}^{22} & K_{25}^{21} & K_{25}^{22} & 0 & 0 \\ K_{31}^{11} & K_{31}^{12} & K_{32}^{11} & K_{32}^{12} & K_{33}^{11} & K_{33}^{12} & 0 & 0 & K_{35}^{11} & K_{35}^{12} & 0 & 0 \\ K_{31}^{21} & K_{31}^{22} & K_{32}^{21} & K_{32}^{22} & K_{33}^{21} & K_{33}^{22} & 0 & 0 & K_{35}^{21} & K_{35}^{22} & 0 & 0 \\ 0 & 0 & K_{42}^{11} & K_{42}^{12} & 0 & 0 & K_{44}^{11} & K_{44}^{12} & K_{45}^{11} & K_{45}^{12} & K_{46}^{11} & K_{46}^{12} \\ 0 & 0 & K_{42}^{21} & K_{42}^{22} & 0 & 0 & K_{44}^{21} & K_{44}^{22} & K_{45}^{21} & K_{45}^{22} & K_{46}^{21} & K_{46}^{22} \\ 0 & 0 & K_{52}^{11} & K_{52}^{12} & K_{53}^{11} & K_{53}^{12} & K_{54}^{11} & K_{54}^{12} & K_{55}^{11} & K_{55}^{12} & K_{56}^{11} & K_{56}^{12} \\ 0 & 0 & K_{52}^{21} & K_{52}^{22} & K_{53}^{21} & K_{53}^{22} & K_{54}^{21} & K_{54}^{22} & K_{55}^{21} & K_{55}^{22} & K_{56}^{21} & K_{56}^{22} \\ 0 & 0 & 0 & 0 & 0 & 0 & K_{64}^{11} & K_{64}^{11} & K_{65}^{11} & K_{65}^{12} & K_{66}^{11} & K_{66}^{12} \\ 0 & 0 & 0 & 0 & 0 & 0 & K_{64}^{11} & K_{64}^{11} & K_{65}^{21} & K_{65}^{22} & K_{66}^{21} & K_{66}^{22} \end{bmatrix} \begin{bmatrix} u_1 \\ v_1 \\ u_2 \\ v_2 \\ u_3 \\ v_3 \\ u_4 \\ v_4 \\ u_5 \\ v_5 \\ u_6 \\ v_6 \end{bmatrix} = \begin{bmatrix} R_{1x} \\ R_{1y} \\ R_{2x} \\ R_{2y} \\ R_{3x} \\ R_{3y} \\ R_{4x} \\ R_{4y} \\ R_{5x} \\ R_{5y} \\ R_{6x} \\ R_{6y} \end{bmatrix}$$

本例的总刚度矩阵 $\boldsymbol{K}$ 是一个 12×12 的矩阵。它是由四个单元的单元刚度矩阵叠加形成的，没有刚度的元素应为 0。同一总刚度元素若有若干单元都有刚度贡献时，则应互相叠加。

4. 总刚度矩阵的特性

由实例的总刚度矩阵可以得出总刚度矩阵的一些特性。

（1）稀疏性（非零元素的带状分布）

总刚度矩阵中非零的子块矩阵基本集中分布于对角线附近，在大型结构中，形成“带状”。这是因为一个节点的平衡方程除与本身的节点位移有关外，还与那些和它直接相联系的单元的节点位移有关，而不在同一单元上的节点之间相互没有影响。如图 12－8 所示结构中，节点 3 与单元（1）、（2）直接相连，它的平衡方程除与节点 3 的位移有关外，还与节点 1、2、5 的节点位移有关，但节点 3 与节点 4、6 无关，所以 $\boldsymbol{K}_{34}$、$\boldsymbol{K}_{36}$ 为 0。因此，在大型结构的有限元分析中，与一个节点直接相连的单元总是不多的，这样总刚度矩阵总是呈稀疏的带状分布。

通常把从每一行的第一个非零元素起，至该行的对角线上的元素为止的元素个数，称为总刚度矩阵在该行的“带宽”。带宽以外的元素全为 0。带宽的大小，除与相关节点的自由度个数有关外，还与相邻节点编号的差值有关。

容易理解，总刚度矩阵的带宽 B 可以由下式计算：

$$B=(D+1)f \tag{12-40}$$

式中，D 为单元中节点编号的最大差值；f 为一个节点所包含的自由度数目。

利用总刚度矩阵具有的带状性质，在编制程序中只需存放带宽内的元素，可以大幅节省计算机容量。减少带宽的措施是尽量减少相邻节点编号的差值。为此，在大型通用有限元分析程序中，大多有带宽优化功能，即给节点重新编号，使带宽尽可能小。

（2）对称性

总刚度矩阵是对称阵，根据 $\boldsymbol{K}_{ij}$ 的含义及功的互等定理或互易定理可知，必有 $\boldsymbol{K}_{ij}=\boldsymbol{K}_{ji}$。即总刚度矩阵必然是对称的。

（3）奇异性

计入边界条件之前的总刚度矩阵总是奇异的。为获得系统的唯一解，必须计入适宜的边界条件，以消除系统可能产生的“刚体运动”。

12.6　约束处理及求解

由于总刚度矩阵的奇异性，不做约束处理是无法求解的。边界约束条件处理的实质就是消除结构的刚体位移，使节点位移得以求解。

有限元法中的边界条件也是假定在节点上受到约束。限制线位移的约束是支座链杆。每一个约束条件，将提供一个位移方程 $u_i = \alpha$ ，这使结构少一个特定的位移未知量，却增加了一个待定的支承反力 R_i 。当 $\alpha = 0$ 时，称为零位移约束，这时的支座链杆为刚性支杆；当 $\alpha \neq 0$ 时，表现为支座的沉陷，称为非零位移约束。当然，非零位移约束也可能是弹性支杆。

边界约束条件的处理方法有：划行划列法（又称消行降阶法）、划 0 置 1 法（又称消行修正法）、乘大数法（又称对角元扩大法）等。

经约束处理后的总刚度矩阵已不是奇异矩阵了。修正过的总体线性代数方程组可采用成熟的解线性代数方程组的程序求解，如对称带状矩阵的高斯消元法等。对于大型方程组，则可采用分块解法或波前法等。这些解法属于数值分析问题，在此不做介绍。

弹性力学问题的求解结果主要是位移和应力两个方面。位移结果一般不需要整理，可用位移变形云图来形象地表示。而应力结果大多需要进一步处理，特别是三角形、四面体等常应力、常应变单元，在两个单元公共边界和节点上有应力突变。节点应力可采用绕节点平均法求得，即将与该节点相邻的应力求平均，用来表示该节点应力；当相邻单元面积相差过大时，最好求平均时再对面积加权。相邻单元边界应力可采用两单元平均的方法，同样，当面积过大时，应对面积加权。

第 13 章
等参数单元的原理

第 12 章详细介绍了直边三角形常应变单元，因在求解区域内应力和应变的变化都是不连续的，计算精度不高，其应用受到了限制。工程中一些结构的形状往往比较复杂，为不规则的曲线或曲面边界。如果采用直边或平面边界的单元，就会产生用直线代替曲线或平面代替曲面所产生的误差，而这种误差又不建议单纯通过单元细分或提高插值函数精度阶次来补偿。因此，希望构造一些不规则形状的高精度单元，以便在给定的精度下用数目较少的单元就能解决工程实际的具体问题。构造这种单元遇到的最大困难是单元边界上的位移连续条件不易满足，导致有限元计算结果不收敛。本章将采用坐标变换的方法来构造一种新型的单元（等参数单元），从而解决有限元计算的收敛性问题。

等参数单元（简称等参元）就是对单元几何形状及单元内的位移场函数采用相同数目的节点参数和相同的形函数进行变换而设计出的一种新型单元。由于坐标变换的采用，使等参数单元的刚度、质量、阻尼、荷载等特性矩阵的计算仍在变换后单元的规则域内进行，因此，不管各个积分形式矩阵表示的被积函数如何复杂，仍然可以方便地采用标准化的数值积分方法计算。也正因为如此，等参元已成为有限元法中应用最为广泛的单元形式。同时，等参数单元具有计算精度高和适用性好的特点，是有限元程序中主要采用的单元形式。

13.1　等参数单元的基本思想

在引入等参数单元之前，先分析图 13－1 所示四节点任意四边形单元。该单元有 4 个节点、8 个自由度，构造位移函数时，可确定 8 个待定参数，故位移模式取为

$$\begin{cases} u(x,y)=\alpha_1+\alpha_2 x+\alpha_3 y+a_4 xy \\ v(x,y)=\alpha_5+\alpha_6 x+\alpha_7 y+a_8 xy \end{cases} \tag{13-1}$$

单元不平行于坐标轴的任一条边（取 $\overline{12}$ 边）的直线方程可写为 $y=kx+b$，将其代入式（13－1），则该边上的变化为 $u=A+Bx+Cx^2$ 和 $v=D+Ex+Fx^2$，即位移不再是线性变化了。该边上的位移值不能由两个节点（1 和 2）的函数值唯一确定，从而相邻两任意四边形单元的公共边不能保证位移插值函数的连续，也就是变形协调性得不到满足，但可以通过坐标变换来解决这个问题。

1. 四节点矩形单元

在图 13－1 中的任意四边形单元上，取等分四边的两簇直线的中心（$\xi=0,\eta=0$）为原点，分别沿等分线方向形成 ξ 轴和 η 轴。通过坐标变换，将整体坐标系 xOy 中的任意四边形单元，映射为以 ξ 轴和 η 轴构成的局部坐标系中的对称正方形，正方形的四个顶点的坐标值

为±1，如图 13－2 所示。

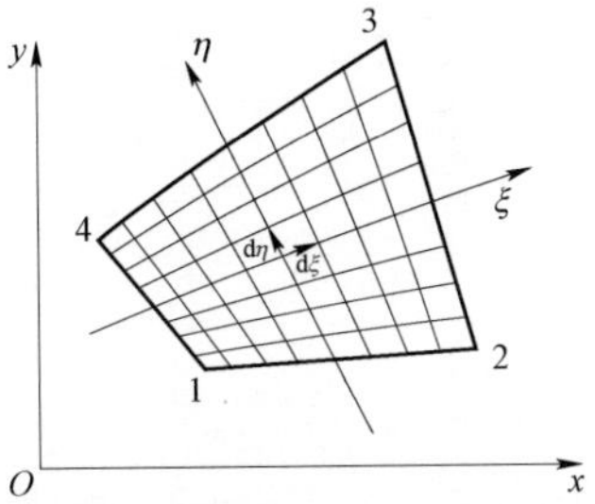

图 13－1　任意四边形单元

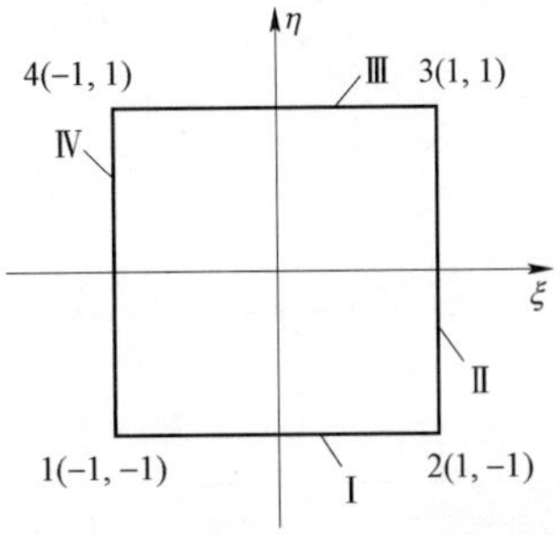

图 13－2　局部坐标下的四边形单元

设图 13－2 中的正方形单元的位移模式为

$$\begin{cases} u(\xi,\eta)=\alpha_1+\alpha_2\xi+\alpha_3\eta+a_4\xi\eta \\ v(\xi,\eta)=\alpha_5+\alpha_6\xi+\alpha_7\eta+a_8\xi\eta \end{cases} \tag{13-2}$$

或写为

$$\boldsymbol{\Phi}=\begin{bmatrix} u \\ v \end{bmatrix}=\begin{bmatrix} 1 & \xi & \eta & \xi\eta & 0 & 0 & 0 & 0 \\ 0 & 0 & 0 & 0 & 1 & \xi & \eta & \xi\eta \end{bmatrix}\begin{bmatrix} \alpha_1 \\ \alpha_2 \\ \alpha_3 \\ \alpha_4 \\ \alpha_5 \\ \alpha_6 \\ \alpha_7 \\ a_8 \end{bmatrix} \tag{13-3}$$

将四个节点的坐标（－1，－1）、（1，－1）、（1，1）、（－1，1）代入式（13－3）并写成矩阵形式，有

$$\boldsymbol{\Phi}^e=\begin{bmatrix} u_1 \\ v_1 \\ u_2 \\ v_2 \\ u_3 \\ v_3 \\ u_4 \\ v_4 \end{bmatrix}=\begin{bmatrix} 1 & -1 & -1 & 1 & 0 & 0 & 0 & 0 \\ 0 & 0 & 0 & 0 & 1 & -1 & -1 & 1 \\ 1 & 1 & -1 & -1 & 0 & 0 & 0 & 0 \\ 0 & 0 & 0 & 0 & 1 & 1 & -1 & -1 \\ 1 & 1 & 1 & 1 & 0 & 0 & 0 & 0 \\ 0 & 0 & 0 & 0 & 1 & 1 & 1 & 1 \\ 1 & -1 & 1 & -1 & 0 & 0 & 0 & 0 \\ 0 & 0 & 0 & 0 & 1 & -1 & 1 & -1 \end{bmatrix}\begin{bmatrix} \alpha_1 \\ \alpha_2 \\ \alpha_3 \\ \alpha_4 \\ \alpha_5 \\ \alpha_6 \\ \alpha_7 \\ a_8 \end{bmatrix}=\boldsymbol{F}\boldsymbol{a} \tag{13-4}$$

解式（13－4）可得

$$\boldsymbol{a}=\boldsymbol{F}^{-1}\boldsymbol{\Phi}^e \tag{13-5}$$

从而有

$$\boldsymbol{\Phi}=\begin{bmatrix} u \\ v \end{bmatrix}=\begin{bmatrix} 1 & \xi & \eta & \xi\eta & 0 & 0 & 0 & 0 \\ 0 & 0 & 0 & 0 & 1 & \xi & \eta & \xi\eta \end{bmatrix}\boldsymbol{F}^{-1}\boldsymbol{\Phi}^e=\boldsymbol{N}(\xi,\eta)\boldsymbol{\Phi}^e \tag{13-6}$$

展开式（13－6），有

$$u(\xi,\eta)=N_1u_1+N_2u_2+N_3u_3+N_4u_4=\sum_{i=1}^{4}N_i\cdot u_i$$
$$v(\xi,\eta)=N_1v_1+N_2v_2+N_3v_3+N_4v_4=\sum_{i=1}^{4}N_i\cdot v_i \tag{13-7}$$

式中，$N_1\sim N_4$ 为形函数，其值分别为

$$\begin{cases}N_1=N_1(\xi,\eta)=\dfrac{1}{4}(1-\xi)(1-\eta)\\ N_2=N_2(\xi,\eta)=\dfrac{1}{4}(1+\xi)(1-\eta)\\ N_3=N_3(\xi,\eta)=\dfrac{1}{4}(1-\xi)(1+\eta)\\ N_4=N_4(\xi,\eta)=\dfrac{1}{4}(1+\xi)(1+\eta)\end{cases} \tag{13-8}$$

由图（13－2）知，$(\xi_1,\eta_1)=(-1,-1)$、$(\xi_2,\eta_2)=(1,-1)$、$(\xi_3,\eta_3)=(1,1)$、$(\xi_4,\eta_4)=(-1,1)$，可将式（13－8）改写成统一形式：

$$N_i=\frac{(1+\xi_i\xi)(1+\eta_i\eta)}{4}\quad(i=1,2,3,4) \tag{13-9}$$

由式（13－7）的位移模式及式（13－8）的形函数可知，四节点矩形单元（正方形）在(ξ,η)呈线性变化，所以称为双线性位移模式。即因为在单元的边界$\xi=\pm1$和$\eta=\pm1$上，位移按线性变化，且相邻单元公共节点上有共同的节点位移值，可保证两个相邻矩形单元在其公共边界上的位移是连续的。此外，可以将式（13－7）和式（13－8）代入式（12－12）和式（12－15），四节点矩形单元的应变和应力呈一次线性变化，因而比三节点三角形常应变单元精度高。

2. 坐标变换

针对图 13－1 中任意四边形单元，如果能用图 13－2 中正方形单元的式（13－7）位移模式及式（13－8）形函数进行计算，则前面所提到的位移插值函数不连续的问题就可以得到满足。所以问题可以归结为，如何将任意四边形单元的整体坐标(x,y)变换为正方形单元的局部坐标(ξ,η)。

由于式（13－8）所列形函数满足在节点i时$N_i=1$，在其他节点$N_i=0$及$\sum N_i=1$，可写出如下关系：

$$\begin{cases}x=N_1x_1+N_2x_2+N_3x_3+N_4x_4=\sum\limits_{i=1}^{4}N_i\cdot x_i\\ y=N_1y_1+N_2y_2+N_3y_3+N_4y_4=\sum\limits_{i=1}^{4}N_i\cdot y_i\end{cases} \tag{13-10}$$

式中，(x,y)为任意四边形单元中某一点的坐标；(x_i,y_i)为任意四边形单元中i节点的坐标。

显然，在 4 个节点处，式（13－10）是成立的，现要证明在四边形上式（13－10）是正确的。以任意四边形单元中$\overline{12}$边为例，在此边上局部坐标边$\eta=-1$，再考虑式（13－7）中N_1和N_2的表达式，代入式（13－10），得

$$x=\frac{1}{4}(1-\xi)(2)x_1+\frac{1}{4}(1+\xi)(2)x_2=\frac{x_1+x_2}{2}+\frac{x_2-x_1}{2}\xi \tag{13-11}$$

或改写成

$$x = a + b\xi \tag{13-12}$$

式中，$a = \dfrac{x_1 + x_2}{2}$，$b = \dfrac{x_1 - x_2}{2}$，均为常数。

同样可得

$$y = c + d\xi \tag{13-13}$$

由式（13－12）和式（13－13）可见，由正方形$\overline{12}$边的局部坐标(ξ,η)换算出的整体坐标(x,y)是线性变化的，这和任意四边形单元的$\overline{12}$边是一致的，所以式（13－10）对于四边形也是正确的。式（13－10）中(x,y)、(x_i,y_i)是整体坐标，而N_i是局部坐标的(ξ,η)的函数，因此式（13－10）被称为坐标变换式。

通过整体坐标(x,y)与局部坐标(ξ,η)之间的变换（或称为几何映射），使在整体坐标下的任意（斜）四边形单元变换为在局部坐标下边长为 2、坐标原点位于单元中心的正方形单元。(x,y)平面上的节点 1、2、3、4 分别与(ξ,η)平面上的节点 1、2、3、4 相对应。这种一一对应关系，即确定了相应的坐标变换。

3. 等参数单元的概念

比较式（13－7）与式（13－10）可以看出，描述位移函数模式和坐标变换式都采用相同的形函数N_i，两式用同样数量的相应节点值作为参数，这样构造的单元称为等参数单元。这种单元满足有限元解的“常应变准则”。应当指出，式（13－7）中的形函数$N_i(\xi,\eta)$并不局限于线性的，也可以是二次或更高次的。如果$N_i(\xi,\eta)$是二次或更高次的，单元在局部坐标(ξ,η)平面上的矩形直边对应整体坐标(x,y)平面上则为曲边形状，正好适应曲边单元的要求。

另外，在有些情况下，描述单元位移函数模式的节点数n及其形函数$N_i(\xi,\eta)$的阶次，也可与坐标变换式的节点数m及其插值函数$N_i'(\xi,\eta)$的阶次不等。若位移函数中的形函数$N_i(\xi,\eta)$的阶次低于坐标变换式中的插值函数$N_i'(\xi,\eta)$的阶次（即位移函数中的节点数n小于坐标变换中节点数m），这种单元称为超参数单元，反之，称为次参数单元，如图 13－3 所示。

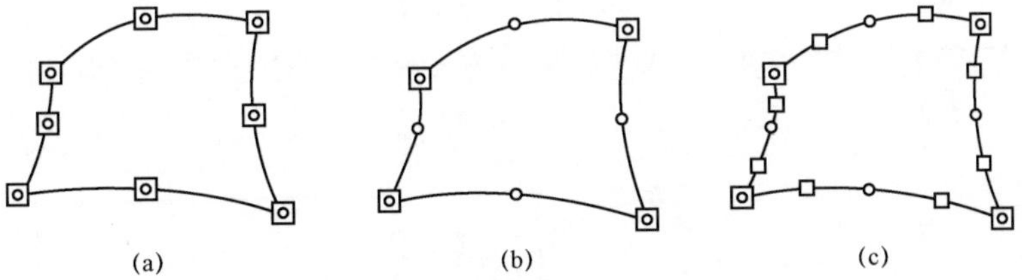

图 13－3　不同参数单元的示意图

（a）等参数单元；（b）超参数单元；（c）次参数单元

（方形表示位移插值的节点，圆圈表示坐标变换的节点）

13.2　等参数单元的特性

1. 雅可比矩阵及微元变换

在平面应力问题的分析中，需要求出应变、应力及单元刚度矩阵，而它们都依赖于位移

函数 u、v 对整体坐标 x、y 的导数。而现在位移函数模式（13－7）只给出了 u、v 关于局部坐标 ξ、η 的函数。因此，需要用坐标式（13－10）进行复合求导。

由复合函数求导数的法则，对形函数 $N_i(\xi,\eta)$ 求偏导数，有

$$\frac{\partial N_i}{\partial \xi}=\frac{\partial N_i}{\partial x}\frac{\partial x}{\partial \xi}+\frac{\partial N_i}{\partial y}\frac{\partial y}{\partial \xi},\quad \frac{\partial N_i}{\partial \eta}=\frac{\partial N_i}{\partial x}\frac{\partial x}{\partial \eta}+\frac{\partial N_i}{\partial y}\frac{\partial y}{\partial \eta}$$

写成矩阵形式，则有

$$\begin{bmatrix}\dfrac{\partial N_i}{\partial \xi}\\ \dfrac{\partial N_i}{\partial \eta}\end{bmatrix}=\begin{bmatrix}\dfrac{\partial x}{\partial \xi} & \dfrac{\partial y}{\partial \xi}\\ \dfrac{\partial x}{\partial \eta} & \dfrac{\partial y}{\partial \eta}\end{bmatrix}\begin{bmatrix}\dfrac{\partial N_i}{\partial x}\\ \dfrac{\partial N_i}{\partial y}\end{bmatrix} \tag{13-14a}$$

或写成

$$\begin{bmatrix}\dfrac{\partial N_i}{\partial \xi}\\ \dfrac{\partial N_i}{\partial \eta}\end{bmatrix}=\boldsymbol{J}\begin{bmatrix}\dfrac{\partial N_i}{\partial x}\\ \dfrac{\partial N_i}{\partial y}\end{bmatrix} \tag{13-14b}$$

式中，$\boldsymbol{J}$ 为坐标变换矩阵或雅可比矩阵，其表达式为

$$\boldsymbol{J}=\begin{bmatrix}\dfrac{\partial x}{\partial \xi} & \dfrac{\partial y}{\partial \xi}\\ \dfrac{\partial x}{\partial \eta} & \dfrac{\partial y}{\partial \eta}\end{bmatrix} \tag{13-14c}$$

由式（13－14b）求逆，可得

$$\begin{bmatrix}\dfrac{\partial N_i}{\partial x}\\ \dfrac{\partial N_i}{\partial y}\end{bmatrix}=\boldsymbol{J}^{-1}\begin{bmatrix}\dfrac{\partial N_i}{\partial \xi}\\ \dfrac{\partial N_i}{\partial \eta}\end{bmatrix} \tag{13-15}$$

式中，$\boldsymbol{J}^{-1}$ 为坐标变换矩阵的逆阵。由于矩阵 $\boldsymbol{J}$ 是 2×2 阶的，它的逆阵为

$$\boldsymbol{J}^{-1}=\frac{1}{|\boldsymbol{J}|}\begin{bmatrix}\dfrac{\partial y}{\partial \eta} & -\dfrac{\partial y}{\partial \xi}\\ \dfrac{\partial x}{\partial \eta} & -\dfrac{\partial x}{\partial \xi}\end{bmatrix} \tag{13-16}$$

式中，$|\boldsymbol{J}|=\dfrac{\partial x}{\partial \xi}\dfrac{\partial y}{\partial \eta}-\dfrac{\partial y}{\partial \xi}\dfrac{\partial x}{\partial \eta}$，称为变换行列式或雅可比行列式。

将式（13－16）代入式（13－15）可得到

$$\begin{cases}\dfrac{\partial N_i}{\partial x}=\dfrac{1}{|\boldsymbol{J}|}\left(\dfrac{\partial y}{\partial \eta}\dfrac{\partial N_i}{\partial \xi}-\dfrac{\partial y}{\partial \xi}\dfrac{\partial N_i}{\partial \eta}\right)\\ \dfrac{\partial N_i}{\partial y}=\dfrac{1}{|\boldsymbol{J}|}\left(-\dfrac{\partial x}{\partial \eta}\dfrac{\partial N_i}{\partial \xi}+\dfrac{\partial x}{\partial \xi}\dfrac{\partial N_i}{\partial \eta}\right)\end{cases} \tag{13-17}$$

利用式（13－17）可把任意形函数 $N_i(\xi,\eta)$ 对 x、y 求导的问题转化为对 ξ、η 求导的问题。

此外，为了计算单元刚度矩阵及等效节点载荷，还要把整体坐标下的微元面积 $\mathrm{d}A$ 转换到局部坐标上去。在图 13－1 所示整体坐标 (x,y) 中，由 $\mathrm{d}\boldsymbol{\xi}$ 和 $\mathrm{d}\boldsymbol{\eta}$ 所围成的微小平行四边形，其面积为

$$\mathrm{d}A = |\mathrm{d}\boldsymbol{\xi}\times\mathrm{d}\boldsymbol{\eta}| \tag{13-18}$$

由于 $\mathrm{d}\boldsymbol{\xi}$ 和 $\mathrm{d}\boldsymbol{\eta}$ 在整体坐标 (x,y) 中的分量为

$$\begin{cases}\mathrm{d}\boldsymbol{\xi} = \dfrac{\partial x}{\partial \xi}\mathrm{d}\xi\cdot\boldsymbol{i} + \dfrac{\partial y}{\partial \xi}\mathrm{d}\xi\cdot\boldsymbol{j} \\ \mathrm{d}\boldsymbol{\eta} = \dfrac{\partial x}{\partial \eta}\mathrm{d}\eta\cdot\boldsymbol{i} + \dfrac{\partial y}{\partial \eta}\mathrm{d}\eta\cdot\boldsymbol{j}\end{cases} \tag{13-19}$$

式中，$\boldsymbol{i}$ 和 $\boldsymbol{j}$ 分别为整体坐标 (x,y) 中 x 方向和 y 方向的单位向量。

由式（13－19），则有面积微元的变换计算：

$$\mathrm{d}A = \begin{vmatrix}\dfrac{\partial x}{\partial \xi}\mathrm{d}\xi & \dfrac{\partial y}{\partial \xi}\mathrm{d}\xi \\ \dfrac{\partial x}{\partial \eta}\mathrm{d}\eta & \dfrac{\partial y}{\partial \eta}\mathrm{d}\eta\end{vmatrix} = |\boldsymbol{J}|\mathrm{d}\xi\mathrm{d}\eta \tag{13-20}$$

这就给出了整体坐标 (x,y) 中面积 $\mathrm{d}A$ 的变换计算公式。同样，就三维问题，在整体坐标 (x,y,z) 中，由 $\mathrm{d}\boldsymbol{\xi}$、$\mathrm{d}\boldsymbol{\eta}$ 和 $\mathrm{d}\boldsymbol{\zeta}$ 所围成的微小六面体的体积为 $\mathrm{d}\Omega = \mathrm{d}\boldsymbol{\xi}\cdot|\mathrm{d}\boldsymbol{\eta}\times\mathrm{d}\boldsymbol{\zeta}|$，则有体积微元的变换：

$$\mathrm{d}\Omega = \begin{vmatrix}\dfrac{\partial x}{\partial \xi}\mathrm{d}\xi & \dfrac{\partial y}{\partial \xi}\mathrm{d}\xi & \dfrac{\partial z}{\partial \xi}\mathrm{d}\xi \\ \dfrac{\partial x}{\partial \eta}\mathrm{d}\eta & \dfrac{\partial y}{\partial \eta}\mathrm{d}\eta & \dfrac{\partial z}{\partial \eta}\mathrm{d}\eta \\ \dfrac{\partial x}{\partial \zeta}\mathrm{d}\zeta & \dfrac{\partial y}{\partial \zeta}\mathrm{d}\zeta & \dfrac{\partial z}{\partial \zeta}\mathrm{d}\zeta\end{vmatrix} = |\boldsymbol{J}|\,\mathrm{d}\xi\mathrm{d}\eta\mathrm{d}\xi\mathrm{d}\zeta \tag{13-21}$$

这就给出了整体坐标 (x,y,z) 中体积 $\mathrm{d}\Omega$ 的变换计算公式。

2. 单元刚度矩阵

平面问题的应变包括 ε_x、ε_y、γ_{xy} 三个分量，结合式（12－12）和式（13－7）可得到等参数单元的应变：

$$\boldsymbol{\varepsilon} = \begin{bmatrix}\varepsilon_x \\ \varepsilon_y \\ \gamma_{xy}\end{bmatrix} = \begin{bmatrix}\dfrac{\partial u}{\partial x} \\ \dfrac{\partial v}{\partial y} \\ \dfrac{\partial v}{\partial x}+\dfrac{\partial u}{\partial y}\end{bmatrix} = \begin{bmatrix}\dfrac{\partial}{\partial x} & 0 \\ 0 & \dfrac{\partial}{\partial y} \\ \dfrac{\partial}{\partial y} & \dfrac{\partial}{\partial x}\end{bmatrix}\begin{bmatrix}u \\ v\end{bmatrix} = \boldsymbol{B}\boldsymbol{\Phi}^e = [\boldsymbol{B}_1\ \boldsymbol{B}_2\ \boldsymbol{B}_3\ \boldsymbol{B}_4]\boldsymbol{\Phi}^e$$

$$= \begin{bmatrix} \frac{\partial N_1}{\partial x} & 0 & \frac{\partial N_2}{\partial x} & 0 & \frac{\partial N_3}{\partial x} & 0 & \frac{\partial N_4}{\partial x} & 0 \\ 0 & \frac{\partial N_1}{\partial y} & 0 & \frac{\partial N_2}{\partial y} & 0 & \frac{\partial N_3}{\partial y} & 0 & \frac{\partial N_4}{\partial y} \\ \frac{\partial N_1}{\partial y} & \frac{\partial N_1}{\partial x} & \frac{\partial N_2}{\partial y} & \frac{\partial N_2}{\partial y} & \frac{\partial N_3}{\partial y} & \frac{\partial N_3}{\partial x} & \frac{\partial N_4}{\partial y} & \frac{\partial N_4}{\partial x} \end{bmatrix} \begin{bmatrix} u_1 \\ v_1 \\ u_2 \\ v_2 \\ u_3 \\ v_3 \\ u_4 \\ v_4 \end{bmatrix} \tag{13-22}$$

式中，

$$\boldsymbol{B}_i = \begin{bmatrix} \frac{\partial N_i}{\partial x} & 0 \\ 0 & \frac{\partial N_i}{\partial y} \\ \frac{\partial N_i}{\partial y} & \frac{\partial N_i}{\partial x} \end{bmatrix} \quad (i=1,2,3,4) \tag{13-23}$$

将式（13－8）、式（13－10）代入式（13－16）、式（13－17），即可求得形函数 $\boldsymbol{N}_i(\xi,\eta)$ 对 x 、y 的偏导数 $\frac{\partial \boldsymbol{N}_i}{\partial x_i}$ 、$\frac{\partial \boldsymbol{N}_i}{\partial y_i}$ 值（为 ξ 、η 的函数），再代入式（13－23）求得单元应变子块矩阵 $\boldsymbol{B}_i$ ，最终应变矩阵 $\boldsymbol{B}$ 和应变 $\boldsymbol{\varepsilon}$ 都为局部坐标 ξ 、η 的函数。

由式（12－15），可得单元应力的表达式为

$$\boldsymbol{\sigma} = \boldsymbol{DB\Phi}^e = \boldsymbol{S\Phi}^e = [\boldsymbol{S}_1 \quad \boldsymbol{S}_2 \quad \boldsymbol{S}_3 \quad \boldsymbol{S}_4]\boldsymbol{\Phi}^e \tag{13-24}$$

对于平面应力问题，弹性矩阵 $\boldsymbol{D}$ 为

$$\boldsymbol{D} = \frac{\boldsymbol{E}}{1-\mu^2} \begin{bmatrix} 1 & \mu & 0 \\ \mu & 1 & 0 \\ 0 & 0 & \frac{1-\mu}{2} \end{bmatrix}$$

则得应力子块矩阵

$$\boldsymbol{S}_i = \boldsymbol{DB}_i = \frac{\boldsymbol{E}}{1-\mu^2} \begin{bmatrix} \frac{\partial N_i}{\partial x} & \mu\frac{\partial N_i}{\partial y} \\ \mu\frac{\partial N_i}{\partial x} & \frac{\partial N_i}{\partial y} \\ \frac{1-\mu}{2}\frac{\partial N_i}{\partial y} & \frac{1-\mu}{2}\frac{\partial N_i}{\partial x} \end{bmatrix} \quad (i=1,2,3,4) \tag{13-25}$$

由式（13－25）求得单元应力子块矩阵 $\boldsymbol{S}_i$ ，最终应力矩阵 $\boldsymbol{S}$ 和应力 $\boldsymbol{\sigma}$ 都为局部坐标 ξ 、η 的函数。

根据 12.3 节的虚位移原理，可得单元的平衡方程为 $\boldsymbol{F}^e = \boldsymbol{K}^e\boldsymbol{\Phi}^e$ 。单元刚度矩阵 $\boldsymbol{K}^e$ 仍可写为

$$K^e = \iint_A B^{\mathrm{T}} DBh\mathrm{d}x\mathrm{d}y \tag{13-26}$$

式中，应变矩阵 $\boldsymbol{B}$ 为局部坐标 ξ 、η 的函数；h 为单元厚度；$\mathrm{d}x\mathrm{d}y$ 为微元面积 $\mathrm{d}A$ 。

将式（13－26）转化为局部坐标，即可得等参数单元的刚度矩阵为

$$K^e = \int_{-1}^{1}\int_{-1}^{1} B^{\mathrm{T}} DBh|J|\mathrm{d}\xi\mathrm{d}\eta \tag{13-27}$$

虽然式（13－27）对应于局部坐标 ξ 、η 的积分上、下限是很简单的，但是，式中的 $\boldsymbol{B}$、$\boldsymbol{J}$ 皆为 ξ 、η 的函数矩阵，且具有非常复杂的形式，故一般很难求出该积分的解析表达式，通常采用数值积分的方法来求解。

此外，等参数单元等效节点载荷的计算，可以完全参照 12.4 节的能量等效原则，只是仍需要转换到局部坐标系，这里不再赘述。相应的计算公式如下：

集中力的等效节点载荷：

$$P^e = NP$$

体积力的等效节点载荷：

$$P^e = \int_{-1}^{1}\int_{-1}^{1} NPh|J|\mathrm{d}\xi\mathrm{d}\eta$$

面积力的等效节点载荷：

$$P^e = \int_s NPh\mathrm{d}s$$

式中，$\boldsymbol{P}$ 为集中力、体积力或面积力；$\boldsymbol{P}^e$ 为等参数单元节点上的等效载荷；N 为等参数单元的形函数。

3. 等参数变换的必要条件

仍以四节点四边形等参数单元为例，只要给定整体坐标系内 4 个节点的坐标 (x_i, y_i) $(i=1,2,3,4)$，就可以写出形如式（13－10）的坐标变换式。为保证此变换式在单元上能确定整体坐标与局部坐标间的一一对应关系，使等参数变换能真正施行，必须是变换行列式（雅可比行列式）$|\boldsymbol{J}|$ 在整个单元上均不等于零。因为：

① 微分变换式 $\mathrm{d}A=|\boldsymbol{J}|\mathrm{d}\xi\mathrm{d}\eta$ 中 $|\boldsymbol{J}|$ 不能等于零；

② $|\boldsymbol{J}| \neq 0$ 是雅可比矩阵的逆阵存在的必要条件。

在什么条件下能使 $|\boldsymbol{J}| \neq 0$ 呢？可从雅可比矩阵的具体形式来讨论。展开式（13－14c），有

$$J = \begin{bmatrix} \dfrac{\partial x}{\partial \xi} & \dfrac{\partial y}{\partial \xi} \\ \dfrac{\partial x}{\partial \eta} & \dfrac{\partial y}{\partial \eta} \end{bmatrix} = \begin{bmatrix} \sum\limits_{i=1}^{4} \dfrac{\partial N_i(\xi,\eta)}{\partial \xi} x_i & \sum\limits_{i=1}^{4} \dfrac{\partial N_i(\xi,\eta)}{\partial \xi} y_i \\ \sum\limits_{i=1}^{4} \dfrac{\partial N_i(\xi,\eta)}{\partial \eta} x_i & \sum\limits_{i=1}^{4} \dfrac{\partial N_i(\xi,\eta)}{\partial \eta} y_i \end{bmatrix} = \begin{bmatrix} \sum\limits_{i=1}^{4} \dfrac{\xi_i}{4}(1+\eta_i\eta)x_i & \sum\limits_{i=1}^{4} \dfrac{\xi_i}{4}(1+\eta_i\eta)y_i \\ \sum\limits_{i=1}^{4} \dfrac{\eta_i}{4}(1+\xi_i\xi)x_i & \sum\limits_{i=1}^{4} \dfrac{\eta_i}{4}(1+\xi_i\xi)y_i \end{bmatrix}$$

$$= \begin{bmatrix} \sum\limits_{i=1}^{4} \left(\dfrac{\xi_i x_i}{4} + \dfrac{\xi_i\eta_i x_i}{4}\eta \right) & \sum\limits_{i=1}^{4} \left(\dfrac{\xi_i y_i}{4} + \dfrac{\xi_i\eta_i y_i}{4}\eta \right) \\ \sum\limits_{i=1}^{4} \left(\dfrac{\eta_i x_i}{4} + \dfrac{\xi_i\eta_i x_i}{4}\xi \right) & \sum\limits_{i=1}^{4} \left(\dfrac{\eta_i y_i}{4} + \dfrac{\xi_i\eta_i y_i}{4}\xi \right) \end{bmatrix} \tag{13-28}$$

令上式中常数：

$$\begin{cases} A=\dfrac{1}{4}\sum_{i=1}^{4}\xi_i\eta_i x_i & B=\dfrac{1}{4}\sum_{i=1}^{4}\xi_i\eta_i y_i \\ a_1=\dfrac{1}{4}\sum_{i=1}^{4}\xi_i x_i & a_2=\dfrac{1}{4}\sum_{i=1}^{4}\xi_i y_i \\ a_3=\dfrac{1}{4}\sum_{i=1}^{4}\eta_i x_i & a_4=\dfrac{1}{4}\sum_{i=1}^{4}\eta_i y_i \end{cases} \tag{13-29}$$

则雅可比矩阵 $\boldsymbol{J}$ 可写为

$$\boldsymbol{J}=\begin{bmatrix} a_1+A\eta & a_2+B\eta \\ a_3+A\xi & a_4+B\xi \end{bmatrix} \tag{13-30}$$

由此得雅可比行列式为

$$\begin{aligned}|\boldsymbol{J}|&=(a_1+A\eta)(a_4+B\xi)-(a_2+B\eta)(a_3+A\xi)\\&=(a_1a_4-a_2a_3)+(Ba_1-Aa_2)\xi+(Aa_4-Ba_3)\eta\end{aligned} \tag{13-31}$$

由式（13－31）可知，$|\boldsymbol{J}|$ 是 ξ、η 的线性函数。要使 $|\boldsymbol{J}|\neq 0$ 在整个单元上成立，只需要 $|\boldsymbol{J}|$ 在 4 个节点处的值具有同一符号即可。因为由线性函数的性质可知，$|\boldsymbol{J}|$ 在整个单元上也将有同一符号，从而不为 0。

在图 13－4 中，以节点 1 为例，将局部坐标 $(\xi,\eta)=(-1,-1)$ 代入式（13－31），有

$$|\boldsymbol{J}|_{(-1,-1)}=\begin{vmatrix} a_1-A & a_2-B \\ a_3-A & a_4-B \end{vmatrix} \tag{13-32}$$

将各节点局部坐标和整体坐标代入式（13－29），计算出 a_1、a_2、a_3、a_4、A 和 B 代入式（13－32），可求得

$$|\boldsymbol{J}|_{(-1,-1)}=\begin{vmatrix} x_2-x_1 & y_2-y_1 \\ x_4-x_1 & y_4-y_1 \end{vmatrix}=\overline{12}\cdot\overline{14}\cdot\sin\theta_1 \tag{13-33}$$

同理，在节点 2、3、4 处，$|\boldsymbol{J}|$ 的值分别为

$$\begin{cases} |\boldsymbol{J}|_{(1,-1)}=\overline{21}\cdot\overline{23}\cdot\sin\theta_2 \\ |\boldsymbol{J}|_{(1,1)}=\overline{32}\cdot\overline{34}\cdot\sin\theta_3 \\ |\boldsymbol{J}|_{(-1,-1)}=\overline{41}\cdot\overline{43}\cdot\sin\theta_4 \end{cases} \tag{13-34}$$

由于四边形的内角之和为

$$\theta_1+\theta_2+\theta_3+\theta_4=2\pi$$

所以只有在 $0<\theta_i<\pi\quad(i=1,2,3,4)$ 条件下才会使 $|\boldsymbol{J}|_i$ 符号一致（且一定为正）。这说明为保证式（13－10）确定的等参数变换是可行的，在整体坐标系下所划分的任意四边形单元必须是凸的四边形，而不能有一个内角等于或大于 π，如图 13－5 所示。也就是说，对求解区域进行任意四边形分割时，不能太任意，有一个限度，也可表述为：四边形单元的任意两条对边不能通过适当的延伸在单元上出现交点。

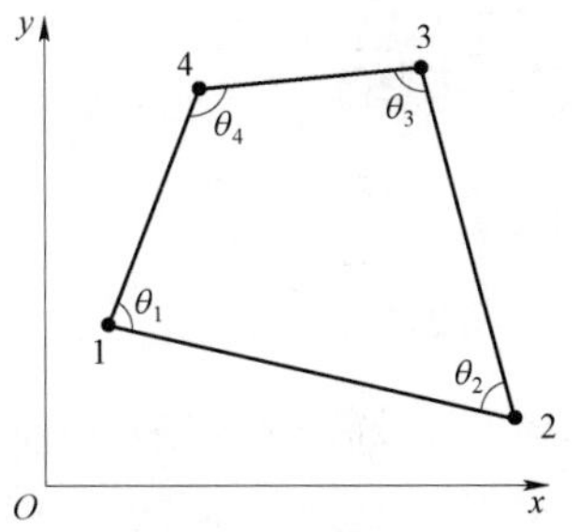

图 13－4　任意四边形的四个内角

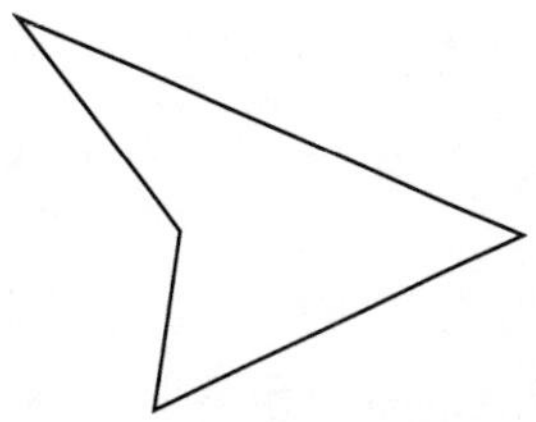

图 13－5　非凸的任意四边形

通常为保证计算精度，在划分单元时，应尽量使四边形单元的形状与正方形相差不远。

13.3　几种典型等参数单元

1. 八节点曲边等参数单元

任意四边形的四节点等参数单元可以较方便地对求解区域进行分割，但许多情况下仍嫌精度不够理想。一方面是因为位移插值函数是双线性函数，次数较低；另一方面，因为整体坐标下的任意四边形是直边四边形，对于具有曲线边界的求解区域的模型仍会有一定误差。为进一步提高计算精度，可以在四节点四边形等参数单元的基础上增加节点数目，提高插值函数的阶次。实际使用中，采用最多的是八节点曲边等参数单元。

图 13－6 所示为八节点曲边单元，图 13－7 所示为局部坐标下的八节点正方形单元（四个顶点的坐标值为±1）。参考 13.2 节中四节点矩形单元的研究方法，满足收敛准则的八节点正方形单元的形函数为

$$\begin{cases} N_1=\dfrac{1}{4}(1-\xi)(1-\eta)(-\xi-\eta-1),\ N_2=\dfrac{1}{4}(1+\xi)(1-\eta)(\xi-\eta-1) \\ N_3=\dfrac{1}{4}(1+\xi)(1+\eta)(\xi+\eta-1),\ N_4=\dfrac{1}{4}(1-\xi)(1+\eta)(-\xi+\eta-1) \\ N_5=\dfrac{1}{2}(1-\xi^2)(1-\eta),\ N_6=\dfrac{1}{2}(1-\eta^2)(1+\xi) \\ N_7=\dfrac{1}{2}(1-\xi^2)(1+\eta),\ N_8=\dfrac{1}{2}(1-\eta^2)(1-\xi) \end{cases} \tag{13-35}$$

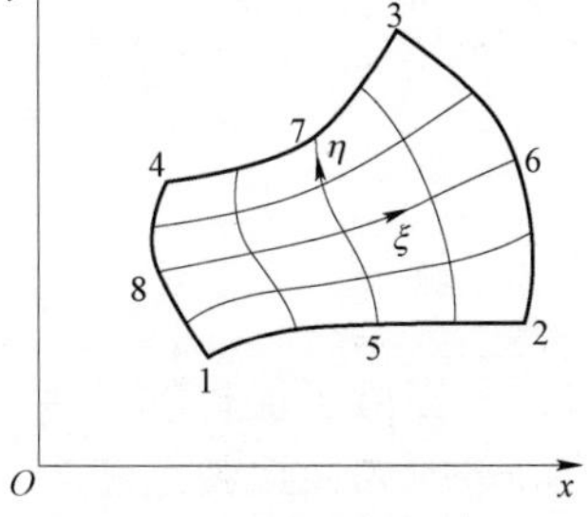

图 13－6　八节点曲边单元

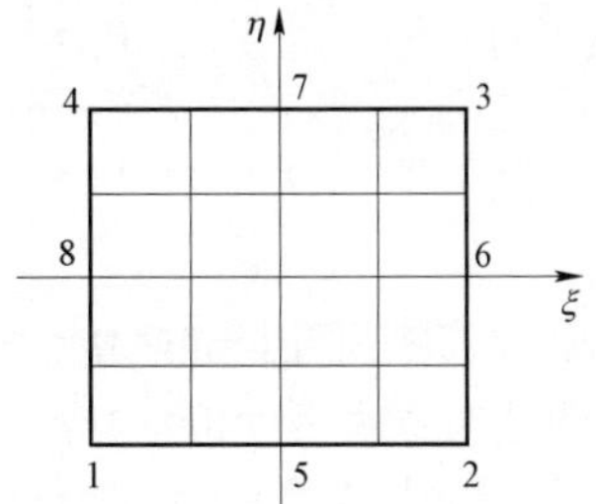

图 13－7　八节点正方形单元

用式（13－35）的形函数构成八节点正方形单元的位移函数模式：

$$u=\sum_{i=1}^{8}N_i(\xi,\eta)\cdot u_i\,,\quad v=\sum_{i=1}^{8}N_i(\xi,\eta)\cdot v_i \tag{13-36}$$

和坐标变换式：

$$x=\sum_{i=1}^{8}N_i(\xi,\eta)\cdot x_i\,,\quad y=\sum_{i=1}^{8}N_i(\xi,\eta)\cdot y_i \tag{13-37}$$

显然，通过式（13－37）的坐标变换，使得图 13－7 所示局部坐标 $\xi\eta$ 平面上的 8 个节点分别映射成图 13－6 所示整体坐标 xy 平面上的 8 个节点，它们的坐标是 (x_i, y_i)（$i=1,2,\cdots,8$）。同时，$\xi\eta$ 平面上的四条直边也映射成 xy 平面上的四条曲边。以图 13－7 局部坐标中单元的 $\overline{263}$ 直边（$\xi=1$）为例，代入式（13－37），可得

$$\begin{cases}x=-\dfrac{x_2}{2}\eta(1-\eta)+\dfrac{x_3}{2}\eta(1+\eta)+x_6(1-\eta^2)\\ y=-\dfrac{y_2}{2}\eta(1-\eta)+\dfrac{y_3}{2}\eta(1+\eta)+y_6(1-\eta^2)\end{cases} \tag{13-38}$$

式（13－38）是 η 的二次函数，所以映射整体坐标中单元的 $\overline{263}$ 曲边的方程，曲线完全可以 3 个节点（2、6、3）的坐标值唯一地确定。

反之，整体坐标 xy 平面上的所有曲边单元，都可以使用坐标变换映射到局部坐标 ξ 、η 平面上的正方形单元。因此，坐标变换式（13－37）实现了八节点曲边单元和八节点正方形单元的一一对应关系。

对于八节点等参数单元特性的分析，方法完全可参考四节点等参数单元，其中雅可比矩阵 $\boldsymbol{J}$ 为

$$\boldsymbol{J}=\begin{bmatrix}\dfrac{\partial x}{\partial \xi} & \dfrac{\partial y}{\partial \xi}\\ \dfrac{\partial x}{\partial \eta} & \dfrac{\partial y}{\partial \eta}\end{bmatrix}=\begin{bmatrix}\sum\limits_{i=1}^{8}\dfrac{\partial N_i(\xi,\eta)}{\partial \xi}x_i & \sum\limits_{i=1}^{8}\dfrac{\partial N_i(\xi,\eta)}{\partial \xi}y_i\\ \sum\limits_{i=1}^{8}\dfrac{\partial N_i(\xi,\eta)}{\partial \eta}x_i & \sum\limits_{i=1}^{8}\dfrac{\partial N_i(\xi,\eta)}{\partial \eta}y_i\end{bmatrix} \tag{13-39}$$

单元的应变矩阵为

$$\boldsymbol{B}=[\boldsymbol{B}_1\cdots\boldsymbol{B}_i\cdots\boldsymbol{B}_8]$$

其中，单元应变子块矩阵 $\boldsymbol{B}_i$ 为

$$\boldsymbol{B}_i=\begin{bmatrix}\dfrac{\partial N_i}{\partial x} & 0\\ 0 & \dfrac{\partial N_i}{\partial y}\\ \dfrac{\partial N_i}{\partial y} & \dfrac{\partial N_i}{\partial x}\end{bmatrix}\quad (i=1,2,\cdots,8) \tag{13-40}$$

此外，单元的刚度矩阵的形成完全同 13.3 节。

八节点曲边等参数单元的构成，为处理结果的曲边边界提供了优良的条件。在单元划分时，内部单元可取为八节点直四边形单元，边界单元的边可取为曲边。这相当于用三点构成的二次曲线去逼近原结构的曲线边界，这要比用三角形单元和任意四边形单元逼近曲线边界减少离散化过程带来的误差。因此，八节点曲边等参数单元的引入不仅可提高单元内部插值精度，还能较好地处理曲线边界。

2. 二十节点三维等参数单元

对于三维结构的有限元分析，采用高精度的单元，单元数目可以少些，数据准备方便，总计算量也可以少，高阶单元用于三维问题是更有效的。等参数单元既能适应复杂结构的曲面边界，又便于构造高阶单元，在三维结构分析中是很常用的。下面重点介绍一种常用的二十节点三维等参数单元。

三维曲面六面体等参数单元如图 13－8 所示。为插值出曲面的单元形状，每个边至少应有 3 个节点，此单元共有 20 个节点。在单元内建立曲线局部坐标系 $\xi\eta\zeta$，使之在单元的边界面上对应的 ξ（或 η、ζ）取+1 或－1。这相当于一个曲面六面体单元映射为一个边长皆为 2 的正方体单元，如图 13－9 所示。正方体单元的任一点与实际六面体单元内的点一一对应，节点也一一对应。这里，六面体单元边界中间的节点 9，10，…，20，都映射为正方体棱边的中点。坐标变换式可写为

$$x=\sum_{i=1}^{20}N_i(\xi,\eta,\zeta)\cdot x_i,\quad y=\sum_{i=1}^{20}N_i(\xi,\eta,\zeta)\cdot y_i,\quad z=\sum_{i=1}^{20}N_i(\xi,\eta,\zeta)\cdot z_i \qquad (13-41)$$

式中，形函数按照类似于前述方法进行。例如，对于节点 1，容易推导得

$$N_1=\frac{1}{8}(1-\xi)(1-\eta)(1-\zeta)(-\xi-\eta-\zeta-2)$$

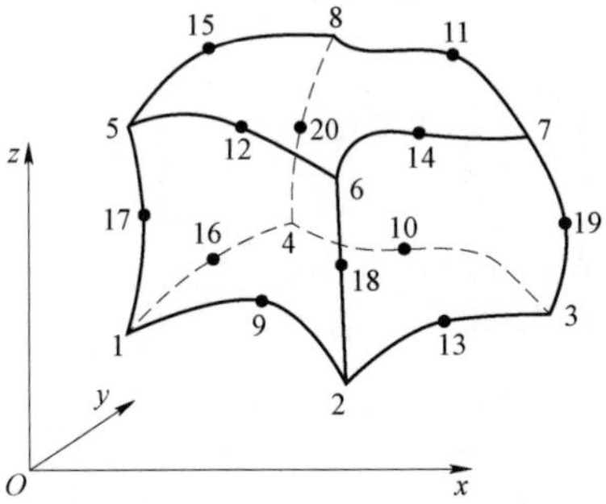

图 13－8　二十节点曲面六面体单元

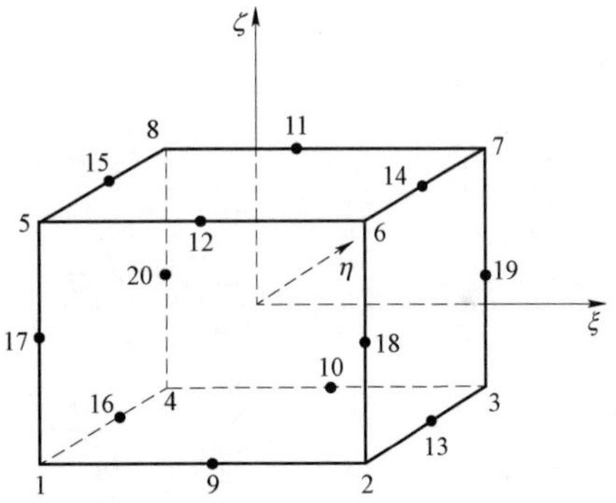

图 13－9　二十节点正方体单元

形函数的统一表达式为

$$N_i=\frac{1}{8}(1+\xi_0)(1+\eta_0)(1+\zeta_0)(\xi_0+\eta_0+\zeta_0-2) \qquad (i=1,2,\cdots,8) \qquad (13-42a)$$

对于 $\xi_i=0$ 的边点（i＝9，10，11，12）：

$$N_i=\frac{1}{4}(1-\xi^2)(1+\eta_0)(1+\zeta_0) \qquad (13-42b)$$

对于 $\eta_i=0$ 的边点（i＝13，14，15，16）：

$$N_i=\frac{1}{4}(1-\eta^2)(1+\xi_0)(1+\zeta_0) \qquad (13-42c)$$

对于 $\zeta_i=0$ 的边点（i＝17，18，19，20）：

$$N_i=\frac{1}{4}(1-\zeta^2)(1+\xi_0)(1+\eta_0) \qquad (13-42d)$$

式中，$\zeta_0=\xi_i\xi$，$\eta_0=\eta_i\eta$，$\zeta_0=\zeta_i\zeta$；ξ_i、η_i 和 ζ_i 是节点 i 在局部坐标系 $\xi\eta\zeta$ 中的坐标，如 1（－1，－1，－1），9（0，－1，－1）等。

对于等参数单元，运用同样的节点和同样的形函数，单元内部的位移函数模式为

$$u=\sum_{i=1}^{20}N_i(\xi,\eta,\zeta)\cdot u_i,\quad v=\sum_{i=1}^{20}N_i(\xi,\eta,\zeta)\cdot v_i,\quad \omega=\sum_{i=1}^{20}N_i(\xi,\eta,\zeta)\cdot \omega_i \tag{13-43}$$

由式（13－42）可知，形函数 N_i 沿 ξ、η 或 ζ 方向最高阶为相应坐标的二次式，按式（13－43）所假定的单位内部位移分布，沿局部坐标轴也是最高为二次多项式，故称此单元为二次等参数单元。此外，式（13－41）表示对某一个单元，只要给定了各节点的坐标，则此单元的几何形状就确定了。因而，这种等参数单元的形状并不是任意“切割”的，而是规定了节点之后，按式（13－41）由节点插值形成的。这样，在结构的曲面边界处，由单元节点坐标插值形成的单元曲面不一定能与实际结构的曲面相一致（只是在节点处才是一致的）。因此，以一个插值出来的曲面逼近实际结构的曲面，也是一种几何上的相似，但比简单单元用一个平面去近似一个曲面精度要高很多。

这种单元在每个曲面边界上都有 8 个节点，由式（13－42）可知，其他 12 个节点的形函数在此曲面边界上的值皆为 0，即不属于曲面边界上的节点对此曲面边界没有贡献。也就是说，每个边界面上点的坐标和位移，都只由此边界上节点的坐标和位移值唯一确定。因而，这种形函数的等参数单元，使相邻的单元之间在几何上是连续的；单元变形后，单元间的位移也是连续的，满足有限元单元的收敛性。

对于二十节点三维等参数单元特性的具体分析，同前面的其他等参数单元。此时的雅可比矩阵 $\boldsymbol{J}$ 为

$$\boldsymbol{J}=\begin{bmatrix}\frac{\partial x}{\partial \xi} & \frac{\partial y}{\partial \xi} & \frac{\partial z}{\partial \xi}\\ \frac{\partial x}{\partial \eta} & \frac{\partial y}{\partial \eta} & \frac{\partial z}{\partial \eta}\\ \frac{\partial x}{\partial \zeta} & \frac{\partial x}{\partial \zeta} & \frac{\partial z}{\partial \zeta}\end{bmatrix}=\begin{bmatrix}\sum_{i=1}^{20}\frac{\partial N_i(\xi,\eta,\zeta)}{\partial \xi}x_i & \sum_{i=1}^{20}\frac{\partial N_i(\xi,\eta,\zeta)}{\partial \xi}y_i & \sum_{i=1}^{20}\frac{\partial N_i(\xi,\eta,\zeta)}{\partial \xi}z_i\\ \sum_{i=1}^{20}\frac{\partial N_i(\xi,\eta,\zeta)}{\partial \eta}x_i & \sum_{i=1}^{20}\frac{\partial N_i(\xi,\eta,\zeta)}{\partial \eta}y_i & \sum_{i=1}^{20}\frac{\partial N_i(\xi,\eta,\zeta)}{\partial \eta}z_i\\ \sum_{i=1}^{20}\frac{\partial N_i(\xi,\eta,\zeta)}{\partial \zeta}x_i & \sum_{i=1}^{20}\frac{\partial N_i(\xi,\eta,\zeta)}{\partial \zeta}y_i & \sum_{i=1}^{20}\frac{\partial N_i(\xi,\eta,\zeta)}{\partial \zeta}z_i\end{bmatrix} \tag{13-44}$$

单元的应变矩阵为

$$\boldsymbol{B}=[\boldsymbol{B}_1\cdots\boldsymbol{B}_i\cdots\boldsymbol{B}_{20}]$$

式中，单元应变子块矩阵 $\boldsymbol{B}_i$ 为

$$\boldsymbol{B}_i=\begin{bmatrix}\frac{\partial N_i}{\partial x} & 0 & 0\\ 0 & \frac{\partial N_i}{\partial y} & 0\\ 0 & 0 & \frac{\partial N_i}{\partial y}z\\ \frac{\partial N_i}{\partial y} & \frac{\partial N_i}{\partial x} & 0\\ 0 & \frac{\partial N_i}{\partial y}z & \frac{\partial N_i}{\partial y}\\ \frac{\partial N_i}{\partial y}z & 0 & \frac{\partial N_i}{\partial x}\end{bmatrix} \tag{13-45}$$

单元的刚度矩阵为

$$\boldsymbol{K}^e = \int_{-1}^{1}\int_{-1}^{1}\int_{-1}^{1} \boldsymbol{B}^{\mathrm{T}}\boldsymbol{D}\boldsymbol{B}\left|\boldsymbol{J}\right| \mathrm{d}\xi \mathrm{d}\eta \mathrm{d}\zeta \tag{13-46}$$

13.4　等参数单元计算中的数值积分

在前几节的刚度矩阵和等效节点载荷的计算公式中，都需要做如下形式的积分运算：

$$\int_{-1}^{1} f(\xi)\mathrm{d}\zeta,\quad \int_{-1}^{1}\int_{-1}^{1} f(\xi,\eta)\mathrm{d}\xi\mathrm{d}\eta,\quad \int_{-1}^{1}\int_{-1}^{1}\int_{-1}^{1} f(\xi,\eta,\zeta)\mathrm{d}\xi\mathrm{d}\eta\mathrm{d}\zeta$$

显然，被积函数 $f(\xi)$ 都很复杂，往往不能得出它的积分显式表达式，所以只能采用数值积分。即在单元内选出某些点，称为积分点，求出被积函数 $f(\xi)$ 在这些积分点处的函数值，然后用一些加权系数乘上这些函数值，再求出总和作为近似的积分值。

求数值积分有两类方法：一类方法积分点是等间距，例如辛普森方法；另一类方法积分点是不等间距的，例如高斯方法。在有限元法中，由于被积函数很复杂，一般采用高斯方法，因为它可以用较少的积分点达到较高的精度，从而可以节省机时。

1. 一维高斯求积公式

一维高斯求积公式为

$$\int_{-1}^{1} f(\xi)\mathrm{d}\zeta = \sum_{k}^{n} f(\xi_k)H_k$$

式中，n 为高斯积分点个数；ξ_k 为积分点坐标；H_k 为加权系数。取值参见表 13－1。

表 13－1　高斯积分点坐标和加权系数表

n	$\pm\xi_k$	H_k
2	$\pm 1/\sqrt{3}$	1.0
3	$\pm\sqrt{3}/5$ 0	5/9 8/9
4	±0.861… ±0.339…	±0.347… ±0.652…
5	±0.906… ±0.538… 0	0.236… 0.478… 0.568…

例如，当 $n=3$ 时，

$$\begin{aligned}\int_{-1}^{1} f(\xi)\mathrm{d}\zeta &= \sum_{k=1}^{3} f(\xi_k)H_k = f(\xi_1)H_1 + f(\xi_2)H_2 + f(\xi_3)H_3 \\ &= \frac{5}{9} f\left(\frac{\sqrt{3}}{\sqrt{5}}\right) + \frac{5}{9} f\left(-\frac{\sqrt{3}}{\sqrt{5}}\right) + \frac{8}{9} f(0)\end{aligned} \tag{13-47}$$

当函数 $f(\xi)$ 给定后，由式（13－47），$\int_{-1}^{1} f(\xi)\mathrm{d}\zeta$ 也就可以求得了。

2. 二维和三维高斯求积公式

利用一维高斯求积公式，不难导出二维和三维的高斯求积公式。在求重积分 $\int_{-1}^{1}\int_{-1}^{1} f(\xi,\eta)\mathrm{d}\xi\mathrm{d}\eta$ 时，可化为二次积分。先对 ξ 进行积分，把 η 当作常量，可以得到

$$\int_{-1}^{1}\int_{-1}^{1} f(\xi,\eta)\mathrm{d}\xi\mathrm{d}\eta = \int_{-1}^{1}\left(\int_{-1}^{1} f(\xi,\eta)\mathrm{d}\xi\right)\mathrm{d}\eta \approx \int_{-1}^{1}\left(\sum_{k=1}^{n} f(\xi_k,\eta)H_k\right)\mathrm{d}\eta = \sum_{k=1}^{n} H_k \int_{-1}^{1} f(\xi_k,\eta)\mathrm{d}\eta$$

然后再对 η 进行近似积分，得到

$$\int_{-1}^{1}\int_{-1}^{1} f(\xi,\eta)\mathrm{d}\xi\mathrm{d}\eta = \sum_{k=1}^{n}\sum_{j=1}^{n} f(\xi_k,\eta_j)H_k H_j$$

式中，ξ_k 和 ξ_j 为表 13 – 1 中所列高斯积分点坐标，而 H_k 和 H_j 为相应的求积加权系数。二维问题中的单元内的积分点总数为 n^2 个。

以此类推，可得三维的高斯求积公式：

$$\int_{-1}^{1}\int_{-1}^{1}\int_{-1}^{1} f(\xi,\eta,\zeta)\mathrm{d}\xi\mathrm{d}\eta\mathrm{d}\zeta \approx \sum_{k=1}^{n}\sum_{j=1}^{n}\sum_{m=1}^{n} f(\xi_k,\eta_j,\zeta_m)H_k H_j H_m$$

式中，各符号意义同上。可知三维空间单元内的积分点总数为 n^3。

在某一方向（即一维高斯积分）上的积分点数目 n 如何确定呢？研究表明，等效节点载荷的积分计算和单元刚度矩阵的积分计算是不同的，前者大约为 7 次式（m 多项式），积分点数 $n \geqslant \dfrac{m+1}{2}$（$m$ 是次数），故需 $n \geqslant 4$。后者约为 5 次式，因而 $n \geqslant 3$（三维至少 27 个积分点）。但在实际计算中，为了保证计算的精度而又不过分增加计算的工作量，通常高斯积分中的积分点数目 n 可根据等参数单元的节点个数按表 13 – 2 选取。

表 13 – 2　高斯积分点个数 n 的选取

维数	节点数	积分点个数
二维	四节点	2
	八节点	3
三维	八节点	2
	二十节点	3

第 14 章
有限元分析中的若干问题

当人们应用有限元法进行实际分析时，方便、快捷地得到可靠的结果无疑是追求的目标。因此，分析过程中的有效性和计算结果的可靠性成为有限元法的核心问题。其中涉及合理的求解问题分析、有限元模型的建立及计算结果的正确解释和处理等诸多方面。求解问题的分析涉及理解问题的力学本质，弄清结构几何特征、载荷性质、材料特性，初步估算响应情况；并根据力学概念，分析判断研究对象属于哪一类的问题，是线性问题还是非线性问题，是静力问题还是动力问题，是小变形问题还是大变形、大应变问题，从而为后续的有限元建模及结果分析提供理论依据。本章主要就有限元建模及计算结果处理中涉及的相关问题进行讨论。

14.1　有限元建模的基本原则

建立有限元模型时，需要考虑的因素很多，不同分析问题所考虑的侧重点也不一样。但不论什么问题，建模时应考虑两条基本准则：一是保证计算结果的精度，二是适当控制模型的规模。精度是有限元解与真实解之间的相差程度，规模则是有限元模型的大小。而精度和规模通常是一对相互矛盾的因素，建模时应根据具体的分析对象、分析要求和分析条件权衡考虑。

1. 保证精度原则

有限元分析的目的是要利用分析结果校核、修改或优化设计方案，如果结果误差太大，有限元分析也就失去了实用价值，甚至会引起负作用，所以保证精度是建模时首要考虑的问题。不同分析问题对精度的要求不一样，关键结构的精度要求可能高一些，非关键结构的精度要求则要低一些。

（1）误差分析

有限元分析是一个非常复杂的计算过程，计算结果的精度与很多因素有关，且许多因素对精度的影响有较大的偶然性，可能产生各种误差。从有限元分析的整个过程来看，计算结果的误差主要来自两个方面：一是模型误差，二是计算误差。

模型误差是指将实际问题抽象为适合计算机求解的有限元模型时所产生的误差，即有限元模型与实际问题之间的差异。它包括有限元离散处理所固有的原理性误差，也包括几何模型处理、实际工况量化为模型边界条件时所带来的偶然误差。计算误差是指采用数值方法对有限元模型进行计算所产生的误差，误差的性质是舍入误差和截断误差。图 14－1 为误差产生的环节，图 14－2 为误差的分类。

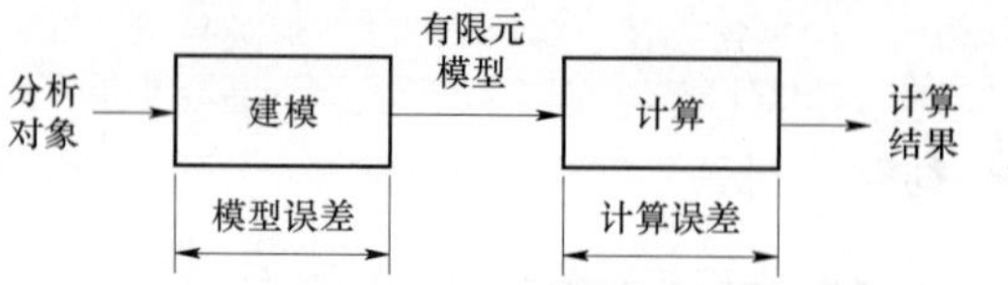

图 14－1　误差产生的环节

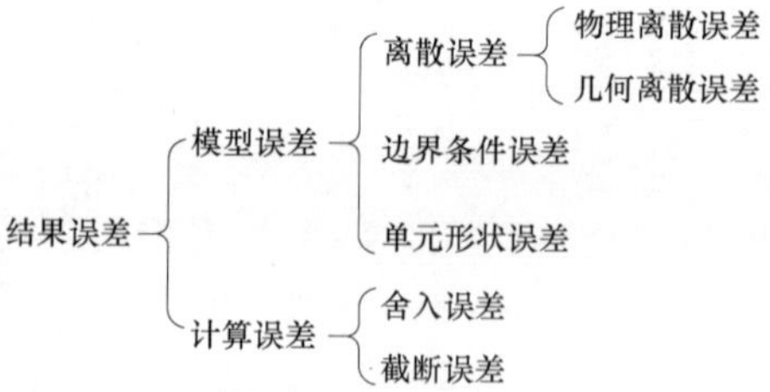

图 14－2　误差的分类

下面对各种误差进行分析：

1）离散误差：有限元是将一个连续的弹性体离散为有限个单元组成的组合体，并在单元内用一假设的插值函数逼近真实函数。这样，插值函数与真实函数之间就存在一定的差异，组合体的形状也可能与原有结构不完全相同，这种由于离散处理引起的原理性误差称为离散误差。

离散误差包括物理离散误差和几何离散误差。物理离散误差是插值函数与真实函数之间的差异，其量级可以用下式来估计：

$$E = O(h^{p+1-m}) \tag{14-1}$$

式中，E 表示物理离散误差的量级；h 为单元特征长度尺寸；p 为单元插值多项式的最高阶次；m 为函数在泛函中出现的最高阶导数。

式（14－1）只是对误差的量级做出了估计，并没有给出误差的绝对大小，只有通过解析法求出精确解后，才能判断误差的具体值。此外，还可以看出，对于给定的场函数，m 的大小是确定的。因此，物理离散误差的大小与单元尺寸和插值多项式的阶次有关。单元尺寸减小（网格划分越密），插值函数的阶次增高（采用二次或三次单元），都将使误差减小，或者说使有限元收敛于精确解。通常称前者为 h 收敛，后者为 p 收敛。

几何离散误差是指离散后的组合体与原有结构在几何形状上的差异。对于直线或平面边界组成的规则结构，这类误差可能很小或者为 0；但对于具有复杂曲线或曲面边界的结构，离散后就有可能产生较大的形状误差。

图 14－3 是一个梁的带孔截面用不同数量单元离散的情况。截面的外圆、内圆都是用一些线性单元的直线边界逼近，由直线组成的四边形与圆之间的面积之差就是梁截面的几何离散误差。随着单元数量增加，四边形越逼近圆，几何离散误差也就随之减小。

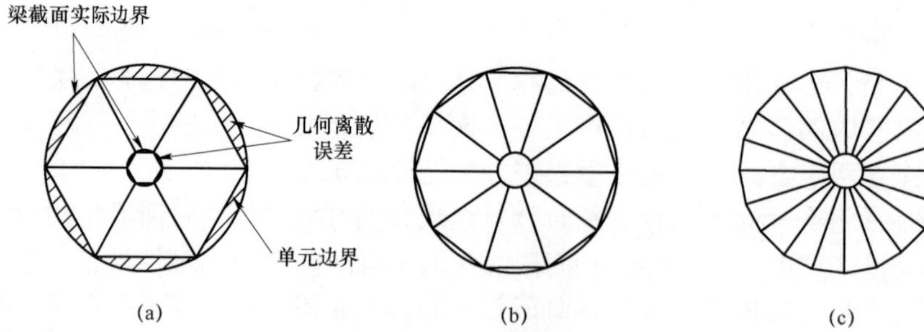

图 14－3　几何离散误差

（a）6 个四边形单元；（b）10 个四边形单元；（c）20 个四边形单元

2）边界条件误差：进行有限元分析时，常常将所关心的结构单独提出来进行分析，而分析结构与其他结构或外部环节的相互作用通过在模型上设置已知的边界条件来表示。这样，将结构实际工况量化为模型边界条件时，两者之间存在一定的差异，叫作边界条件误差。

边界条件误差一方面是对实际工况进行定量表示时产生的。这类误差并不是有限元固有的误差，而属于测量误差，误差大小有较大偶然性，其与测量工况的复杂程度有很大的关系。目前大多数计算以结构的最危险工况进行，以使计算结果偏于安全；但如果安全裕度太大，结构设计就难以达到最优。另一方面，边界条件误差来自载荷的移植，这是有限元法离散所引起的。由于在有限元计算中，模型上的所有非节点集中载荷、棱边载荷、表面载荷和体积载荷都需要移植为等效的节点载荷，这与结构的实际受载并不一致，因而会带来一定的误差。而根据圣维南原理，载荷移植仅对载荷附件的局部特性有影响，而对整个结构的力学特性影响不大。

3）单元形状误差：单元的网格形状对计算结果的误差也有一定的影响。例如，三节点三角形单元内部应力的误差可以用下式来估计：

$$E \leqslant 4M_2 h / \sin\theta \tag{14-2}$$

式中，M_2 为真实位移场函数的二阶导数在单元上的最大模；h 为三角形的最大边长；θ 为三角形的最大内角。

从式（14－2）可以看出，当三角形网格有钝角，最大内角 θ 接近 180°，$\sin\theta$ 趋于 0 时，即使单元分得很小，应力误差仍可能非常大，这种由单元形状引起的误差称为单元形状误差。单元形状对误差的影响一般仅限于单元内部或相邻单元，因此，当整个模型中存在少数形状较差的单元时，它们对整个模型不会产生太大影响，但对局部应力的影响可能较大，因此，在应力集中等重要部位应尽量划分比较规则的网格。

4）舍入误差：任何数据在计算机中都以二进制的位数（即字长）表示，如 8 位、16 位、32 位和 64 位，而一台计算机的字长是固定的。由于字长限制，任何原始数据和结果数据都只能用有限的有效数字表示，由此产生的误差称为舍入误差。

舍入误差除与字长有关，还与采用的数值方法、运算次数等因素有关。对于同一个计算问题，一些数值方法可能是数值稳定的，而另一些方法可能是不稳定的。因此，减少、控制舍入误差除采用高字长的计算机外，还应在有限元程序设计时加以考虑，如采用双精度数，采用合理的程序结构和有效的、稳定的数值方法等。

5）截断误差：有限元法是一种数值分析方法，一些解析的代数运算必须转换为适合计算机特点的数值计算，这种转换必然使数值运算结果与解析运算结果之间存在一定误差，这种误差称为截断误差。例如，一个解析函数 $f(x)$ 当用有限项的泰勒多项式展开时，就存在相应的截断误差。

截断误差的大小与所选的数值方法类型、特点和参数有关。例如，等参数单元的刚度计算通常采用高斯积分法，积分误差就与所选择的积分点数目和积分点分布有关。截断误差的大小还与模型性质有关。如果总刚度矩阵 $\boldsymbol{K}$ 近似于奇异，即 $\boldsymbol{K}$ 中某行或某列元素很小，则在求解总刚度方程时，不论采用何种方法，最后得到的方程组解的误差都非常大，这类方程组称为“病态”方程组，建模时应避免出现。

（2）提高精度的措施

上面定性地介绍了有限元分析中的各种误差来源，下面介绍一些在建模过程中可以采用的提高精度的途径，建模时可根据分析问题的特点有选择性地使用。

1）提高单元阶次：单元阶次是指单元插值函数完全多项式的最高次数。阶次越高，插值函数越能逼近复杂的真实场函数，物理离散精度也就越高。此外，由于高阶单元的边界可以是曲线或曲面，因此，在离散具有曲线或曲面边界的结构时，几何离散误差比线性误差小。所以，当结构的场函数和形状比较复杂时，可以采用这种方法来提高精度。

2）减小单元尺寸：减小单元尺寸可使有限元解收敛于精确解，收敛速度与单元阶次有关。即单元尺寸减小时，单元的插值函数和边界能够逼近结构的实际场函数和实际边界，物理和几何离散误差都将减小。所以，当模型规模不大时，可以采用这种方法来提高精度。但值得注意的是，精度随单元尺寸减小是有限度的，当单元尺寸减小到一定程度后，继续减小单元尺寸，精度却提高甚微，这时再采用这种方法就不经济了。实际操作时，可以比较两种单元数量的计算结果，如果两次计算的差别较大，可以继续减小单元尺寸，否则应停止减小。

3）划分规则的单元形状：单元形状的好坏将影响模型的局部精度，而如果模型中存在较多的形状较差的单元，则会影响整个模型的精度。因此，划分网格时，应尽量采用规则的单元形状，特别是在存在应力集中的危险部位。

4）建立准确的边界条件：如果模型边界条件与实际工况相差较大，计算结果就会出现较大的误差，这种误差甚至会超过有限元法本身带来的物理离散误差，所以建模时应尽量使边界条件值与实际相一致。实际中，采用组合结构建模可以较好地考虑影响较大的结构间的相互作用，避免人为设置边界条件带来的误差；也可采用一些测试结果，将计算值与测试值进行比较，以逐步将边界条件调整合理。

2. 控制模型规模原则

模型规模是指模型的大小，可用节点数和单元数来衡量。一般来讲，节点和单元数越多，模型规模越大；反之，则越小。在数值计算中，主要采用带宽法和波前法求解总刚度矩阵方程，运算次数和存储空间不仅与方程阶数有关，而且与节点和单元的编号顺序也有直接关系，所以模型规模还受节点和单元编号的影响。此外，在估计模型规模时，还应考虑节点的自由度数，因为总刚度矩阵的阶次等于节点数与其自由度数的乘积，即结构的总自由度数。

（1）模型规模对计算分析的影响

模型规模主要影响以下因素：

1）计算时间：计算机求解线性方程组的近似运算次数正比于 N^3（N 为总刚度矩阵的阶次），采用半等带宽存储总刚矩阵时，近似运算次数正比于 NB^2（B 为带宽）。所以，当节点数增加时，运算次数将显著增加。此外，当模型单元数增加时，将增加单元矩阵形成和总刚集成的时间。

2）存储容量：计算中需要运算程序将模型数据调入内存执行和参与运算，并不断将暂不需要的计算结果送到硬盘存储，以腾出内存用于其他计算，需要时再调入内存，所以内、外存之间不断地进行数据交换。模型规模越大，需要调入内存的数据量越大，产生的中间结果就越多。特别地，如果模型规模太大，存储容量不够，计算过程就会中断。

3）计算精度：模型规模越大，需要的运算次数越多，就有可能累积较大的计算误差。当模型过于庞大时，累积的误差就可能使计算结果完全失去意义。

除了以上因素外，模型规模越大，对网格划分、模型处理、边界条件引入、多种工况重复计算、模型修改及结果后处理都会增加更多的工作量和处理时间。因此，基于以上因素，建立有限元模型时，在保证计算精度的前提下，应尽量控制或减小模型规模。

（2）减小模型规模的一些措施

1）几何模型的简化和变换处理：建立几何模型时，并不总是完全照搬结构的原有形状和尺寸，有时需要做适当的简化和变换处理。合理的近似和变换可以减小模型规模，并且仍然满足一定的精度要求。几何模型的处理方法有降维处理、细节简化、等效变化、对称性利用和划分局部结构等，从而实现模型规模的减小。

2）采用子结构法：子结构法是将一个复杂的结构从几何上分割为一定数量的相对简单的子结构，首先对每个子结构进行分析，然后将每个子结构的计算结果组集成整体结构的有限元模型，这种模型比直接离散结构所得到的模型要简单得多，从而使模型规模得到控制。该方法可以用于静力学和动力学分析。

3）利用分步计算法：如果结构局部存在相对尺寸非常小的细节，可利用分步计算法来控制模型规模。即第一步计算首先忽略细节，对整个结构采用比较均匀和稀疏的网格；第二步计算从整体结构中划出存在细节的局部建立模型，并以第一步计算的结果作为模型边界条件，这时模型网格可以划得更密，以保证所关心的结构局部具有足够的精度。这种从大到小的分布计算还可以重复多次，以在规模一定的条件下逐步提高计算精度。

4）进行带宽优化和波前处理：有限元计算的时间和存储容量与模型带宽和波前有关，而带宽和波前的大小又取决于节点和单元的编号顺序。所以，对节点和单元的编号进行优化，使模型带宽和波前最小，同样能使模型规模降低。

5）利用主从自由度法：主从自由度法是在模型的所有自由度上选择部分典型自由度作为主自由度，其余自由度均作为从属自由度，然后将结构运动方程缩减到主自由度上，从而使运动方程的阶次降低。求解缩减的运动方程后，再将主自由度上节点的运动情况还原到所有自由度上，就可以获得整个结构的运动情况。

14.2　有限元建模中的一般方法

建立几何模型和选择单元类型以后，接下来的工作就是基于几何模型划分网格，并进行边界条件理及一些特殊连接条件的处理，最终建立满足精度和模型规模要求的有限元模型。

1. 网格的划分

（1）网格的数量

在前面一节已经提及，网格数量的增加将提高计算结果精度和计算规模，所以网格划分时，应综合权衡两个因素来考虑。一般原则是，首先保证精度要求，当结构不太复杂时，尽可能选用适当多的网格；而当结构非常复杂时，为了保证计算精度而又不致网格太多，应采用其他措施来减小模型规模，如子结构法、分步计算法。

图 14－4 表示结构的精度和计算时间随模型网格数量的变化曲线。可以看出，当网格数量较少时，增加网格数量可明显提高精度，而计算时间不会明显再增加；而当网格数量增加到一定程度后，继续增加网格对精度提高甚微，而计算时间却大幅增加。因此，并不是网格越多越好，也应考虑网格增加的经济性。实际应用时，并不知道划分多少网格最合理，可事先试算一次，然后适当增加网格计算。比较两次计算的结果，如果相差较大，则应继续增加网格；如果结果相差很小，则没有必要继续增加。结果精度与网格数量的关系还因具体结构

而异。一些简单结构在简单载荷作用下，变形非常简单，则用很少网格就可以得到很高的精度；但一些复杂工况下的复杂结构，由于内部位移分布很复杂，即使采用较多网格，也不一定能得到满意的结果。

此外，在选择网格数量时，还应考虑分析数据的类型和特点，一般可遵循以下准则：① 静力分析时，如仅仅计算变形，网格可以少一些；如果需要计算应力和应变，若保持相对精度，则应取相对多的网格。从图 14－5 可以看出，在精度相当的条件下，应力计算需要的网格比位移计算的要多。② 在固有特性分析时，如果仅仅计算少数低阶模态，可以选择较少的网格；如果需要计算高阶模态，由于高阶振型复杂，所以应选择较多的网格。

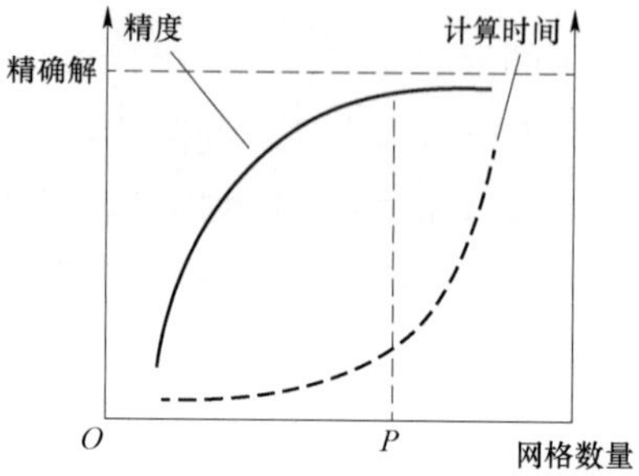

图 14－4　精度和计算时间随网格数量的变化

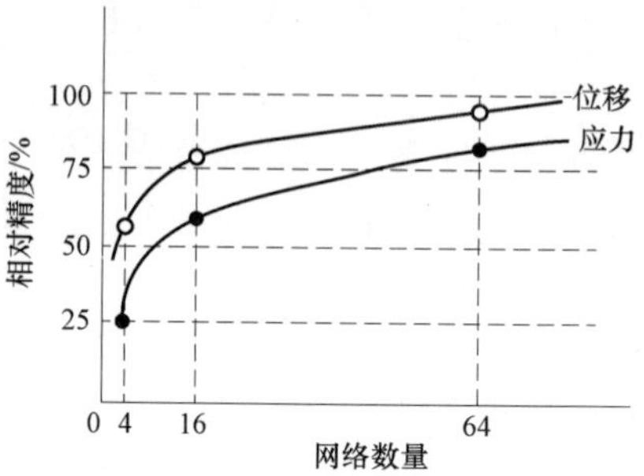

图 14－5　位移和应力精度随网格数量的变化

（2）网格的疏密

网格的疏密指结构的不同部位采用不同大小的网格，又称相对网格密度。实际应力场很少有均匀分布的，或多或少存在不同程度的应力集中。为了反映应力场的局部特性和准确计算最大应力值，应力集中区域就应采用较密集的网格；而其他非应力集中区域，由于应力变化梯度小，网格数量较小，则可采用较稀疏的网格，如图 14－6 所示。

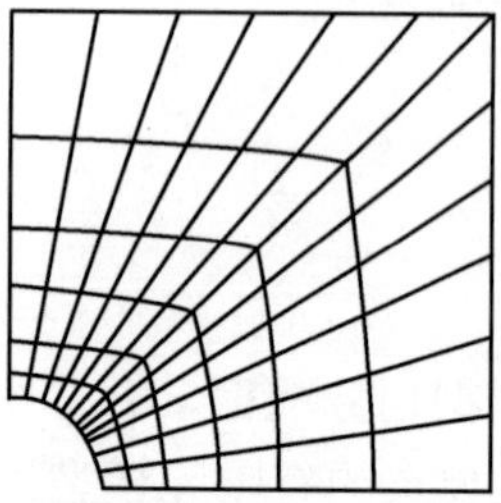

图 14－6　稀疏网格

采用不同密度的网格划分时，应注意疏密网格之间的过渡。过渡的一般原则是使网格尺寸突然变化最小，以避免出现畸形或质量较差的网格。过渡的常见方式如：① 单元过渡，用三角形网格过渡不同大小的四边形网格，或用四面体和五面体网格过渡不同大小的六面体网格，如图 14－7 所示。② 强制过渡，用约束条件保持大小网格之间的位移连续性，使大小网格节点不完全重合，而出现明显的界面。为保证过渡界面位移的连续性，需要对小网格在大网格边上的节点进行位移约束。例如，图 14－8 中，节点 2 位移满足的约束等式为 $\Phi_1=(\Phi_2+\Phi_3)/2$。③ 自然过渡，单元过渡和强制过渡均适用于半自动网格划分法，而对于一定大小的平面区域或空间体积，目前的自动网格划分法只能划分出具有相同形状和平滑过渡的网格，如图 14－9 所示，这种平滑过渡称为自然过渡。自然过渡将引起网格变形，降低网格质量；网格尺寸越悬殊，过渡距离越近，对网格质量的影响越严重。

2. 边界条件的处理

对于基于位移模式的有限元模型，在结构的边界上方必须严格满足已知的位移约束条件。例如，弹性体某些位置处有固定支撑，这些边界上的位移、转角等于 0 或为已知值。

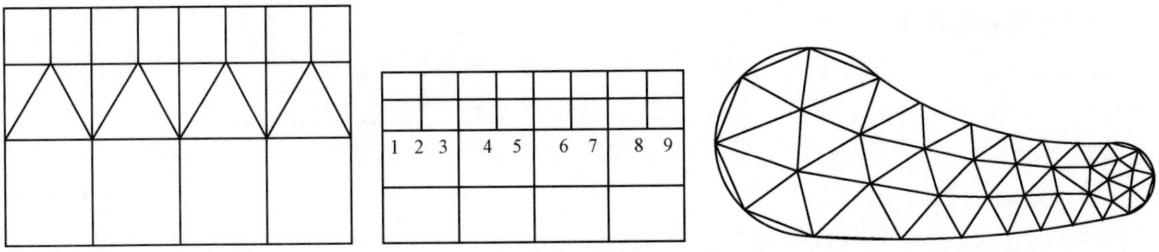

图 14－7　单元过渡　　图 14－8　强制过渡　　图 14－9　自然过渡

当边界与另一个弹性体紧密相连，构成弹性边界条件时，可分为两种情况来处理。当弹性体边界点的支撑刚度已知时，则可将它的作用简化为弹簧，在此节点上加一边界弹簧元，如图 14－10 所示；而当边界节点的支撑刚度不清楚时，则可将此弹性体的部分区域与原结构一起进行有限元分析，所划分区域的大小视其影响情况而定，如图 14－11 所示。

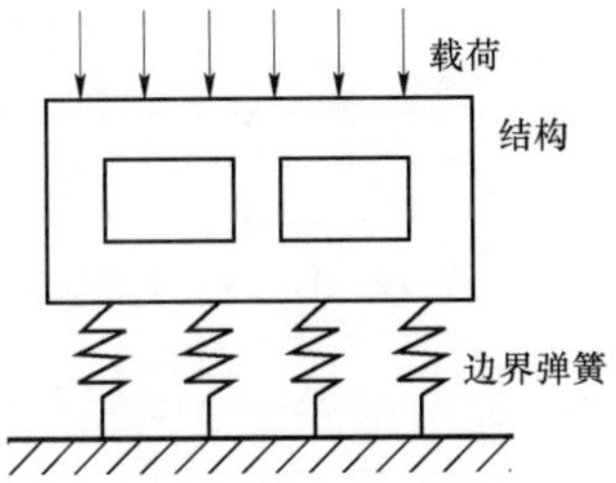

图 14－10　强制过渡

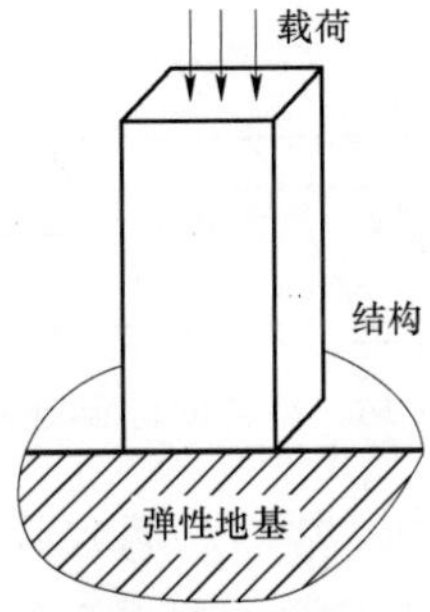

图 14－11　自然过渡

当整个结构存在刚体位移时，就无法进行静力分析和动力分析。为此，必须根据实际结构的边界位移情况，对模型的某些节点施加约束，消除结构的刚体位移影响。对于平面问题，应消去两个平移自由度和一个转动自由度；在三维问题中必须消去三个平移自由度和三个转动自由度。此外，要保证这些消除模型刚体位移的约束施加得当，如果不恰当，就会产生不真实的支反力。改变原结构的受力状态和边界条件，就会得到错误的结果。例如，在图 14－12（a）所示的轴对称模型中，根据对称性，必须在 A 点或 B 点加一个约束支座（为零的位移约束），以消除刚体位移，如图 14－12（b）所示；但不能同时在 A 点或 B 点施加约束支座，如图 14－12（c）所示，否则会出现多余的约束，就与实际情况不符了。

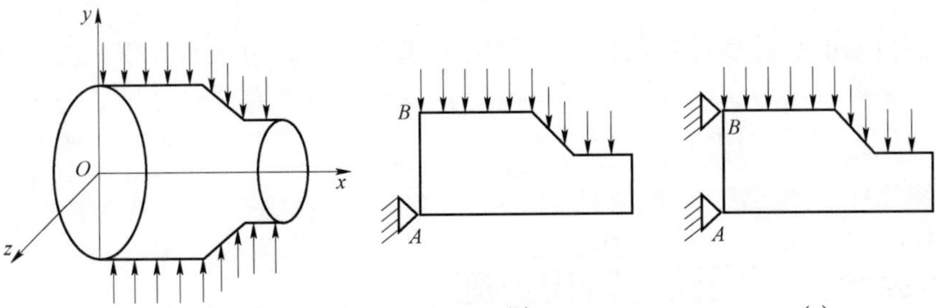

图 14－12　轴对称模型边界

（a）轴对称模型；（b）简化模型；（c）多余约束

3. 连接条件的处理

一个复杂的结构件常常是由杆、梁、板、壳及二维体、三维体等多种形式构建组成。由于杆、梁、板、壳及二维体、三维体之间的自由度个数不匹配，因此，在不同构件的连接处必须妥善加以处理，否则模型就会失真，得不到正确的计算结果。

例如，平面梁单元每个节点有 u 、 v 、 θ 三个自由度，而平面应力单元每个节点只有 $\bar{u}$ 、 $\bar{v}$ 两个自由度，当这两种构件连接在一起时，交点处 i 的自由度不协调；如果只约束两个平移自由度，不限制转动，则相当于铰接，与原结构不符。为此，可以取两种解决办法：一种是人为地将构件向平面内延伸一段，使 i 、 m 两点处梁和平面的位移一致，从而满足两种构件的连接条件，如图 14－13 所示；另一种是在连接处使梁与平面的变形之间满足如下约束关系（图 14－14）：

$$u_i = \bar{u}_i, \quad v_i = \bar{v}_i, \quad \theta_i = \frac{\bar{u}_j - \bar{u}_k}{2l} \tag{14-3}$$

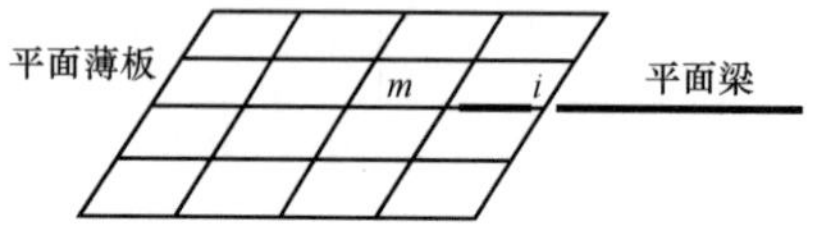

图 14－13　构件间延伸连接法

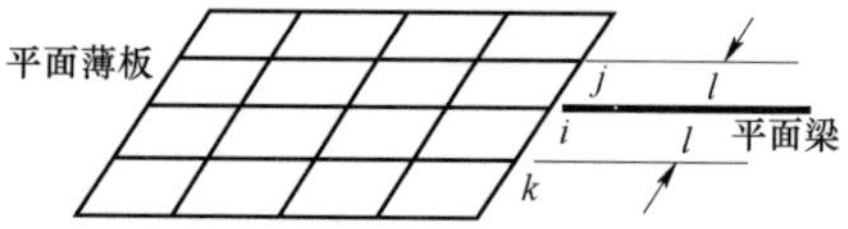

图 14－14　构件间变形约束法

在复杂结构中，常常还遇到其他一些连接关系。如两根梁在 A 点用铰链连接在一起形成交叉梁，这时在 A 点梁 1 和梁 2 的位移应分别相等，但转角可以不同，构成铰接关系，如图 14－15 所示。若梁和板紧贴在一起，而梁的节点 j 和板的节点 i 之间有一段距离 l，这时可以把节点 i、j 之间看成刚体连接关系，如图 14－16 所示。

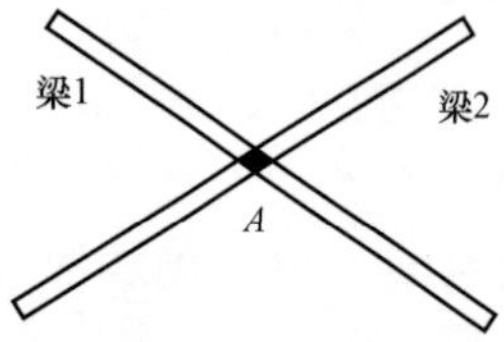

图 14－15　两梁在 A 点铰接

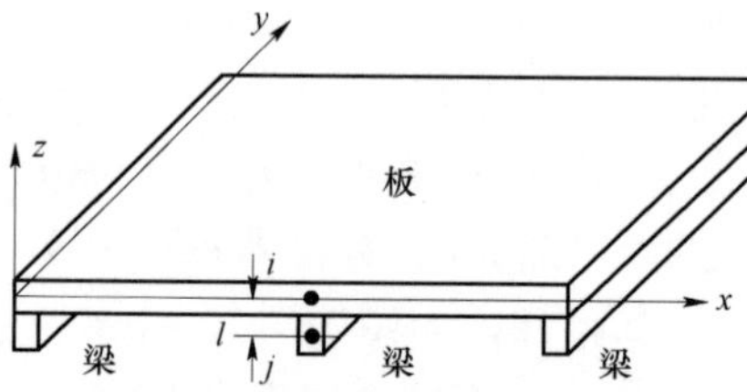

图 14－16　板梁结合连接

将构件间复杂的连接条件用相应的位移关系式表达，称为约束方程，在计算中，程序应严格满足这些条件。需要说明的是，不少商用有限元程序已为用户提供了输入连接条件的接口，用户只需根据实际连接情况和程序要求输入一些信息，程序将自动生成节点自由度之间的位移约束条件。

14.3　减小模型规模的常用措施

对于大型复杂的结构，如果直接对全结构进行离散并建立求解方程，无疑方程的规模会很大，造成对计算机存储的要求过高，且计算量也很大。因此，在实际应用中，如何在不影响分析精度的前提下减小有限元解题规模很重要。

1. 降维处理和几何简化

对于一个复杂的工程构件，可根据其在几何上、力学上或传热学上的特点进行降维处理。即一个三维物体若可以忽略某些几何上的细节或次要因素，就能按照二维问题来处理。例如，螺纹连接结构中，由于螺纹升角很小，也可认为螺纹牙的受力在周向是相同的，从而近似看成轴对称结构。一个二维问题若能近似看成一维问题，就尽量当一维问题计算。维数降低，计算量将降低几倍、几十倍。例如，齿轮、连杆、径向轴承等许多零件都可以近似作为平面问题。在复杂的结构计算中，应尽量减少按三维问题处理的部分。

此外，许多零部件上会有许多小圆孔、小圆角、小凸台、浅沟槽等几何细节，细节的存在将影响网格的大小、数量及分布。因为在网格划分时，一段直线或曲线至少划分一个单元边，一个平面或曲面至少划分一个单元面，一个圆至少要三个单元边来离散，所以细节将限制网格的大小。但细节的取舍要遵循两条原则：一是考虑细节处应力的大小，只要分析的不是要害部位，根据圣维南原理就可以将其忽略；二是要考虑分析的内容，一般情况下，由于细节会影响应力的大小及分布，静应力、动应力计算中要注意细节的影响，而结构的固有频率和模态振型主要取决于质量分布和刚度，因此计算固有特性时就可以少考虑细节。

图 14－17（a）所示为轴对称结构，由于配合和加工需要，结构中涉及了一些倒角、退刀槽和配合面，它们的尺寸相对总体都很小。若考虑上述所有的小结构，网格会很密，单元数会很多，如图 14－17（b）所示。若忽略所有这些细节，则单元数可以大大减少，可以人为控制，使网格更规则，如图 14－17（c）所示。当然，如考虑到拐角处小结构引起应力集中，应力分析中全部简化并不合适。

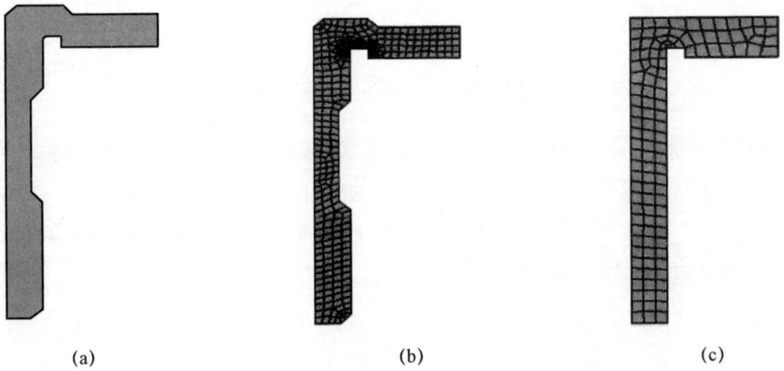

图 14－17　细节对网格划分的影响

再如一个悬臂挂耳结构，如图 14－18（a）所示。在静力分析时，可以取图 14－18（b）所示结构分析，即忽略 A、B 处的过渡圆角，但不能忽略 C、D 处的，因为 C、D 处应力会很大。在对悬臂挂耳进行动态分析时，可以忽略 C、D 处的过渡圆角，如图 14－18（c）所示；甚至销钉孔也可以忽略不计，如图 14－18（d）所示。

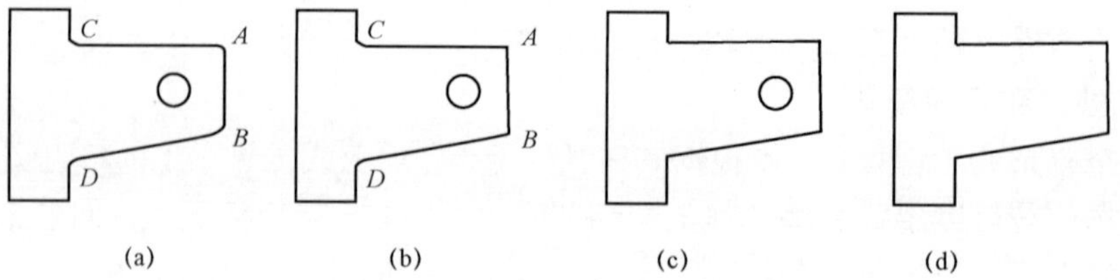

图 14－18　悬臂挂耳结构细节的取舍

2. 对称性与反对称性

对称性与反对称性常用来缩减有限元分析的工作量。所谓对称性，是指几何形状、物理性质、载荷与位移边界条件、初始条件都满足对称性；反对称性是指几何形状、物理性质、位移边界条件、初始条件都满足对称性，而载荷分布满足反对称性。如果问题对一个平面对称或反对称，则只需对原模型的 1/2 进行分析即可；如果问题同时对两个平面对称或反对称，则只需对原模型的 1/4 进行分析即可；如果问题同时对三个平面对称或反对称，则只需对原模型的 1/8 进行分析即可。而为使局部模型的分析结果符合实际情况，应在对称面上附加相应的对称性或反对称性约束条件。

1）对称性约束条件：在对称面上，垂直于对称面的位移分量为零，切应力为零。对于刚架结构，对称面上的剪力为零，垂直于对称面的平动位移和转角为零。如图 14－19（a）所示的平面刚架问题，利用对称性条件，可简化为原问题的 1/2，但必须加上相应的位移对称约束条件，如图 14－19（b）对称面上的横向位移约束所示。

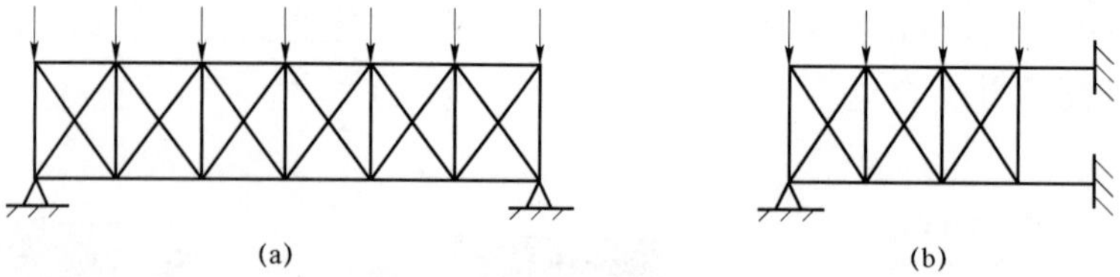

图 14－19　对称性简化计算模型

2）反对称性约束条件：在对称面上，平行于对称面上的位移分量为零，正应力为零。对于刚架结构，对称面上的弯矩为零，平行于对称面上的位移为零。如图 14－20（a）所示的平面问题，利用反对称性条件，可简化为原问题的 1/2，同样，必须加上相应的位移对称性条件，如图 14－20（b）对称面上的竖向位移约束所示。

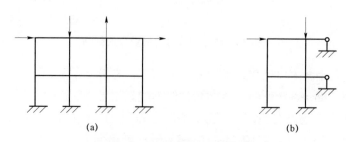

图 14－20　反对称性简化计算模型

3）如果一个结构在几何上具有对称性，仅载荷不对称，可利用对称性将问题的规模缩小，即可以将载荷分解为对称与反对称两部分之和，于是原问题化为求解一个对称问题和反对称问题。如一个齿轮的轮齿受到左边一集中啮合力 F 的作用，计算时可以先根据对称条件，计算一半结构，载荷取为原来的一半，并给出对称性约束条件，如图 14－21（a）所示；再按反对称问题，计算一半结构，载荷也是原来的一半，给出反对称性约束条件，如图 14－21（b）所示；最后将两次计算结果叠加，就得出对称结构在集中力 F 作用下的位移及应力了。

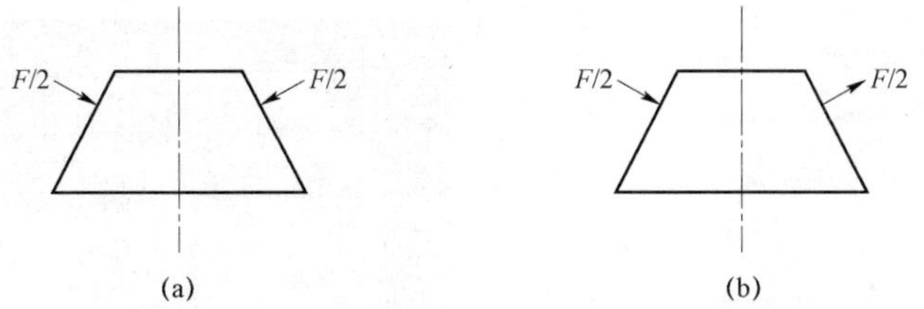

图 14－21　对称结构不对称载荷问题的简化

3. 周期性条件

机械上有许多旋转零部件（如发电机转子、空气压缩机叶轮、飞轮、齿轮等，如图 14－22 所示）的结构形式和所受的载荷沿周向呈现周期性变化的特点，这种结构称为循环对称结构或周期对称结构。对这种结构如按整体进行分析，计算工作量较大，如利用这些结构上的特点，只切出其中一个周期来分析，计算工作量就减为原来的 $1/n$（n 为周期数）。

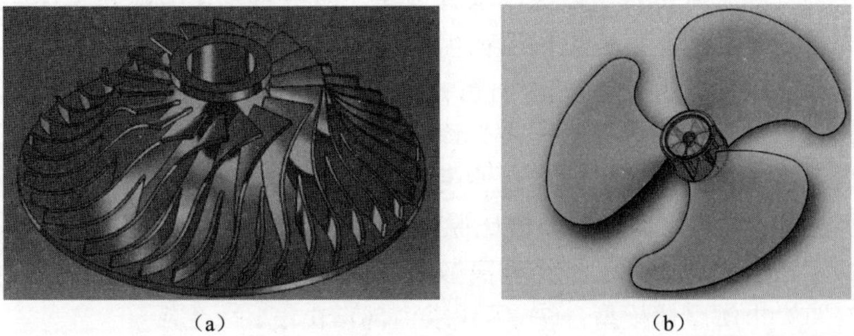

图 14－22　周期对称结构

为了反映切取部分对余下部分结构的影响，在切开处必须使它满足周期性约束条件，也就是说，在切开处对应位置的相应量相等。同时，在取一个周期时，应使应力集中区域在结构内部而不在边界。如图 14－23 所示，取 CD、$C'D'$，而不取 AB、$A'B'$。另外，两边线上划分的节点数量要相同，位置也要对应相同，以便在边线上给出周期性边界条件。例如，在 CD 和 $C'D'$边上的节点，应使它们每对对应点的周向位移和径向位移一一对应相等，即在以结构中心为原点的极坐标系中满足

$$u_{i1}=u_{i2},\quad v_{i1}=v_{i2} \tag{14-4}$$

在直角坐标系中，位移条件可表示为

$$\begin{bmatrix} u_{i1} \\ v_{i1} \end{bmatrix} = \begin{bmatrix} \cos\theta & -\sin\theta \\ \sin\theta & -\cos\theta \end{bmatrix} \begin{bmatrix} u_{i2} \\ v_{i2} \end{bmatrix} \tag{14-5}$$

式中，θ 为一个周期的圆心角；u_{i1}、v_{i1} 为 CD 边上节点的位移分量；u_{i2}、v_{i2} 为 $C'D'$边上对应节点的位移分量。

还有一种周期对称结构，其可以看成一个子结构沿某一方面重复得到，称为重复周期结构，如图 14－24 所示。如果结构所有载荷和约束同样满足重复对称条件，那么，与循环对称类似，只需要模拟和分析一个周期结构即可。

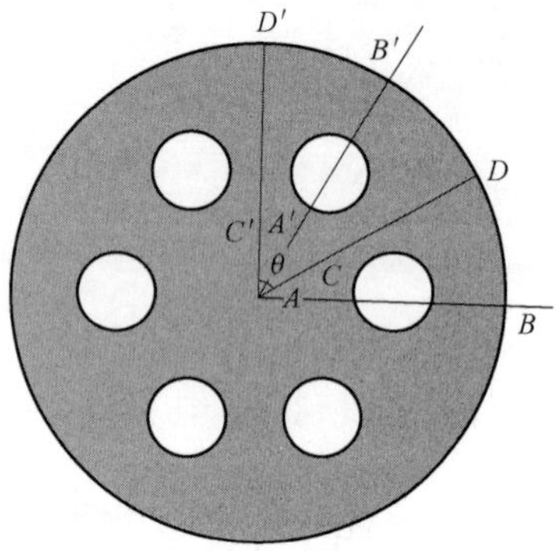

图 14－23　一个周期示意图

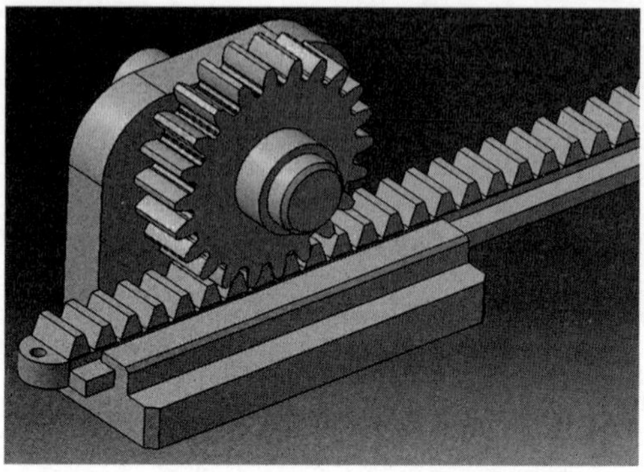

图 14－24　循环对称结构

4. 子结构技术

对于大型复杂结构，特别是带有多个相同部件的大型结构，目前广泛采用多重静力子结构和多重动力子结构的求解技术，以降低求解规模。即把原复杂结构分成若干区域，每一区域称为一个子结构。子结构技术还可以用在需要局部精确分析的场合，如应力集中处、局部塑性变形需要进行非线性分析处、设计可能改变的局部等。

在用子结构技术进行计算分析时，需先逐个分析每个子结构，然后把全部子结构组合起来进行整体分析。由于在整体分析中不必考虑子结构的内部自由度，只考虑结构边界及相邻子结构公共边界上的自由度，问题的规模比原结构要小很多，从而节约计算时间和计算成本。其基本思路为：① 几何分割；② 子结构离散；③ 定义边界自由度；④ 凝聚内部自由度；⑤ 子结构集成；⑥ 求解整体模型；⑦ 回代求内部自由度。

假定第 j 个子结构的平衡方程为

$$\boldsymbol{K}^j \boldsymbol{\Phi}^j = \boldsymbol{F}^j \tag{14-6}$$

式中，$\boldsymbol{K}^j$ 为子结构的刚度矩阵；$\boldsymbol{\Phi}^j$ 为节点位移向量；$\boldsymbol{F}^j$ 为子结构载荷向量。

定义子结构的边界自由度（即要保留的自由度），按边界节点和内部节点对子结构的刚度矩阵 $\boldsymbol{K}^j$ 进行分块，式（14－6）可写为：

$$\begin{bmatrix} \boldsymbol{K}_{bb}^j & \boldsymbol{K}_{bi}^j \\ \boldsymbol{K}_{ib}^j & \boldsymbol{K}_{ii}^j \end{bmatrix} \begin{bmatrix} \boldsymbol{\Phi}_b^i \\ \boldsymbol{\Phi}_i^i \end{bmatrix} = \begin{bmatrix} \boldsymbol{F}_b^j \\ \boldsymbol{F}_i^j \end{bmatrix} \tag{14-7}$$

式中，$\boldsymbol{\Phi}_b^i$ 为子结构边界节点位移子向量；$\boldsymbol{\Phi}_i^j$ 为子结构内部节点位移子向量；$\boldsymbol{F}_b^j$ 为子结构边界节点载荷子向量；$\boldsymbol{F}_i^j$ 为子结构内部节点载荷子向量。

由式（14－7）中的第二行解得$\boldsymbol{\Phi}_i^j$，并代入第一行，即凝聚掉所有内部自由度，得到只由边界自由度表示的刚度矩阵、载荷向量和位移向量，为

$$\overline{\boldsymbol{K}}_b^j\boldsymbol{\Phi}_b^j=\overline{\boldsymbol{F}}_b^j \tag{14-8}$$

式中，$\overline{\boldsymbol{K}}_b^j=\boldsymbol{K}_{bb}^j-\boldsymbol{K}_{bi}^j(\boldsymbol{K}_{ii}^j)^{-1}\boldsymbol{K}_{ib}^j$；$\overline{\boldsymbol{F}}_b^j=\boldsymbol{F}_b^j-\boldsymbol{K}_{bi}^j(\boldsymbol{K}_{ii}^j)^{-1}\boldsymbol{F}_i^j$。

将各个子结构在边界节点上连接在一起，建立结构的整体缩减有限元模型：

$$\boldsymbol{K}_b\boldsymbol{\Phi}_b=\boldsymbol{F}_b \tag{14-9}$$

式中，$\boldsymbol{K}_b$为缩减的刚度矩阵，$\boldsymbol{K}_b=\sum\limits_{j=1}^{m}\overline{\boldsymbol{K}}_b^j=\sum\limits_{j=1}^{m}[\boldsymbol{K}_{bb}^j-\boldsymbol{K}_{bi}^j(\boldsymbol{K}_{ii}^j)^{-1}\boldsymbol{K}_{ib}^j]$；$\boldsymbol{\Phi}_b$为原结构边界和子结构边界的节点位移向量；$\boldsymbol{F}_b=\boldsymbol{R}_b-\sum\limits_{j}^{m}\overline{\boldsymbol{F}}_b^j=\boldsymbol{R}_b-\sum\limits_{j}^{m}[\boldsymbol{F}_b^j-\boldsymbol{K}_{bi}^j(\boldsymbol{K}_{ii}^j)^{-1}\boldsymbol{F}_i^j]$，$\boldsymbol{R}_b$为原结构的边界节点载荷。

由式（14－9）可以求解缩减后的各边界节点位移，回代到式（14－7）中可求出各子结构内部自由度上的位移，进而求得单元应变和应力。

14.4　计算结果的处理

应用位移法进行结构有限元分析时，未知函数是位移，从系统平衡方程求得的是各个节点的位移值。而实际工程中也需要知道应力的分布，特别是最大应力的数值和位置。为此，需要利用以下公式由已解得的节点位移来求出单元内的应力：

$$\boldsymbol{\varepsilon}=\boldsymbol{B}\boldsymbol{\Phi}^e,\quad \boldsymbol{\sigma}=\boldsymbol{D}\boldsymbol{\varepsilon}=\boldsymbol{D}\boldsymbol{B}\boldsymbol{\Phi}^e \tag{14-10}$$

我们知道，应变矩阵$\boldsymbol{B}$是形函数$\boldsymbol{N}$对坐标进行求导后的矩阵，求导一次，插值多项式的次数就降低一次。所以通过导数运算后的应变$\boldsymbol{\varepsilon}$和应力$\boldsymbol{\sigma}$精度较位移$\boldsymbol{\Phi}^e$降低了，即利用式（14－10）得到的$\boldsymbol{\varepsilon}$和$\boldsymbol{\sigma}$的解答可能具有较大的误差。应力解的误差表现于：

① 单元内部不满足平衡方程；

② 单元与单元的交界面上应力一般不连续；

③ 在力的边界上一般也不满足力的边界条件。

在有限元法中，只有当单元尺寸趋于零时，才能精确地满足平衡方程、力的边界条件及单元交界面上力的连续条件；当单元尺寸为有限值时，这些方程只能近似地满足。除非实际应力变化的阶次等于或低于所采用单元的应力的阶次，得到的只能是近似解。因此，如何从有限元位移解得到较好的应力解，就成为需要研究和解决的问题。

本节中介绍几种应力解的处理和改善方法，其中有一些是简单易行而又行之有效的，在实际计算中经常采用；有些则产生相当大的计算工作量，必要时才采用。

1. 单元平均或节点平均

最简单的处理应力结果的方法是取相邻单元或围绕节点各单元应力的平均值。

（1）取相邻单元应力的平均值

这种方法最常用于三节点三角形单元中。这种最简单而又相当实用的方法得到的应力解在单元内是常数，其值可以看作单元内应力的平均值，或是单元形心处的应力。由于应力近似解总是在精确解上下振荡，可以取相邻单元应力的平均值作为此两个单元合成的较大四边

形单元形心处的应力。这样处理十分逼近精确解，能取得良好的结果。

取平均应力可采用算术平均，即

$$平均应力=\frac{1}{2}(单元（1）应力+单元（2）应力)$$

也可以采用精确一些的面积加权平均，即

$$平均应力=\frac{单元（1）应力\times单元（1）面积+单元（2）应力\times单元（2）面积}{单元（1）面积+单元（2）面积}$$

当相邻单元面积相差不大时，二者的结果基本相同。在单元划分时，应避免相邻的面积相差太多，从而使求解的误差相近。

（2）取围绕节点各单元应力的平均值

取围绕该节点周围的相关单元计算得到该节点应力的平均值：

$$\sigma_i=\frac{1}{m}\sum_{e=1}^{m}\sigma_i^e \tag{14-11}$$

式中，$1\sim m$ 是围绕在 i 节点周围的全部单元。

取平均值时，也可进行面积加权。应注意，这样得到的节点应力值是围绕该节点的有限区域内的应力平均值。这种处理方法对于等参数单元来说，并不能从根本上改善节点应力精度差的问题。

2. 总体应力磨平

用位移法求解得到的应力场在全域是不连续的，可以用总体应力磨平的方法来改进计算结果，得到在全域连续的应力场，如图 14－25 所示。总体磨平应力方法就是构造一个改进的应力解 σ^*，此改进解在全域是连续的。改进解 σ^* 与有限单元求得的应力解 σ 应满足加权 C 最小二乘的原则，也就是说，可建立如下泛函：

$$\varphi=\sum_{e=1}^{M}\int_{V_e}\frac{1}{2}(\sigma-\sigma^*)^{\mathrm{T}}C(\sigma-\sigma^*)\mathrm{d}V \tag{14-12}$$

式中，M 为单元总数；σ 是将已求得的节点位移代入式（14－10）得到的应力解；σ^* 是待求的应力改进解，它在单元内的分布也取插值的形式，即设

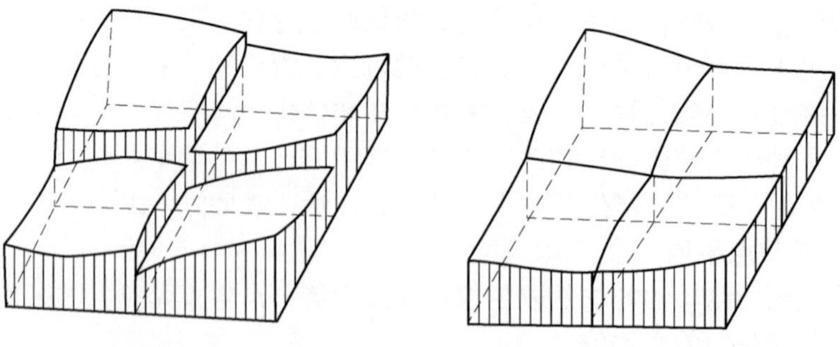

(a)　(b)

图 14－25　总体应力磨平示意图

（a）磨平前的应力；（b）磨平后的应力

$$\sigma^* = \sum_{i=1}^{n_e} \widetilde{N}_i \sigma_i^* \tag{14-13}$$

式中，σ_i^* 是待求的改进后的节点应力值；n_e 为单元的节点数；$\widetilde{N}_i$ 是用于修匀应力的形函数（与 N_i 可以是不同阶次的，如 N_i 为二次，$\widetilde{N}_i$ 为一次）。

将 σ^* 代入式（14－12）并进行变分，可得

$$\frac{\partial \varphi}{\partial \sigma_i^*} = 0 \quad (i=1,\ 2,\ \cdots,\ N) \tag{14-14a}$$

$$\sum_{e=1}^{M} \int_{V_e} (\sigma - \sigma^*) C \widetilde{N}_i \mathrm{d}V = 0 \quad (i=1,\ 2,\ \cdots,\ N) \tag{14-14b}$$

式中，N 是进行应力磨平时全部单元的节点总数。

3. 单元应力磨平

应力总体磨平方法的主要缺点是计算工作量十分庞大。为了减少改进应力结果的工作量，可以采用单元应力的局部磨平。需要指出的是，当单元尺寸不断缩减时，单元的加权最小二乘和单元的未加权最小二乘是相当的；由于函数的正定性，全域的加权最小二乘是各单元的最小二乘的和。因此，当单元足够小时，磨平可以在各个单元内进行。

对于利用数值积分的曲边单元，经验表明，在积分点上算得的应力具有最好的精度，而在节点上算得的应力的精度最差。这是因为形函数的精度在靠近插值区域的边缘通常是比较差的。所以，形函数的导数和应力在单元内部的精度将优于单元的边界。而工程上感兴趣的是边缘和节点上的应力。为了克服边缘和节点上应力不连续和精度较差等缺点，比较实用的办法是在每个单元内用最小二乘方法修匀，而在节点上取有关单元应力的平均值。

以修匀后的节点应力 $\tilde{\sigma}_1$，$\tilde{\sigma}_2$，…，$\tilde{\sigma}_p$ 为未知数，单元内部修匀后的应力用形函数表示如下：

$$\tilde{\sigma}(\varepsilon,\eta) = \sum_{i=1}^{p} \widetilde{N}_i \tilde{\sigma}_i \tag{14-15}$$

修匀应力与未修匀应力之间的误差是

$$e(\varepsilon,\eta) = \sigma(\varepsilon,\eta) - \tilde{\sigma}(\varepsilon,\eta) \tag{14-16}$$

式中，$\sigma(\varepsilon,\eta)=DB\Phi^e$。

找到泛函 $\varphi=\iint e^2(\xi,\eta)\mathrm{d}x\mathrm{d}y$ 取极小值的 $\tilde{\sigma}_1$，$\tilde{\sigma}_2$，…，$\tilde{\sigma}_p$ 的值：

$$\frac{\partial \varphi}{\partial \tilde{\sigma}_i} = 0 \quad (i=1,\ 2,\ \cdots,\ p) \tag{14-17}$$

即

$$\frac{\partial \varphi}{\partial \tilde{\sigma}_i} = \iint (\sigma - \tilde{\sigma}_i) \widetilde{N}_i \mathrm{d}x\mathrm{d}y = 0 \quad (i=1,\ 2,\ \cdots,\ p) \tag{14-18}$$

由上式可解出修匀后的节点应力 $\tilde{\sigma}_i$，从而可得到单元内任一点的修匀应力 $\tilde{\sigma}$。

图 14－26 所示为一受均布载荷的悬臂梁，梁的高度和跨度比为 $h/l=1/20$。分为 4 个八节点二次等参数单元，并采用 2×2 高斯积分，解出的位移和正应力 σ_x 的结果非常好。但计算得到的剪应力在单元内呈抛物线分布，与理论相差甚远，而在高斯积分点上计算值与理论值

符合情况十分良好。经应力局部磨平处理后，剪应力的改进值和理论值一致，取得良好的效果。

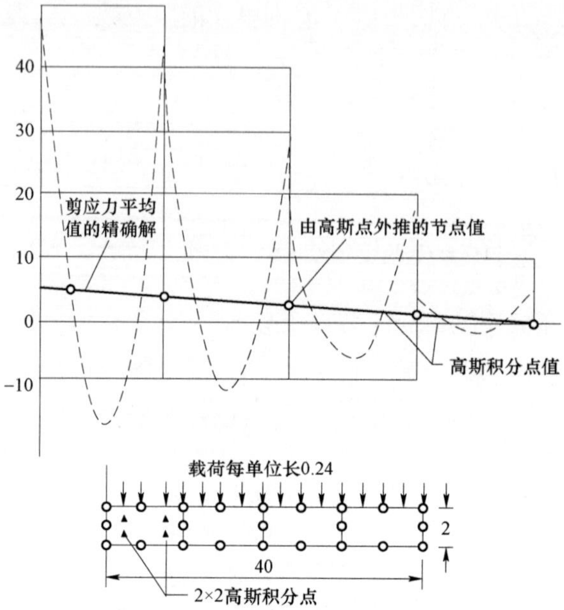

图 14–26　悬臂梁单元磨平示意图

第 15 章

有限元软件 ANSYS Workbench 及应用实例

15.1　有限元软件 ANSYS Workbench

20 世纪 50 年代中期至 60 年代末，有限元分析在工程中的应用一般以专用程序的形式出现，当时有限元的理论研究及计算机的软硬件设备的开发均处于初级阶段，而有限元软件的开发也刚起步。随着各项技术的进步与经验的积累，60 年代末 70 年代初开始出现的大型通用有限元软件，由于功能强大、计算可靠、效率高而受到用户的青睐，逐渐形成一代新的技术产品，成为工程结构分析中强有力的分析工具。专用软件的应用从此仅限于一些特殊的、大型通用程序没有涉及的领域，并且大多利用通用程序拥有的强大的前后处理功能与计算技术作为开发平台进行二次开发，避免零起点与低水平的重复。

当前，最为流行的通用程序有 ABAQUS、ADINA、ANSYS、MARC、MSC/NASTRAN 及 SAP 等。通用程序在激烈的竞争中不断改进并增添新的功能，通常 2～3 年推出一个新版本。现代计算机图形学的发展与应用，使大型通用程序具备强大的前、后处理功能，给广大用户实施有限元分析带来极大方便。

下面以有限元通用软件 ANSYS 为例说明这类软件的强大功能。ANSYS 软件是国际流行的融结构、热、流体、电磁、声学于一体的大型通用有限元软件，在世界各地各行各业得到广泛使用，它能与多数 CAD 软件接口，实现数据的共享和交换，如 Pro/ENGINEER、UG、CATIA 等，是现代产品设计中的高级软件工具之一。经过多年的潜心开发，ANSYS 公司在 2002 年发布 ANSYS 7.0 的同时，正式推出了前后处理和软件集成环境 ANSYS Workbench Environment（AWE），提升了 ANSYS 软件的易用性、集成性、客户化定制开发的方便性。

1. 关于 ANSYS Workbench

ANSYS Workbench 为用户提供了一个全新的仿真环境模式，如图 15－1 所示。

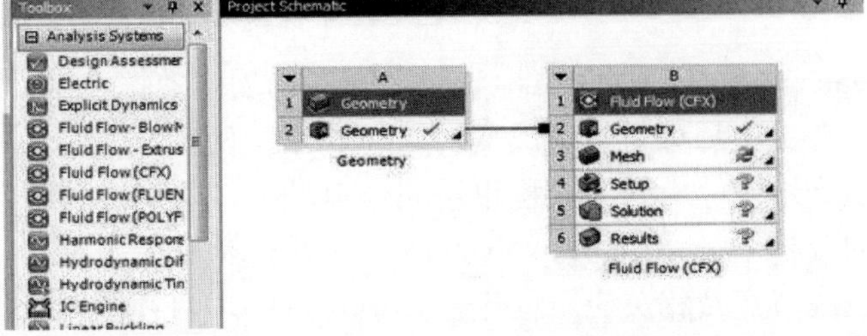

图 15－1　ANSYS Workbench 主界面

在一个类似流程图的图表中，仿真项目中的各项任务以互相连接的图形化方式清晰地表达出来，可以非常容易地理解项目的工程意图、数据关系、分析过程的状态等。项目视图系统使用起来非常简单，直接从左边的工具箱（Toolbox）中将所需的分析系统拖曳到右边的项目视图窗口中或双击即可。

工具箱（Toolbox）中的分析系统（Analysis Systems）部分，包含了各种已预置好的分析类型（如显示动力分析、FLUNT 流体分析、结构模态分析、随机振动分析等），每一种分析类型都包含完成该分析所需的完整过程（如材料定义、几何建模、网格生成、求解设置、求解、后处理等），按其顺序一步步往下执行即可完成相关的分析任务。也可以从工具箱中的 Component Systems 里选取各个独立的程序系统，自己组装成一个分析流程。一旦选择或定制好分析流程后，Workbench 平台将能自动管理流程中任何步骤发生的变化（如几何尺寸变化、载荷变化等），自动执行流程中所需的应用程序，从而更新整个仿真项目，极大地缩短了更改设计所需的时间。

2. ANSYS Workbench 应用模块

ANSYS Workbench 提供了与经典的 ANSYS 软件系列求解器交互的强大方法。这种环境为 CAD 系统及用户设计过程提供了独一无二的集成设计平台。ANSYS Workbench 由多种工程应用模块组成，主要包括：

- Mechanical：用 ANSYS 求解器进行结构和热分析（包括网格划分）；
- Mechanical APDL：采用传统的 ANSYS 用户界面对高级机械和多物理场进行分析；
- Fluid Flow（CFX）：采用 CFX 进行流体动力学（CFD）分析；
- Fluid Flow（Fluent）：采用 Fluent 进行流体动力学（CFD）分析；
- Geometry（Design Modeler）：创建和修改几何 CAD 模型，为 Mechanical 分析提供所用的实体模型；
- Engineering Data：定义材料属性；
- Meshing Application：用于创建 CFD 和显示动态网格；
- Design Exploration：用于优化分析；
- Finite Element Modeler（FE Modeler）：转换 NASTRAN 和 ABAQUS 中的网格，以便在 ANSYS 中使用；
- Bladde Gen（Bladde Geometry）：用于创建旋转机械中的叶片几何模型；
- Explicit Dynamics：创建具有非线性动力学特色的模型，用于显示动力学分析。

3. 多物理场分析模式

ANSYS Workbench 仿真流程具有良好的可定制性，只需通过鼠标拖曳操作就可非常容易地创建复杂的、包含多个物理场的耦合分析流程，各物理场之间所需的数据传输也能自动定义。

ANSYS Workbench 平台在流体和结构分析之间自动创建数据连接，以共享几何模型，使数据保存更轻量化，并更容易分析几何改变对流体和结构两者产生的影响。同时，从流体分析中将压力载荷传递到结构分析中的过程也是完全自动的。

工具栏中预置的分析系统（Analysis Systems）使用起来非常方便，因为它包含了所选分析类型所需的所有任务节点及相关应用程序。Workbench 项目视图的设计是非常柔性的，用户可以非常方便地对分析流程进行自定义，把 Component Systems 中的各工具当成砖块，按照任务需要进行装配搭建。

4. 项目级仿真参数管理

ANSYS Workbench 环境中的应用程序都是支持参数变量的，包括 CAD 几何尺寸参数、材料特性参数、边界条件参数及计算结果参数等。在仿真流程各环节中定义的参数都是直接在项目管理中进行管理的，因而非常容易研究多个参数变量的变化。在项目窗口中，可以很方便地通过参数匹配形成一系列设计点，然后自动进行多个设计点的计算分析，以完成 What－if 研究。

利用 ANSYS DesignXplorer（简称 DX），可以更加全面地展现 Workbench 参数分析的优势。DX 提供了试验设计（DOE）、目标驱动设计（Goal－Driven Optimization）、最小/最大设计（Min/Max Search）及六西格玛分析（Six Sigma Analysis）等能力，所有这些参数分析能力都适合集成在 Workbench 的所有程序、所有物理场、所有求解中，包括 ANSYS 参数化设计语言（APDL）。ANSYS Workbench 平台对仿真项目中所有应用程序中的参数进行集中管理，并在项目窗口中用一个非常方便的表格进行显示。完全集中，在 Workbench 中，DesignXplorer 模块自动生成响应面结果，清晰而直观地描述这种几何变化的影响。

15.2　杆梁类问题有限元分析

1. 杆梁类问题有限元分析简述

桁架是一种工程结构，它由直杆组成。桁架中的杆件可以由钢管、铝管、木杆、金属杆、角钢或槽钢等组成，普遍应用于电力传输塔、桥梁、楼梯桁架和建筑物的屋顶等多种场合。平面桁架是指所有杆件均在同一平面内，施加在这种桁架上的力也必须在同一平面。桁架的杆件通常被认为是二力杆，假定所有的载荷都作用在桁架的节点上，而构件没有发生弯曲，这意味着沿杆轴线方向的内力大小相等、方向相反。

梁作为一种结构构件，截面尺寸要比它的长度小很多，梁通常要承受横向载荷作用，这种载荷会引起梁弯曲。梁在工程上有极其重要的应用，如房屋建筑桥梁、汽车和飞机的主体结构。

2.【例 15－1】杆梁类问题有限元分析要点

【问题描述】所研究的桁架结构如图 15－2 所示，桁架各单元横截面如图 15－3 所示。材料弹性模量 $E=210$ GPa，泊松比 $\mu=0.3$，在节点 8 处施加竖直向下的集中力载荷 $F=60\ 000$ N，约束节点 1 处 X、Y 方向的自由度及节点 5 处 Y 方向的自由度。要求在 ANSYS Workbench 软

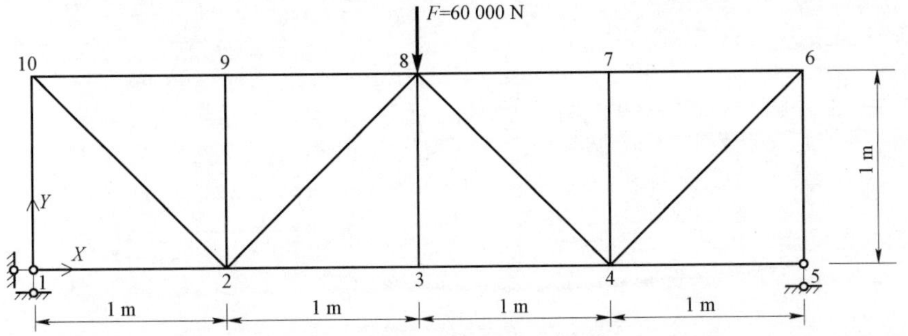

图 15－2　桁架结构示意图

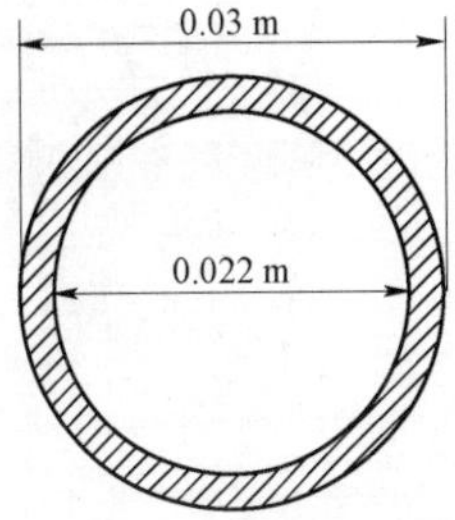

图 15－3　横截面示意图

件平台上建立该桁架结构的几何模型，进行网格划分、施加边界条件及静力有限元分析，最终获得桁架位移云图和应力云图。

【分析要点】

① 设置分析系统：在分析系统（Analysis System）中选择静力结构分析（Static Structural）模块，进入静力分析分系统。

② 设置材料属性：选择工程数据（Engineering Data）模块，进入工程数据设置窗口，添加桁架结构的材料名称，并设置该材料的弹性模量及泊松比等属性。

③ 创建几何模型：选择几何（Geometry）模块，在 XYPlane 平面中绘制桁架结构示意图，并通过“Concept”菜单下的“Lines From Sketches”命令生成线体 part；同时，用“Circular Tube”命令创建桁架单元的环状横截面，并通过“Line Part”的“Cross Section”属性选择桁架结构所对应的环状横截面。

④ 网格划分：选择建模（Model）模块，首先为第③步的线体 part 赋予第②步已建立的材料属性；在树形窗口中选择“Mesh”，并通过“Element Size”属性设置网格大小，最终获得网格模型。

⑤ 施加载荷和位移边界条件：在树形窗口中选择“Static Structural”，通过工具栏“Supports”中的“Displacement”命令在节点 1 和 5 处施加位移，用工具栏“Loads”中的“Force”命令在节点 8 处施加载荷。

⑥ 求解与结果显示：在工具栏中选择“Solve”命令求解，并选择工具栏中“Deformation”和“Stress”下的相关命令，从而获得模型相应的位移云图（图 15－4）和应力云图（图 15－5）。

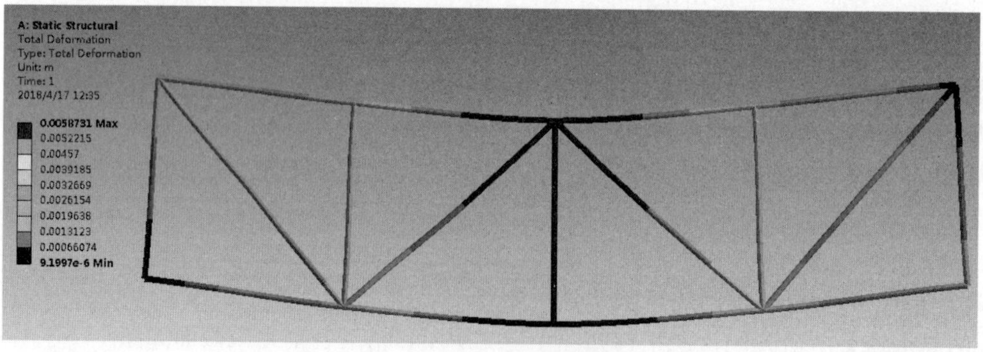

图 15－4　桁架位移云图

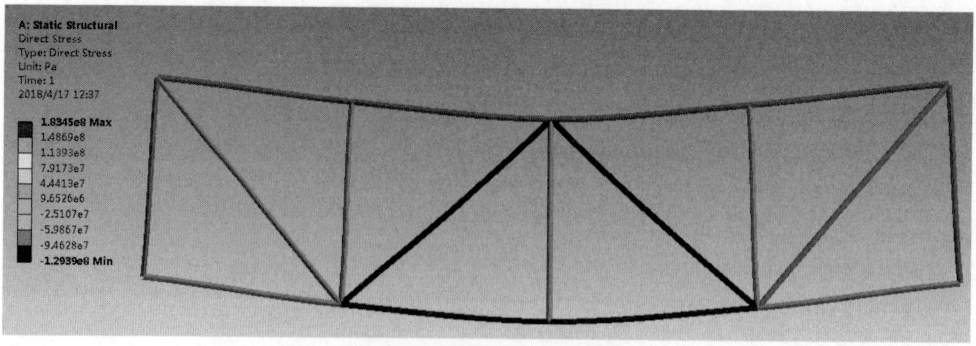

图 15－5　桁架应力云图

15.3　平面类问题有限元分析

1. 平面类问题有限元分析简述

一般的弹性力学问题，都是空间问题。在空间问题中，共有 15 个待求的未知函数，即 3 个位移分量、6 个应变分量和 6 个应力分量，并且它们都是三个坐标 x、y、z 的函数，因而空间问题又称为三维问题。在某些条件下，可以把空间问题简化为平面问题，这时独立的未知函数减小为 8 个，并且仅为两个坐标变量 x、y 的函数。

平面问题也是工程中常见的一大类问题，它可以使空间问题大大简化而又不失精度。平面问题分为平面应力问题和平面应变问题。所谓平面应力问题，就是只有平面应力分量（σ_x，σ_y，τ_{xy}）存在，且仅为 x、y 的函数的弹性力学问题。所谓平面应变问题，就是只有平面应变分量（ε_x，ε_y，γ_{xy}）存在，且仅为 x、y 的函数的弹性力学问题。在有限元分析中，平面应变问题的分析过程和要求与平面应力问题的基本一致。所不同的只是单元的行为方式选项设置不同而已，平面应力要求选择的是“Plane Stress”，而平面应变问题选择的是“Plane Strain”。

2.【例 15－2】平面类问题有限元分析要点

【问题描述】所研究的平面长方形板如图 15－6 所示，板厚 $b=0.04$ m，孔半径 $r=0.2$ m。材料弹性模量 $E=210$ GPa，泊松比 $\mu=0.3$，约束长方形底边 AB 的全部自由度，并在 CD 边施加垂直向下的均布载荷 $g=100\ 000$ N/m。要求在 ANSYS Workbench 软件平台上建立该平面长方形板的几何模型，进行网格划分、施加边界条件及静力有限元分析，最终获得平面长方形板的位移云图和应力云图。

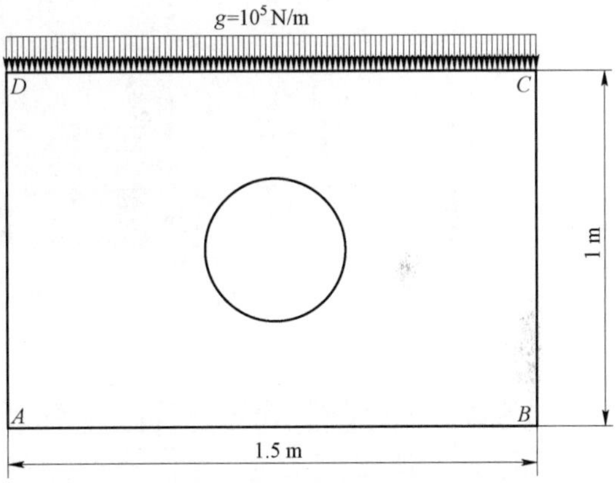

图 15－6　长方形板结构示意图

【分析要点】

① 设置分析系统：在分析系统（Analysis System）中选择静力结构分析（Static Structural）模块，进入静力分析分系统。

② 设置材料属性：选择工程材料（Engineering Data）模块，进入工程数据设置窗口，添加长方形板结构的材料名称，并设置该材料的弹性模量及泊松比等属性。

③ 创建几何模型：选择几何（Geometry）模块，在 XYPlane 平面中绘制长方形板结构示意图，并通过“Concept”菜单下的“Surfaces From Sketches”命令生成面体 part。

④ 网格划分：选择建模（Model）模块，首先为第③步的面体 part 赋予第②步已建立的材料属性；在树形窗口中选择“Mesh”，并通过“Method”和“Sizing”命令设置网格的形状和大小，最终获得网格模型。

⑤ 施加载荷和位移边界条件：在树形窗口中选择“Static Structural”，通过工具栏“Supports”中的“Fixed Support”命令在底边处施加位移全约束，用工具栏“Loads”中的“Line Pressure”命令在顶边处施加局部载荷。

⑥ 求解与结果显示：在工具栏中选择“Solve”命令求解，并选择工具栏中“Deformation”

和“Stress”下的相关命令，从而获得模型相应的位移云图（图 15－7）和应力云图（图 15－8）。

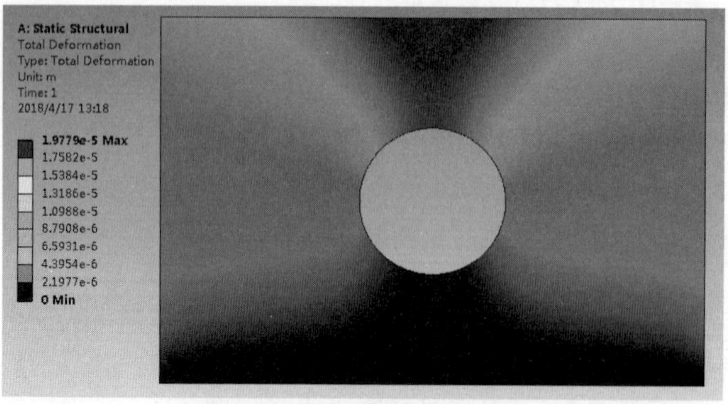

图 15－7　长方形板位移云图

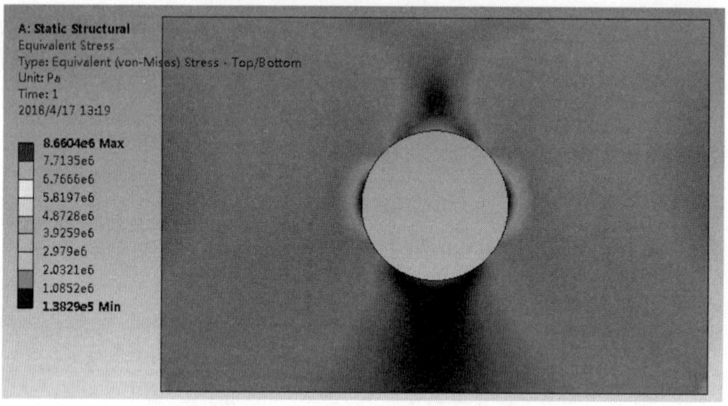

图 15－8　长方形板应力云图

15.4　非线性问题有限元分析

1. 非线性问题有限元分析简述

前面讨论的问题都是基于线弹性和小变形假设的，因此应力和位移、应力和应变之间都是线性关系，平衡方程也是线性的，属于线弹性力学范畴。但在工程实际中，人们面临越来越多的非线性力学问题，这些问题可以分为两大类：第一类是材料非线性问题，例如，在结构的形状突然变化的部位（如缺口）存在应力集中，当外载荷达到一定数值时，该部位首先进入塑性，这时该部位的应力、应变不再满足线弹性关系；第二类是几何非线性问题，例如，金属塑性成形和橡胶等超弹性材料的大变形、大应变阶段，基于小变形假设的应力、应变关系不再成立。

板、壳等薄壁结构在一定载荷作用下，尽管应变很小（甚至未超过弹性极限），但是位移较大，这时必须考虑变形对平衡的影响，即平衡条件应该建立在变形后的状态上，同时，应变表达式也应包括位移的二次项。因此，平衡方程和几何关系都是非线性的。这种由于大位移引起的非线性问题包括了几何和材料非线性问题。

非线性问题经过有限元离散之后，得到一个非线性代数方程组：$\boldsymbol{K}_T\boldsymbol{\Phi}=\boldsymbol{R}$。式中的单元

刚度矩阵 $\boldsymbol{K}_T$ 是单元节点位移或单元应变的函数。求解时，一般采用将非线性问题转化为一系列线性逼近的方法，即 $\boldsymbol{\psi}=\boldsymbol{K}_T\boldsymbol{\Phi}-\boldsymbol{R}=0$。相应的数值解法按照载荷的处理方式可分为全量法和增量法两大类。全量法包括直接迭代法、牛顿－拉斐逊（Newton－Raphson）法、简化牛顿法、修正牛顿法和拟牛顿法等。增量法包括载荷增量法和位移增量法。对于弹塑性问题，由于计算结果不仅与载荷大小有关，还与施加载荷的历程有关，叠加原理不再适用，所以必须采用增量法求解才能得到正确的解答。而对于稳定性问题，同样也应采用增量法。

2.【例 15－3】非线性问题有限元分析要点

【问题描述】所研究的三维结构板簧如图 15－9 所示，纵向尺寸均为 0.1 m，水平尺寸均为 0.03 m，圆角半径均为 0.01 mm，模型厚度为 0.004 m，在结构左侧 A 面上施加全约束，在结构最右侧 B 面上施加位移约束 20 mm，结构材料的非线性关系如图 15－10 所示。要求在 ANSYS Workbench 软件平台上建立该三维结构板簧的几何模型，进行网格划分、施加边界条件及非线性静力有限元分析，最终获得该结构的位移云图和应力云图。

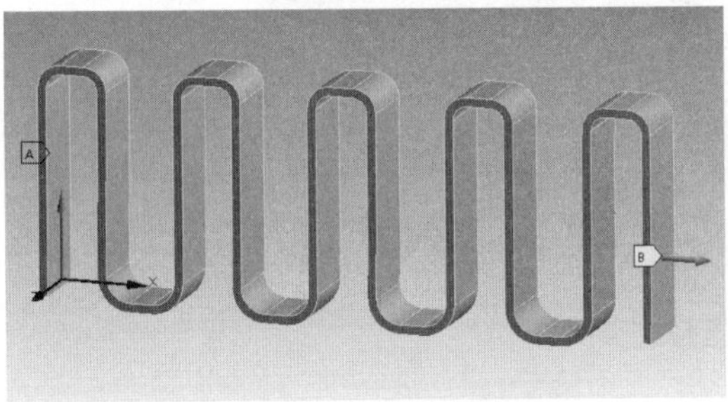

图 15－9　三维结构板簧图

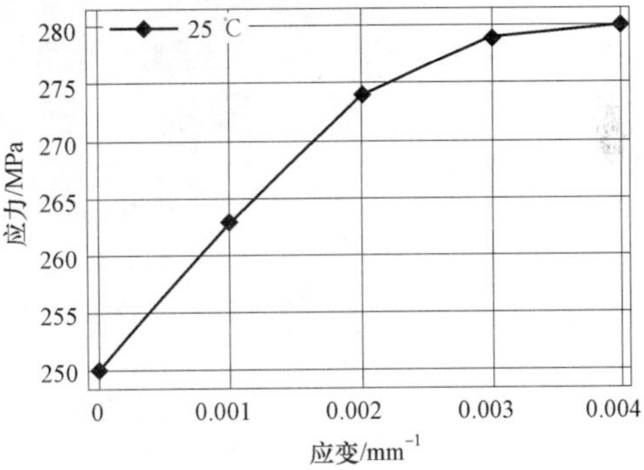

图 15－10　材料应力－应变曲线

【分析要点】

① 设置分析系统：在分析系统（Analysis System）中选择静力结构分析（Static Structural）模块，进入静力分析分系统。

② 设置材料属性：选择工程数据（Engineering Data）模块，进入工程数据设置窗口，添加三维板簧结构的材料名称，并选择“Multilinear Isotropic hardening”属性设置图 15－10 所示的非线性应力－应变曲线及其他相关材料属性。

③ 创建几何模型：选择几何（Geometry）模块，在 XYPlane 平面中绘制板簧结构的平面草图，并通过拉伸“Extrude”命令构建三维板簧结构 part。

④ 网格划分：选择建模（Model）模块，首先为第③步的三维结构 part 赋予第②步已建立的材料属性；在树形窗口中选择“Mesh”，并通过“Method”和“Sizing”命令设置网格的形状和大小，最终获得网格模型。

⑤ 施加载荷和位移边界条件：在树形窗口中选择“Static Structural”，通过工具栏“Supports”中的“Fixed Support”命令在结构左侧 A 施加位移全约束，用工具栏“Supports”中的“Displacement”命令在结构右侧 B 面施加 20 mm 的位移约束。

⑥ 求解与结果显示：在工具栏中选择“Solve”命令求解，并选择工具栏中“Deformation”和“Stress”下的相关命令，从而获得模型相应的位移云图（图 15－11）和应力云图（图 15－12）。

图 15－11　板簧位移云图

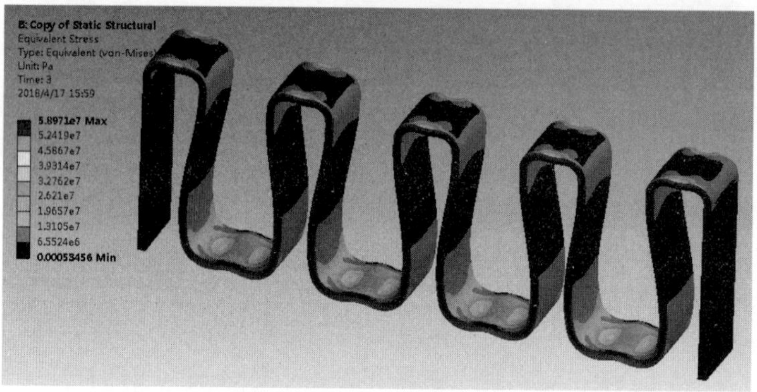

图 15－12　板簧应力云图

15.5　动力学问题有限元分析

1. 动力学问题有限元分析简述

动力学问题用来确定惯性和阻尼起作用时结构或构件的动力特性，其基本方程与静力学问题的基本方程不同。在进行有限元分析时，将一个处于动平衡之中的结构离散化为 n 个自由度的若干单元，以节点位移作为基本未知量建立节点的动力平衡关系式，即惯性力、阻尼力、弹性力和外部载荷的平衡方程：

$$\boldsymbol{M}\ddot{\boldsymbol{\Phi}}(t)+\boldsymbol{C}\dot{\boldsymbol{\Phi}}(t)+\boldsymbol{K}\boldsymbol{\Phi}(t)=\boldsymbol{R}(t) \tag{15-1}$$

式中，$\boldsymbol{\Phi}(t)$ 是未知的位移向量，为时间的函数；$\dot{\boldsymbol{\Phi}}(t)$ 是未知的速度向量，为位移向量对时间的一阶导数；$\ddot{\boldsymbol{\Phi}}(t)$ 是未知的加速度向量，为位移向量对时间的二阶导数；$\boldsymbol{M}$、$\boldsymbol{C}$ 及 $\boldsymbol{K}$ 分别是总体质量矩阵、总体阻尼矩阵及总刚度矩阵；$\boldsymbol{R}(t)$ 是已知的外部载荷，它是时间的函数。

由式（15－1）的动力学平衡方程可求得的动力学特性一般包括：① 振动特性：结构的振动形态和振动频率；② 周期载荷的效应：施加周期化变化的载荷时，结构的位移和应力的响应情况；③ 随机载荷的效应：施加随机载荷时，结构的位移和应力的响应情况。

动力学问题的这些动力特性可通过以下 4 种分析类型来实现：

（1）模态分析

模态分析是研究结构动力特性的一种近似方法，是系统辨别方法在工程振动领域中的应用。通常情况下，在设计结构和机器部件的振动特性时需要进行模态分析，即确定承受动态载荷结构设计中的重要参数（固有频率和振型）。同时，也可以作为瞬态动力学分析、谐响应分析和谱分析等其他动力学分析的基础。模态分析最终目标在于识别出系统的模态参数，为结构系统的振动特性分析、振动故障诊断和预报及结构动力学特性的优化设计提供依据。广泛应用于机械、电力、建筑、水利、航空、航天等行业中。

（2）谐响应分析

谐响应分析是用于确定线性结构在承受随时间按正弦（简谐）规律变化的载荷时稳态响应的一种技术。分析目的是计算结构在几种频率下的响应并得到一些响应值对频率的曲线。该技术只计算结构的稳态受迫振动，不考虑结构激励开始时的瞬态振动。谐响应分析使设计人员能预测结构的持续动力特性，从而使设计人员能够验证其设计是否能克服疲劳、共振及其他受迫振动引起的有害因素。

（3）瞬态动力学分析

瞬态动力学分析（也称时间历程分析）是用于确定承受任意的随时间变化载荷的动力学响应的一种方法。可以用瞬态动力学确定结构在稳态载荷、瞬态载荷和简谐载荷的任意组合作用下随时间变化的位移、应变和应力。

（4）谱分析

谱分析是一种将模态分析结果与一个已知谱联系起来计算模型位移和应力的分析技术。谱分析替代时间–历程分析，主要用于确定结构对随机载荷或随时间变化载荷（如地震、风载、海洋波浪、喷气发动机推力、火箭发动机振动）的动力响应情况。

2.【例 15–4】动力学问题有限元分析要点

【问题描述】所研究的薄板结构如图 15–13 所示，材料为结构钢，尺寸为 3 m×0.5 m×0.025 m，结构两端固定，用集中力 250 N 代表旋转的机器，分别作用在梁的 1/3 处（*B* 处和 *C* 处），机器旋转速度为 0～3 000 r/min。要求在 ANSYS Workbench 软件平台上建立该薄板结构的几何模型，进行网格划分、施加边界条件，最终实现薄板的谐响应有限元分析。

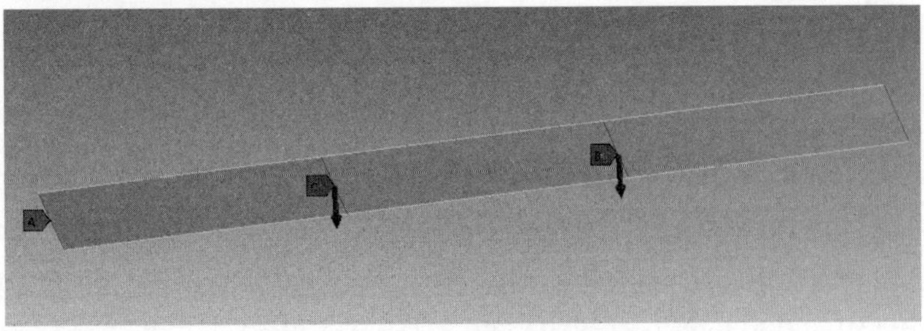

图 15–13　薄板结构示意图

【分析要点】

① 设置分析系统：在分析系统（Analysis System）中选择模态分析（Model）模块及谐响应（Harmonic Response）模块。

② 设置材料属性：选择工程材料（Engineering Data）模块，进入工程数据设置窗口，添加薄板结构的材料名称，并设置该材料的弹性模量及泊松比等属性。

③ 创建几何模型：选择几何（Geometry）模块，在 XYPlane 平面中绘制薄板结构的平

面草图，并通过“Concept”菜单下的“Surfaces From Sketches”命令生成面体 part。

④ 网格划分：选择建模（Model）模块，首先为第③步的面体 part 赋予第②步已建立的材料属性；在树形窗口中选择“Mesh”，并通过“Method”和“Sizing”命令设置网格的形状和大小，最终获得网格模型。

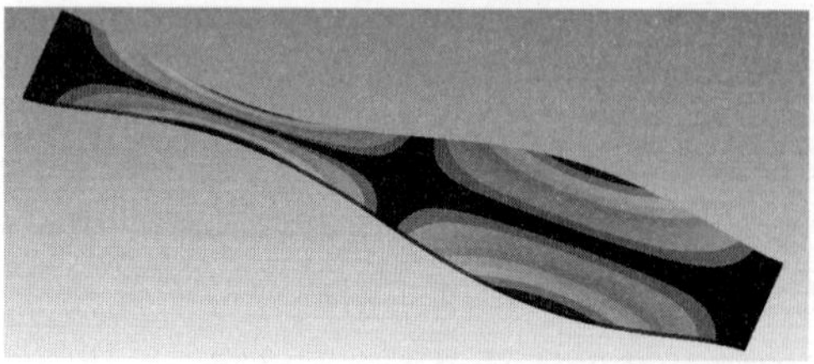

图 15－14　薄板第 5 阶振型

⑤ 施加约束及模态分析求解：通过工具栏“Supports”中的“Fixed Support”命令在结构两端施加位移全约束，单击工具栏中的“Solve”命令进行薄板的模态分析，获得薄板结构相应的模态特性（薄板第 5 阶振型如图 15－14 所示）。

⑥ 施加载荷及谐响应分析求解：通过工具栏“Loads”中的“Force”命令在结构薄板的 B 处和 C 处施加 Z 向载荷，并设置载荷作用的频率范围（Frequency Spacing）。单击工具栏中“Solve”命令进行薄板的谐响应分析，获得薄板结构相应的频响特性（薄板上 Z 向最大振幅点的振动曲线如图 15－15 所示）。

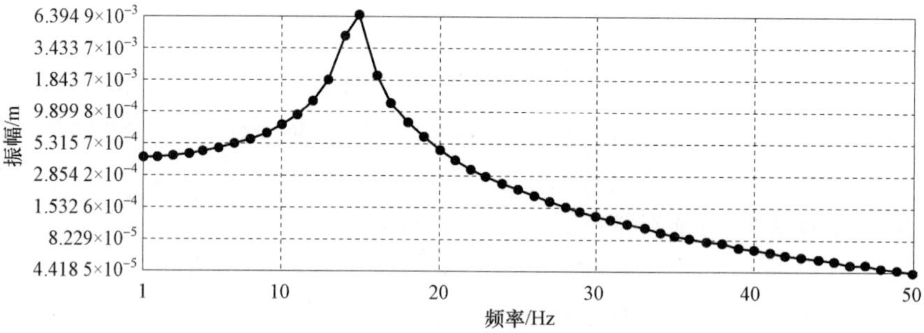

图 15－15　薄板 Z 向最大振幅点的振动曲线

15.6　传热问题有限元分析

1. 传热问题有限元分析简述

传热是一种普遍现象，它涉及能源、环境、结构等一系列对象的交互作用，如建筑物的隔热保暖、发动机的循环冷却系统、高速列车制动的冷却系统、车厢的保温系统、运载火箭的热防护系统，甚至计算机芯片的散热系统都是整个系统的关键问题。传热过程的基本变量是温度，它是物体中的几何位置及时间的函数。基于傅里叶传热定律和能量守恒定律，可以建立热传导的控制方程，即问题的温度 $T(x,y,z,t)$ 满足

$$\frac{\partial}{\partial x}\left(k_x\frac{\partial T}{\partial x}\right)+\frac{\partial}{\partial y}\left(k_y\frac{\partial T}{\partial y}\right)+\frac{\partial}{\partial z}\left(k_z\frac{\partial T}{\partial z}\right)+\rho Q=\rho c_T\frac{\partial T}{\partial t} \tag{15-2}$$

式中，ρ 为材料密度；c_T 为材料比热；k_x、k_y、k_z 分别为沿 x、y、z 方向的热传导系数；Q 为物体内部的热源强度。

式（15－2）的控制方程可以通过三类边界条件（强制边界、绝热边界和对流换热边界）求解获得温度场变量。而实际中，传热问题包括稳态传热和瞬态传热。其中，稳态传热的温

度场问题与时间无关，它的场方程是线性自伴随的，由方程的等效积分形式的迦辽金提法建立与方程相等效的变分原理，并可采用弹性力学中所采用单元和相应的插值函数；不同之处在于场变量，弹性力学中位移场变量是向量，稳态传热中温度场变量是标量，而瞬态传热的温度场依赖于时间，其微分方程等效于积分形式的迦辽金提法，在空间域有限元离散后，得到的是一阶常微分方程组，不能对它直接求解，求解方法原则上和动力学问题类似，可以采用模态叠加法或直接积分法来获得相应的温度场变量。

除了获得温度场变量，物体的传热问题还包括热应力计算，即在已知温度场的情况下求解应力应变。当物体各部分温度发生变化时，物体由于热变形将产生线应变 $a_T \Delta T$（a_T 为材料的线膨胀系数）。如果物体各部分的热变形不受任何约束，则物体发生变形将不会产生应力。但是如果物体受到约束或者各部分的温度变化不均匀，使得物体的热变形不能自由进行时，则会在物体中产生热应力。实际上，温度场和热应力这两方面的问题是相互影响和耦合的；但在大多数情况下，传热问题所确定的温度将直接影响物体的热应力，而后者对前者的耦合影响不大，因而可将物体热问题解耦，分成两个过程进行计算。

2.【例 15－5】传热问题有限元分析要点

【问题描述】所研究的传热结构如图 15－16 所示。该结构由铜带和基板刚性连接，大小都为 2 mm×0.1 mm×10 mm，材料性能参数见表 15－1，边界条件为基板下表面固定，且温度为 100 ℃，铜带上表面温度为 20 ℃。要求在 ANSYS Workbench 软件平台上建立该传热结构的几何模型，进行网格划分、施加边界条件，最终实现铜带和基板的热传导及热应力有限元分析。

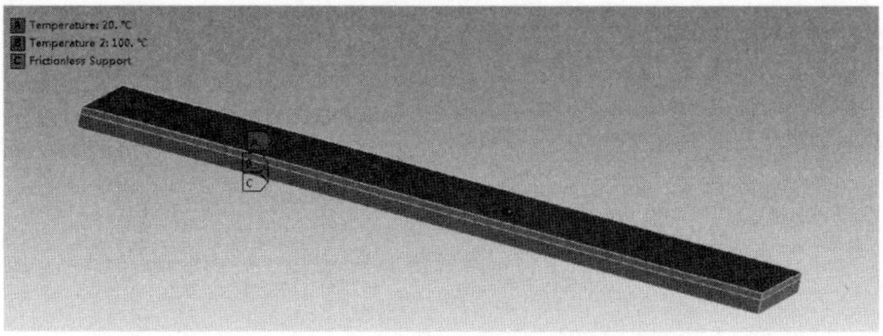

图 15－16　传热结构示意图

表 15－1　材料性能参数

名称	弹性模量/GPa	泊松比	各向同性导热系数/［W·（m·℃）$^{-1}$］
基板	3.5	0.4	300
铜带	110	0.34	401

【分析要点】

① 设置分析系统：在分析系统（Analysis System）中选择稳态热分析（Steady－State Thermal）模块及静力分析（Static Structural）模块。

② 设置材料属性：选择工程材料（Engineering Data）模块，进入工程数据设置窗口，添加传热结构的材料名称，并设置结构的导热系数及力学等材料属性。

③ 创建几何模型：选择几何（Geometry）模块，在 XYPlane 平面中绘制传热结构的平面草图，并通过拉伸（Extrude）命令构建三维结构 part。

④ 网格划分：选择建模（Model）模块，首先为第③步的三维结构 part 赋予第②步已建立的材料属性；在树形窗口中选择“Mesh”，并通过“Method”和“Sizing”命令设置网格的形状和大小，最终获得网格模型。

⑤ 施加热边界及稳态热分析求解：通过工具栏“Temperature”对铜带和基板施加温度边界条件，单击工具栏中“Solve”命令进行结构的稳态热分析，获得该传热结构稳态温度场云图（如图 15－17 所示）。

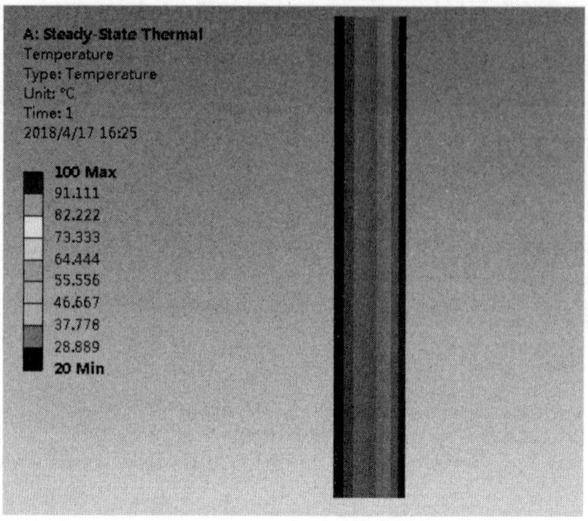

图 15－17　温度场云图

⑥ 施加边界条件及热力分析求解：通过工具栏“Supports”中“Frictionless Support”命令在基板底边施加无摩擦约束，并由“Imported Load”命令加载第⑤步中的温度场。单击工具栏中的“Solve”命令进行结构的热应力分析，获得该传热结构的热应力云图（如图 15－18 所示）。

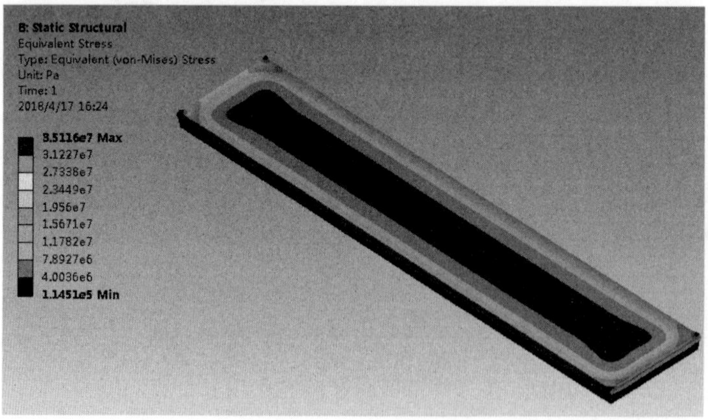

图 15－18　热应力云图

习　题

1. 将例 11－1 中的单元划分改为三个等分单元进行求解，并将有限元计算结果与精确解进行比较。

2. 有限元法的基本解题步骤是什么？

3. 构造单元位移函数应遵循哪些原则？

4. 如图 15－19 所示等腰直角三角形单元，设泊松比 $\mu=1/4$，弹性模量记为 E，厚度为 t，求形函数矩阵 $\boldsymbol{N}$、应变矩阵 $\boldsymbol{B}$、应力矩阵 $\boldsymbol{S}$ 与单元刚度矩阵 $\boldsymbol{K}^e$。

5. 图 15－20 所示为一受拉方板的有限元模型。共划分为 8 个三角元和 9 个节点。设每个节点有两个自由度（水平位移 u 和垂直位移 v），求图示节点编号顺序下总刚度矩阵的带宽 B。若单元划分不变，节点应如何编号才能将带宽减到最小？

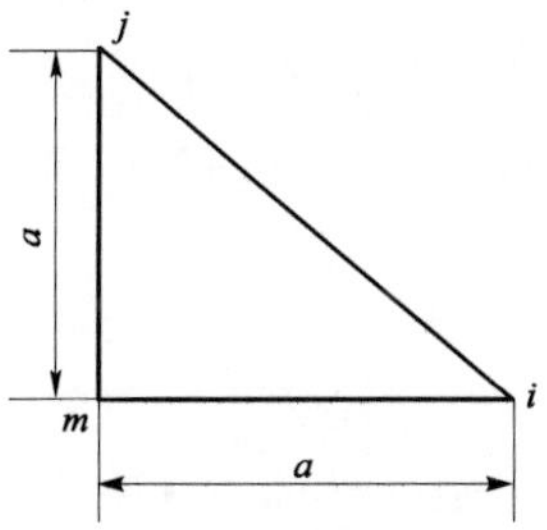

图 15－19　习题 4 图

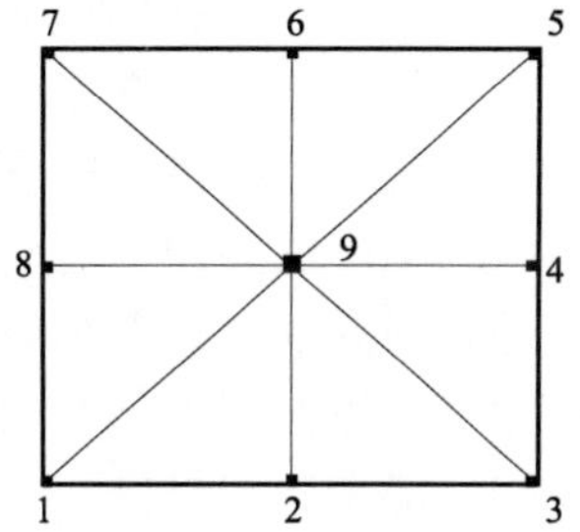

图 15－20　习题 5 图

6. 简述等参数单元分析的思路。

7. 写出平面四节点等参数单元坐标变换的雅可比矩阵。

8. 简述有限元分析中影响计算精度的因素及提高精度的措施。

9. 简述有限元法中减小模型规模的常用措施。

附录 A
弹性力学基本理论

有限元法最初是为求解工程结构中的力学问题而产生的，因此通过固体力学问题学习有限元法是很恰当的。弹性力学是固体力学的基础，本附录主要介绍弹性力学的基本方程，并将其作为弹性力学问题有限元法的理论基础。

当受到载荷作用时，在固体内会产生应力，通常这些应力不均匀，并会引起应变。根据材料的性质，固体可以是弹性的，即卸除外载荷后，固体中的变形会全部消失；也可以是塑性的，即卸除外载荷后，固体中的变形不会完全恢复。弹性力学研究的是在给定弹性体的边界条件下应力、应变、位移和力之间的关系。

材料可以是各向异性的，即材料性质随着加载方向而变化。在各向异性材料中，作用在某一方向上的力所产生的变形与该力作用在另一方向上所产生的变形是不同的，复合材料通常是各向异性的。定义各向异性材料的性质需要多个材料常数。然而，许多工程材料可看成是各向同性的，即材料性质与方向无关。各向同性材料是各向异性材料的一个特例，各向同性材料只需两个独立的材料常数，通常这两个最常用的材料常数是弹性模量和泊松比。

实际固体的特征及其受力后所表现的力学性能是相当复杂的，在理论分析中不可能完全真实地描述，必须略去一些次要方面，体现其基本特性。在以下的分析中，首先讨论各向同性的三维弹性材料的基本方程，研究变形和载荷呈线性关系的小变形问题，即研究的问题将主要是线弹性的、各向同性的。而许多公式也可用于各向异性材料，且由一般的三维方程可以很容易地推导出其他各种类型固体和结构的方程，如二维固体、桁架、梁和板等。

A1 弹性力学的基本方程

弹性力学所研究的基本力学量主要有外力（体积力与表面力）、应力、应变和位移等。弹性体可受到在弹性体内以任意方式分布的体力和面力的作用。在物体内的任一点的应力状态，可用该点处沿坐标轴方向取出的微元体（正六面体）的面上的应力分量来表示，如图 A1－1 所示。

体内的应力状态由六个应力分量 $\sigma_x,\sigma_y,\sigma_z,\tau_{xy},\tau_{yz},\tau_{zx}$ 来表示，其中 $\sigma_x,\sigma_y,\sigma_z$ 为正应力，$\tau_{xy},\tau_{yz},\tau_{zx}$ 为剪应力。应力分量常以向量形式写出，为

$$\boldsymbol{\sigma}=[\sigma_x\ \ \sigma_y\ \ \sigma_z\ \ \tau_{xy}\ \ \tau_{yz}\ \ \tau_{zx}]^{\mathrm{T}} \tag{A1-1}$$

弹性体内任意一点的应变可以由六个应变分量 $\varepsilon_x,\varepsilon_y,\varepsilon_z,\gamma_{xy},\gamma_{yz},\gamma_{zx}$ 表示，其中 $\varepsilon_x,\varepsilon_y,\varepsilon_z$ 为正应变，$\gamma_{xy},\gamma_{yz},\gamma_{zx}$ 为剪应变。用向量形式写出，为

$$\boldsymbol{\varepsilon}=[\varepsilon_x\ \varepsilon_y\ \varepsilon_z\ \gamma_{xy}\ \gamma_{yz}\ \gamma_{zx}]^{\mathrm{T}} \tag{A1-2}$$

称为应变阵列或应变向量。

物体内任一点的位移用它在 x、y、z 三个坐标轴上的投影 u、v、w 来表示，这三个投影称为该点的位移分量。

一般来说，在弹性物体内，上述外力、应力、应变和位移都是随着各点的位置而变的，因而都是位置坐标的函数。在弹性力学的问题中，通常是已知物体的形状和大小、物体的材料特性、物体所受的体力或面力、物体边界上的约束情况，求解的未知量则是应力分量、应变分量、位移分量，这就构成了弹性力学的基本问题。

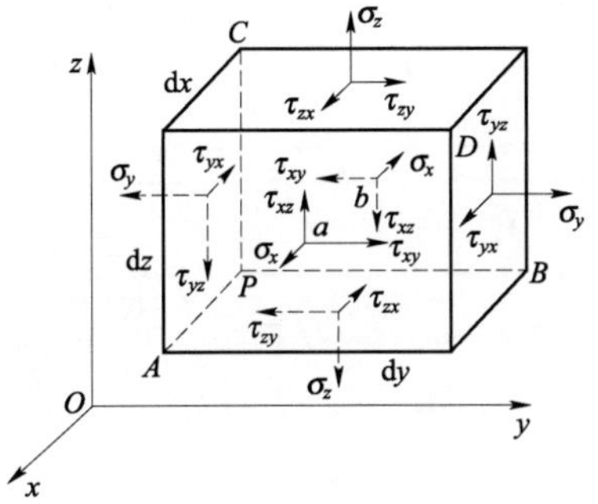

图 A1-1　应力分量

用弹性力学分析一个物体的受力及变形情况，应从三方面来考虑：静力学、几何学及物理学，推导出物体内应力分量与体力、面力分量间的关系式，应变与位移间的关系式，应变分量与应力分量间的关系式，它们分别为平衡微分方程、几何方程和物理方程。

1. 平衡微分方程

物体在外力作用下处于平衡状态，在其弹性体 V 域内，任一点沿坐标轴 x、y、z 三个方向的平衡方程为

$$\begin{cases}\dfrac{\partial \sigma_x}{\partial x}+\dfrac{\partial \tau_{yx}}{\partial y}+\dfrac{\partial \tau_{zx}}{\partial z}+X=0\\[2ex]\dfrac{\partial \tau_{xy}}{\partial x}+\dfrac{\partial \sigma_y}{\partial y}+\dfrac{\partial \tau_{zy}}{\partial z}+Y=0\\[2ex]\dfrac{\partial \tau_{xz}}{\partial x}+\dfrac{\partial \tau_{yz}}{\partial y}+\dfrac{\partial \sigma_z}{\partial z}+Z=0\end{cases} \tag{A1-3}$$

式中，X、Y、Z 是单位体积上作用的体积力在 x、y、z 三个坐标轴上的分量。

2. 几何方程

对于线弹性力学问题，应变和位移的关系为

$$\begin{cases}\varepsilon_x=\dfrac{\partial u}{\partial x}\\[2ex]\varepsilon_y=\dfrac{\partial v}{\partial y}\\[2ex]\varepsilon_z=\dfrac{\partial w}{\partial z}\\[2ex]\gamma_{xy}=\dfrac{\partial u}{\partial y}+\dfrac{\partial v}{\partial x}\\[2ex]\gamma_{yz}=\dfrac{\partial v}{\partial z}+\dfrac{\partial w}{\partial y}\\[2ex]\gamma_{zx}=\dfrac{\partial w}{\partial x}+\dfrac{\partial u}{\partial z}\end{cases} \tag{A1-4}$$

3. 物理方程

弹性力学中应力与应变之间的关系称为物理关系。对于各向同性线弹性材料，其矩阵表达式为

$$\boldsymbol{\sigma}=\boldsymbol{D\varepsilon} \tag{A1-5}$$

$$\boldsymbol{D}=\frac{E(1-\mu)}{(1+\mu)(1-2\mu)}\begin{bmatrix} 1 & \frac{\mu}{1-\mu} & \frac{\mu}{1-\mu} & 0 & 0 & 0 \\ & 1 & \frac{\mu}{1-\mu} & 0 & 0 & 0 \\ & & 1 & 0 & 0 & 0 \\ & & & \frac{1-2\mu}{2(1-\mu)} & 0 & 0 \\ & \text{对称} & & & \frac{1-2\mu}{2(1-\mu)} & 0 \\ & & & & & \frac{1-2\mu}{2(1-\mu)} \end{bmatrix} \tag{A1-6}$$

式中，$\boldsymbol{D}$ 称为弹性矩阵，由弹性模量 E 和泊松比 μ 确定。

4. 边界条件

弹性体 V 的全部边界为 S，在一部分边界上作用着表面力 $\bar{x}$、$\bar{y}$、$\bar{z}$，这部分边界称为给定力的边界，记为 S_σ；在另一部分边界上弹性体的位移 $\bar{u}$、$\bar{v}$、$\bar{w}$ 已知，这部分边界称为给定位移的边界，记为 S_u。这两部分边界构成弹性体的全部边界，即

$$S_\sigma+S_u=S \tag{A1-7}$$

所以弹性体的力边界条件为

$$\begin{cases} \bar{x}=\sigma_x l+\tau_{yx}m+\tau_{zx}n \\ \bar{y}=\tau_{xy}l+\sigma_y m+\tau_{zy}n \quad (\text{在 } S_\sigma \text{ 上}) \\ \bar{z}=\tau_{xz}l+\tau_{yz}m+\sigma_z n \end{cases} \tag{A1-8}$$

式中，l、m、n 为弹性体边界外法线与三个坐标轴夹角的方向余弦。

弹性体的位移边界条件为

$$u=\bar{u}, v=\bar{v}, w=\bar{w} \quad (\text{在 } S_u \text{ 上}) \tag{A1-9}$$

A2 平面问题的基本理论

当研究的弹性体具有某种特殊的形状，并且承受的是某种特殊外力时，就有可能把空间问题近似地简化为平面问题（平面应力问题或平面应变问题），只需考虑平行于某个平面的位移分量、应变分量与应力分量，且这些量只是两个坐标的函数。这样处理分析和计算的工作量将大大减少。

1. 平面应力问题

设有很薄的均匀薄板，即物体在一个坐标方向的几何尺寸远远小于其他两个坐标方向的尺寸，只在板边上受有平行于板面并且不沿厚度变化的面力，同时，体力也平行于板面并且不沿厚度变化，如图 A2－1 所示，记薄板的厚度为t，以薄板的中面为xy面，以垂直于中面的任一直线为z轴。由于板面上不受力，且板很薄，外力不沿厚度变化，可以认为恒有

$$\sigma_z = 0, \tau_{zx} = \tau_{xz} = 0, \tau_{zy} = \tau_{yz} = 0$$

不为零的应力分量为σ_x、σ_y、τ_{xy}，这种问题就称为平面应力问题。

平面应力问题的平衡微分方程为

$$\begin{cases} \dfrac{\partial \sigma_x}{\partial x} + \dfrac{\partial \tau_{yx}}{\partial y} + X = 0 \\ \dfrac{\partial \tau_{xy}}{\partial x} + \dfrac{\partial \sigma_y}{\partial y} + Y = 0 \end{cases} \tag{A2-1}$$

式中，$\tau_{xy} = \tau_{yx}$。

平面应力问题的几何方程为：

$$\begin{cases} \varepsilon_x = \dfrac{\partial u}{\partial x} \\ \varepsilon_y = \dfrac{\partial v}{\partial y} \\ \gamma_{xy} = \dfrac{\partial u}{\partial y} + \dfrac{\partial v}{\partial x} \end{cases} \tag{A2-2}$$

平面应力问题的物理方程为：

$$\begin{cases} \varepsilon_x = \dfrac{1}{E}(\sigma_x - \mu\sigma_y) \\ \varepsilon_y = \dfrac{1}{E}(\sigma_y - \mu\sigma_x) \\ \gamma_{xy} = \dfrac{1}{G}\tau_{xy} = \dfrac{2(1+\mu)}{E}\tau_{xy} \end{cases} \tag{A2-3}$$

式中，G是材料的切变模量。

平面应力问题的基本方程共 8 个，包括 2 个平衡微分方程式、3 个几何方程式、3 个物理方程式，平面应力问题有 8 个独立的未知量：σ_x、σ_y、τ_{xy}、ε_x、ε_y、γ_{xy}、u、v，可求解方程得到这些未知量。

2. 平面应变问题

设有无限长的柱形体，在柱面上受有平行于横截面且不沿长度变化的面力，同时，体力也平行于横截面且不沿长度变化，如图 A2－1 所示。以任一横截面为xy面，任一长度方向纵线为z轴，由于对称性（任一横截面都可以看作对称面），不难发现，此时，

$$w = 0, \varepsilon_z = \gamma_{yz} = \gamma_{zx} = 0$$

不为零的应变分量为ε_x、ε_y、γ_{xy}，这种问题就称为平面应变问题。

平面应变问题（图 A2－2）的平衡微分方程为

$$\begin{cases}\dfrac{\partial\sigma_x}{\partial x}+\dfrac{\partial\tau_{yx}}{\partial y}+X=0\\ \dfrac{\partial\tau_{xy}}{\partial x}+\dfrac{\partial\sigma_y}{\partial y}+Y=0\end{cases} \tag{A2-4}$$

式中，$\tau_{xy}=\tau_{yx}$。

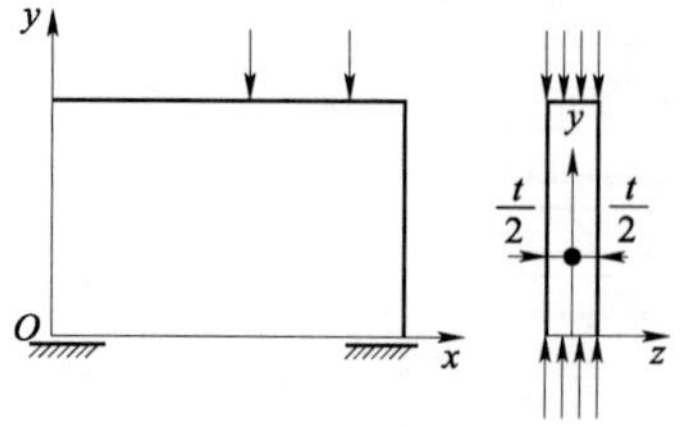

图 A2－1　平面应力问题

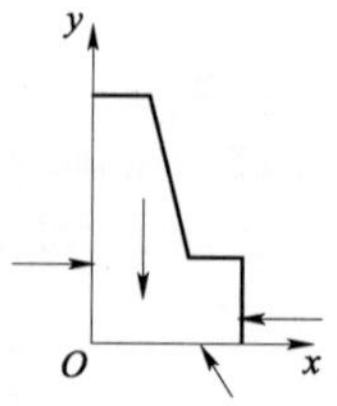

图 A2－2　平面应变问题

平面应变问题的几何方程为

$$\begin{cases}\varepsilon_x=\dfrac{\partial u}{\partial x}\\ \varepsilon_y=\dfrac{\partial v}{\partial y}\\ \gamma_{xy}=\dfrac{\partial u}{\partial y}+\dfrac{\partial v}{\partial x}\end{cases} \tag{A2-5}$$

平面应变问题的物理方程为：

$$\begin{cases}\varepsilon_x=\dfrac{1-\mu^2}{E}\left(\sigma_x-\dfrac{\mu}{1-\mu}\sigma_y\right)\\ \varepsilon_y=\dfrac{1-\mu^2}{E}\left(\sigma_y-\dfrac{\mu}{1-\mu}\sigma_x\right)\\ \gamma_{xy}=\dfrac{1}{G}\tau_{xy}=\dfrac{2(1+\mu)}{E}\tau_{xy}\end{cases} \tag{A2-6}$$

式中，G 是材料的切变模量。

平面应变问题也只有 8 个独立的未知量：σ_x、σ_y、τ_{xy}、ε_x、ε_y、γ_{xy}、u、v，基本方程也是 8 个，在适当的边界条件下可解得这 8 个未知量。

3. 两种平面问题物理方程的统一形式

两种平面问题物理方程可写成统一的形式，用矩阵方程表示为

$$\boldsymbol{\sigma}=\boldsymbol{D\varepsilon} \tag{A2-7}$$

式中，$\boldsymbol{\sigma}=[\sigma_x\quad\sigma_y\quad\tau_{xy}]^{\mathrm{T}}$，$\boldsymbol{\varepsilon}=[\varepsilon_x\quad\varepsilon_y\quad\gamma_{xy}]^{\mathrm{T}}$，分别为应力阵列、应变阵列；矩阵 $\boldsymbol{D}$ 称为弹性矩阵。对于平面应力问题，弹性矩阵为：

$$\boldsymbol{D}=\frac{E}{1-\mu^2}\begin{bmatrix}1&\mu&0\\ \mu&1&0\\ 0&0&\dfrac{1-\mu}{2}\end{bmatrix} \tag{A2-8}$$

对于平面应变问题，弹性矩阵为

$$
\boldsymbol{D}=\frac{E(1-\mu)}{(1+\mu)(1-2\mu)}\begin{bmatrix} 1 & \dfrac{\mu}{1-\mu} & 0 \\ \dfrac{\mu}{1-\mu} & 1 & 0 \\ 0 & 0 & \dfrac{1-2\mu}{2(1-\mu)} \end{bmatrix} \tag{A2-9}
$$

第Ⅳ部分　优 化 设 计

第 16 章
优化设计基础

16.1 优化设计概述

1. 优化设计的概念

优化是在给定环境条件下获得最好结果的行为。优化问题的来源十分广泛，例如：

① 在金融投资中，设计最佳的投资项目组合，从而在可接受的风险限度内获得尽可能大的投资回报。

② 在多种商品的生产计划和调度过程中，有效地分配有限的生产资源，从而在特定的空间和时间范围内谋求最大的经济效益。

③ 销售员在一次旅行中经过不同城市的最短路程问题。

④ 根据试验结果，进行数据统计和分析，建立实验模型，使物理现象能够得到最精确的表示。

⑤ 在汽车的设计中，如何选择合理的动力、传动系统参数，以保证最佳的汽车动力性和燃油经济性。

⑥ 设计满足传递功率、传动比、零件强度等条件的齿轮减速器，使其体积最小，达到结构紧凑、节省材料的目的。

⑦ 土木结构（如房屋、桥梁、水坝等）的设计中，要求在能够承受规定载荷作用的条件下，成本最低。

优化设计就是将上述问题转化为最优化问题，利用最优化原理和计算机技术，从满足设计要求的一切可行方案中，按照预定的目标，自动寻找最优设计方案的一种科学设计方法，是现代设计理论和方法的一个重要组成部分。

2. 优化设计的发展概况

早期的优化设计是基于人类的直觉和逻辑思维进行的，直到 20 世纪中叶以前，用于解决优化问题的数学方法也仅限于古典的微分法和变分法。如牛顿和莱布尼茨（Leibniz）发明的微积分为求解一大类极值问题提供了通用工具；欧拉、拉格朗日等关于变分法的工作也与优化问题密切相关，拉格朗日乘子法迄今仍是解决约束优化问题的重要方法之一；1847 年，柯西研究了函数沿什么方向下降最快的问题，提出了求解无约束优化问题的最速下降法。尽管人们在求解优化问题方面已经做出了一些贡献，但这些工作并没有形成统一的理论和方法，优化方法的进展甚小。

第二次世界大战期间，应用数学领域出现了一个学科分支——数学规划，提供了许多用古典微分法和变分法所不能解决的最优化方法，为优化设计奠定了理论基础。数学规划中最早产生和发展起来的是线性规划，1947 年，美国的 Dantzig 就提出了线性规划的数学模型和求解线性规划的单纯形法，而线性规划这一名词则是在 1948 年由 Koopmans 和 Dantzig 提出的。第二次世界大战之后，线性规划迅速向其他领域渗透，用来解决生产组织、运输、下料及国民经济计划等问题，数学规划的其他分支也逐渐发展起来。1950 年，Kuhn 和 Tucher 最先提出了“非线性规划”一词，他们关于规划问题最优解条件的研究为以后非线性规划的发展奠定了基础。

到了 20 世纪 60 年代，电子计算机和数值计算技术的发展为优化设计提供了强有力的手段，优化技术开始成功地运用于机械设计，在机构综合、零部件设计和工艺设计方面都获得应用并取得一定成果。

20 世纪 80 年代初，一些新的算法如禁忌搜索、模拟退火、遗传算法和人工神经网络算法开始兴起，科学工作者对这些算法的模型、理论和应用技术等一系列问题进行了深入的研究，开辟了提高优化效率的新途径。

目前优化设计仍然以数学规划法为主，现行的优化算法及其相应的软件能够解决大多数的设计问题，但也存在着适用范围较窄、体系不完整、未能与计算机辅助设计融为一体等问题。近年来，人们在广义优化设计、多学科协同优化设计、随机变量优化设计、模糊变量优化设计、非光滑问题优化设计等方面取得了许多重要的研究成果，为优化设计开辟了更广阔的应用前景。

3. 优化设计的基本过程

下面通过一个简单的优化设计实例来介绍优化设计的基本过程。

设计如图 16－1 所示的双杆支架，该支架由两个钢管构成，其顶端承受一个大小为 $2F=3\times10^5$ N 的载荷。已知支架两支座间的距离 $2B=152$ cm，钢管壁厚 $T=0.25$ cm，钢管材料的弹性模量 $E=2.1\times10^5$ MPa，材料密度 $\rho=7.8\times10^3\ \text{kg/m}^3$，许用压应力 $\sigma_y=420$ MPa。求在满足强度条件和稳定性条件的情况下，支架的高度 h（限制在 20～120 cm）和钢管平均直径 D（限制在 2～12 cm），使得支架总质量 m 最小。

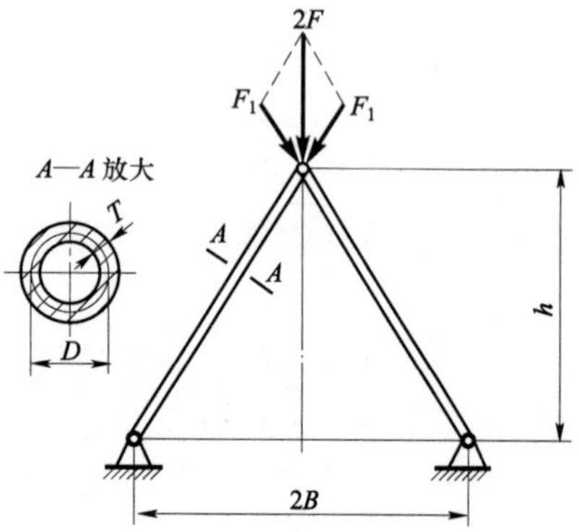

图 16－1　人字桁架

设钢管压应力为σ，失稳临界应力为σ_e，上述双杆支架的优化设计问题可归结为求 $\boldsymbol{x}=[D\ \ h]^{\mathrm{T}}$，使结构质量 $m(\boldsymbol{x})\to\min$ 满足强度约束条件 $\sigma(\boldsymbol{x})\leqslant\sigma_y$、稳定约束条件 $\nabla f(\boldsymbol{x}^{(k)})+\nabla^2 f(\boldsymbol{x}^{(k)})(\boldsymbol{x}^{(k+1)}-\boldsymbol{x}^{(k)})=0$，以及桁架高度和钢管平均直径的限制条件：20 cm $\leqslant h\leqslant$ 120 cm，2 cm $\leqslant D\leqslant$ 12 cm。

设钢管长度为 L　　$L=(B^2+h^2)^{\frac{1}{2}}$

钢管圆环截面的内、外半径分别为 r、R，则 $D=R+r$，钢管截面积为

$$A=\pi(R^2-r^2)=\pi TD$$

支架总质量为

$$m(\boldsymbol{x})=2\rho AL=2\pi\rho TD(B^2+h^2)^{\frac{1}{2}}$$

每根钢管所受的压力为　　$F_1 = \frac{FL}{h} = \frac{F(B^2+h^2)^{\frac{1}{2}}}{h}$

相应的压应力为　　$\sigma = \frac{F_1}{A} = \frac{F(B^2+h^2)^{\frac{1}{2}}}{\pi TDh}$

因此，强度约束条件可以写成

$$\frac{F(B^2+h^2)^{\frac{1}{2}}}{\pi TDh} \leqslant \sigma_y$$

压杆失稳的临界力为　　$F_e = \frac{\pi^2 EI}{L^2}$

式中，I 为钢管截面惯性矩，$I = \frac{\pi}{4}(R^4 - r^4) = \frac{A}{8}(T^2 + D^2)$，则钢管的临界应力为

$$\sigma_e = \frac{F_e}{A} = \frac{\pi^2 E(T^2+D^2)}{8(B^2+h^2)}$$

稳定约束条件可以写成

$$\frac{F(B^2+h^2)^{\frac{1}{2}}}{\pi TDh} \leqslant \frac{\pi^2 E(T^2+D^2)}{8(B^2+h^2)}$$

因此，该双杆支架的优化设计问题可进一步写为求 $\boldsymbol{x} = [D\ h]^{\mathrm{T}}$，使

$$m(\boldsymbol{x}) = 2\pi\rho TD(B^2+h^2)^{\frac{1}{2}} \to \min$$

$$\text{s.t.}\ \frac{F(B^2+h^2)^{\frac{1}{2}}}{\pi TDh} \leqslant \sigma_y$$

$$\frac{F(B^2+h^2)^{\frac{1}{2}}}{\pi TDh} \leqslant \frac{\pi^2 E(T^2+D^2)}{8(B^2+h^2)}$$

$$20\ \text{cm} \leqslant h \leqslant 120\ \text{cm}$$

$$2\ \text{cm} \leqslant D \leqslant 12\ \text{cm}$$

下面采用作图的方法来求解上述优化问题：

分别以 D 和 h 为坐标轴作设计平面，平面中每一点的坐标（D，h）都代表一个设计方案（图 16－2）。在图中分别画出强度曲线 $\sigma(D,h) = \sigma_y$、稳定曲线 $\sigma(D,h) = \sigma_e(D,h)$ 和 D、h 的边界线。由上述曲线和边界线所围成的区域是满足所有约束条件的可行方案组成的区域，称为可行域。优化设计的目的就是要在可行域中寻找目标函数值最小的一个可行点。

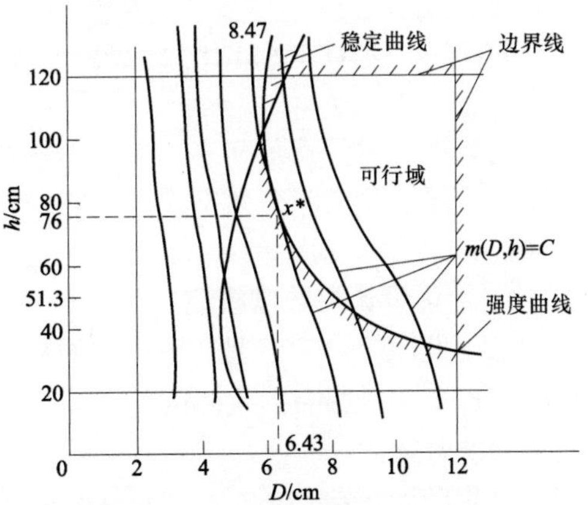

图 16－2　人字桁架优化问题图解

接下来再画出一簇目标函数等值线 $m(D,h) = C$（C 为一系列常数）来表示函数值的

变化规律。图中从右往左，等值线所表示的目标函数值是减小的，因此该约束优化问题的最优解是可行域边界与等值线的切点 x^*，其坐标为

$$D^* = 6.43\ \text{cm}$$

$$h^* = 76\ \text{cm}$$

通过 x^*的等值线就是最优桁架结构的质量，其值为

$$m^* = 8.47\ \text{kg}$$

从上面的实例可以看出，优化设计首先是要根据实际设计问题建立相应的数学模型，即用数学形式来描述实际设计问题，这个过程称为优化建模。数学模型一旦建立，就需要选择适当的计算方法求出模型的最优结果，这时优化设计问题就变成一个数学求解问题，求解模型最优解的方法称为优化方法或优化算法。最后还需要对优化结果进行合理性和适用性的分析评价，基本过程如图 16－3 所示。

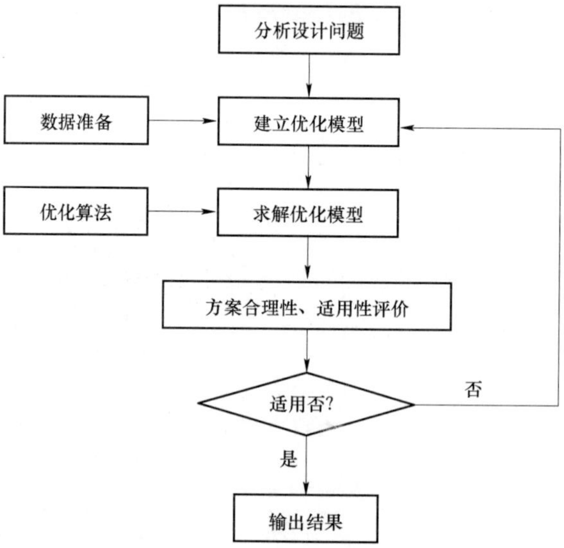

图 16－3　优化设计的基本过程

16.2　优化设计的建模

优化设计建模就是建立优化设计的数学模型，也就是利用数学语言和其他学科的知识，把实际问题抽象成一个数学问题。它是优化设计的一个重要组成部分，是获得正确优化结果的前提。

1. 优化设计的数学模型

优化设计的数学模型是用数学的形式表示设计问题的特征和追求的目标，它反映了设计指标和各个主要影响因素之间的关系。优化设计的数学模型包括三个要素：设计变量、目标函数和约束条件。

（1）设计变量

需要在优化设计过程中不断进行修改、调整，并最终必须确定的独立参数称作**设计变量**，

又叫作**优化参数**。

$$\boldsymbol{x}=[x_1 \quad x_2 \quad \dots \quad x_n]^{\mathrm{T}} \tag{16-1}$$

可用一个如式（16-1）所示的列向量表示，又称作设计变量向量，其中任意一个特定的向量都可以说是一个“设计”。一个“设计”，可用设计空间中的一点表示，称作设计点。由 n 个以设计变量为坐标所组成的实空间称作设计空间。设计空间的维数也就是设计变量的个数，称为优化设计问题的维数。

（2）目标函数

用来使设计得以优化的函数称作**目标函数**，又称作**评价函数**，记作 $f(\boldsymbol{x})$。

目标函数是 n 维变量的函数，它的函数图像只能在 $n+1$ 维空间中描述出来。为了在 n 维设计空间中反映目标函数的变化情况，常采用目标函数等值面的方法，其数学表达式为

$$f(\boldsymbol{x})=C \tag{16-2}$$

式中，C 为一系列常数，代表一簇 n 维超曲面。

当设计变量只有两个的时候，$f(\boldsymbol{x})$ 是一个二元函数，$f(\boldsymbol{x})=C$ 就是一簇等值线。二元函数的等值线在极值点附近是近似的同心椭圆簇，其中心就是 $f(\boldsymbol{x})$ 的极小点。

（3）约束条件

如果一个设计满足所有对它提出的要求，就称为可行（或可接受）设计；反之，则称为不可行（或不可接受）设计。

一个可行设计必须满足某些设计限制条件，这些限制条件称作**约束条件**，简称**约束**。在工程问题中，根据约束的性质，可以把它们区分成性能约束和侧面约束两大类。针对性能要求而提出的限制条件称作**性能约束**。不是针对性能要求，只是对设计变量的取值范围加以限制的约束称作**侧面约束**。侧面约束也称作边界约束。

约束又可按其数学表达形式分成等式约束和不等式约束。

等式约束：
$$h(\boldsymbol{x})=0 \tag{16-3}$$

不等式约束：
$$g(\boldsymbol{x})\leqslant 0 \tag{16-4}$$

凡满足所有约束条件的设计点，其在设计空间中的活动范围称作**可行域**。

约束优化问题是在可行域内对设计变量求目标函数的极小点，该极小点可能在可行域内，也可能在可行域边界上。

（4）数学模型表达式

在明确了设计变量、约束条件、目标函数之后，优化设计问题就可以表示成如下的一般数学形式。

① 求设计变量 $x_1,x_2,\cdots,x_n$。

② 极小化目标函数 $f(x_1,x_2,\cdots,x_n)$。

③ 满足约束条件

$$\begin{cases} g_j(x_1,x_2,\cdots,x_n)\leqslant 0 & (j=1,2,\cdots,m) \\ h_k(x_1,x_2,\cdots,x_n)=0 & (k=1,2,\cdots,l) \end{cases} \tag{16-5}$$

④ 用向量 $\boldsymbol{x}=[x_1,x_2,\cdots,x_n]^{\mathrm{T}}$ 表示 n 个设计变量，用 min 表示极小化，用 s.t.（subject to）表示“满足于”，优化问题的数学模型可以表示成如下的向量形式：

$$\begin{cases}\min f(\boldsymbol{x}) \\ \text{s.t.} \quad g_j(\boldsymbol{x}) \leqslant 0 \quad (j=1,2,\cdots,m) \\ h_k(\boldsymbol{x})=0 \quad (k=1,2,\cdots,l)\end{cases} \tag{16-6}$$

在实际优化问题中，对目标函数一般有两种要求形式：目标函数极小化 $f(\boldsymbol{x}) \to \min$ 或目标函数极大化 $f(\boldsymbol{x}) \to \max$。由于求 $f(\boldsymbol{x})$的极大化与求 $-f(\boldsymbol{x})$的极小化等价，所以本书以后优化问题的数学模型一律采用目标函数极小化的形式。

2. 优化设计建模的基本原则

建立数学模型时，过分强调精确，往往会使模型变得十分冗长、复杂，增加求解问题的难度；而片面强调简洁，又可能导致数学模型失真，以致失去了求解的意义。因此，在选择设计变量、确定目标函数、建立约束条件时，需要遵循一些基本原则，以使优化设计的数学模型在准确反映实际问题的基础上力求简洁。

（1）设计变量的选择

从原则上说，设计中所有的参数都是可变的，但是将所有参数都作为设计变量不仅会使问题复杂化，也是没有必要的。设计变量取得越多，设计问题的描述就可以越详尽，但也会使优化问题的规模变大，导致求解困难，因此，选择设计变量应注意如下两点：

1）选择对目标函数影响大的参数作为设计变量。在充分了解设计要求的基础上，根据各设计参数对目标函数的影响程度，分析其主次，选择对产品性能和结构影响大的参数作为设计变量，影响小的可根据经验取为常数。如材料的力学性能是由材料的种类决定的，在机械设计中常用的材料种类是有限的，在设计中通常可根据需要和经验事先确定，从而诸如弹性模量、泊松比、许用应力等参数就可作为常数处理。

2）选择独立变量作为设计变量。有一些设计变量，如应力、应变、挠度、功率、速度、加速度、温度等，通常可由设计对象的尺寸、载荷及构件间的运动关系等计算得到，也就是它们可以作为另一些变量的因变量，一般不必作为设计变量。变量之间如果不是相互独立的，还会使目标函数出现“山脊”或“沟谷”，给优化带来困难。

（2）目标函数的确定

目标函数是设计所追求指标的数学表达，对它的基本要求是能够用来评价设计的优劣，同时也必须是设计变量的可计算函数。通常设计所要追求的性能指标往往较多，应以其中最重要的指标作为设计目标。对于一般的机械设计，可以以质量或体积最小作为设计目标；对于应力集中较为突出的零件设计，应以应力集中系数最小作为设计目标；而对于精密仪器的设计，则应以精度最高或误差最小作为目标。这些仅含一个目标函数的优化问题称为**单目标优化**问题。

在一般的机械设计中，常用的设计目标有：体积最小、质量最小、效率最高、承载能力最大、机械运动精度最高或运动轨迹最准确、振动或噪声最小、成本最低、耗能最少、寿命最长、可靠性最高、动力学性能最好等。

在机械设计时，常会遇到多个指标都要求很高的情况，在优化过程中，应将这些指标作为设计目标，建立包含多个目标函数的综合优化模型。包含多个目标函数的优化问题即为**多目标优化**问题。多目标优化方法包括加权方法、极大极小方法等。多目标优化问题目前仍是优化设计领域有待进一步研究的问题。应尽量将多目标优化设计问题转化为单目标优化设计问题。在建立多目标优化模型时，应尽量控制目标函数的数目，使同时求解的优化目标尽可能少。

（3）约束条件的建立

约束条件是设计本身对设计变量取值范围提出的限制条件，也必须是设计变量的可计算函数。确定约束条件应注意如下两方面：

1）避免出现相互矛盾的约束。相互矛盾的约束条件必然导致可行域为空集，使问题的解不存在。

2）尽量减少不必要的约束。在建立优化设计模型时，出于工程问题的保险考虑，总是力求全面反映工程实际问题，往往会加入很多的约束。但是约束的增多，不仅增加了优化设计的计算量和求解难度，还可能会使可行域减小，影响优化的结果。

3. 优化设计建模实例

【例 16－1】一火箭由甲地飞往乙地，已知甲乙两地的距离为 $10s$，火箭推力在每飞行完距离 s 后可瞬时改变。若在第 i 阶段的最大可能推力为 c_i（$i=1$，2，…，10），并假设火箭的飞行路线是直线，且无外力作用在火箭上，火箭的质量 m 为常数。问应当怎样控制各阶段火箭的推力，使其在最短时间内飞完总距离？

解：设路程上推力可变化的各个控制点为 1，2，…，11，x_i 是火箭从第 i 点到第 $i+1$ 点的推力（$i=1$，2，…，10），v_i 是火箭在第 i 点时的速度，则火箭在第 i 点时的加速度为

$$a_i=\frac{x_i}{m}$$

第 i 点到第 $i+1$ 点的距离为 s，即

$$v_it_i+\frac{1}{2}a_it_i^2=v_it_i+\frac{1}{2}\frac{x_i}{m}t_i^2=s$$

式中，t_i 是火箭从第 i 点到第 $i+1$ 点所需的飞行时间。

于是可解得

$$t_i=\frac{-v_i+\sqrt{v_i^2+2\frac{x_i}{m}s}}{\frac{x_i}{m}}$$

则火箭在第 $i+1$ 点时的速度为

$$v_{i+1}=v_i+a_it_i=\sqrt{v_i^2+2\frac{x_i}{m}s}$$

由于火箭飞行是在第 1 点开始，第 11 点结束，因此

$$v_1=v_{11}=0$$

综上，火箭各阶段推力优化设计的数学模型为

求 $$\boldsymbol{x}=[x_1\quad x_2\quad \ldots\quad x_{10}]^{\mathrm{T}}$$

使 $$f(\boldsymbol{x})=\sum_{i=1}^{10}t_i=\sum_{i=1}^{10}\frac{-v_i+\sqrt{v_i^2+2\frac{x_i}{m}s}}{\frac{x_i}{m}}\to\min$$

且满足

$$v_{i+1}=\sqrt{v_i^2+2\frac{x_i}{m}s}\qquad(i=1,2,\cdots,10)$$

$$v_1=v_{11}=0$$

$$|x_i|\leqslant c_i\qquad(i=1,2,\cdots,10)$$

【例 16－2】设计一个用于高速公路桥梁的钢板焊接梁，使其用料最省（梁的截面形状如图 16－4 所示）。已知该梁承受的载荷包括桥面铺装和梁本身的重力，以及按照相关标准等效的车辆均布载荷和集中载荷。

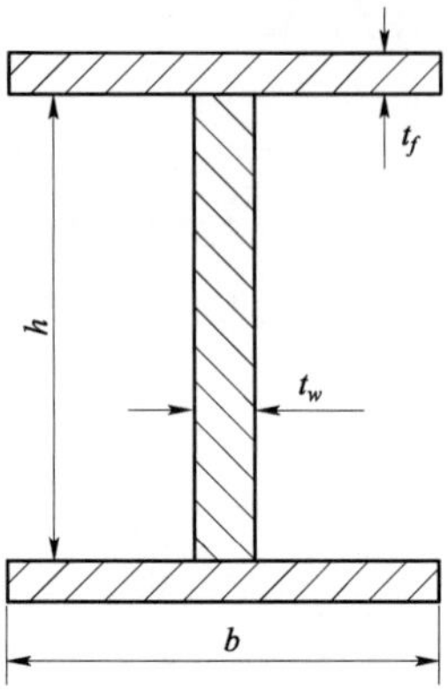

图 16－4　梁的截面形状及尺寸

解：

（1）数据准备

根据所选的钢板材料和已有的设计资料，可以得到：

材料弹性模量　　$E=210\ \text{GPa}$

屈服极限　　$\sigma_y=262\ \text{MPa}$

允许的弯曲应力　　$\sigma_a=0.55\sigma_y=144.1\ \text{MPa}$

允许的剪切应力　　$\tau_a=0.33\sigma_y=86.46\ \text{MPa}$

允许的疲劳应力　　$\sigma_t=255\ \text{MPa}$

梁的跨度　　$L=25\ \text{m}$

允许的变形　　$D_a=\dfrac{L}{800}\ \text{m}$

集中弯矩载荷　　$P_m=104\ \text{kN}$

集中剪切载荷　　$P_s=155\ \text{kN}$

设工字形梁截面的腹板宽度为 t_w，高度为 h，翼缘宽度为 b，厚度为 t_f，尺寸单位均为 m，则：

梁的横截面积　　$A=(ht_w+2bt_f)\ \text{m}^2$

惯性矩　　$I=\left[\dfrac{1}{12}t_wh^3+\dfrac{2}{3}bt_f^3+\dfrac{1}{2}bt_fh(h+2t_f)\right]\ \text{m}^4$

均布载荷　　$w=(19+77A)\ \text{kN/m}$

最大弯矩　　$M=\dfrac{L}{8}(2P_m+wL)\ \text{kN}\cdot\text{m}$

最大弯曲应力　　$\sigma=\dfrac{M}{1\,000I}(0.5h+t_f)\ \text{MPa}$

翼缘翘曲极限应力　　$\sigma_f=72\ 845\left(\dfrac{t_f}{b}\right)^2\ \text{MPa}$

腹板失稳极限应力　　$\sigma_w=3\ 648\ 276\left(\dfrac{t_w}{h}\right)^2\ \text{MPa}$

最大剪力　　$S=0.5(P_s+wL)\ \text{kN}\cdot\text{m}$

剪应力　　$$\tau = \frac{S}{1\,000ht_w}\ \text{MPa}$$

变形　　$$D = \frac{L^3}{384\times 10^6 EI}(8P_m + 5wL)\ \text{m}$$

（2）建立模型

选梁的截面尺寸 h、b、t_f、t_w 为设计变量，即：

求　　$$\boldsymbol{x} = [h \quad b \quad t_f \quad t_w]^{\mathrm{T}}$$

使梁的体积最小，即

$$f(\boldsymbol{x}) = (ht_w + 2bt_f)L \to \min$$

并满足如下约束条件：

弯曲应力条件　　$\sigma \leqslant \sigma_a$

翼缘翘曲应力条件　　$\sigma \leqslant \sigma_f$

腹板稳定条件　　$\sigma \leqslant \sigma_w$

剪应力条件　　$\tau \leqslant \tau_a$

疲劳条件　　$\sigma \leqslant \frac{1}{2}\sigma_t$

变形条件　　$D \leqslant D_a$

尺寸限制条件　　$0.30 \leqslant h \leqslant 2.5$

$0.30 \leqslant b \leqslant 2.5$

$0.01 \leqslant t_f \leqslant 0.10$

$0.01 \leqslant t_w \leqslant 0.10$

16.3　优化设计问题的基本解法

数学模型建立起来之后，优化设计就变成一个求目标函数极小值的数学问题。可以用**图解法**求解，如：对简单的二维最优化问题，可在设计平面中画出约束可行域和目标函数的一簇等值线，并根据等值线与可行域的相互关系确定出最优点的位置，进而得到问题的近似最优解（图 16-2）；也可以采用微分、变分等**解析方法**，还可以采用近似的、迭代搜索的**数值计算方法**，以及随着仿生学、遗传学和人工智能科学的发展，科学家相继将遗传学、神经网络科学等的原理和方法应用到最优化领域形成的一系列新的**智能最优化方法**，如遗传算法、神经网络算法、蚁群算法等。本章首先介绍以数学分析中多元函数极值理论为基础的解析方法，它为以后的数值寻优提供了重要理论，接着介绍数值计算方法——重点是数学规划法的基本思路和步骤。

1. 解析方法

（1）无约束优化问题

无约束优化就是求目标函数 $f(x_1, x_2, \cdots, x_n)$ 的极小值。对于可微的一元函数 $f(\boldsymbol{x})$，在给定区间内某点 $x = x_0$ 处取得极值，其条件是

$$f'(x_0)=0$$

此条件是必要的，但不充分，还需要根据二阶导数的符号来判断。若 $f''(x_0)>0$，则 x_0 为极小点；若 $f''(x_0)<0$，则 x_0 为极大点；若 $f''(x_0)=0$，x_0 是否为极值点，还需逐次检验其更高阶导数的符号。

对于多元函数 $f(x_1, x_2, \cdots, x_n)$，若在 $\boldsymbol{x}^*$ 点处取得极值，则极值的必要条件为

$$\nabla f(\boldsymbol{x}^*)=\left[\frac{\partial f}{\partial x_1}\ \frac{\partial f}{\partial x_2}\ \cdots\ \frac{\partial f}{\partial x_n}\right]_{\boldsymbol{x}^*}^{\mathrm{T}}=\boldsymbol{0} \tag{16-7}$$

极值的充分条件为

$$\boldsymbol{G}(\boldsymbol{x}^*)=\begin{bmatrix} \dfrac{\partial^2 f}{\partial x_1^2} & \dfrac{\partial^2 f}{\partial x_1 \partial x_2} & \cdots & \dfrac{\partial^2 f}{\partial x_1 \partial x_n} \\ \dfrac{\partial^2 f}{\partial x_2 \partial x_1} & \dfrac{\partial^2 f}{\partial x_2^2} & \cdots & \dfrac{\partial^2 f}{\partial x_2 \partial x_n} \\ \vdots & \vdots & & \vdots \\ \dfrac{\partial^2 f}{\partial x_n \partial x_1} & \dfrac{\partial^2 f}{\partial x_n \partial x_2} & \cdots & \dfrac{\partial^2 f}{\partial x_n^2} \end{bmatrix} \tag{16-8}$$

正定。

$\boldsymbol{G}(\boldsymbol{x}^*)$ 是否正定可以通过判断 $\boldsymbol{G}(\boldsymbol{x}^*)$ 的各阶主子式是否大于零来确定，即如果

$$\left.\frac{\partial^2 f}{\partial x_1^2}\right|_{\boldsymbol{x}^*}>0$$

$$\left.\begin{vmatrix} \dfrac{\partial^2 f}{\partial x_1^2} & \dfrac{\partial^2 f}{\partial x_1 \partial x_2} \\ \dfrac{\partial^2 f}{\partial x_2 \partial x_1} & \dfrac{\partial^2 f}{\partial x_2^2} \end{vmatrix}\right|_{\boldsymbol{x}^*}>0$$

$$\left.\begin{vmatrix} \dfrac{\partial^2 f}{\partial x_1^2} & \dfrac{\partial^2 f}{\partial x_1 \partial x_2} & \dfrac{\partial^2 f}{\partial x_1 \partial x_3} \\ \dfrac{\partial^2 f}{\partial x_2 \partial x_1} & \dfrac{\partial^2 f}{\partial x_2^2} & \dfrac{\partial^2 f}{\partial x_2 \partial x_3} \\ \dfrac{\partial^2 f}{\partial x_3 \partial x_1} & \dfrac{\partial^2 f}{\partial x_3 \partial x_2} & \dfrac{\partial^2 f}{\partial x_3^2} \end{vmatrix}\right|_{\boldsymbol{x}^*}>0$$

$$\left|\boldsymbol{G}(\boldsymbol{x}^*)\right|>0$$

则 $\boldsymbol{G}(\boldsymbol{x}^*)$ 正定。

如果 $\boldsymbol{G}(\boldsymbol{x}^*)$ 的奇数阶主子式为负，偶数阶主子式为正，则 $\boldsymbol{G}(\boldsymbol{x}^*)$ 负定，否则，$\boldsymbol{G}(\boldsymbol{x}^*)$ 不定。

（2）等式约束优化问题

对于等式约束优化问题：

$$\min f(\boldsymbol{x})$$

$$\text{s.t. } h_k(\boldsymbol{x})=0 \quad (k=1,2,\cdots,l)$$

可以通过增加变量将等式约束优化问题变成无约束优化问题来求解，办法是把原来的目标函数 $f(\boldsymbol{x})$改造成如下形式的新的目标函数：

$$F(\boldsymbol{x},\boldsymbol{\lambda})=f(\boldsymbol{x})+\sum_{k=1}^{l}\lambda_k h_k(\boldsymbol{x}) \tag{16-9}$$

这个函数就是拉格朗日函数，其中 λ_k 为待定系数，称为拉格朗日乘子，由它组成拉格朗日乘子向量 $\boldsymbol{\lambda}=[\lambda_1 \quad \lambda_2 \quad \cdots \quad \lambda_l]^{\mathrm{T}}$，$h_k(\boldsymbol{x})$（$k=1$，2，…，$l$）就是约束优化问题的等式约束条件。把 $F(\boldsymbol{x}, \boldsymbol{\lambda})$作为一个新的无约束优化的目标函数来求其极值点，所得结果就是满足约束条件 $h_k(\boldsymbol{x})=0$（$k=1$，2，…，l）的原目标函数 $f(\boldsymbol{x})$的极值点，这种方法称为**拉格朗日乘子法**。

由 $F(\boldsymbol{x}, \boldsymbol{\lambda})$取极值的必要条件：

$$\frac{\partial F}{\partial x_i}=0 \quad (i=1,2,\cdots,n)$$

$$\frac{\partial F}{\partial \lambda_k}=0 \quad (k=1,\ 2,\ \cdots,\ l)$$

可得 $l+n$ 个方程，从而解得 $\boldsymbol{x}=[x_1 \quad x_2 \quad \ldots \quad x_n]^{\mathrm{T}}$和 $\boldsymbol{\lambda}=[\lambda_1 \quad \lambda_2 \quad \cdots \quad \lambda_l]^{\mathrm{T}}$ 共 $l+n$ 个未知变量的值，其解 $\boldsymbol{x}^*=[x_1^* \ x_2^* \ \cdots \ x_l^*]^{\mathrm{T}}$ 就是函数 $f(\boldsymbol{x})$可能极值点的坐标值。

（3）不等式约束优化问题

对于多元函数不等式约束优化问题：

$$\min f(\boldsymbol{x})$$
$$\text{s.t.} \quad g_j(\boldsymbol{x})\leqslant 0 \quad (j=1,2,\cdots,m)$$

引入 m 个松弛变量 $\boldsymbol{w}=[w_1 \ w_2 \cdots w_m]^{\mathrm{T}}$，将不等式约束 $g_j(\boldsymbol{x})\leqslant 0 \ (j=1,2,\cdots,m)$ 变成等式约束：

$$g_j(\boldsymbol{x})+w_j^2=0 \quad (j=1,2,\cdots,m)$$

然后构造拉格朗日函数：

$$F(\boldsymbol{x},\boldsymbol{w},\boldsymbol{\lambda})=f(\boldsymbol{x})+\sum_{j=1}^{m}\lambda_j[g_j(\boldsymbol{x})+w_j^2] \tag{16-10}$$

式中，$\boldsymbol{\lambda}$ 为拉格朗日乘子向量，$\boldsymbol{\lambda}=[\lambda_1 \quad \lambda_2 \quad \cdots \quad \lambda_m]^{\mathrm{T}}$。

由 $F(\boldsymbol{x},\boldsymbol{w},\boldsymbol{\lambda})$ 取极值的必要条件可得

$$\frac{\partial F}{\partial x_i}=\frac{\partial f}{\partial x_i}+\sum_{j=1}^{m}\lambda_j\frac{\partial g_j}{\partial x_i}=0 \qquad (i=1,2,\cdots,n)$$

$$\frac{\partial F}{\partial w_j}=2\lambda_j w_j=0 \qquad (j=1,2,\cdots,m)$$

$$\frac{\partial F}{\partial \lambda_j}=g_j+w_j^2=0 \qquad (j=1,2,\cdots,m)$$

进一步推导可得

$$\begin{cases}\dfrac{\partial f}{\partial x_i}+\sum\limits_{j=1}^{m}\lambda_j\dfrac{\partial g_j}{\partial x_i}=0 & (i=1,2,\cdots,n)\\ \lambda_j g_j=0 & (j=1,2,\cdots,m)\\ \lambda_j\geqslant 0 & (j=1,2,\cdots,m)\end{cases}\tag{16-11}$$

这就是库恩－塔克（Kuhn－Tucker）条件。它可以作为判断设计点是否为约束最优点及搜索方法是否合理的检验条件，在优化方法中具有重要作用。

根据约束边界是否通过某个设计点，又可将约束条件分成该设计点的起作用约束和不起作用约束。所谓起作用约束，就是约束边界正好通过该设计点的约束。

引入起作用约束的下标集合：

$$J(\boldsymbol{x}^*)=\left\{j\big|_{g_j(\boldsymbol{x}^*)=0,\,j=1,2,\cdots,m}\right\}$$

式中，$\boldsymbol{x}^*$是约束优化问题的极值点。则库恩－塔克条件又可写成如下形式：

$$\begin{cases}\dfrac{\partial f(\boldsymbol{x}^*)}{\partial x_i}+\sum\limits_{j\in J}\lambda_j\dfrac{\partial g_j(\boldsymbol{x}^*)}{\partial x_i}=0\ (i=1,2,\cdots,n)\\ g_j(\boldsymbol{x}^*)=0 \quad (j\in J)\\ \lambda_j\geqslant 0 \quad (j\in J)\end{cases}\tag{16-12}$$

将上式中的偏微分形式表示为梯度形式，得

$$\nabla f(\boldsymbol{x}^*)+\sum_{j\in J}\lambda_j\nabla g_j(\boldsymbol{x}^*)=\boldsymbol{0}\tag{16-13}$$

或

$$-\nabla f(\boldsymbol{x}^*)=\sum_{j\in J}\lambda_j\nabla g_j(\boldsymbol{x}^*)$$

则库恩－塔克条件的几何意义是在约束极小值点 $\boldsymbol{x}^*$处，函数 $f(\boldsymbol{x})$的负梯度一定能表示成所有起作用约束在该点梯度（法向量）的非负线性组合。

2. 数值计算方法

解析方法只能用来求解非常简单的优化设计问题，原因是工程实际问题的目标函数或约束条件往往比较复杂，经常是非线性的，用解析方法求解非常困难。有时优化目标或约束条件不是连续可微的函数，甚至没有解析表达式，就无法用解析方法来进行求解。因此，在实际应用中常常采用的是数值计算方法。

数值计算方法是一种近似方法，基本思路是先初选一个设计点，然后根据目标函数的变化规律，按照某种算法逐步逼近目标函数的最优点。这种方法是与计算机技术的发展紧密相关的，由于它具有简单的逻辑结构并能进行反复同样的计算，因此比解析方法更能适应计算机的工作特点。

数学规划法就是解决优化设计问题的最基本的数值计算方法，它包括线性规划、非线性规划、动态规划、整数规划、随机规划等分支内容，其中非线性规划是最一般的优化方法，其步骤可以归纳为：

① 选择一个初始设计点 $\boldsymbol{x}^{(0)}$。

② 按照一定的原则确定一个搜索方向 $\boldsymbol{d}^{(k)}$。

③ 求沿搜索方向 $\boldsymbol{d}^{(k)}$的适当步长 $\alpha^{(k)}$。

④ 按照如下公式迭代：

$$\boldsymbol{x}^{(k+1)}=\boldsymbol{x}^{(k)}+\alpha^{(k)}\boldsymbol{d}^{(k)}\qquad(k=0,1,2,\cdots)\tag{16-14}$$

得到一个改进的设计 $\boldsymbol{x}^{(k+1)}$，其中上标 k 表示迭代的次数。

⑤ 检查所得到的新设计点是否满足迭代终止准则，如满足，则终止迭代，否则，令 $k=k+1$，返回第②步继续搜索。

搜索的过程如图 16－5 所示。其中搜索方向 $\boldsymbol{d}^{(k)}$是根据几何概念和数学原理，由目标函数和约束条件的局部性质和信息形成的。各种具体算法的主要区别就在于迭代过程中确定搜索方向 $\boldsymbol{d}^{(k)}$和步长 $\alpha^{(k)}$ 的方法不同。

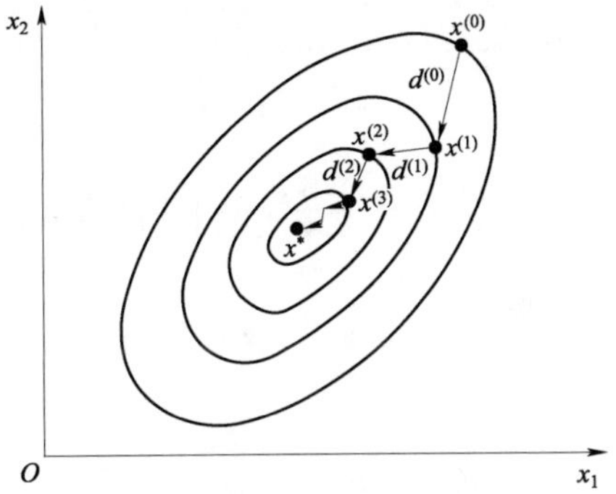

图 16－5　搜索过程

如果迭代算法产生的序列$\{\boldsymbol{x}^{(k)}\}$（$k=0$，1，…）满足

$$\lim_{k\to\infty}\boldsymbol{x}^{(k+1)}=\boldsymbol{x}^{*}\tag{16-15}$$

则称该算法收敛。

一般可采用以下几种迭代终止准则。

① 当相邻两设计点的移动距离已达到充分小时。若用向量模计算它的长度，则

$$\left\|\boldsymbol{x}^{(k+1)}-\boldsymbol{x}^{(k)}\right\|\leqslant\varepsilon_1\tag{16-16}$$

或用 $\boldsymbol{x}^{(k+1)}$和 $\boldsymbol{x}^{(k)}$的坐标轴分量之差表示为

$$|\,x_i^{(k+1)}-x_i^{(k)}\,|\leqslant\varepsilon_2\ \ (i=1,2,\cdots,n)\tag{16-17}$$

② 当函数值的下降量已达到充分小时，即

$$|\,f(\boldsymbol{x}^{(k+1)})-f(\boldsymbol{x}^{(k)})\,|\leqslant\varepsilon_3\tag{16-18}$$

或用其相对值：

$$\left|\frac{f(\boldsymbol{x}^{(k+1)})-f(\boldsymbol{x}^{(k)})}{f(\boldsymbol{x}^{(k)})}\right|\leqslant\varepsilon_4\tag{16-19}$$

③ 当某次迭代点的目标函数梯度已达到充分小时，即

$$\left\|\nabla f(\boldsymbol{x}^{(k)})\right\|\leqslant\varepsilon_5\tag{16-20}$$

式中，ε_1、ε_2、ε_3、ε_4、ε_5是设计者规定的计算精度。

第 17 章
优化设计算法基础

当优化模型中的某些函数是非线性函数时，该优化问题属于非线性规划问题。工程中大多数优化设计问题都是非线性规划问题，因此非线性规划是最一般的优化方法，本章对其中几种典型算法进行介绍，并简单介绍现代优化算法中的遗传算法。

17.1 无约束优化的一维搜索方法

在第 16 章中已经提出数学规划法的迭代公式：

$$\boldsymbol{x}^{(k+1)} = \boldsymbol{x}^{(k)} + \alpha^{(k)}\boldsymbol{d}^{(k)} \quad (k = 0,1,2,\cdots)$$

其中，$\boldsymbol{d}^{(k)}$为第 $k+1$ 次迭代的搜索方向；$\alpha^{(k)}$ 为沿 $\boldsymbol{d}^{(k)}$搜索的最佳步长因子（通常也称作最佳步长。严格地说，只有在$\|\boldsymbol{d}^{(k)}\|=1$ 的条件下，最佳步长$\|\alpha^{(k)}\boldsymbol{d}^{(k)}\|$才等于最佳步长因子 $\alpha^{(k)}$）。当方向 $\boldsymbol{d}^{(k)}$给定后，求最佳步长就变成了求关于 α 的一元函数 $f(\boldsymbol{x}^{(k)}+\alpha\boldsymbol{d}^{(k)})=\varphi(\alpha)$ 的极值 $\alpha^{(k)}$ 的问题。即

$$f(\boldsymbol{x}^{(k)} + \alpha^{(k)}\boldsymbol{d}^{(k)}) = \min_{\alpha} f(\boldsymbol{x}^{(k)} + \alpha\boldsymbol{d}^{(k)}) = \min_{\alpha}\varphi(\alpha) \tag{17-1}$$

这个过程就称为**一维搜索**。

对于简单的函数 $\varphi(\alpha)$，可采用解析法求解其极值。函数在 $\alpha=\alpha^{(k)}$ 处取极小值的必要条件是 $\varphi'(\alpha^{(k)})=0$，充分条件是 $\varphi''(\alpha^{(k)})>0$。

【例 17-1】 求函数 $f(\boldsymbol{x})=x_1^2+x_2^2-2x_1x_2$ 在点 $\boldsymbol{x}^{(k)}=[1\quad 0]^{\mathrm{T}}$ 处沿给定方向 $\boldsymbol{d}^{(k)}=[-2\quad 2]^{\mathrm{T}}$ 一维搜索的最佳步长因子。

解：根据迭代公式，有

$$\boldsymbol{x}^{(k+1)} = \boldsymbol{x}^{(k)} + \alpha^{(k)}\boldsymbol{d}^{(k)} = \begin{bmatrix}1\\0\end{bmatrix} + \alpha^{(k)}\begin{bmatrix}-2\\2\end{bmatrix} = \begin{bmatrix}1-2\alpha^{(k)}\\2\alpha^{(k)}\end{bmatrix}$$

即

$$x_1^{(k+1)} = 1-2\alpha^{(k)}, \quad x_2^{(k+1)} = 2\alpha^{(k)}$$

代入函数中得

$$\begin{aligned} f(\boldsymbol{x}^{(k+1)}) &= f(\boldsymbol{x}^{(k)} + \alpha^{(k)}\boldsymbol{d}^{(k)}) \\ &= (1-2\alpha^{(k)})^2 + (2\alpha^{(k)})^2 - 2(1-2\alpha^{(k)})(2\alpha^{(k)}) \\ &= 16\alpha^{(k)2} - 8\alpha^{(k)} + 1 \end{aligned}$$

$\alpha^{(k)}$ 为一维搜索最佳步长因子，应满足

$$f(\boldsymbol{x}^{(k+1)}) = f(\boldsymbol{x}^{(k)} + a^{(k)}\boldsymbol{d}^{(k)}) = \min_{\alpha} f(\boldsymbol{x}^{(k)} + a\boldsymbol{d}^{(k)})$$
$$= \min_{\alpha}(16\alpha^2 - 8\alpha + 1)$$
$$= \min_{\alpha} \varphi(\alpha)$$

根据极值的必要条件：

$$\varphi'(\alpha^{(k)}) = 32\alpha^{(k)} - 8 = 0$$

得出

$$\alpha^{(k)} = 0.25$$

且

$$\varphi''(\alpha^{(k)}) = 32 > 0$$

因此，$\alpha^{(k)} = 0.25$ 就是函数 $f(\boldsymbol{x})$ 在点 $\boldsymbol{x}^{(k)}$沿方向 $\boldsymbol{d}^{(k)}$一维搜索的最佳步长因子，迭代得到的新点为

$$\boldsymbol{x}^{(k+1)} = \begin{bmatrix} 1-2\alpha^{(k)} \\ 2\alpha^{(k)} \end{bmatrix} = \begin{bmatrix} 1-2\times 0.25 \\ 0+2\times 0.25 \end{bmatrix} = \begin{bmatrix} 0.5 \\ 0.5 \end{bmatrix}$$

对于函数关系复杂、求导困难或得不到 $\varphi(\alpha)$ 显式表达式的情况，用解析法求解将非常困难，因此一维搜索主要还是采用数值解法。数值解法的主要思路是：先确定极小点 α^* 所在的搜索区间，该区间应为单峰区间，即在该区间内目标函数只有一个极小值；然后求出该区间内的 α^*，求解的方法可采用区间消去原理不断缩小搜索区间，从而获得 α^* 的数值近似解。

1. 搜索区间的确定与区间消去原理

（1）确定搜索区间的外推法

一维搜索时，为了确定极小点 α^* 所在的单峰区间[a, b]，应使函数 $f(\alpha)$ 在[a, b]区间里形成“高—低—高”的趋势，如图 17-1 所示，即区间始点、中间点和终点 $\alpha_1 < \alpha_2 < \alpha_3$，所对应的函数值 $f(\alpha_1) > f(\alpha_2) < f(\alpha_3)$。

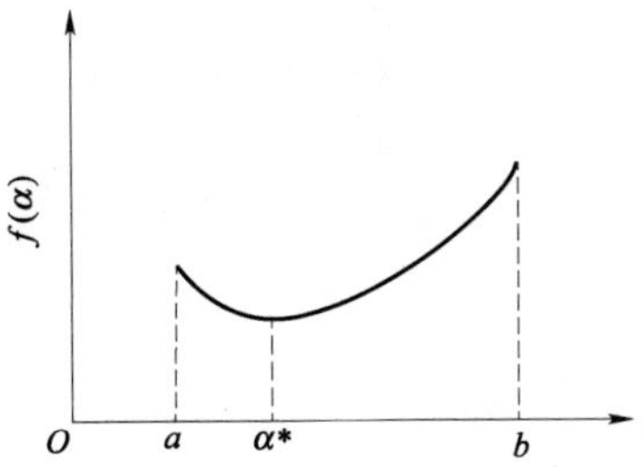

图 17-1　具有单谷性的函数

确定搜索区间可以采用外推法，其程序框图如图 17-2 所示。

【例 17-2】 试用外推法确定函数 $f(\alpha) = (\alpha-3)^2$ 的一维优化初始单峰区间［a，b］。设初始点为 α_0，初始步长 $h_0 = 1$。

解：

$$h = h_0 = 1$$
$$\alpha_1 = \alpha_0 = 0$$
$$y_1 = f(\alpha_1) = 9$$
$$\alpha_2 = \alpha_1 + h = 1$$
$$y_2 = f(\alpha_2) = 4$$

因为 $y_2 < y_1$，做前进运算：

$$h \Leftarrow 2h = 2$$
$$\alpha_3 = \alpha_2 + h = 3$$
$$y_3 = f(\alpha_3) = 0$$

因为 $y_3 < y_2$，再做前进运算：

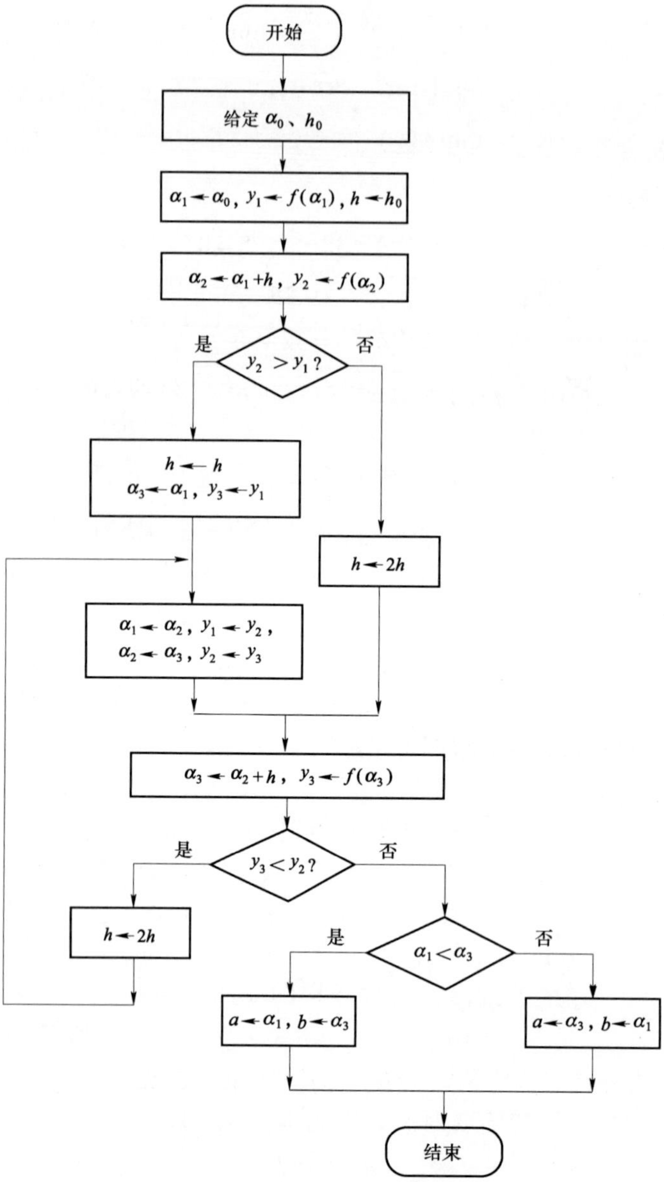

图 17-2　外推法的程序框图

$$\alpha_1 \Leftarrow \alpha_2 = 1$$
$$y_1 \Leftarrow y_2 = 4$$
$$\alpha_2 \Leftarrow \alpha_3 = 3$$
$$y_2 \Leftarrow y_3 = 0$$
$$h \Leftarrow 2h = 4$$
$$\alpha_3 = \alpha_2 + h = 7$$
$$y_3 = f(\alpha_3) = 16$$

此时 $y_3 > y_2$，故

$$a \Leftarrow \alpha_1 = 1$$
$$b \Leftarrow \alpha_3 = 7$$

即所求初始单峰区间：

$$[a,b] = [1,7]$$

（2）区间消去法原理

在搜索区间[a, b]内任取两点 α_1、α_2，$\alpha_1 < \alpha_2$，计算函数值 $f(\alpha_1)$、$f(\alpha_2)$，于是将有下列三种可能情形：

① $f(\alpha_1) < f(\alpha_2)$，极小点在区间 $[a,\alpha_2]$ 内。

② $f(\alpha_1) > f(\alpha_2)$，极小点在区间 $[\alpha_1,b]$ 内。

③ $f(\alpha_1) = f(\alpha_2)$，极小点在 $[\alpha_1,\alpha_2]$ 内。

把第三种情形与第二种情形合并，于是有如下两种情形：

① 若 $f(\alpha_1) < f(\alpha_2)$，则取 $[a,\alpha_2]$ 为缩短后的搜索区间。

② 若 $f(\alpha_1) \geqslant f(\alpha_2)$，则取 $[\alpha_1,b]$ 为缩短后的搜索区间。

2. 黄金分割法

确定了单峰区间[a, b]后，一维搜索的任务就是求函数在该区间上的极小值。黄金分割法适用于[a, b]区间上任何单谷函数求极小值的问题，又称 0.618 法。它通过对黄金分割点函数值的计算和比较，将初始区间逐次进行缩短，当区间缩短到规定的足够小的程度时，就得到区间上极小点的近似解。

黄金分割法要求插入点 α_1、α_2 的位置相对于区间[a, b]两端点具有对称性，即

$$\begin{cases} \alpha_1 = b - \lambda(b-a) \\ \alpha_2 = a + \lambda(b-a) \end{cases} \tag{17-2}$$

式中，λ 为待定常数。

黄金分割法还要求每次区间缩短都有相同的缩短率，即在保留下来的区间内再插入一点所形成的区间新三段，与原来区间的三段具有相同的比例分布，如图 17－3 所示。故有

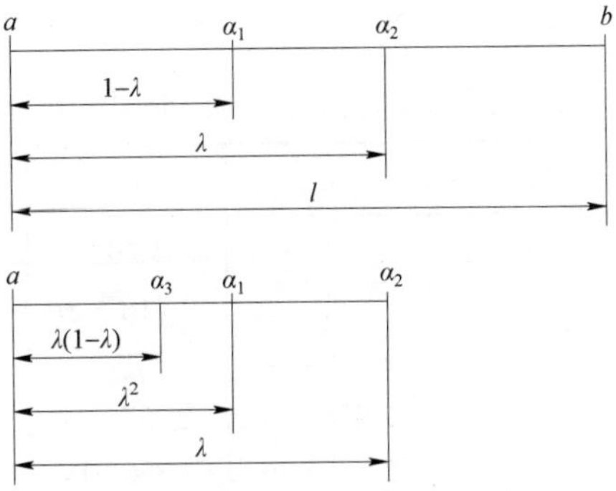

图 17－3　黄金分割法

$$1-\lambda = \lambda^2$$
$$\lambda^2 + \lambda - 1 = 0$$

取方程正数解，得

$$\lambda = \frac{\sqrt{5}-1}{2} \approx 0.618$$

所谓黄金分割，就是指将一条线段分成两段后，整段与较长段的长度比值等于较长段与较短段的长度比值，即

$$1:\lambda = \lambda:(1-\lambda)$$

按照这样的取点规则，黄金分割法的缩短率也为 0.618。为了使最终区间收缩到预定的迭代精度 ε 以内，区间缩短的次数 N 必须满足

$$0.618^N(b-a)\leqslant\varepsilon$$

即

$$N\geqslant\frac{\ln[\varepsilon/(b-a)]}{\ln 0.618}$$

黄金分割法的搜索过程是：

① 给出初始搜索区间$[a,b]$及收敛精度 ε，将 λ 赋以 0.618。

② 按坐标点计算公式（17−2）中的α_1和α_2，并计算其对应的函数值$f(\alpha_1)$、$f(\alpha_2)$。

③ 根据区间消去法原理缩短搜索区间。

④ 检查区间是否缩短到足够小和函数值收敛到足够近，如果条件不满足，则返回步骤②。

⑤ 如果条件满足，则取最后两试验点的平均值作为极小点的数值近似解。

【例 17−3】对于函数 $f(\alpha)=(\alpha-3)^2$，给定初始搜索区间为[1，7]，迭代精度 $\varepsilon=0.4$，试用黄金分割法求其极小点α^*。

解：① 计算插入点。

此时

$$a=1，b=7$$

则

$$\alpha_1=b-\lambda(b-a)=7-0.618\times(7-1)=3.292$$

$$\alpha_2=a+\lambda(b-a)=1+0.618\times(7-1)=4.708$$

计算相应的函数值，得

$$y_1=f(\alpha_1)=0.085\,264,\ y_2=f(\alpha_2)=2.917\,264$$

② 缩短搜索区间。

因为$y_2>y_1$，所以消去区间$[\alpha_2,b]$，新的搜索区间为［1，4.708］。

③ 判断迭代终止条件。

$$b-a=4.708-1=3.708>\varepsilon$$

条件不满足，需进一步缩短区间。

依次迭代下去，计算过程见表 17−1。

表 17−1　例 17−3 黄金分割法的迭代计算过程

迭代序号	a	α_1	α_2	b	y_1	比较	y_2
0	1	3.292	4.708	7	0.085 264	<	2.917 264
1	1	2.416 456	3.292	4.708	0.340 524	>	0.085 264
2	2.416 456	3.292	3.832 630	4.708	0.085 264	<	0.698 273
3	2.416 456	2.957 434	3.292	3.832 63	0.001 812	<	0.085 264
4	2.416 456	2.750 914	2.957 434	3.292	0.062 044	>	0.001 812
5	2.750 914	2.957 434	3.085 305	3.292	0.001 812	<	0.007 277
6	2.750 914	2.878 651	2.957 434	3.085 305			

迭代到第 6 次，区间长度：

$$b-a=3.085\,305-2.750\,914=0.334\,391<\varepsilon$$

迭代终止。

$$\alpha^* = \frac{1}{2}(a+b) = \frac{1}{2}\times(3.085\,305 + 2.750\,914) = 2.918\,095$$

相应的函数极值　　　　　　　$f(\alpha^*) = 0.006\,71$

而精确解为　　　　　　　　　$\alpha^* = 3,\ f(\alpha^*) = 0$

3. 二次插值法

在某一确定区间内寻求函数的极小点，可以根据已有的若干点处的函数信息（包括函数值、导数值等），利用插值方法建立与目标函数近似的插值多项式，然后用多项式函数的极小点作为原函数极小点的近似值。经过一系列的迭代，多项式函数的极小点与原来函数极小点之间的距离逐渐缩小，直到满足一定的精度要求时迭代终止。这种方法就称作插值方法，又称作函数逼近法。

二次插值法（又称抛物线法）就是利用函数 $y = f(\alpha)$ 在单谷区间中的三点 $\alpha_1 < \alpha_2 < \alpha_3$ 所对应的函数值 $f(\alpha_1) > f(\alpha_2) < f(\alpha_3)$ 构造二次插值多项式：

$$P(\alpha) = a_0 + a_1\alpha + a_2\alpha^2$$

它应满足

$$\begin{cases} P(\alpha_1) = a_0 + a_1\alpha_1 + a_2\alpha_1^2 = y_1 = f(\alpha_1) \\ P(\alpha_2) = a_0 + a_1\alpha_2 + a_2\alpha_2^2 = y_2 = f(\alpha_2) \\ P(\alpha_3) = a_0 + a_1\alpha_3 + a_2\alpha_3^2 = y_3 = f(\alpha_3) \end{cases}$$

这是一个关于 a_0、a_1、a_2 的联立方程组。

根据极值的必要条件可得

$$P'(\alpha_p) = a_1 + 2a_2\alpha_p = 0$$

$$\alpha_p = -a_1 / 2a_2$$

从上述 a_0、a_1、a_2 的联立方程组中消去 a_0，从而得到关于 a_1、a_2 的方程组：

$$\begin{cases} a_1(\alpha_1 - \alpha_2) + a_2(\alpha_1^2 - \alpha_2^2) = y_1 - y_2 \\ a_1(\alpha_2 - \alpha_3) + a_2(\alpha_2^2 - \alpha_3^2) = y_2 - y_3 \end{cases}$$

解得

$$a_1 = \frac{(\alpha_2^2 - \alpha_3^2)y_1 + (\alpha_3^2 - \alpha_1^2)y_2 + (\alpha_1^2 - \alpha_2^2)y_3}{(\alpha_1 - \alpha_2)(\alpha_2 - \alpha_3)(\alpha_3 - \alpha_1)}$$

$$a_2 = -\frac{(\alpha_2 - \alpha_3)y_1 + (\alpha_3 - \alpha_1)y_2 + (\alpha_1 - \alpha_2)y_3}{(\alpha_1 - \alpha_2)(\alpha_2 - \alpha_3)(\alpha_3 - \alpha_1)}$$

所以

$$\alpha_p = -\frac{a_1}{2a_2} = \frac{1}{2}\frac{(\alpha_2^2 - \alpha_3^2)y_1 + (\alpha_3^2 - \alpha_1^2)y_2 + (\alpha_1^2 - \alpha_2^2)y_3}{(\alpha_2 - \alpha_3)y_1 + (\alpha_3 - \alpha_1)y_2 + (\alpha_1 - \alpha_2)y_3}$$

令

$$c_1 = \frac{y_3 - y_1}{\alpha_3 - \alpha_1} \tag{17-3}$$

$$c_2 = \frac{\dfrac{y_2 - y_1}{\alpha_2 - \alpha_1} - c_1}{\alpha_2 - \alpha_3} \tag{17-4}$$

则
$$\alpha_p = \frac{1}{2}\left(\alpha_1 + \alpha_3 - \frac{c_1}{c_2}\right) \tag{17-5}$$

α_p 就是本次迭代得到的函数 $f(\alpha)$ 极小点 α^* 的近似解 α_p。如果收敛条件已经满足，则迭代终止，$\alpha^* = \alpha_p$。如果收敛条件不满足，就要进行区间的缩短，缩短的方法是：计算 α_p 的函数值 y_p，比较 y_p 与 y_2，取其中较小者所对应的点作为新的 α_2，以此点左右两邻点分别作为新的 α_1 和 α_3，于是获得缩短后的新区间 $[\alpha_1,\alpha_3]$，如图 17－4 所示。具体做法是根据 α_p 相对于 α_2 的位置及函数值 y_p 与 y_2 的大小，分成如下 4 种情况：

① 如果 $\alpha_p > \alpha_2$，$y_p > y_2$，则 $[\alpha_1,\alpha_p]$ 为新区间，$\alpha_3 \Leftarrow \alpha_p$，$\alpha_1,\alpha_2$ 不变；

② 如果 $\alpha_p > \alpha_2$，$y_p \leqslant y_2$，则 $[\alpha_2,\alpha_3]$ 为新区间，$\alpha_1 \Leftarrow \alpha_2$，$\alpha_2 \Leftarrow \alpha_p$，$\alpha_3$ 不变；

③ 如果 $\alpha_p < \alpha_2$，$y_p < y_2$，则 $[\alpha_1,\alpha_2]$ 为新区间，$\alpha_3 \Leftarrow \alpha_2$，$\alpha_2 \Leftarrow \alpha_p$，$\alpha_1$ 不变；

④ 如果 $\alpha_p < \alpha_2$，$y_p \geqslant y_2$，则 $[\alpha_p,\alpha_3]$ 为新区间，$\alpha_1 \Leftarrow \alpha_p$，$\alpha_2,\alpha_3$ 不变。

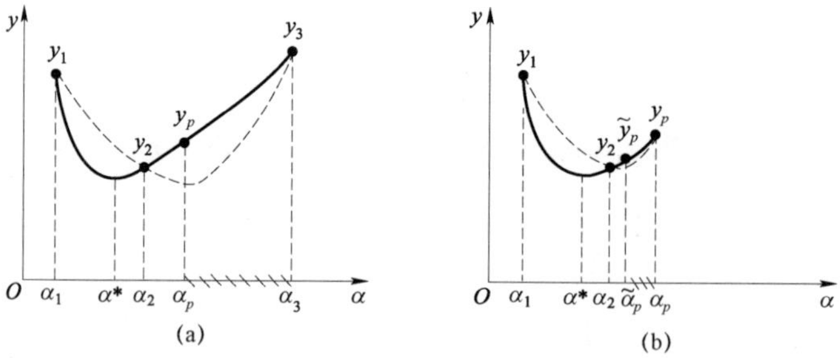

图 17－4　二次插值法

【例 17－4】 试用二次插值法求函数 $f(\alpha) = (\alpha - 3)^2$ 的极小点，给定初始区间为[1, 7]，迭代精度 $\varepsilon = 0.01$。

解： ① 计算初始插值点及其函数值。

$$\alpha_1 = 1,\quad y_1 = f(\alpha_1) = 4$$
$$\alpha_2 = (1+7)/2 = 4,\quad y_2 = f(\alpha_2) = 1$$
$$\alpha_3 = 7,\quad y_3 = f(\alpha_3) = 16$$

② 计算二次插值函数的极小点及极小值。

$$c_1 = \frac{y_3 - y_1}{\alpha_3 - \alpha_1} = \frac{16-4}{7-1} = 2$$

$$c_2 = \frac{\dfrac{y_2 - y_1}{\alpha_2 - \alpha_1} - c_1}{\alpha_2 - \alpha_3} = \frac{\dfrac{1-4}{4-1} - 2}{4-7} = 1$$

则
$$\alpha_p^{(1)} = \frac{1}{2}\left(\alpha_1 + \alpha_3 - \frac{c_1}{c_2}\right) = \frac{1}{2}\times\left(1 + 7 - \frac{2}{1}\right) = 3$$

$$y_p = f(\alpha_p^{(1)}) = 0$$

③ 缩短区间。

因为$\alpha_p^{(1)} < \alpha_2$，$y_p < y_2$，故

$$\alpha_1 = 1\text{，}\quad y_1 = 4$$

$$\alpha_3 = \alpha_2 = 4\text{，}\quad y_3 = 1$$

$$\alpha_2 = \alpha_p^{(1)} = 3\text{，}\quad y_2 = y_p = 0$$

④ 重复步骤②，得

$$c_1 = -1\text{，}\quad c_2 = 1$$

$$\alpha_p^{(2)} = 3\text{，}\quad y_p = 0$$

⑤ 检查终止条件：

$$\left|\alpha_p^{(2)} - \alpha_p^{(1)}\right| = 3 - 3 = 0 < \varepsilon$$

满足，故最优解为

$$\alpha^* = \alpha_p^{(2)} = 3\text{，}\quad f(\alpha^*) = 0$$

17.2　多维无约束优化方法

多维无约束优化问题是：求 n 维设计变量 $\boldsymbol{x} = [x_1 \quad x_2 \quad \dots \quad x_n]^{\mathrm{T}}$，使目标函数 $f(\boldsymbol{x}) \to \min$，而对 $\boldsymbol{x}$ 没有任何限制条件。

尽管实际中几乎所有的设计问题都是有约束的，但无约束优化方法仍然是优化技术中最重要和最基本的内容之一。原因是它不仅可以直接用来求解无约束优化问题，而且约束优化问题也常常可以通过某种途径转化为无约束优化问题来求解。此外，有些约束优化方法，还可以借助无约束优化方法的思想来进行构造。

无约束优化数学规划法的基本思想是从给定的初始点 $\boldsymbol{x}^{(0)}$出发，沿某一搜索方向 $\boldsymbol{d}^{(0)}$进行搜索，确定最佳步长 $\alpha^{(0)}$，使函数值沿方向 $\boldsymbol{d}^{(0)}$下降最大，然后依此方式按公式 $\boldsymbol{x}^{(k+1)} = \boldsymbol{x}^{(k)} + \alpha^{(k)}\boldsymbol{d}^{(k)}$ $(k = 0, 1, 2, \cdots)$不断进行迭代，$\boldsymbol{d}^{(k)}$是 $k+1$ 次**搜索或迭代的方向**。

根据构成搜索方向的方式不同，无约束优化分成了不同的方法，如利用目标函数的一阶或二阶导数构造搜索方向的最速下降法、共轭梯度法、牛顿法及变尺度法等，以及只利用目标函数值来构造搜索方向的坐标轮换法、单形替换法及鲍威尔（Powell）法等。

1. 最速下降法

优化设计是追求目标函数 $f(\boldsymbol{x})$ 最小，因此，一个很自然的想法是从某点 $\boldsymbol{x}^{(k)}$ 出发，沿着该点的负梯度方向 $-\nabla f(\boldsymbol{x}^{(k)})$ 搜索，使目标函数在该点附近下降最快，因此称这种方法为**最速下降法**，又称为**梯度法**。其迭代的算法是

$$\boldsymbol{x}^{(k+1)} = \boldsymbol{x}^{(k)} - \alpha^{(k)}\nabla f(\boldsymbol{x}^{(k)})\ (k = 0,1,2,\cdots) \tag{17-6}$$

搜索方向 $\boldsymbol{d}^{(k)}$为 $-\nabla f(\boldsymbol{x}^{(k)})$ ，步长因子 $\alpha^{(k)}$取一维搜索的最佳步长。

即 $$f(\boldsymbol{x}^{(k+1)})=f[\boldsymbol{x}^{(k)}-\alpha^{(k)}\nabla f(\boldsymbol{x}^{(k)})]=\min_{\alpha} f[\boldsymbol{x}^{(k)}-\alpha\nabla f(\boldsymbol{x}^{(k)})]=\min_{\alpha}\varphi(\alpha)$$

根据一元函数极值的必要条件和多元复合函数求导公式，得

$$\varphi'(\alpha^{(k)})=-\{\nabla f[\boldsymbol{x}^{(k)}-\alpha^{(k)}\nabla f(\boldsymbol{x}^{(k)})]\}^{\mathrm{T}}\nabla f(\boldsymbol{x}^{(k)})=0$$

即

$$[\nabla f(\boldsymbol{x}^{(k+1)})]^{\mathrm{T}}\nabla f(\boldsymbol{x}^{(k)})=0$$

或写成

$$(\boldsymbol{d}^{(k+1)})^{\mathrm{T}}\boldsymbol{d}^{(k)}=0$$

由此可知，在最速下降法中，相邻两个迭代点上的函数梯度相互垂直，也就是相邻两个搜索方向是互相垂直的，如图 17－5 所示。从图中可以直观地看出，在远离极小点的地方，每次迭代可使函数值有较多的下降；在接近极小点的位置，迭代行进的距离缩短，收敛速度也就减慢，因而最速下降法的收敛速度并不快。这是因为梯度是函数的局部性质，函数在迭代点 $\boldsymbol{x}^{(k)}$的负梯度方向仅仅是在 $\boldsymbol{x}^{(k)}$点处为最速下降方向，一旦离开了该点，原先的方向就不再是最速下降方向了。

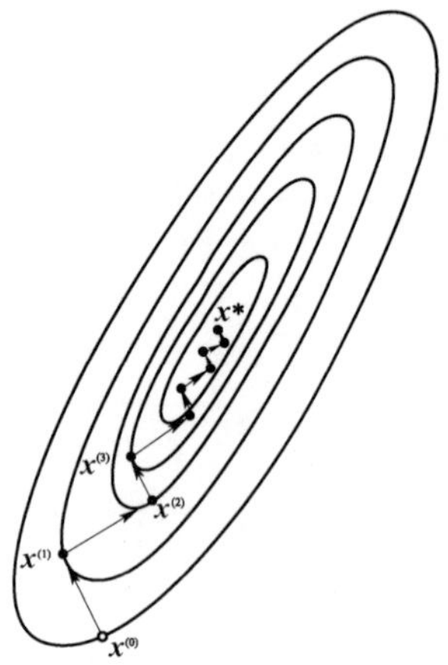

图 17－5　最速下降法的搜索路径

【例 17－5】 求目标函数 $f(\boldsymbol{x})=x_1^2+x_2^2-x_1x_2-10x_1-4x_2+60$ 的极小点，初始点取 $\boldsymbol{x}^{(0)}=[0\quad 0]^{\mathrm{T}}$，收敛精度 $\varepsilon=0.01$。

解： 函数的梯度为

$$\nabla f(\boldsymbol{x})=\begin{bmatrix}\dfrac{\partial f(x)}{\partial x_1}\\ \dfrac{\partial f(x)}{\partial x_2}\end{bmatrix}=\begin{bmatrix}2x_1-x_2-10\\ 2x_2-x_1-4\end{bmatrix}$$

则初始点处的梯度为

$$\nabla f(\boldsymbol{x}^{(0)})=\begin{bmatrix}-10\\ -4\end{bmatrix}$$

$$\left\|\nabla f(\boldsymbol{x}^{(0)})\right\|=\sqrt{\left(\frac{\partial f(\boldsymbol{x}^{(0)})}{\partial x_1}\right)^2+\left(\frac{\partial f(\boldsymbol{x}^{(0)})}{\partial x_2}\right)^2}=\sqrt{(-10)^2+(-4)^2}=10.770>\varepsilon$$

沿负梯度方向进行一维搜索，有

$$\boldsymbol{x}^{(1)}=\boldsymbol{x}^{(0)}-\alpha^{(0)}\nabla f(\boldsymbol{x}^{(0)})=\begin{bmatrix}0\\0\end{bmatrix}-\alpha^{(0)}\begin{bmatrix}-10\\-4\end{bmatrix}=\begin{bmatrix}10\alpha^{(0)}\\4\alpha^{(0)}\end{bmatrix}$$

$$\begin{aligned}f(\boldsymbol{x}^{(1)})&=(10\alpha^{(0)})^2+(4\alpha^{(0)})^2-(10\alpha^{(0)})(4\alpha^{(0)})-10(10\alpha^{(0)})-4(4\alpha^{(0)})+60\\&=76\alpha^{(0)2}-116\alpha^{(0)}+60\end{aligned}$$

$\alpha^{(0)}$为一维搜索最佳步长，应满足

$$\begin{aligned}f(\boldsymbol{x}^{(1)})&=f(\boldsymbol{x}^{(0)}+a^{(0)}\boldsymbol{d}^{(0)})=\min_{\alpha} f(\boldsymbol{x}^{(0)}+a\boldsymbol{d}^{(0)})\\&=\min_{\alpha}\{76\alpha^2-116\alpha+60\}=\min_{\alpha}\varphi(\alpha)\end{aligned}$$

根据极值存在的必要条件：

$$\varphi'(\alpha^{(0)}) = 2\times 76\alpha^{(0)} - 116 = 0$$

则

$$\alpha^{(0)} = \frac{116}{152} = 0.763\,2$$

$$\boldsymbol{x}^{(1)} = \begin{bmatrix} 10\alpha^{(0)} \\ 4\alpha^{(0)} \end{bmatrix} = \begin{bmatrix} 7.632 \\ 3.053 \end{bmatrix}$$

由于

$$\|\nabla f(\boldsymbol{x}^{(1)})\| = \sqrt{\left(\frac{\partial f(\boldsymbol{x}^{(1)})}{\partial x_1}\right)^2 + \left(\frac{\partial f(\boldsymbol{x}^{(1)})}{\partial x_2}\right)^2} = \sqrt{2.211^2 + (-5.526)^2} = 5.952 > \varepsilon$$

继续搜索下去，计算过程见表 17－2。

表 17－2　例 17－5 最速下降法的迭代过程

k	$x_1^{(k)}$	$x_2^{(k)}$	$\nabla f(\boldsymbol{x}^{(k)})$	$\|\nabla f(\boldsymbol{x}^{(k)})\|$	$f(\boldsymbol{x}^{(k)})$
0	0	0	$[-10\quad -4]^{\mathrm{T}}$	10.770	60
1	7.632	3.053	$[2.211\quad -5.526]^{\mathrm{T}}$	5.952	15.737
2	6.810	5.107	$[-1.488\quad -0.595]^{\mathrm{T}}$	1.603	9.151 1
3	7.945	5.562	$[0.329\quad -0.822]^{\mathrm{T}}$	0.886	8.171 3
4	7.823	5.867	$[-0.221\quad -0.089]^{\mathrm{T}}$	0.238	8.025 5
5	7.992	5.935	$[0.049\quad -0.122]^{\mathrm{T}}$	0.132	8.003 791
6	7.974	5.980	$[-0.033\quad -0.013]^{\mathrm{T}}$	0.036	8.005 64
7	7.999	5.990	$[0.007\quad -0.018]^{\mathrm{T}}$	0.020	8.000 084
8	7.996	5.997	$[-0.005\quad 0.002]^{\mathrm{T}}$	0.005	8.000 014

搜索到第 8 次：

$$\|\nabla f(\boldsymbol{x}^{(8)})\| = \sqrt{\left(\frac{\partial f(\boldsymbol{x}^{(8)})}{\partial x_1}\right)^2 + \left(\frac{\partial f(\boldsymbol{x}^{(8)})}{\partial x_2}\right)^2} = \sqrt{0.005^2 + (-0.002)^2} = 0.005 < \varepsilon$$

满足精度要求，则最优解为

$$\boldsymbol{x}^* = [7.996\quad 5.997]^{\mathrm{T}}$$
$$f(\boldsymbol{x}^*) = 8.000\,014$$

2. 共轭梯度法

（1）共轭方向的概念

对于二次函数 $f(\boldsymbol{x}) = \frac{1}{2}\boldsymbol{x}^{\mathrm{T}}\boldsymbol{G}\boldsymbol{x} + \boldsymbol{b}^{\mathrm{T}}\boldsymbol{x} + c$（$\boldsymbol{G}$ 为对称正定矩阵），任选初始点 $\boldsymbol{x}^{(0)}$沿某个下降方向 $\boldsymbol{d}^{(0)}$做一维搜索，得

$$\boldsymbol{x}^{(1)} = \boldsymbol{x}^{(0)} + \alpha^{(0)}\boldsymbol{d}^{(0)}$$

因为 $\alpha^{(0)}$ 是沿 $\boldsymbol{d}^{(0)}$方向搜索的最佳步长，即在 $\boldsymbol{x}^{(1)}$点处函数 $f(\boldsymbol{x})$沿 $\boldsymbol{d}^{(0)}$的方向导数为

零，则

$$[\nabla f(\boldsymbol{x}^{(1)})]^{\mathrm{T}}\boldsymbol{d}^{(0)}=0$$

也就是 $\boldsymbol{d}^{(0)}$与函数在 $\boldsymbol{x}^{(1)}$点处的梯度$[\nabla f(\boldsymbol{x}^{(1)})]$正交。下一次迭代为了避免产生最速下降法的锯齿现象，可取迭代搜索方向 $\boldsymbol{d}^{(1)}$直指极小点 $\boldsymbol{x}^*$（如图 17－6 所示），即

$$\boldsymbol{x}^*=\boldsymbol{x}^{(1)}+\alpha^{(1)}\boldsymbol{d}^{(1)}$$

式中，$\alpha^{(1)}$为 $\boldsymbol{d}^{(1)}$方向上的最佳步长。

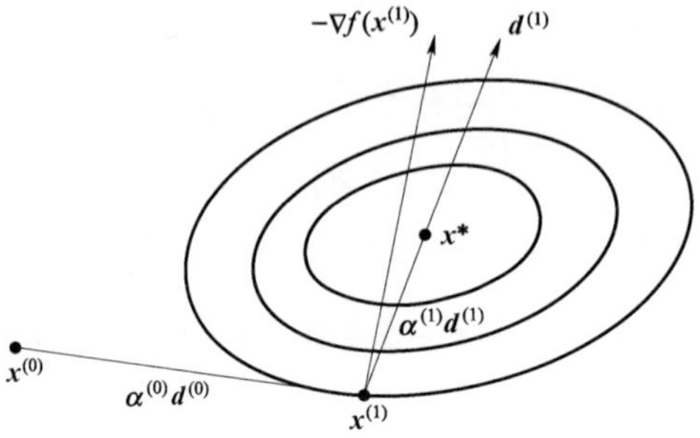

图 17－6　共轭方向

由于 $\boldsymbol{x}^*$是函数 $f(\boldsymbol{x})$的极小点，应满足极值必要条件：

$$\nabla f(\boldsymbol{x}^*)=\boldsymbol{G}\boldsymbol{x}^*+\boldsymbol{b}=0$$

即

$$\nabla f(\boldsymbol{x}^*)=\boldsymbol{G}(\boldsymbol{x}^{(1)}+\alpha^{(1)}\boldsymbol{d}^{(1)})+\boldsymbol{b}=\nabla f(\boldsymbol{x}^{(1)})+\alpha^{(1)}\boldsymbol{G}\boldsymbol{d}^{(1)}=0$$

将上式两边同时左乘$(\boldsymbol{d}^{(0)})^{\mathrm{T}}$，并且当 $\boldsymbol{x}^{(1)}\neq\boldsymbol{x}^*$时，$\alpha^{(1)}\neq 0$，就可得出

$$(\boldsymbol{d}^{(0)})^{\mathrm{T}}\boldsymbol{G}\boldsymbol{d}^{(1)}=0 \tag{17－7}$$

这就是为使 $\boldsymbol{d}^{(1)}$直指极小点 $\boldsymbol{x}^*$所必须满足的条件。满足上式的两个向量 $\boldsymbol{d}^{(0)}$和 $\boldsymbol{d}^{(1)}$称为 $\boldsymbol{G}$ 的**共轭向量**，或称 $\boldsymbol{d}^{(0)}$和 $\boldsymbol{d}^{(1)}$对 $\boldsymbol{G}$ 是**共轭方向**。

（2）共轭方向的性质

【定义】设 $\boldsymbol{G}$ 为 $n\times n$ 阶对称正定矩阵，若 n 维空间中有 m 个非零向量 $\boldsymbol{d}^{(0)}$，$\boldsymbol{d}^{(1)}$，…，$\boldsymbol{d}^{(m-1)}$满足

$$(\boldsymbol{d}^{(i)})^{\mathrm{T}}\boldsymbol{G}\boldsymbol{d}^{(j)}=0 \quad (i,j=0,1,2,\cdots,m-1) \quad (i\neq j) \tag{17－8}$$

则称 $\boldsymbol{d}^{(0)}$，$\boldsymbol{d}^{(1)}$，…，$\boldsymbol{d}^{(m-1)}$对 $\boldsymbol{G}$ 共轭，或称它们是 $\boldsymbol{G}$ 的共轭方向。

当 $\boldsymbol{G}=\boldsymbol{I}$（单位矩阵）时，式（17－8）变成

$$(\boldsymbol{d}^{(i)})^{\mathrm{T}}\boldsymbol{d}^{(j)}=0 \quad (i,j=0,1,2,\cdots,m-1) \quad (i\neq j)$$

即向量 $\boldsymbol{d}^{(0)}$，$\boldsymbol{d}^{(1)}$，…，$\boldsymbol{d}^{(m-1)}$互相正交。由此可见，共轭概念是正交概念的推广，正交是共轭的特例。

【性质 1】若非零向量 $\boldsymbol{d}^{(0)}$，$\boldsymbol{d}^{(1)}$，…，$\boldsymbol{d}^{(m-1)}$是对 $\boldsymbol{G}$ 共轭的，则这 m 个向量是线性无关的。

【性质 2】在 n 维空间中互相共轭的非零向量的个数不超过 n。

【性质 3】从任意初始点 $\boldsymbol{x}^{(0)}$出发，顺次沿 n 个 $\boldsymbol{G}$ 的共轭方向 $\boldsymbol{d}^{(0)}$，$\boldsymbol{d}^{(1)}$，…，$\boldsymbol{d}^{(n-1)}$进行一维搜索，最多经过 n 次迭代就可以找到二次函数 $f(\boldsymbol{x})=\dfrac{1}{2}\boldsymbol{x}^{\mathrm{T}}\boldsymbol{G}\boldsymbol{x}+\boldsymbol{b}^{\mathrm{T}}\boldsymbol{x}+c$ 的极小点 $\boldsymbol{x}^*$。

共轭方向法就是建立在性质 3 基础上的。如果一种迭代方法能使二次函数在有限次迭代

内达到极小点，则称这种迭代方法是**二次收敛**的，因此共轭方向法具有二次收敛性。

提供共轭向量系的方法有许多种，比如共轭梯度法就是每个共轭向量都是依赖于迭代点处的负梯度构造出来的，而鲍威尔法则是直接利用函数值来构造共轭方向的。

（3）共轭梯度法

考虑二次函数：

$$f(\boldsymbol{x})=\frac{1}{2}\boldsymbol{x}^{\mathrm{T}}\boldsymbol{G}\boldsymbol{x}+\boldsymbol{b}^{\mathrm{T}}\boldsymbol{x}+c$$

从 $\boldsymbol{x}^{(k)}$点出发，沿 $\boldsymbol{G}$ 的某一共轭方向 $\boldsymbol{d}^{(k)}$作一维搜索，到达 $\boldsymbol{x}^{(k+1)}$点，即

$$\boldsymbol{x}^{(k+1)}=\boldsymbol{x}^{(k)}+\alpha^{(k)}\boldsymbol{d}^{(k)}$$

或
$$\boldsymbol{x}^{(k+1)}-\boldsymbol{x}^{(k)}=\alpha^{(k)}\boldsymbol{d}^{(k)}$$

而在 $\boldsymbol{x}^{(k)}$、$\boldsymbol{x}^{(k+1)}$点处的梯度 $\boldsymbol{g}^{(k)}$、$\boldsymbol{g}^{(k+1)}$分别为

$$\boldsymbol{g}^{(k)}=\boldsymbol{G}\boldsymbol{x}^{(k)}+\boldsymbol{b}$$

$$\boldsymbol{g}^{(k+1)}=\boldsymbol{G}\boldsymbol{x}^{(k+1)}+\boldsymbol{b}$$

所以有
$$\boldsymbol{g}^{(k+1)}-\boldsymbol{g}^{(k)}=\boldsymbol{G}(\boldsymbol{x}^{(k+1)}-\boldsymbol{x}^{(k)})=\alpha^{(k)}\boldsymbol{G}\boldsymbol{d}^{(k)} \tag{17-9}$$

若 $\boldsymbol{d}^{(j)}$和 $\boldsymbol{d}^{(k)}$对 $\boldsymbol{G}$ 是共轭的，则有

$$(\boldsymbol{d}^{(j)})^{\mathrm{T}}\boldsymbol{G}\boldsymbol{d}^{(k)}=0$$

对式（17－9）两端前乘$(\boldsymbol{d}^{(j)})^{\mathrm{T}}$，得

$$(\boldsymbol{d}^{(j)})^{\mathrm{T}}(\boldsymbol{g}^{(k+1)}-\boldsymbol{g}^{(k)})=0 \tag{17-10}$$

这就是共轭方向与梯度之间的关系。此式表明沿方向 $\boldsymbol{d}^{(k)}$进行一维搜索，其终点 $\boldsymbol{x}^{(k+1)}$与始点 $\boldsymbol{x}^{(k)}$的梯度之差 $\boldsymbol{g}^{(k+1)}-\boldsymbol{g}^{(k)}$ 与 $\boldsymbol{d}^{(k)}$的共轭方向 $\boldsymbol{d}^{(j)}$正交。

共轭梯度法的计算过程如下：

① 设初始点 $\boldsymbol{x}^{(0)}$，第一个搜索方向取 $\boldsymbol{x}^{(0)}$点的负梯度 $-\boldsymbol{g}^{(0)}$，即

$$\boldsymbol{d}^{(0)}=-\boldsymbol{g}^{(0)}$$

沿 $\boldsymbol{d}^{(0)}$进行一维搜索，得 $\boldsymbol{x}^{(1)}=\boldsymbol{x}^{(0)}+\alpha^{(0)}\boldsymbol{d}^{(0)}$，并算出 $\boldsymbol{x}^{(1)}$点处的梯度 $\boldsymbol{g}^{(1)}$。由于 $\boldsymbol{g}^{(1)}$与 $\boldsymbol{d}^{(0)}$正交，即 $(\boldsymbol{d}^{(0)})^{\mathrm{T}}\boldsymbol{g}^{(1)}=0$，从而 $\boldsymbol{g}^{(1)}$和 $\boldsymbol{g}^{(0)}$正交，即 $(\boldsymbol{g}^{(1)})^{\mathrm{T}}\boldsymbol{g}^{(0)}=0$，$\boldsymbol{g}^{(0)}$和 $\boldsymbol{g}^{(1)}$组成平面正交系。

② 在 $\boldsymbol{g}^{(0)}$、$\boldsymbol{g}^{(1)}$所构成的平面正交系中求 $\boldsymbol{d}^{(0)}$的共轭方向 $\boldsymbol{d}^{(1)}$，作为下一步的搜索方向。把 $\boldsymbol{d}^{(1)}$取成 $-\boldsymbol{g}^{(1)}$与 $\boldsymbol{d}^{(0)}$两个方向的线性组合，即

$$\boldsymbol{d}^{(1)}=-\boldsymbol{g}^{(1)}+\beta_0\boldsymbol{d}^{(0)}$$

式中，β_0 为待定常数，它可以根据共轭方向与梯度的关系求得。

由
$$(\boldsymbol{d}^{(1)})^{\mathrm{T}}(\boldsymbol{g}^{(1)}-\boldsymbol{g}^{(0)})=0$$

得
$$(-\boldsymbol{g}^{(1)}+\beta_0\boldsymbol{d}^{(0)})^{\mathrm{T}}(\boldsymbol{g}^{(1)}-\boldsymbol{g}^{(0)})=0$$

将此式展开，考虑到 $(\boldsymbol{g}^{(1)})^{\mathrm{T}}\boldsymbol{g}^{(0)}=0$，$(\boldsymbol{d}^{(0)})^{\mathrm{T}}\boldsymbol{g}^{(1)}=0$，可得

$$\beta_0=\frac{(\boldsymbol{g}^{(1)})^{\mathrm{T}}\boldsymbol{g}^{(1)}}{(\boldsymbol{g}^{(0)})^{\mathrm{T}}\boldsymbol{g}^{(0)}}=\frac{\left\|\boldsymbol{g}^{(1)}\right\|^2}{\left\|\boldsymbol{g}^{(0)}\right\|^2}$$

从而求得
$$\boldsymbol{d}^{(1)}=-\boldsymbol{g}^{(1)}+\frac{\left\|\boldsymbol{g}^{(1)}\right\|^2}{\left\|\boldsymbol{g}^{(0)}\right\|^2}\boldsymbol{d}^{(0)}$$

沿 $\boldsymbol{d}^{(1)}$方向进行一维搜索，得 $\boldsymbol{x}^{(2)}=\boldsymbol{x}^{(1)}+\alpha^{(1)}\boldsymbol{d}^{(1)}$，并算出该点梯度 $\boldsymbol{g}^{(2)}$，有 $(\boldsymbol{d}^{(1)})^{\mathrm{T}}\boldsymbol{g}^{(2)}=0$，即

$$(-\boldsymbol{g}^{(1)}+\beta_0\boldsymbol{d}^{(0)})^{\mathrm{T}}\boldsymbol{g}^{(2)}=0 \tag{17-11}$$

因为 $\boldsymbol{d}^{(0)}$和 $\boldsymbol{d}^{(1)}$共轭，根据共轭方向与梯度的关系式（17－10），有

$$(\boldsymbol{d}^{(0)})^{\mathrm{T}}(\boldsymbol{g}^{(2)}-\boldsymbol{g}^{(1)})=0$$

考虑到 $(\boldsymbol{d}^{(0)})^{\mathrm{T}}\boldsymbol{g}^{(1)}=0$，因此 $(\boldsymbol{d}^{(0)})^{\mathrm{T}}\boldsymbol{g}^{(2)}=0$，即 $\boldsymbol{g}^{(2)}$ 和 $\boldsymbol{g}^{(0)}$ 正交。又根据式（17－11），得 $(\boldsymbol{g}^{(1)})^{\mathrm{T}}\boldsymbol{g}^{(2)}=0$，即 $\boldsymbol{g}^{(2)}$又和 $\boldsymbol{g}^{(1)}$正交。由此可知，$\boldsymbol{g}^{(0)}$、$\boldsymbol{g}^{(1)}$、$\boldsymbol{g}^{(2)}$构成一个正交系。

③ 在 $\boldsymbol{g}^{(0)}$、$\boldsymbol{g}^{(1)}$、$\boldsymbol{g}^{(2)}$所构成的正交系中，求与 $\boldsymbol{d}^{(0)}$与 $\boldsymbol{d}^{(1)}$均共轭的方向 $\boldsymbol{d}^{(2)}$。

设
$$\boldsymbol{d}^{(2)}=-\boldsymbol{g}^{(2)}+\gamma_1\boldsymbol{g}^{(1)}+\gamma_0\boldsymbol{g}^{(0)}$$

式中，γ_1、γ_0 为待定系数。

因为要求 $\boldsymbol{d}^{(2)}$与 $\boldsymbol{d}^{(0)}$和 $\boldsymbol{d}^{(1)}$均共轭，根据式（17－10）共轭方向与梯度的关系，有

$$(-\boldsymbol{g}^{(2)}+\gamma_1\boldsymbol{g}^{(1)}+\gamma_0\boldsymbol{g}^{(0)})^{\mathrm{T}}(\boldsymbol{g}^{(1)}-\boldsymbol{g}^{(0)})=0$$
$$(-\boldsymbol{g}^{(2)}+\gamma_1\boldsymbol{g}^{(1)}+\gamma_0\boldsymbol{g}^{(0)})^{\mathrm{T}}(\boldsymbol{g}^{(2)}-\boldsymbol{g}^{(1)})=0$$

考虑到 $\boldsymbol{g}^{(0)}$、$\boldsymbol{g}^{(1)}$、$\boldsymbol{g}^{(2)}$相互正交，从而有

$$\gamma_1(\boldsymbol{g}^{(1)})^{\mathrm{T}}\boldsymbol{g}^{(1)}-\gamma_0(\boldsymbol{g}^{(0)})^{\mathrm{T}}\boldsymbol{g}^{(0)}=0$$
$$-(\boldsymbol{g}^{(2)})^{\mathrm{T}}\boldsymbol{g}^{(2)}-\gamma_1(\boldsymbol{g}^{(1)})^{\mathrm{T}}\boldsymbol{g}^{(1)}=0$$

设 $\beta_1=-\gamma_1$，得

$$\beta_1=-\gamma_1=\frac{(\boldsymbol{g}^{(2)})^{\mathrm{T}}\boldsymbol{g}^{(2)}}{(\boldsymbol{g}^{(1)})^{\mathrm{T}}\boldsymbol{g}^{(1)}}=\frac{\left\|\boldsymbol{g}^{(2)}\right\|^2}{\left\|\boldsymbol{g}^{(1)}\right\|^2}$$

$$\gamma_0=\gamma_1\frac{(\boldsymbol{g}^{(1)})^{\mathrm{T}}\boldsymbol{g}^{(1)}}{(\boldsymbol{g}^{(0)})^{\mathrm{T}}\boldsymbol{g}^{(0)}}=-\beta_1\beta_0$$

因此

$$\begin{aligned}\boldsymbol{d}^{(2)}&=-\boldsymbol{g}^{(2)}+\gamma_1\boldsymbol{g}^{(1)}+\gamma_0\boldsymbol{g}^{(0)}\\&=-\boldsymbol{g}^{(2)}-\beta_1\boldsymbol{g}^{(1)}-\beta_1\beta_0\boldsymbol{g}^{(0)}\\&=-\boldsymbol{g}^{(2)}+\beta_1(-\boldsymbol{g}^{(1)}+\beta_0\boldsymbol{d}^{(0)})\\&=-\boldsymbol{g}^{(2)}+\beta_1\boldsymbol{d}^{(1)}\end{aligned}$$

从而得出
$$\boldsymbol{d}^{(2)}=-\boldsymbol{g}^{(2)}+\frac{\left\|\boldsymbol{g}^{(2)}\right\|^2}{\left\|\boldsymbol{g}^{(1)}\right\|^2}\boldsymbol{d}^{(1)}$$

再沿 $\boldsymbol{d}^{(2)}$方向继续进行一维搜索，如此继续下去，可得共轭方向的递推公式。

$$\boldsymbol{d}^{(k+1)}=-\boldsymbol{g}^{(k+1)}+\frac{\left\|\boldsymbol{g}^{(k+1)}\right\|^2}{\left\|\boldsymbol{g}^{(k)}\right\|^2}\boldsymbol{d}^{(k)}\quad(k=0,1,2,\cdots,n-1) \tag{17-12}$$

沿着这些共轭方向一直搜索下去，直到最后迭代点处梯度的模小于给定允许值为止。若目标函数为非二次函数，经 n 次搜索还未达到最优点时，则以最后得到的点作为初始点，重新计算共轭方向，一直到满足精度要求为止。

【例 17－6】试用共轭梯度法求目标函数 $f(\boldsymbol{x})=x_1^2+x_2^2-x_1x_2-10x_1-4x_2+60$ 的极小点（初始点取 $\boldsymbol{x}^{(0)}=[0\quad 0]^{\mathrm{T}}$）。

解：
$$\boldsymbol{g}^{(0)}=\nabla f(\boldsymbol{x}^{(0)})=\begin{bmatrix}\dfrac{\partial f}{\partial x_1}\\ \dfrac{\partial f}{\partial x_2}\end{bmatrix}_{\boldsymbol{x}^{(0)}}=\begin{bmatrix}2x_1-x_2-10\\ 2x_2-x_1-4\end{bmatrix}_{\boldsymbol{x}^{(0)}}=\begin{bmatrix}-10\\ -4\end{bmatrix}$$

取
$$\boldsymbol{d}^{(0)}=-\boldsymbol{g}^{(0)}=\begin{bmatrix}10\\ 4\end{bmatrix}$$

沿 $\boldsymbol{d}^{(0)}$ 方向进行一维搜索，得
$$\boldsymbol{x}^{(1)}=\boldsymbol{x}^{(0)}+\alpha^{(0)}\boldsymbol{d}^{(0)}=\begin{bmatrix}0\\ 0\end{bmatrix}+\alpha^{(0)}\begin{bmatrix}10\\ 4\end{bmatrix}=\begin{bmatrix}10\alpha^{(0)}\\ 4\alpha^{(0)}\end{bmatrix}$$
$$\begin{aligned}f(\boldsymbol{x}^{(1)})&=(10\alpha^{(0)})^2+(4\alpha^{(0)})^2-(10\alpha^{(0)})(4\alpha^{(0)})-10\times10\alpha^{(0)}-4\times4\alpha^{(0)}+60\\ &=76\alpha^{(0)2}-116\alpha^{(0)}+60\end{aligned}$$

由于 $\alpha^{(0)}$ 为一维搜索最佳步长，应满足
$$\begin{aligned}f(\boldsymbol{x}^{(1)})&=f(\boldsymbol{x}^{(0)}+a^{(0)}\boldsymbol{d}^{(0)})=\min_{\alpha}f(\boldsymbol{x}^{(0)}+a\boldsymbol{d}^{(0)})\\ &=\min_{\alpha}(76\alpha^2-116\alpha+60)=\min_{\alpha}\varphi_1(\alpha)\end{aligned}$$

根据极值的必要条件，应使 $\varphi_1'(\alpha^{(0)})=0$。

求得
$$\alpha^{(0)}=0.763\,157\,894$$

则
$$\boldsymbol{x}^{(1)}=\boldsymbol{x}^{(0)}+\alpha^{(0)}\boldsymbol{d}^{(0)}=\begin{bmatrix}10\alpha^{(0)}\\ 4\alpha^{(0)}\end{bmatrix}=\begin{bmatrix}7.631\,578\,94\\ 3.052\,631\,576\end{bmatrix}$$
$$\boldsymbol{g}^{(1)}=\nabla f(\boldsymbol{x}^{(1)})=\begin{bmatrix}2.210\,526\,30\\ -5.526\,315\,79\end{bmatrix}$$
$$\beta_0=\frac{\left\|\boldsymbol{g}^{(1)}\right\|^2}{\left\|\boldsymbol{g}^{(0)}\right\|^2}=\frac{35.426\,592\,78}{116}=0.305\,401\,661$$

求 $\boldsymbol{d}^{(0)}$ 的共轭方向：
$$\boldsymbol{d}^{(1)}=-\boldsymbol{g}^{(1)}+\beta_0\boldsymbol{d}^{(0)}=-\begin{bmatrix}2.210\,526\,30\\ -5.526\,315\,79\end{bmatrix}+0.305\,401\,661\begin{bmatrix}10\\ 4\end{bmatrix}=\begin{bmatrix}0.843\,490\,3\\ 6.747\,922\,43\end{bmatrix}$$

再沿 $\boldsymbol{d}^{(1)}$ 方向进行一维搜索：
$$\boldsymbol{x}^{(2)}=\boldsymbol{x}^{(1)}+\alpha^{(1)}\boldsymbol{d}^{(1)}=\begin{bmatrix}7.631\,578\,94\\ 3.052\,631\,576\end{bmatrix}+\alpha^{(1)}\begin{bmatrix}0.843\,490\,3\\ 6.747\,922\,43\end{bmatrix}$$

$$=\begin{bmatrix}7.631\,578\,94+0.843\,490\,3\alpha^{(1)}\\3.052\,631\,576+6.747\,922\,43\alpha^{(1)}\end{bmatrix}$$

由 $\alpha^{(1)}$ 为一维搜索最佳步长，应满足

$$f(\boldsymbol{x}^{(2)})=f(\boldsymbol{x}^{(1)}+a^{(1)}\boldsymbol{d}^{(1)})=\min_{\alpha}f(\boldsymbol{x}^{(1)}+a\boldsymbol{d}^{(1)})=\min_{\alpha}\varphi_2(\alpha)$$

得
$$\varphi_2'(\alpha^{(1)})=0$$

从而解得
$$\alpha^{(1)}=0.436\,781\,609$$

则
$$\boldsymbol{x}^{(2)}=\boldsymbol{x}^{(1)}+\alpha^{(1)}\boldsymbol{d}^{(1)}=\begin{bmatrix}7.999\,999\,99\\5.999\,999\,99\end{bmatrix}$$

由于
$$\boldsymbol{g}^{(2)}=\nabla f(\boldsymbol{x}^{(2)})=\begin{bmatrix}-0.000\,000\,01\\-0.000\,000\,01\end{bmatrix}\approx\boldsymbol{0}$$

故极小点
$$\boldsymbol{x}^{*}=\boldsymbol{x}^{(2)}=\begin{bmatrix}7.999\,999\,99\\5.999\,999\,99\end{bmatrix}$$

3. 牛顿型方法

在最速下降法中，只用到了目标函数的一阶导数信息来确定搜索方向，如果能用函数的二阶导数信息，就可以对函数进行更精确的表达，也就可能找到更好的搜索路径，获得更快的收敛速度。牛顿型方法就用到了海赛矩阵来构造搜索方向。

对于多元函数 $f(\boldsymbol{x})$，设 $\boldsymbol{x}^{(k)}$ 为 $f(\boldsymbol{x})$ 极小点 $\boldsymbol{x}^{*}$ 的一个近似点，在 $\boldsymbol{x}^{(k)}$ 处将 $f(\boldsymbol{x})$ 进行泰勒展开，保留到二次项，得

$$f(\boldsymbol{x})\approx\varphi(\boldsymbol{x})$$

$$=f(\boldsymbol{x}^{(k)})+\nabla f(\boldsymbol{x}^{(k)})^{\mathrm{T}}(\boldsymbol{x}-\boldsymbol{x}^{(k)})+\frac{1}{2}(\boldsymbol{x}-\boldsymbol{x}^{(k)})^{\mathrm{T}}\nabla^2 f(\boldsymbol{x}^{(k)})(\boldsymbol{x}-\boldsymbol{x}^{(k)})$$

式中，$\nabla^2 f(\boldsymbol{x}^{(k)})$ 为 $f(\boldsymbol{x})$ 在 $\boldsymbol{x}^{(k)}$ 处的海赛矩阵。

设 $\boldsymbol{x}^{(k+1)}$ 为 $\varphi(\boldsymbol{x})$ 的极小点，根据极值必要条件：

$$\nabla\varphi(\boldsymbol{x}^{(k+1)})=\boldsymbol{0}$$

即
$$\nabla f(\boldsymbol{x}^{(k)})+\nabla^2 f(\boldsymbol{x}^{(k)})(\boldsymbol{x}^{(k+1)}-\boldsymbol{x}^{(k)})=0$$

得
$$\boldsymbol{x}^{(k+1)}=\boldsymbol{x}^{(k)}-[\nabla^2 f(\boldsymbol{x}^{(k)})]^{-1}\nabla f(\boldsymbol{x}^{(k)})\quad(k=0,1,2,\cdots)\tag{17-13}$$

这就是多元函数求极值的牛顿法迭代公式，其搜索方向为

$$\boldsymbol{d}^{(k)}=-[\nabla^2 f(\boldsymbol{x}^{(k)})]^{-1}\nabla f(\boldsymbol{x}^{(k)})\tag{17-14}$$

称为**牛顿方向**，其步长为恒定值 $\alpha^{(k)}=1$。

对于正定的二次函数，$f(\boldsymbol{x})$ 的上述泰勒展开式不是近似的，而是精确的。因此，无论从任何点出发，只需一步就可找到极值点，因此牛顿法也是二次收敛的。

【例 17-7】 用牛顿法求 $f(\boldsymbol{x})=x_1^2+25x_2^2$ 的极小值（初始点取 $\boldsymbol{x}^{(0)}=[2\quad 2]^{\mathrm{T}}$）。

解： 初始点处的函数梯度、海赛矩阵及其逆阵分别是

$$\nabla f(\boldsymbol{x}^{(0)})=\begin{bmatrix}2x_1\\50x_2\end{bmatrix}_{\boldsymbol{x}^{(0)}}=\begin{bmatrix}4\\100\end{bmatrix}$$

$$\nabla^2 f(\boldsymbol{x}^{(0)})=\begin{bmatrix}2 & 0\\ 0 & 50\end{bmatrix}$$

$$[\nabla^2 f(\boldsymbol{x}^{(0)})]^{-1}=\begin{bmatrix}\frac{1}{2} & 0\\ 0 & \frac{1}{50}\end{bmatrix}$$

代入牛顿法迭代公式，得

$$\boldsymbol{x}^{(1)}=\boldsymbol{x}^{(0)}-[\nabla^2 f(\boldsymbol{x}^{(0)})]^{-1}\nabla f(\boldsymbol{x}^{(0)})=\begin{bmatrix}2\\2\end{bmatrix}-\begin{bmatrix}\frac{1}{2} & 0\\ 0 & \frac{1}{50}\end{bmatrix}\begin{bmatrix}4\\100\end{bmatrix}=\begin{bmatrix}0\\0\end{bmatrix}$$

从而经过一次迭代即求得极小点 $\boldsymbol{x}^*=[0\quad 0]$及函数极小值 $f(\boldsymbol{x}^*)=0$。

由此可见，当初始点选得合适且 $f(\boldsymbol{x})$为二次函数时，牛顿法收敛很快。但是如果初始点选择不当，离极小点远而离极大点近时，就可能收敛于极大点，有时还会收敛到鞍点或不收敛。这是由于迭代时没有优化步长，不能保证每次迭代目标函数值都是下降的，即 $f(\boldsymbol{x}^{(k+1)})<f(\boldsymbol{x}^{(k)})$，因此，需要对上述牛顿法做些修改。修改的方法可以是每次从 $\boldsymbol{x}^{(k)}$点沿牛顿方向进行一维搜索时，将该方向上的最优点作为 $\boldsymbol{x}^{(k+1)}$，其迭代公式为

$$\begin{aligned}\boldsymbol{x}^{(k+1)}&=\boldsymbol{x}^{(k)}+\alpha^{(k)}\boldsymbol{d}^{(k)}\\&=\boldsymbol{x}^{(k)}-\alpha^{(k)}[\nabla^2 f(\boldsymbol{x}^{(k)})]^{-1}\nabla f(\boldsymbol{x}^{(k)})\ (k=0,1,2,\cdots)\end{aligned}\tag{17-15}$$

式中，$\alpha^{(k)}$为沿牛顿方向进行一维搜索的最佳步长，称为阻尼因子。上述方法也称为**阻尼牛顿法**，或称**修正牛顿法**。

阻尼牛顿法的计算步骤如下：

① 给定初始点 $\boldsymbol{x}^{(0)}$，收敛精度 ε，置 $k\leftarrow 0$。

② 计算 $\nabla f(\boldsymbol{x}^{(k)})$、$\nabla^2 f(\boldsymbol{x}^{(k)})$、$[\nabla^2 f(\boldsymbol{x}^{(k)})]^{-1}$和 $\boldsymbol{d}^{(k)}=-[\nabla^2 f(\boldsymbol{x}^{(k)})]^{-1}\nabla f(\boldsymbol{x}^{(k)})$。

③ 求 $\boldsymbol{x}^{(k+1)}=\boldsymbol{x}^{(k)}+\alpha^{(k)}\boldsymbol{d}^{(k)}$，其中 $\alpha^{(k)}$为沿 $\boldsymbol{d}^{(k)}$进行一维搜索的最佳步长，通过如下极小化过程求得：

$$f(\boldsymbol{x}^{(k+1)})=f(\boldsymbol{x}^{(k)}+\alpha^{(k)}\boldsymbol{d}^{(k)})=\min_{\alpha} f(\boldsymbol{x}^{(k)}+\alpha\boldsymbol{d}^{(k)})$$

④ 检查收敛精度。若 $\left\|\boldsymbol{x}^{(k+1)}-\boldsymbol{x}^{(k)}\right\|\leqslant\varepsilon$，则 $\boldsymbol{x}^*=\boldsymbol{x}^{(k+1)}$，停止搜索；否则，置 $k\leftarrow k+1$，返回步骤②继续进行搜索。

4. 变尺度法

牛顿型方法对于目标函数性态较好或初始点取在极小点附近时，有收敛速度较快的优点，但它存在构造牛顿方向比较困难（需要求海赛矩阵的逆矩阵）甚至无法构造的缺点。变尺度法就是人们基于牛顿法的思想做了一些重要改进的一类方法，它通过采用变尺度矩阵来近似海赛矩阵的逆矩阵，简化了牛顿型方法的计算，又保持了牛顿型方法收敛快的优点，这类方法又称为拟牛顿法。

（1）变尺度矩阵的建立

对于一般函数 $f(\boldsymbol{x})$，其牛顿迭代公式为

$$\boldsymbol{x}^{(k+1)}=\boldsymbol{x}^{(k)}-\alpha^{(k)}\boldsymbol{G}^{(k)-1}\boldsymbol{g}^{(k)}\quad(k=0,1,2,\cdots)$$

其中，

$$\boldsymbol{g}^{(k)}=\nabla f(\boldsymbol{x}^{(k)})$$

$$\boldsymbol{G}^{(k)}=\nabla^2 f(\boldsymbol{x}^{(k)})$$

为了避免在迭代公式中计算海赛矩阵的逆矩阵 $\boldsymbol{G}^{(k)-1}$，可对在迭代中逐步建立的**变尺度矩阵** $\boldsymbol{H}^{(k)}=\boldsymbol{H}^{(k)}(\boldsymbol{x}^{(k)})$ 构造一个矩阵序列 $\{\boldsymbol{H}^{(k)}\}$ 来逼近海赛矩阵的逆矩阵序列 $\{\boldsymbol{G}^{(k)-1}\}$。这样，上式变为

$$\boldsymbol{x}^{(k+1)}=\boldsymbol{x}^{(k)}-\alpha^{(k)}\boldsymbol{H}^{(k)}\boldsymbol{g}^{(k)}\quad(k=0,1,2,\cdots)\tag{17-16}$$

式中，$\alpha^{(k)}$ 是从 $\boldsymbol{x}^{(k)}$ 出发，沿方向 $\boldsymbol{d}^{(k)}=-\boldsymbol{H}^{(k)}\boldsymbol{g}^{(k)}$ 做一维搜索而得到的最佳步长。

为使变尺度矩阵能够逼近海赛矩阵的逆矩阵，需对 $\boldsymbol{H}^{(k)}$ 附加某些条件：

① 为保证迭代公式具有下降性质，要求 $\{\boldsymbol{H}^{(k)}\}$ 中的每一个矩阵都是对称正定的。

② 要求 $\boldsymbol{H}^{(k)}$ 之间的迭代具有简单的形式，如

$$\boldsymbol{H}^{(k+1)}=\boldsymbol{H}^{(k)}+\boldsymbol{E}^{(k)}\tag{17-17}$$

式中，$\boldsymbol{E}^{(k)}$ 为校正矩阵，上式称作校正公式。

③ 要求 $\{\boldsymbol{H}^{(k)}\}$ 必须满足拟牛顿条件。

设迭代过程已进行到 $k+1$ 步，当 $f(\boldsymbol{x})$ 为具有正定海赛矩阵 $\boldsymbol{G}$ 的二次函数时，根据泰勒展开可得

$$\boldsymbol{g}^{(k+1)}=\boldsymbol{g}^{(k)}+\boldsymbol{G}(\boldsymbol{x}^{(k+1)}-\boldsymbol{x}^{(k)})$$

即

$$\boldsymbol{G}^{-1}(\boldsymbol{g}^{(k+1)}-\boldsymbol{g}^{(k)})=\boldsymbol{x}^{(k+1)}-\boldsymbol{x}^{(k)}$$

如果迫使 $\boldsymbol{H}^{(k+1)}$ 满足类似于上式的关系：

$$\boldsymbol{H}^{(k+1)}(\boldsymbol{g}^{(k+1)}-\boldsymbol{g}^{(k)})=\boldsymbol{x}^{(k+1)}-\boldsymbol{x}^{(k)}$$

那么 $\boldsymbol{H}^{(k+1)}$ 就可以很好地近似于 $\boldsymbol{G}^{-1}$。

记

$$\boldsymbol{y}^{(k)}=\boldsymbol{g}^{(k+1)}-\boldsymbol{g}^{(k)}$$

$$\boldsymbol{s}^{(k)}=\boldsymbol{x}^{(k+1)}-\boldsymbol{x}^{(k)}$$

则拟牛顿条件可写成

$$\boldsymbol{H}^{(k+1)}\boldsymbol{y}^{(k)}=\boldsymbol{s}^{(k)}$$

（2）DFP 变尺度法

在变尺度法中，校正矩阵 $\boldsymbol{E}^{(k)}$ 取不同的形式，就形成不同的变尺度法。DFP 变尺度法是由 W.C.Davidon 于 1959 年首先提出，后又于 1963 年经 R.Fletcher 和 N.H.D.Powell 加以发展完善的一种变尺度法，其校正矩阵 $\boldsymbol{E}^{(k)}$ 取下列形式：

$$\boldsymbol{E}^{(k)}=\alpha^{(k)}\boldsymbol{u}^{(k)}\boldsymbol{u}^{(k)\mathrm{T}}+\beta^{(k)}\boldsymbol{v}^{(k)}\boldsymbol{v}^{(k)\mathrm{T}}\tag{17-18}$$

其中，$\boldsymbol{u}^{(k)}$、$\boldsymbol{v}^{(k)}$ 是 n 维待定向量；$\alpha^{(k)}$、$\beta^{(k)}$ 是待定常数；$\boldsymbol{u}^{(k)}\boldsymbol{u}^{(k)\mathrm{T}}$、$\boldsymbol{v}^{(k)}\boldsymbol{v}^{(k)\mathrm{T}}$ 都是矩阵。

根据校正矩阵 $\boldsymbol{E}^{(k)}$，要满足拟牛顿条件：

$$\boldsymbol{E}^{(k)}\boldsymbol{y}^{(k)}=\boldsymbol{s}^{(k)}-\boldsymbol{H}^{(k)}\boldsymbol{y}^{(k)}$$

则有

$$(\alpha^{(k)}\boldsymbol{u}^{(k)}\boldsymbol{u}^{(k)\mathrm{T}}+\beta^{(k)}\boldsymbol{v}^{(k)}\boldsymbol{v}^{(k)\mathrm{T}})\boldsymbol{y}^{(k)}=\boldsymbol{s}^{(k)}-\boldsymbol{H}^{(k)}\boldsymbol{y}^{(k)}$$

即

$$\alpha^{(k)}\boldsymbol{u}^{(k)}\boldsymbol{u}^{(k)\mathrm{T}}\boldsymbol{y}^{(k)}+\beta^{(k)}\boldsymbol{v}^{(k)}\boldsymbol{v}^{(k)\mathrm{T}}\boldsymbol{y}^{(k)}=\boldsymbol{s}^{(k)}-\boldsymbol{H}^{(k)}\boldsymbol{y}^{(k)}$$

令
$$\alpha^{(k)}\boldsymbol{u}^{(k)}\boldsymbol{u}^{(k)\mathrm{T}}\boldsymbol{y}^{(k)}=\boldsymbol{s}^{(k)}$$
$$\beta^{(k)}\boldsymbol{v}^{(k)}\boldsymbol{v}^{(k)\mathrm{T}}\boldsymbol{y}^{(k)}=-\boldsymbol{H}^{(k)}\boldsymbol{y}^{(k)}$$
取
$$\boldsymbol{u}^{(k)}=\boldsymbol{s}^{(k)}$$
$$\boldsymbol{v}^{(k)}=\boldsymbol{H}^{(k)}\boldsymbol{y}^{(k)}$$
则
$$\alpha^{(k)}=\frac{1}{\boldsymbol{s}^{(k)\mathrm{T}}\boldsymbol{y}^{(k)}}$$
$$\beta^{(k)}=-\frac{1}{\boldsymbol{y}^{(k)\mathrm{T}}\boldsymbol{H}^{(k)}\boldsymbol{y}^{(k)}}$$
从而可得 DFP 算法的校正公式：
$$\boldsymbol{H}^{(k+1)}=\boldsymbol{H}^{(k)}+\frac{\boldsymbol{s}^{(k)}\boldsymbol{s}^{(k)\mathrm{T}}}{\boldsymbol{s}^{(k)\mathrm{T}}\boldsymbol{y}^{(k)}}-\frac{\boldsymbol{H}^{(k)}\boldsymbol{y}^{(k)}\boldsymbol{y}^{(k)\mathrm{T}}\boldsymbol{H}^{(k)}}{\boldsymbol{y}^{(k)\mathrm{T}}\boldsymbol{H}^{(k)}\boldsymbol{y}^{(k)}}\tag{17-19}$$

【例 17－8】用 DFP 算法求 $f(\boldsymbol{x})=x_1^2+2x_2^2-4x_1-2x_1x_2$ 的极小值解（取初始点 $\boldsymbol{x}^{(0)}=[1\quad 1]^{\mathrm{T}}$）。

解：计算初始点处的梯度：
$$\boldsymbol{g}^{(0)}=\nabla f(\boldsymbol{x}^{(0)})=\begin{bmatrix}2x_1-2x_2-4\\4x_2-2x_1\end{bmatrix}_{\boldsymbol{x}^{(0)}}=\begin{bmatrix}-4\\2\end{bmatrix}$$
取初始变尺度矩阵为单位矩阵 $\boldsymbol{H}^{(0)}=\boldsymbol{I}$，则第一次搜寻方向为
$$\boldsymbol{d}^{(0)}=-\boldsymbol{H}^{(0)}\boldsymbol{g}^{(0)}=-\begin{bmatrix}1&0\\0&1\end{bmatrix}\begin{bmatrix}-4\\2\end{bmatrix}=\begin{bmatrix}4\\-2\end{bmatrix}$$
沿 $\boldsymbol{d}^{(0)}$方向进行一维搜索，得
$$\boldsymbol{x}^{(1)}=\boldsymbol{x}^{(0)}+\alpha^{(0)}\boldsymbol{d}^{(0)}=\begin{bmatrix}1\\1\end{bmatrix}+\alpha^{(0)}\begin{bmatrix}4\\-2\end{bmatrix}=\begin{bmatrix}1+4\alpha^{(0)}\\1-2\alpha^{(0)}\end{bmatrix}$$
其中，$\alpha^{(0)}$ 为一维搜索最佳步长，应满足
$$f(\boldsymbol{x}^{(1)})=\min_{\alpha}f(\boldsymbol{x}^{(0)}+\alpha\boldsymbol{d}^{(0)})=\min_{\alpha}\{40\alpha^2-20\alpha-3\}$$
得
$$\alpha^{(0)}=0.25$$
$$\boldsymbol{x}^{(1)}=\begin{bmatrix}2\\0.5\end{bmatrix}$$

再按 DFP 法构造 $\boldsymbol{x}^{(1)}$点处的搜寻方向 $\boldsymbol{d}^{(1)}$。
$$\boldsymbol{g}^{(1)}=\begin{bmatrix}2x_1-2x_2-4\\4x_2-2x_1\end{bmatrix}_{\boldsymbol{x}^{(1)}}=\begin{bmatrix}-1\\-2\end{bmatrix}$$
$$\boldsymbol{y}^{(0)}=\boldsymbol{g}^{(1)}-\boldsymbol{g}^{(0)}=\begin{bmatrix}-1\\-2\end{bmatrix}-\begin{bmatrix}-4\\2\end{bmatrix}=\begin{bmatrix}3\\-4\end{bmatrix}$$
$$\boldsymbol{s}^{(0)}=\boldsymbol{x}^{(1)}-\boldsymbol{x}^{(0)}=\begin{bmatrix}2\\0.5\end{bmatrix}-\begin{bmatrix}1\\1\end{bmatrix}=\begin{bmatrix}1\\-0.5\end{bmatrix}$$
代入校正公式：

$$\boldsymbol{H}^{(1)}=\boldsymbol{H}^{(0)}+\frac{\boldsymbol{s}^{(0)}\boldsymbol{s}^{(0)\mathrm{T}}}{\boldsymbol{s}^{(0)\mathrm{T}}\boldsymbol{y}^{(0)}}-\frac{\boldsymbol{H}^{(0)}\boldsymbol{y}^{(0)}\boldsymbol{y}^{(0)\mathrm{T}}\boldsymbol{H}^{(0)}}{\boldsymbol{y}^{(0)\mathrm{T}}\boldsymbol{H}^{(0)}\boldsymbol{y}^{(0)}}$$

$$=\begin{bmatrix}1&0\\0&1\end{bmatrix}+\frac{\begin{bmatrix}1\\-0.5\end{bmatrix}[1\quad -0.5]}{[1\quad -0.5]\begin{bmatrix}3\\-4\end{bmatrix}}-\frac{\begin{bmatrix}3\\-4\end{bmatrix}[3\quad -4]}{[3\quad -4]\begin{bmatrix}3\\-4\end{bmatrix}}$$

$$=\begin{bmatrix}1&0\\0&1\end{bmatrix}+\frac{1}{5}\begin{bmatrix}1&-0.5\\-0.5&0.25\end{bmatrix}-\frac{1}{25}\begin{bmatrix}9&-12\\-12&16\end{bmatrix}$$

$$=\begin{bmatrix}\frac{21}{25}&\frac{19}{50}\\\frac{19}{50}&\frac{41}{100}\end{bmatrix}$$

则第二次搜寻方向为

$$\boldsymbol{d}^{(1)}=-\boldsymbol{H}^{(1)}\boldsymbol{g}^{(1)}=-\begin{bmatrix}\frac{21}{25}&\frac{19}{50}\\\frac{19}{50}&\frac{41}{100}\end{bmatrix}\begin{bmatrix}-1\\-2\end{bmatrix}=\begin{bmatrix}\frac{8}{5}\\\frac{6}{5}\end{bmatrix}$$

再沿 $\boldsymbol{d}^{(1)}$进行一维搜索，得

$$\boldsymbol{x}^{(2)}=\boldsymbol{x}^{(1)}+\alpha^{(1)}\boldsymbol{d}^{(1)}=\begin{bmatrix}2\\0.5\end{bmatrix}+\alpha^{(1)}\begin{bmatrix}\frac{8}{5}\\\frac{6}{5}\end{bmatrix}=\begin{bmatrix}2+\frac{8}{5}\alpha^{(1)}\\0.5+\frac{6}{5}\alpha^{(1)}\end{bmatrix}$$

其中，$\alpha^{(1)}$ 为一维搜索最佳步长，应满足

$$f(\boldsymbol{x}^{(2)})=\min_{\alpha}f(\boldsymbol{x}^{(1)}+\alpha\boldsymbol{d}^{(1)})=\min_{\alpha}\left\{\frac{8}{5}\alpha^2-4\alpha-\frac{11}{2}\right\}$$

得

$$\alpha^{(1)}=\frac{5}{4}$$

$$\boldsymbol{x}^{(2)}=\begin{bmatrix}4\\2\end{bmatrix}$$

由于 $\boldsymbol{g}^{(2)}=\begin{bmatrix}2x_1-2x_2-4\\4x_2-2x_1\end{bmatrix}_{\boldsymbol{x}^{(2)}}=\begin{bmatrix}0\\0\end{bmatrix}$ 且 $\nabla^2 f(\boldsymbol{x}^{(2)})=\begin{bmatrix}2&-2\\-2&4\end{bmatrix}$ 正定，所以

$$\boldsymbol{x}^*=\boldsymbol{x}^{(2)}=[4\quad 2]^{\mathrm{T}}$$

$$f(\boldsymbol{x}^*)=-8$$

17.3 约束优化方法

大多数优化设计问题属于约束优化设计问题，其数学模型为

$$\begin{cases} \min f(\boldsymbol{x}) = f(x_1, x_2, \cdots, x_n) \\ \text{s.t. } g_j(\boldsymbol{x}) = g_j(x_1, x_2, \cdots, x_n) \leqslant 0 \quad (j = 1, 2, \cdots, m) \\ h_i(\boldsymbol{x}) = h_i(x_1, x_2, \cdots, x_n) = 0 \quad (i = 1, 2, \cdots, l) \end{cases} \tag{17-20}$$

求解上式的方法称为约束优化方法。

约束优化方法可分为直接法和间接法两类。直接法通常用于仅含不等式约束的优化问题，其基本思想是在可行域内按照一定的原则直接探索出最优点。当可行域为非凸集或目标函数是非凸函数时，往往还需要更换几次初始点，进行多路线探索。属于直接法的约束优化方法有随机方向法、复合形法、可行方向法、简约梯度法等。

间接法对于等式约束和不等式约束优化问题均有效，它有不同的求解策略，其中一种解法的基本思路是按照一定的原则构造一个包含原目标函数和约束条件的新目标函数，将约束优化问题转化为一个或一系列的无约束优化问题进行求解。属于间接解法的方法有惩罚函数法和增广拉格朗日乘子法等。

1. 复合形法

复合形法是求解约束优化问题的一种重要的直接方法，其基本方法是：首先在设计空间内选择位于可行域内的 k 个初始点，构造一个初始复合形；接着利用复合形各顶点处目标函数值的大小关系，判断目标函数的下降方向，找到目标函数值最大的最坏点，代之以既使目标函数值有所下降又能满足约束条件的新点，从而构成新的复合形（图 17－7）。如此重复进行下去，使新的复合形不断地向最优点移动和收缩，直至满足收敛条件为止。

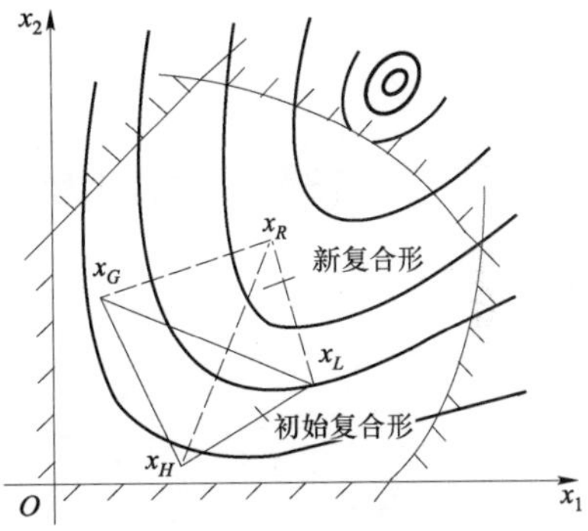

图 17－7 复合形法的原理

（1）初始复合形的产生方法

初始复合形是在可行域内选择 k $(n+1 \leqslant k \leqslant 2n)$ 个可行点作为顶点构造而成的，而这 k 个顶点可以采用以下的方法产生。

① 由设计者试选全部 k 个顶点；

② 由设计者先选定一个顶点，其余 $k-1$ 个顶点用随机方法计算产生，计算的方法是

$$\boldsymbol{x}_j = \boldsymbol{a} + r_j(\boldsymbol{b} - \boldsymbol{a}) \quad (j = 1, 2, \cdots, k) \tag{17-21}$$

式中，$\boldsymbol{x}_j$ 为复合形中的第 j 个顶点；$\boldsymbol{a}$、$\boldsymbol{b}$ 为设计变量的下限和上限；r_j 为在（0，1）区间内的伪随机数。

这样得到的随机点不一定在可行域内，需设法将非可行点移到可行域内。通常采用的方法是，求出已经在可行域内的 L 个顶点的中心点 $\boldsymbol{x}_C$。

$$\boldsymbol{x}_C = \frac{1}{L}\sum_{j=1}^{L}\boldsymbol{x}_j$$

然后将非可行点向中心点移动，即

$$\boldsymbol{x}_{L+1}=\boldsymbol{x}_C+0.5(\boldsymbol{x}_{L+1}-\boldsymbol{x}_C)$$

若 $\boldsymbol{x}_{L+1}$ 还不满足约束条件，则重复利用上式使其继续向中心点移动。只要中心点是可行点，总可以将这些非可行点移到可行域内。如果中心点是非可行点，就应该缩小随机选点的边界，重新产生各个顶点。

③ 全部顶点均用随机方法产生。

（2）复合形法的搜索方法

生成初始复合形后，就要通过一定的搜索方法不断改变其形状，使复合形逐步向最优点逼近。下面介绍复合形法中最常用的反射搜索方法。

反射是改变复合形形状的一种主要策略，其步骤为：

① 计算复合形各顶点的目标函数值，并比较其大小，求出最好点 $\boldsymbol{x}_L$、最坏点 $\boldsymbol{x}_H$ 及次坏点 $\boldsymbol{x}_G$；

$$\boldsymbol{x}_L:f(\boldsymbol{x}_L)=\min\{f(\boldsymbol{x}_j)\big|_{j=1,2,\cdots,k}\}$$

$$\boldsymbol{x}_H:f(\boldsymbol{x}_H)=\max\{f(\boldsymbol{x}_j)\big|_{j=1,2,\cdots,k}\}$$

$$\boldsymbol{x}_G:f(\boldsymbol{x}_G)=\max\{f(\boldsymbol{x}_j)\big|_{j=1,2,\cdots,k,j\neq H}\}$$

② 计算除去最坏点 $\boldsymbol{x}_H$ 外的其他（$k-1$）个顶点的形心 $\boldsymbol{x}_C$；

$$\boldsymbol{x}_C=\frac{1}{k-1}\sum_{\substack{j=1\\j\neq H}}^{k}\boldsymbol{x}_j \tag{17-22}$$

③ 通常由 $\boldsymbol{x}_H$ 指向 $\boldsymbol{x}_C$ 的方向是目标函数值下降的方向，因此沿（$\boldsymbol{x}_C-\boldsymbol{x}_H$）方向求反射点，如图 17－8 所示。

$$\boldsymbol{x}_R=\boldsymbol{x}_C+\alpha(\boldsymbol{x}_C-\boldsymbol{x}_H) \tag{17-23}$$

式中，α 为反射系数，$\alpha\geqslant1$，一般取 $\alpha=1.3$。

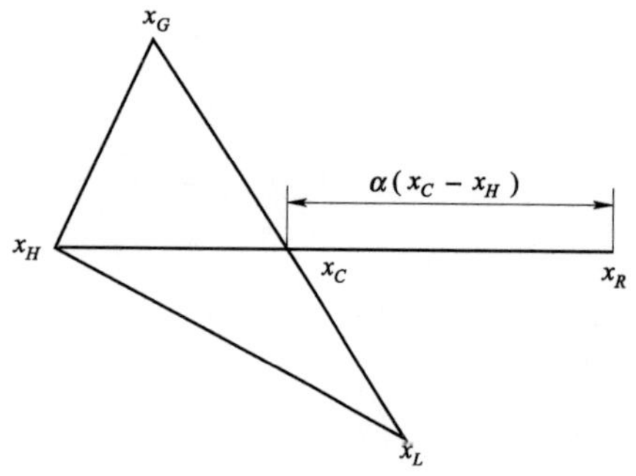

图 17－8　反射点的位置

④ 检查反射点 $\boldsymbol{x}_R$ 的可行性，计算反射点的函数值 $f(\boldsymbol{x}_R)$。如果 $\boldsymbol{x}_R$ 在可行域内，且 $f(\boldsymbol{x}_R)<f(\boldsymbol{x}_H)$，则用 $\boldsymbol{x}_R$ 取代 $\boldsymbol{x}_H$；如果 $f(\boldsymbol{x}_R)\geqslant f(\boldsymbol{x}_H)$，或 $\boldsymbol{x}_R$ 不在可行域内，则将 α 减半，重新计算反射点，直至满足要求为止；如果 α 减到很小（如小于 10^{-5}）还不满足要求，就可用次坏点 $\boldsymbol{x}_G$ 代替 $\boldsymbol{x}_H$ 进行反射。

此外，还有扩张、收缩、使复合形各顶点向最好点压缩及绕最好点旋转一个角度等搜索方法。

【例 17－9】 已知约束优化问题：

$$\min f(\boldsymbol{x})=4x_1-x_2^2-12$$

$$\text{s.t. } g_1(\boldsymbol{x})=x_1^2+x_2^2-45\leqslant0$$

$$g_2(\boldsymbol{x})=-x_1\leqslant0$$

$$g_3(\boldsymbol{x})=-x_2\leqslant0$$

试以 $\boldsymbol{x}_1^{(0)}=[2\quad 1]^{\mathrm{T}}, \boldsymbol{x}_2^{(0)}=[4\quad 1]^{\mathrm{T}}, \boldsymbol{x}_3^{(0)}=[3\quad 3]^{\mathrm{T}}$ 为复合形的初始顶点，用复合形法进行两次迭代计算。

解： ① 计算初始复合形顶点的目标函数值。

$$\boldsymbol{x}_1^{(0)}=[2\ \ 1] \Rightarrow f_1^{(0)}=-5$$

$$\boldsymbol{x}_2^{(0)}=[4\ \ 1] \Rightarrow f_2^{(0)}=3$$

$$\boldsymbol{x}_3^{(0)}=[3\ \ 3] \Rightarrow f_3^{(0)}=-9$$

经判断，各顶点均为可行点，其中 $\boldsymbol{x}_3^{(0)}$ 为最好点， $\boldsymbol{x}_2^{(0)}$ 为最坏点。

② 计算去掉最坏点 $\boldsymbol{x}_2^{(0)}$ 后复合形的中心点。

$$\boldsymbol{x}_C^{(0)}=\frac{1}{2}\sum_{\substack{i=1\\ i\neq 2}}^{3}\boldsymbol{x}_i^{(0)}=\frac{1}{2}\left(\begin{bmatrix}2\\1\end{bmatrix}+\begin{bmatrix}3\\3\end{bmatrix}\right)=\begin{bmatrix}2.5\\2\end{bmatrix}$$

③ 计算反射点 $\boldsymbol{x}_R^{(0)}$（取反射系数 $\alpha=1.3$）。

$$\boldsymbol{x}_R^{(0)}=\boldsymbol{x}_C^{0}+\alpha(\boldsymbol{x}_C^{(0)}-\boldsymbol{x}_2^{(0)})=\begin{bmatrix}2.5\\2\end{bmatrix}+1.3\left(\begin{bmatrix}2.5\\2\end{bmatrix}-\begin{bmatrix}4\\1\end{bmatrix}\right)=\begin{bmatrix}0.55\\3.3\end{bmatrix}$$

经判断 $\boldsymbol{x}_R^{(0)}$ 为可行点，其目标函数值 $f_R^{(0)}=-20.69<f(\boldsymbol{x}_2^{(0)})$。

④ 去掉最坏点 $\boldsymbol{x}_2^{(0)}$，由 $\boldsymbol{x}_1^{(0)}$、$\boldsymbol{x}_3^{(0)}$ 和 $\boldsymbol{x}_R^{(0)}$ 构成新的复合形。

$$\boldsymbol{x}_1^{(1)}=\boldsymbol{x}_1^{(0)},\quad \boldsymbol{x}_2^{(1)}=\boldsymbol{x}_R^{(0)},\quad \boldsymbol{x}_3^{(1)}=\boldsymbol{x}_3^{(1)}$$

其中， $\boldsymbol{x}_2^{(1)}$ 为最好点； $\boldsymbol{x}_1^{(1)}$ 为最坏点。

⑤ 计算新的复合形中，去掉最坏点后的中心点。

$$\boldsymbol{x}_C^{(1)}=\frac{1}{2}\sum_{i=2}^{3}\boldsymbol{x}_i^{(1)}=\frac{1}{2}\left(\begin{bmatrix}0.55\\3.3\end{bmatrix}+\begin{bmatrix}3\\3\end{bmatrix}\right)=\begin{bmatrix}1.775\\3.15\end{bmatrix}$$

⑥ 计算新一轮迭代的反射点。

$$\boldsymbol{x}_R^{(1)}=\boldsymbol{x}_C^{(1)}+\alpha(\boldsymbol{x}_C^{(1)}-\boldsymbol{x}_1^{(1)})=\begin{bmatrix}1.775\\3.15\end{bmatrix}+1.3\left(\begin{bmatrix}1.775\\3.15\end{bmatrix}-\begin{bmatrix}2\\1\end{bmatrix}\right)=\begin{bmatrix}1.482\,5\\5.945\end{bmatrix}$$

经判断， $\boldsymbol{x}_R^{(1)}$ 为可行点，其目标函数值 $f_R^{(1)}=-41.413<f(\boldsymbol{x}_1^{(1)})$，完成第二次迭代。

2. 惩罚函数法

惩罚函数法是一种使用广泛的重要的间接解法，其基本原理是将约束优化问题：

$$\begin{cases}\min f(\boldsymbol{x})\\ \text{s.t. } g_j(\boldsymbol{x})\leqslant 0\quad (j=1,2,\cdots,m)\\ h_i(\boldsymbol{x})=0\quad (i=1,2,\cdots,l)\end{cases}$$

通过引入几个可调整的惩罚参数（因子）构造一个新的目标函数——惩罚函数。

$$\Phi(\boldsymbol{x},r_1,r_2)=f(\boldsymbol{x})+r_1\sum_{j=1}^{m}G[g_j(\boldsymbol{x})]+r_2\sum_{i=1}^{l}H[h_i(\boldsymbol{x})] \tag{17-24}$$

式中，r_1、r_2 为惩罚因子。通过不断调整惩罚因子的值，求解一系列新目标函数的无约束极小值，使其不断逼近原约束问题的最优解。这是一个序列求优过程，因此该方法又称序列无约束极小化方法（Sequential Unconstrained Minimization Technique，SUMT）。

根据迭代过程是否在可行域内进行，惩罚函数法又可分为内点惩罚函数法、外点惩罚函数法和混合惩罚函数法三种方法。

（1）内点惩罚函数法

内点惩罚函数法简称内点法，它将新的目标函数——惩罚函数定义于可行域内，搜索过程也在可行域内进行，因此初始点及迭代点序列都在可行域内。内点惩罚函数法是求解不等式约束优化问题的有效方法。

对于不等式约束优化问题：

$$\begin{cases} \min f(\boldsymbol{x}) \\ \text{s.t. } g_j(\boldsymbol{x}) \leqslant 0 \quad (j=1,2,\cdots,m) \end{cases}$$

惩罚函数的形式为

$$\Phi(\boldsymbol{x}, r^{(k)}) = f(\boldsymbol{x}) - r^{(k)} \sum_{j=1}^{m} \frac{1}{g_j(\boldsymbol{x})} \tag{17-25}$$

或

$$\Phi(\boldsymbol{x}, r^{(k)}) = f(\boldsymbol{x}) - r^{(k)} \sum_{j=1}^{m} \ln[-g_j(\boldsymbol{x})] \tag{17-26}$$

式中，$r^{(k)}$为**惩罚因子**，它是由大到小且趋近于 0 的数列，即 $r^{(0)} > r^{(1)} > r^{(2)} > \cdots \to 0$；$\sum_{j=1}^{m}\frac{1}{g_j(\boldsymbol{x})}$ 或 $\sum_{j=1}^{m}\ln[-g_j(\boldsymbol{x})]$ 为**惩罚项或障碍项**。

【例 17－10】用内点法求

$$\min f(\boldsymbol{x}) = \frac{x}{2}$$

$$\text{s.t. } g(\boldsymbol{x}) = 1 - x \leqslant 0$$

的约束最优解。

解：构造内点惩罚函数：

$$\Phi(\boldsymbol{x}, r^{(k)}) = \frac{x}{2} - r^{(k)} \frac{1}{1-x} \qquad (k=0,1,2,\cdots)$$

令 $\nabla \Phi(\boldsymbol{x}, r^{(k)}) = \boldsymbol{0}$，得

$$\frac{1}{2} - \frac{r^{(k)}}{(1-x)^2} = 0$$

求解得

$$x^*(r^{(k)}) = 1 \pm \sqrt{2r^{(k)}}$$

两个解中取负号的不能满足约束条件，只能取正号，故

$$x^*(r^{(k)}) = 1 + \sqrt{2r^{(k)}}$$

相应的惩罚函数值为

$$\Phi(\boldsymbol{x}^*, r^{(k)}) = \frac{1}{2} + \sqrt{2r^{(k)}}$$

当 $k=0$ 时，$r^{(0)}=1$，$x^*(r^{(0)}) = 2.414\,2$，$\Phi(\boldsymbol{x}^*, r^{(0)}) = 1.914\,2$；

当 $k=1$ 时，$r^{(1)}=0.2$，$x^*(r^{(1)}) = 1.632\,5$，$\Phi(\boldsymbol{x}^*, r^{(1)}) = 1.132\,5$；

当 $k=2$ 时，$r^{(2)}=0.04$，$x^*(r^{(4)})=1.2828$，$\boldsymbol{\Phi}(\boldsymbol{x}^*,r^{(2)})=0.7828$；

当 $k=3$ 时，$r^{(3)}=0.008$，$x^*(r^{(3)})=1.1265$，$\boldsymbol{\Phi}(\boldsymbol{x}^*,r^{(3)})=0.6265$；

当 $r^{(k)}=0$ 时，$x^*(r^{(k)})=1$，$\boldsymbol{\Phi}(\boldsymbol{x}^*,r^{(k)})=0.5$，这正是原约束优化问题的最优解。

由此可知，当逐步减小 $r^{(k)}$ 值直至趋于 0 时，$x^*(r^{(k)})$ 逼近原问题的约束最优点，如图 17－9 所示。

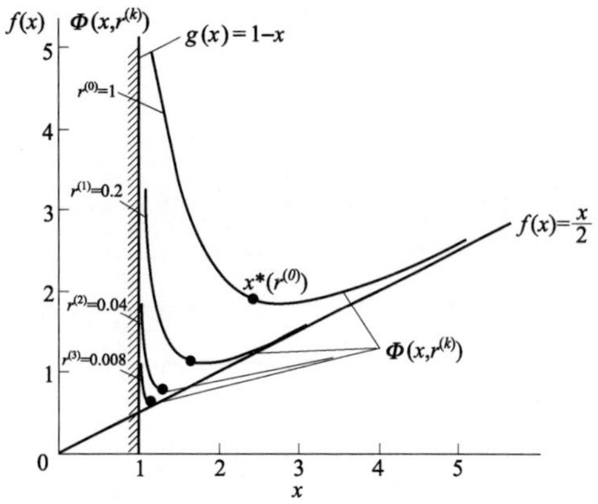

图 17－9　内点法惩罚函数极小点逼近原问题约束最优解的过程

下面是几个使用内点法时需要注意的问题：

① 初始点 $\boldsymbol{x}^{(0)}$的选取。

初始点 $\boldsymbol{x}^{(0)}$应严格满足所有约束条件，避免位于边界上。

② 惩罚因子初值 $r^{(0)}$的选取。

$r^{(0)}$的选取是否恰当，对收敛的速度和求解是否成功影响较大。若 $r^{(0)}$取得太小，惩罚函数的性态会变差，甚至难以收敛到极小点；若 $r^{(0)}$取得太大，则开始几次构造的惩罚函数的无约束极值点就会离边界较远，计算效率较低。一般可以先选一个 $r^{(0)}$（比如 $r^{(0)}=1$）进行试算，根据试算的结果再进行调整。

③ 惩罚因子的缩减。

相邻两次迭代的惩罚因子的关系为

$$r^{(k)}=cr^{(k-1)}\qquad(k=1,2,\cdots)\tag{17-27}$$

式中，c 称为惩罚因子的**缩减系数**，通常的取值范围为 0.1～0.7。

（2）外点惩罚函数法

外点惩罚函数法简称为外点法，它将惩罚函数定义于可行域之外，求解过程中迭代点是从可行域外侧逐步逼近原约束优化问题最优解的。对于约束优化问题

$$\begin{aligned}&\min f(\boldsymbol{x})\\ \text{s.t.}\quad &g_j(\boldsymbol{x})\leqslant 0\quad (j=1,2,\cdots,m)\\ &h_i(\boldsymbol{x})=0\quad (i=1,2,\cdots,l)\end{aligned}$$

转化后的外点惩罚函数的形式为

$$\boldsymbol{\Phi}(\boldsymbol{x},s^{(k)})=f(\boldsymbol{x})+s^{(k)}\sum_{j=1}^{m}\max\{0,g_j(\boldsymbol{x})\}^2+s^{(k)}\sum_{i=1}^{l}[h_i(\boldsymbol{x})]^2\tag{17-28}$$

式中，$s^{(k)}$为**惩罚因子**，它是由小到大，且趋近于 ∞ 的数列，即 $s^{(0)}<s^{(1)}<s^{(2)}<\cdots\to\infty$；$\sum\limits_{j=1}^{m}\max\{0,g_j(\boldsymbol{x})\}^2$、$\sum\limits_{i=1}^{l}[h_i(\boldsymbol{x})]^2$ 分别为对应于不等式约束和等式约束函数的**惩罚项**。

【例 17－11】用外点法求

$$\min f(\boldsymbol{x})=\frac{x}{2}$$

$$\text{s.t.}\ g(\boldsymbol{x})=1-x\leqslant 0$$

的约束最优解。

解：构造外点惩罚函数：

$$\Phi(x,s^{(k)})=\frac{x}{2}+s^{(k)}(\max\{0,1-x\})^2$$

$$=\begin{cases}\dfrac{x}{2}+s^{(k)}(1-x)^2 & (x<1)\\ \dfrac{x}{2} & (x\geqslant 1)\end{cases}$$

当 $x<1$ 时，令 $\nabla\Phi(\boldsymbol{x},s^{(k)})=\boldsymbol{0}$，得

$$x^*(s^{(k)})=1-\frac{1}{4s^{(k)}}$$

$$\Phi(\boldsymbol{x}^*,s^{(k)})=\frac{1}{2}-\frac{1}{16s^{(k)}}$$

当 $k=0$ 时，$s^{(0)}=0.125$，$x^*(s^{(0)})=-1$，$\Phi(\boldsymbol{x}^*,s^{(0)})=0$；

当 $k=1$ 时，$s^{(1)}=0.25$，$x^*(s^{(1)})=0$，$\Phi(\boldsymbol{x}^*,s^{(1)})=0.25$；

当 $k=2$ 时，$s^{(2)}=0.5$，$x^*(s^{(2)})=0.5$，$\Phi(\boldsymbol{x}^*,s^{(2)})=0.375$；

当 $k=3$ 时，$s^{(3)}=1.0$，$x^*(s^{(3)})=0.75$，$\Phi(\boldsymbol{x}^*,s^{(3)})=0.437\,5$；

当 $s^{(k)}\to\infty$ 时，$x^*(s^{(k)})=1$，$\Phi(\boldsymbol{x}^*,s^{(k)})=0.5$，这正是原约束优化问题的最优解。

由此可知，当逐步增大 $s^{(k)}$ 值直至趋于 ∞ 时，$x^*(s^{(k)})$ 逼近原问题的约束最优点，如图 17－10 所示。

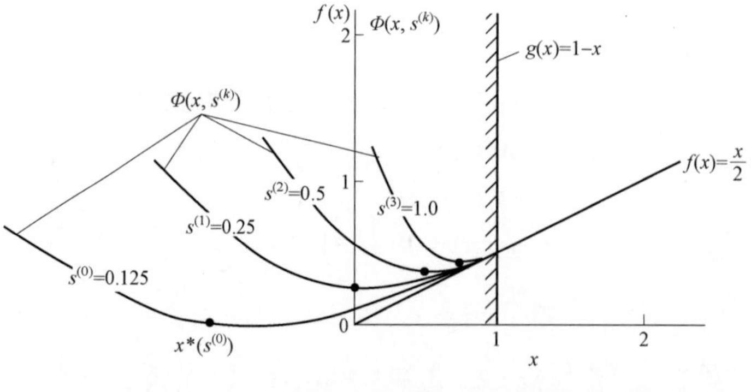

图 17－10　外点法惩罚函数极小点逼近原问题约束最优解的过程

外点法的初始点可任意选择，应用比较方便。其惩罚因子按公式 $s^{(k)}=ts^{(k-1)}$ 递增，式中 t 为**递增系数**，通常取 $t=5\sim10$。

（3）混合惩罚函数法

混合惩罚函数法简称混合法，对于约束优化问题：

$$\begin{aligned}&\min f(\boldsymbol{x})\\ \text{s.t.}\quad &g_j(\boldsymbol{x})\leqslant 0\quad (j=1,2,\cdots,m)\\ &h_i(\boldsymbol{x})=0\quad (i=1,2,\cdots,l)\end{aligned}$$

转化后的混合惩罚函数的形式为

$$\Phi(\boldsymbol{x},r^{(k)},s^{(k)})=f(\boldsymbol{x})-r^{(k)}\sum_{j=1}^{m}\frac{1}{g_j(\boldsymbol{x})}+s^{(k)}\sum_{i=1}^{l}[h_i(\boldsymbol{x})]^2 \tag{17-29}$$

式中，$r^{(k)}\sum_{j=1}^{m}\frac{1}{g_j(\boldsymbol{x})}$ 为障碍项，惩罚因子 $r^{(k)}$按内点法选取，即 $r^{(0)}>r^{(1)}>r^{(2)}>\cdots\to 0$；$s^{(k)}\sum_{i=1}^{l}[h_i(\boldsymbol{x})]^2$ 为惩罚项，惩罚因子 $s^{(k)}$是由小到大且趋近于 ∞ 的数列，可取 $s^{(k)}=\frac{1}{\sqrt{r^{(k)}}}$。

17.4　现代优化算法

现代优化算法是 20 世纪 80 年代初兴起的启发式算法，主要包括遗传算法、禁忌搜索、模拟退火和人工神经网络算法等，主要应用于解决大量实际问题，并在理论和实际应用方面得到了较大的发展。下面简介现代优化算法中比较常用的遗传算法，这种优化方法算法思想比较简单，程序实现方便。

遗传算法（Genetic Algorithm，GA）是美国 Michigan 大学的 J.H.Holland 教授于 1975 年提出的一种模拟生物进化过程、自然选择和遗传的随机搜索方法。

遗传算法的术语借鉴于生物遗传学，一个解称为一个**个体**（Individual），解的编码称为**染色体**（Chromosome），染色体由决定其特性的**基因**（Gene）组成。目标函数被转换为对应各个个体的**适应性**（Fitness），而一组染色体组成一个**群体**（Population），根据适应函数值选取的一组染色体称为**种群**（Reproduction）。

典型的遗传算法步骤有：

① 随机生成一个群体；

② 计算每个染色体的适应函数值，并进行评价；

③ 若解答收敛，则停止计算，否则应用遗传操作生成一个新的群体；

④ 返回步骤②。

其中遗传操作通过模拟进化和继承过程来生成个体。简单的遗传操作包括：

（1）繁殖

在旧的群体中选择个体生成一个新的群体。这种选择并不是完全随机的，它基于一个染色体相对于整个群体的适应函数值，具有较高适应函数值的染色体具有较大的存活机会。在整个算法运行过程中，一个群体的染色体数目是一个常数，而群体中的每个染色体又不必是唯一的，这意味着适应函数值较大的染色体最终会在群体中成为多数。

（2）杂交

利用来自不同染色体的基因经过交配混合以产生新的染色体。由于基因表达了染色体的特性，如果不同染色体的“好的”特性得以结合，所得染色体可能会有更好的特性。杂交产生的染色体具有父母双方染色体的基因成分，是一种交换信息、生成新个体的有效方法。

（3）突变

随机选取染色体中的一个基因并将其改变为一个不同的等位基因以生成一个新的染色

体，这可以使解具有更大的遍历性。

遗传算法对优化问题的限制极少，因而具有很广的适应性。它同时搜索许多点，可有效防止过早收敛于局部最优解，也有较大把握求得全局最优解。遗传算法虽然具有随机性，但它进行的是启发式搜索，并且也易于采用并行机制进行高速运算。

第 18 章 结构优化设计

结构优化设计包含对零件进行截面尺寸的优化、实体形状的优化、拓扑优化和布局优化等不同层次的内容，最早在 20 世纪 60 年代初应用于工程领域。由于有限元法解决了复杂结构的分析问题，数学规划法提供了有效的数学基础，加之电子计算机的发展又提供了高效率的计算工具，使得结构优化成为结构设计中的实用技术。

18.1 结构优化的常用算法

1. 准则法

准则法是基于“同步失效”的概念提出来的，其特点是把寻找最优结构的问题转变为寻求满足某一准则的结构，如满应力法和基于 Kuhn – Tucker 条件的优化准则法等。

（1）满应力法

满应力法是针对桁架结构的最轻设计发展而来的。对于由 n 个杆件（其截面积为 A_i，杆长为 l_i，所受轴力为 F_i）组成的桁架结构，根据满应力准则，有

$$A_i = \frac{F_i}{[\sigma_i]}$$

式中，$[\sigma_i]$ 为各杆件的许用应力。

则上述问题的优化模型就是

$$\begin{cases} \min f(A) = \sum_{i=1}^{n} A_i l_i \\ \text{s.t. } h_i(A) = -A_i + \dfrac{F_i}{[\sigma_i]} = 0 \\ A_i \geqslant 0 \end{cases} \tag{18-1}$$

对于静定结构，满应力设计等价于结构最轻设计。对于非静定结构，满应力解不一定是最轻设计。20 世纪 60 年代初，人们引用数学规划法严格证明了满应力设计和最轻设计并不总是等价的，但实践证明两者在很多场合常常是相等或很接近的，因此，满应力设计在实际应用中还是很受欢迎的。

（2）优化准则法

优化准则法是基于 Kuhn – Tucker 条件演变而来的。对于设计变量为 $\boldsymbol{x}$（相应的上、下限为 $\boldsymbol{x}_{\max}$ 和 $\boldsymbol{x}_{\min}$），目标函数为 $f(\boldsymbol{x})$，结构性能约束为 $z_j - \overline{z}_j \leqslant 0(j = 1,2,\cdots,m)$ 的优化问题，准

则方程可写为

$$\begin{cases} \dfrac{\partial f}{\partial x_i}+\sum\limits_{j\in J}\lambda_i\dfrac{\partial z_j}{\partial x_i}\begin{cases}=0 & (x_{i\min}<x_i<x_{i\max})\\ \geqslant 0 & (x_i=x_{i\min})\\ \leqslant 0 & (x_i=x_{i\max})\end{cases} \\ \lambda_j(z_j-\bar{z}_j)=0 \\ \lambda_j\geqslant 0 \quad (j=1,2,\cdots,m)\end{cases} \tag{18-2}$$

式中，j 是起作用约束的集合。

准则法的优点是迭代次数与设计变量的多少无关，适用于大规模的结构优化问题；缺点是处理不同性质的约束条件要用不同的准则，对于复杂问题难以保证其收敛性。

2. 数学规划法

数学规划法因为具有坚实的理论基础和广泛的适应性，在结构优化中得到了非常广泛的应用。数学规划法的缺点是所需分析次数较多，敏度分析实施较为困难，对大规模结构的优化效率较低。利用优化准则法提供较好的初始点，再应用数学规划法求解，可大大提高结构优化的效率和收敛的稳定性。

18.2 结构的尺寸优化、形状优化及拓扑优化

1. 尺寸优化

尺寸优化是结构优化中的最低层次，其设计变量可以是零件的过渡圆角、梁杆的横截面参数、板的厚度、弹性单元的刚度等。对于机械结构的设计，当外载和结构特性（如刚度矩阵）已知的时候，求解强度、刚度等问题的有效方法是有限元法。目前，许多有限元分析软件如 ANSYS、ABAQUS 等的优化设计模块均能进行尺寸优化，它们一般采用“结构分析—改变尺寸参数—结构重分析”的模式进行多次计算，获得最优结果，因此需要合理地选择设计变量即特征尺寸，进行参数化建模。在这类优化过程中，设计变量与刚度矩阵一般为简单的线性关系。因此，尺寸优化研究重点主要集中在优化算法和敏度分析上。

2. 形状优化

形状优化是结构优化领域的一个分支，它主要研究如何确定结构的边界形状以改善结构特性。如梁的形状优化，其目的在于寻求在满足工程要求的前提下用料最省的截面变化，如图 18-1 所示；又如结构内部开孔尺寸和形状的选择，其目的是降低应力集中、改善应力分布状况。形状优化涉及采用适当的方法描述待优化形状的边界、敏度分析及有限元网格重划分等关键技术问题。

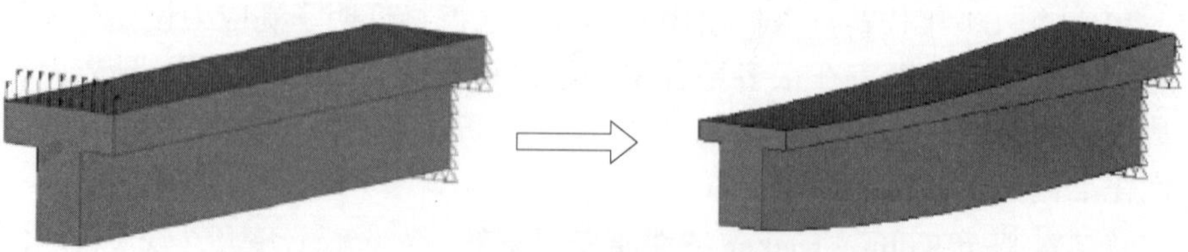

图 18-1　悬臂梁的截面形状优化设计

（1）边界描述

结构形状优化属于可动边界问题，采用何种方式描述待优化的边界直接影响着设计变量的表达、敏度分析和优化算法等关键问题。很自然地，设计变量可以采用有限元网格的边界节点坐标，但这种方法的缺点是：设计变量数目十分庞大，优化过程中设计边界上光滑连续性条件无法保证，致使边界产生锯齿形状。为了解决这一问题，以后逐步形成了边界形状参数化描写的方法，如多项式描述法、样条函数法及微分几何法等。边界形状的描述应避免形状变化后的扭曲、振动，并应尽可能地减少设计变量数目而又不降低对形状变化的描述能力。

（2）敏度分析

敏度分析就是对结构的修改所引起的局部或全部结构的状态性能变化做出估计，为下一步设计指明方向。形状敏度分析分为两类：一类是利用离散有限元模型，在有限元系统方程基础上对形状变量直接求导，即先离散后求导；另一类是使用连续介质力学中的物质导数法，先求导后离散。离散模型的形状敏度分析方法可分为差分法、解析法和半解析法。差分法的基本做法是使设计变量有一微小摄动，通过结构分析求出结构的性态响应，再由差分格式来计算函数关于设计变量的近似导数，这种方法简单易行，但计算量太大；解析法是直接推导出刚度矩阵、质量矩阵、载荷阵列等对于设计变量的导数，然后利用结构分析求解出所需的灵敏度系数，这种方法精度高，但程序实现较困难；半解析法是先求得灵敏度的解析表达式，然后用差分代替刚度矩阵、质量矩阵、载荷阵列等对于设计变量的求导，最后调用有限元程序进行敏度计算。

（3）自适应有限元分析

形状优化中常采用有限元法作为结构分析方法，而在结构形状改变过程中，如何实现有限元网格的重划分就成了形状优化的一个难点。目前，普遍采用自适应有限元分析技术来解决这个问题。自适应有限元分析的核心内容是分析误差的估计和自适应网格自动划分。其中自适应网格自动划分就是根据分析误差的分布状况来自动调整被分析结构各处的网格划分密度和网格形状，从而达到要求的分析精度。因此，自适应网格自动划分比普通网格划分具有更大的难度，在各类网格自动生成算法中，较适合自适应网格划分的有 Delaunay 法和四叉树（八叉树）法。自适应有限元分析的主要方法有 h 方法、p 方法、h－p 方法和 r 方法。

3. 拓扑优化

在形状优化过程中，初始的结构和最终的结构是同一拓扑结构。如原来有几个开孔的板，经形状优化后，改变的只是开孔的边界形状，开孔数没有增加或减少。实际上，可能存在这样的情况：在同样满足设计约束条件的情况下，开孔数的改变比开孔形状的改变对降低板的重量更有效，这就是拓扑优化研究的初衷。

结构拓扑优化是在给定设计空间、约束条件下，确定结构构件的连接方式、结构内有无孔洞，孔洞的数量、位置等拓扑形式，使结构的某种性态指标达到最优。图 18－2 就是对某一端固定一端受载的支架进行拓扑优化得到的优化结果和设计结果。

结构拓扑优化包括离散结构的拓扑优化和连续变量结构的拓扑优化，其中研究得较多的是连续体结构拓扑优化，其主要方法有：

（1）均匀化方法。

均匀化方法是连续体结构拓扑优化中应用最广的方法，由 Bendsoe 和 Kikuchi 提出。其基本思想为假设结构设计域是由具有孔洞的微结构（单胞）构成（图 18－3），微结构的形式

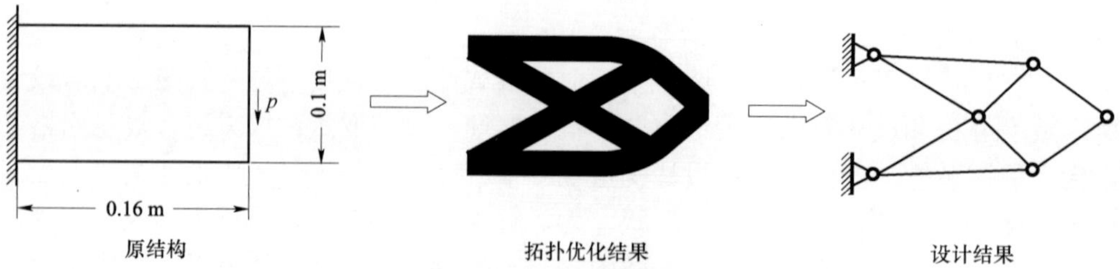

图 18－2　支架的拓扑优化

和尺寸参数决定了宏观材料在此点处的弹性性质和密度。优化过程中以微结构单胞的尺寸为设计变量，以微结构的消长实现材料的增删，并产生由中间尺寸单胞构成的复合材料，以拓展设计空间，实现结构拓扑优化模型与尺寸优化模型的统一。

（2）变厚度法。

变厚度法是较早采用的拓扑优化方法，其基本思想是以初始结构中单元厚度为拓扑设计变量，将连续体拓扑优化问题转化为广义尺寸优化问题，通过删除厚度为尺寸下限的单元实现结构拓扑的变更。该方法突出的特点是简单，适用于平面结构（如膜、板、壳等）。

（3）变密度法。

变密度法也是一种常用的拓扑优化方法，其基本思想是人为地引入一种假想的密度可变的材料，材料物理参数（如许用应力、弹性模量）与材料密度间的关系也是人为假定的。优化时，以材料密度为拓扑设计变量，密度为 0 的单元予以删除，密度为 1 的单元则保留，最后得到材料最优分布的拓扑结构。

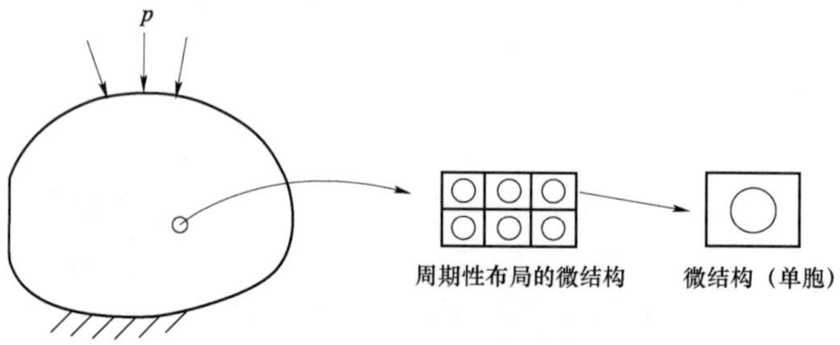

图 18－3　由微结构构成的结构

第 19 章
机械优化设计建模与求解示例

在机械设计中，优化可以涉及很广的领域，问题的种类和性质也很多。本章仅讨论几种比较普遍的优化问题：机械参数优化设计问题中的机械零部件方案参数优化设计和机构优化设计问题，机械结构优化设计问题中的尺寸优化设计、形状优化设计及拓扑优化设计。一般情况下，机械结构优化设计要与有限元法等数值分析方法相结合。

优化设计与常规设计相比具有借助计算机为工具的明显特征，优化设计问题一般要采用计算程序从设计空间搜索最佳设计方案，优化设计软件就是以优化计算方法为基础而形成的计算程序系统。在建立完成优化设计问题的数学模型之后，找寻最优化软件包或编写优化方法程序，在计算机上运算求解就成为优化设计得以实施的关键。对于求解各类机械优化问题的优化思想和方法多是一致的，目前有许多优化设计的商业软件，可以根据具体的优化设计问题选用。本章采用几个算例，介绍如何使用优化设计软件完成优化设计任务。

19.1　机械零件优化设计

1. 概述

机械零件设计就是确定零件的材料、结构和尺寸参数，使零件满足有关设计和性能方面的要求。机械零件一般既要满足强度、刚度、寿命、稳定性、公差等级等设计性能要求，又要满足材料成本、加工费用等经济性要求。机械零件优化设计是将零件设计问题描述为优化数学模型，采用优化方法求解一组零件设计参数。包括零件设计方案优化问题、零件尺寸参数优化问题、零件设计性能优化问题等。

MATLAB 是由 MathWorks 公司开发的一种面向科学与工程计算的高级语言和解决各类工程问题的大型软件包。MATLAB 提供了功能强大的优化工具箱（Optimization Toolbox）和全局优化工具箱（Global Optimization Toolbox），主要用于求解各种最优化设计问题。

2.【例 19－1】齿轮传动优化设计实例

【设计要求】对一单级圆柱齿轮减速器，以体积最小为目标进行优化设计。已知输入功率 $P = 58$ kW，输入转速 $n_1 = 1\ 000$ r/min，齿数比 $u = 5$，齿轮的许用接触应力 $[\sigma]_H = 550$ MPa，许用弯曲应力 $[\sigma]_F = 400$ MPa。其结构简图如图 19－1 所示。

【要点分析】题目已知齿数比 u、输入功率 P、主动齿轮转速 n_1，求在满足零件的强度和刚度条件下，减速器体积最小的各项设计参数。

（1）建立优化数学模型

齿轮和轴的体积可近似地表示为

$$V=0.25\pi b(d_1^2-d_{z1}^2)+0.25\pi b(d_2^2-d_{z2}^2)-0.25(b-c)(D_{g2}^2-d_{g2}^2)-$$
$$\pi d_0^2c+0.25\pi l(d_{z1}^2+d_{z2}^2)+7\pi d_{z1}^2+8\pi d_{z2}^2$$
$$=0.25\pi[m^2z_1^2b-d_{z1}^2b+m^2z_1^2u^2b-d_{z2}^2b-0.8b(mz_1u-10m)^2+$$
$$2.05bd_{z2}^2-0.05b(mz_1u-10m-1.6d_{z2})^2+d_{z2}^2l+28d_{z1}^2+32d_{z2}^2]$$

式中各符号的意义由图19－1直接给出，其中，

$$d_1=mz_1,d_2=mz_2$$
$$D_{g2}=umz_1-10m$$
$$d_{g2}=1.6d_{z2}$$
$$d_0=0.25(umz_1-10m-1.6d_{z2})$$
$$c=0.2b$$

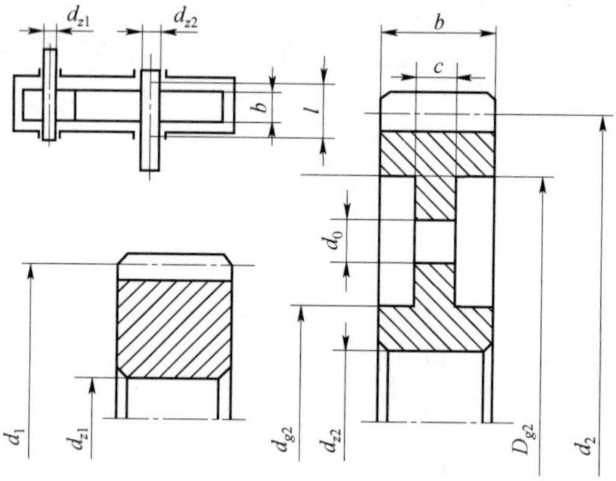

图19－1 单级圆柱齿轮减速器结构尺寸示意图

由上式可知，当齿数比给定后，体积V取决于b、z_1、m、l、d_{z1}和d_{z2}六个参数，设计变量可设为

$$\boldsymbol{x}=[x_1\ x_2\ x_3\ x_4\ x_5\ x_6]^{\mathrm{T}}=[b\ z_1\ m\ l\ d_{z1}\ d_{z2}]^{\mathrm{T}}$$

目标函数为

$$f(\boldsymbol{x})=V\rightarrow\min$$

约束函数为：

① 齿数z_1应大于等于不发生根切的最小齿数$z_{\min}$：

$$g_1(\boldsymbol{x})=z_{\min}-z_1\leqslant 0$$

② 齿宽应满足$\varphi_{\min}\leqslant b/d\leqslant\varphi_{\max}$，$\varphi_{\min}$和$\varphi_{\max}$为齿宽系数$\varphi_d$的最小值和最大值，一般取$\varphi_{\min}=0.9$，$\varphi_{\max}=1.4$，得

$$g_2(\boldsymbol{x})=\varphi_{\min}-b/z_1m\leqslant 0$$
$$g_3(\boldsymbol{x})=b/z_1m-\varphi_{\max}\leqslant 0$$

③ 动力传动的齿轮模数应不小于2 mm，得

$$g_4(\boldsymbol{x})=2-m\leqslant 0$$

④ 为了使大齿轮的直径不致过大，小齿轮的直径不能大于 $d_{1\max}$，得

$$g_5(\boldsymbol{x}) = z_1 m - d_{1\max} \leqslant 0$$

⑤ 齿轮轴直径的取值范围：$d_{\min} \leqslant d_z \leqslant d_{z\max}$，得

$$g_6(\boldsymbol{x}) = d_{z1\min} - d_{z1} \leqslant 0$$

$$g_7(\boldsymbol{x}) = d_{z1} - d_{z1\max} \leqslant 0$$

$$g_8(\boldsymbol{x}) = d_{z2\min} - d_{z2} \leqslant 0$$

$$g_9(\boldsymbol{x}) = d_{z2} - d_{z2\max} \leqslant 0$$

⑥ 轴的支撑距离 l 按结构关系，应满足条件：$l \geqslant b + 2\Delta_{\min} + 0.5d_{z2}$（可取 $\Delta_{\min} = 20$），得

$$g_{10}(\boldsymbol{x}) = b + 0.5d_{z2} + 40 - l \leqslant 0$$

⑦ 齿轮的接触应力和弯曲应力应不大于许用值，得

$$g_{11}(\boldsymbol{x}) = \sigma_H - [\sigma]_H \leqslant 0$$

$$g_{12}(\boldsymbol{x}) = \sigma_{F1} - [\sigma]_F \leqslant 0$$

$$g_{13}(\boldsymbol{x}) = \sigma_{F2} - [\sigma]_F \leqslant 0$$

接触应力 σ_H 和弯曲应力 σ_F 的计算公式分别为

$$\sigma_H = 2.5 Z_u Z_E \sqrt{\frac{KFt}{bz_1}}$$

$$\sigma_{F1} = \frac{2KTY_{Fa1}Y_{sa1}}{\varphi_d m^3 z_1^2}$$

$$\sigma_{F2} = \frac{\sigma_{F1} Y_{Fa2} Y_{sa2}}{Y_{Fa1} Y_{sa1}}$$

⑧ 齿轮轴的最大挠度 $\delta_{\max}$ 不大于许用值 $[\delta]$，得

$$g_{14}(\boldsymbol{x}) = \delta_{\max} - [\delta] \leqslant 0$$

⑨ 齿轮轴的弯曲应力 σ_w 不大于许用值 $[\sigma_w]$，得

$$g_{15}(\boldsymbol{x}) = \sigma_{w1} - [\sigma]_w \leqslant 0$$

$$g_{16}(\boldsymbol{x}) = \sigma_{w2} - [\sigma]_w \leqslant 0$$

该问题为具有 6 个设计变量、16 个约束条件的优化设计问题，在各式中代入已知量，其优化数学模型可表示为

$$\min f(\boldsymbol{x}) = 0.785\ 398(4.75x_1x_2^2x_3^2 + 85x_1x_2x_3^2 - 85x_1x_3^2 + 0.92x_1x_6^2 - x_1x_5^2 + 0.8x_1x_2x_3x_6 - 1.6x_1x_3x_6 + x_4x_5^2 + x_4x_6^2 + 28x_5^2 + 32x_6^2)$$

$$g_1(\boldsymbol{x}) = 17 - x_2 \leqslant 0$$

$$g_2(\boldsymbol{x}) = 0.9 - x_1/(x_2x_3) \leqslant 0$$

$$g_3(\boldsymbol{x}) = x_1/(x_2x_3) - 1.4 \leqslant 0$$

$$g_4(\boldsymbol{x}) = 2 - x_3 \leqslant 0$$

$$g_5(\boldsymbol{x}) = x_2x_3 - 300 \leqslant 0$$

$$g_6(\boldsymbol{x})=100-x_5\leqslant 0$$
$$g_7(\boldsymbol{x})=x_5-150\leqslant 0$$
$$g_8(\boldsymbol{x})=130-x_6\leqslant 0$$
$$g_9(\boldsymbol{x})=x_6-200\leqslant 0$$
$$g_{10}(\boldsymbol{x})=x_1+0.5x_6-x_4-40\leqslant 0$$
$$g_{11}(\boldsymbol{x})=1\ 486\ 250/(x_2x_3\sqrt{x_1})-550\leqslant 0$$

令

$$\sigma_F=9\ 064\ 860y_{11}y_{12}/(x_1x_2x_3^2)$$
$$g_{12}(\boldsymbol{x})=\sigma_F-400\leqslant 0$$
$$g_{13}(\boldsymbol{x})=\sigma_F y_{21}y_{22}/(y_{11}y_{12})-400\leqslant 0$$

式中，y_{11}、y_{12} 分别为主动齿轮和从动齿轮的齿形系数；y_{21}、y_{22} 分别为主动齿轮和从动齿轮的应力校正系数。

$$g_{14}(\boldsymbol{x})=117.04x_4^4/(x_2x_3x_5^4)-0.003x_4\leqslant 0$$
$$g_{15}(\boldsymbol{x})=\frac{1}{x_5^3}\sqrt{\left(\frac{2.85\times10^6x_4}{x_2x_3}\right)^2+2.4\times10^{12}}-5.5\leqslant 0$$
$$g_{16}(\boldsymbol{x})=\frac{1}{x_6^3}\sqrt{\left(\frac{2.85\times10^6x_4}{x_2x_3}\right)^2+6\times10^{13}}-5.5\leqslant 0$$

（2）模型求解

用 MATLAB 优化工具箱中的 fmincon 函数，对约束优化问题进行求解，初始方案为 $\boldsymbol{x}^0=[230\ 21\ 8\ 420\ 120\ 160]^{\mathrm{T}}$，$f(\boldsymbol{x}^0)=6.32\times10^7$，取得最优解

$$\boldsymbol{x}^*=[180.85\ 25\ 8.04\ 205.85\ 100\ 130],\quad f(\boldsymbol{x}^*)=5.447\ 4\times10^7$$

将最优设计方案按设计规范圆整，可得最优解为

$$\boldsymbol{x}=[180\ 25\ 8\ 210\ 100\ 130],\quad f(\boldsymbol{x})=5.388\ 9\times10^7$$

19.2 机构优化设计

1. 概述

机构最优化设计问题可分为两大类：一类是按运动学要求建立目标函数的优化设计，这类问题主要是解决再现给定的函数、轨迹、连杆位置等的优化设计；另一类是按动力学要求建立目标函数的优化设计。

2.【例 19－2】曲柄滑块机构优化设计

【设计要求】曲柄滑块机构如图 19－2 所示。曲柄 1 铰接在机架 4 的 A 点，连杆 2 一端在 B 点与曲柄铰接，一端在 C 点与滑块 3 铰接，滑块 3 与机架 4 以移动副连接。曲柄 1 绕 A 点转动，通过连杆 2 带动滑块 3 在机架的轨道上往复移动。曲柄长度初始值为 40 mm，变化范围：35～65 mm；连杆长初始值为 150 mm，变化范围：130～160 mm；曲柄 1 从与铅垂方向成 β 角（$\beta=30°$）的位置开始，逆时针转动 50°；滑块 3 移动 30 mm；要求压力角 α（连杆与滑块移动方向的夹角）的平均值尽量小。

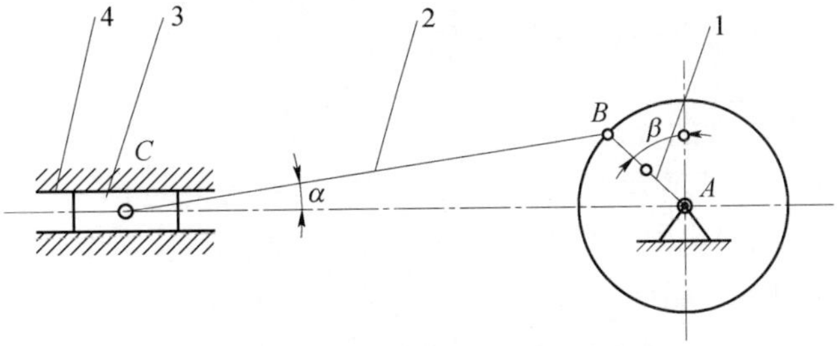

图 19－2　曲柄滑块机构简图

1—曲柄；2—连杆；3—滑块；4—机架

【要点分析】在 CAD 部分，我们曾对此问题基于 CREO 软件建立了“骨架模型”，对骨架模型进行运动仿真、灵敏度分析、可行性分析和优化设计。下面基于 ADAMS 软件进行优化设计。

① 创建仿真模型：新建仿真模型，先建立三个关联点（point），再依次建立连杆（link）和滑块（box）部件，并添加约束副。

② 设计变量：将曲柄长和连杆长设为设计变量。

③ 设置约束条件：约束滑块位移为 30 mm。

④ 建立优化目标：设置压力角的平均值最小为优化目标进行优化。

⑤ 得到结果，完成优化。

19.3　结构优化设计

1. 基于 Workbench 的结构优化设计概述

ANSYS Workbench 提供的 Design Exploration（DX）应用为优化设计提供了方便的途径。使用 DX 应用提供的优化设计功能可以将各种设计参数集成到分析过程中，可进行参数在一定范围内变化时结构的响应情况分析。设计人员能快速地建立设计空间、进行优化设计。

DX 中使用的输入参数主要类型包括：几何参数、材料参数、载荷参数、网格参数。输出参数一般为求解结果或相应的输出，常见的包括体积、质量、频率、压力、热通量等。

使用 DX 进行参数分析的基本流程为：

① 创建分析模型并导入 Workbench 中进行分析；

② 向项目添加需要使用的参数；

③ 设置分析选项和参数的上下限；

④ 更新分析并查看分析结果。

DX 提供了两种目标驱动优化方式：响应面优化（Response Surface Optimization）和直接优化（Direct Optimization）。响应面可以用来直观地评估输入参数对输出参数的响应，应用响应面优化首先要求解 DOE（Design of Experiment）和响应面项目。实验设计 DOE 技术可以用来科学地确定采样点的位置，DX 中提供的实验设计方法包括中心组合设计、优化空间填充设计、Box－Bnhnken 设计及用户自定义设计等。对于直接优化系统，首先导入设计点数据，再设置优化方法、优化目标与约束、优化域。更新系统后，即可查看目标驱动优化的分析结果。

此外，Workbench 还具有拓扑优化模块 Shape Optimization（Beta）和 ANSYS Shape Optimization（ACT）。

2.【例 19－3】扳手零件的优化设计

【问题描述】图 19－3 所示为一个扳手简易图，长度为 length，扳手小端宽度为 width，扳手大端圆角半径为 fillet。已知零件厚度为 5 mm，材料弹性模量 2×10^5 MPa，泊松比 0.3，屈服强度 200 MPa。使用时大端内六边形固定，载荷通过小端圆弧与上边的切点，大小 500 N。现对其长度（范围为 150～250 mm）、小端宽度（范围为 20～40 mm）、大端圆角半径（范围为 5～15 mm）等尺寸进行优化，使零件用料最省，并且最大应力不超过屈服应力 200 MPa。

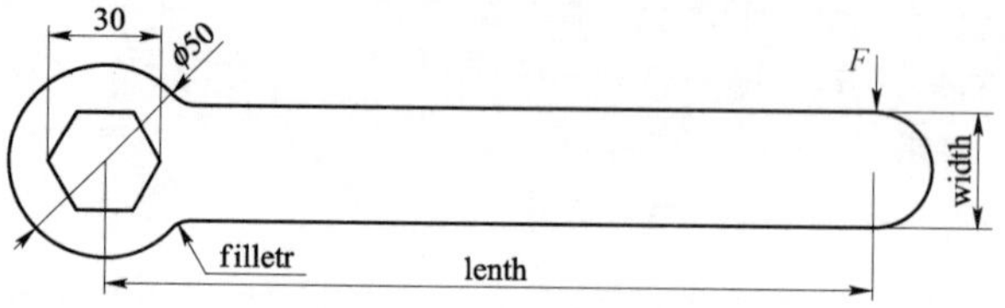

图 19－3　扳手简易图

【要点分析】

（1）优化前处理

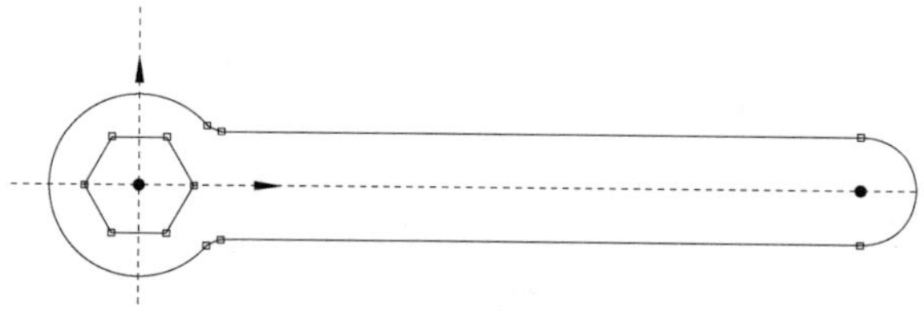

图 19－4　绘制草图

创建静力学分析模块“Static structure”，在 DM 应用中根据要求绘制草图并标注修改尺寸，如图 19－4 所示，设置厚度为 5 mm 完成几何建模。在草图中将尺寸 length、width 和 fillet 进行参数化设置。在 Mechanical 子程序中进行网格划分，添加位移约束与载荷。进行静力分析设置，输出等效应力。将扳手质量和最大应力设置为输出参数。开始仿真计算。查看结果，如图 19－5 所示。扳手最大应力为 154.9 MPa，小于其屈服强度 200 MPa，扳手在该工作条件下存在优化空间。

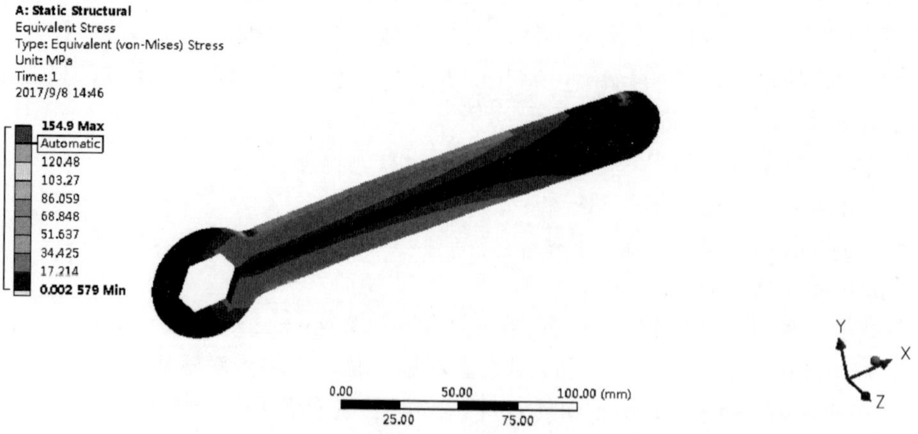

图 19－5　仿真计算结果

（2）直接优化

设置直接优化分析模块“Direct Optimization”。根据要求设置优化参数 length、width 和

fillet 变化的上下限。设置质量最小为优化目标，最大应力不超过 200 MPa 为约束条件。选择优化方法并完成相关设置，进行计算。优化完成后查看优化方案（图 19－6）。结果推荐三个方案，其中最优方案的质量最小为 0.164 45 kg，应力 199.95 MPa。优化结果为长 150 mm，宽 20.853 mm，圆角 15 mm。

Table of Schematic B2: Optimization

	A	B	C	D
1	Optimization Study			
2	Minimize P4	Goal, Minimize P4 (Default importance)		
3	P5 <= 200 MPa	Strict Constraint, P5 values less than or equals to 200 MPa (Default importance)		
4	Optimization Method			
5	Adaptive Single-Objective	The Adaptive Single-Objective method is a gradient-based algorithm to provide a refined, global, optimization result. It supports a single objective, multiple constraints and aims at finding the global optimum. It is limited to continuous and manufacturable input parameters.		
6	Configuration	Find 3 candidates in a maximum of 100 evaluations and 20 domain reductions.		
7	Status	Converged after 80 evaluations.		
8	Candidate Points			
9		Candidate Point 1	Candidate Point 2	Candidate Point 3
10	P1 - length (mm)	150	160.67	176.67
11	P2 - width (mm)	20.853	22.778	23.865
12	P3 - fillet (mm)	15	13.633	14.26
13	P4 - Solid Mass (kg)	0.16445	0.18475	0.20643
14	P5 - Equivalent Stress Maximum (MPa)	199.95	189.52	193.65

图 19－6　优化方案

将三个优化方案与原模型进行比较，结果如图 19－7 所示。最优方案比原模型质量减少 40.44%。

Table of Schematic B2: Optimization , Candidate Points

	A	B	C	D	E	F	G	H	I
1	Reference	Name	P1 - length (mm)	P2 - width (mm)	P3 - fillet (mm)	P4 - Solid Mass (kg)		P5 - Equivalent Stress Maximum (MPa)	
2						Parameter Value	Variation from Reference	Parameter Value	Variation from Reference
3		Candidate Point 1	150	20.853	15	0.16445	-40.44%	199.95	29.08%
4		Candidate Point 2	160.67	22.778	13.633	0.18475	-33.09%	189.52	22.35%
5		Candidate Point 3	176.67	23.865	14.26	0.20643	-25.24%	193.65	25.01%
6		Custom Candidate Point (DP 0)	200	30	10	0.27613	0.00%	154.9	0.00%
*		New Custom Candidate Point	200	30	10				

图 19－7　三个优化方案与原模型的比较

（3）响应面优化

实验设计计算“Design of Experiments”。设置实验设计参数 length、width 和 fillet 的上下限。确定实验设计点个数，进行实验设计点计算，得到每个实验设计点质量与最大应力结果如图 19－8 所示。

Table of Schematic C2: Design of Experiments (Central Composite Design : Auto Defined)

	A	B	C	D	E	F
1	Name	P1 - length (mm)	P2 - width (mm)	P3 - fillet (mm)	P4 - Solid Mass (kg)	P5 - Equivalent Stress Maximum (MPa)
2	1	175	30	10	0.24669	133.44
3	2	150	30	10	0.21725	112.38
4	3 (DP 0)	200	30	10	0.27613	154.9
5	4	175	20	10	0.17896	280.27
6	5	175	40	10	0.31907	78.763
7	6	175	30	5	0.24655	148.7
8	7	175	30	15	0.24687	124.71
9	8	154.67	21.87	5.9348	0.17365	218.87
10	9	195.33	21.87	5.9348	0.20855	284.74
11	10	154.67	38.13	5.9348	0.27468	76.217
12	11	195.33	38.13	5.9348	0.33552	98.222
13	12	154.67	21.87	14.065	0.17411	192.8
14	13	195.33	21.87	14.065	0.20901	254.06
15	14	154.67	38.13	14.065	0.27479	76.037
16	15	195.33	38.13	14.065	0.33563	97.059

图 19－8　每个实验设计点质量与最大应力

响应面计算“Response Surface”。设置优化目标为质量、约束条件为最大应力不超过200 MPa、计算点数为 100 个。进行计算及结果分析。三个较优方案如图 19－9 所示，其中最优者质量为 0.170 72 kg，应力为 198.3 MPa，长、宽及圆角半径分别为 154.25 mm、21.35 mm 及 13.939 mm。图 19－10 所示是散点图。

Table of Schematic C4: Optimization

	A	B	C	D
1	⊟ Optimization Study			
2	Maximize P5; P5 <= 200 MPa	Goal, Maximize P5 (Default importance); Strict Constraint, P5 values less than or equals to 200 MPa (Default importance)		
3	Minimize P4	Goal, Minimize P4 (Default importance)		
4	⊟ Optimization Method			
5	Screening	The Screening optimization method uses a simple approach based on sampling and sorting. It supports multiple objectives and constraints as well as all types of input parameters. Usually it is used for preliminary design, which may lead you to apply other methods for more refined optimization results.		
6	Configuration	Generate 100 samples and find 3 candidates.		
7	Status	Converged after 100 evaluations.		
8	⊟ Candidate Points			
9		Candidate Point 1	Candidate Point 2	Candidate Point 3
10	P1 - length (mm)	154.25	152.25	164.25
11	P2 - width (mm)	21.35	22.6	24.475
12	P3 - fillet (mm)	13.939	9.4944	8.5068
13	P4 - Solid Mass (kg)	0.17072	0.17597	0.19836
14	P5 - Equivalent Stress Maximum (MPa)	198.3	191.08	187.11

图 19－9　较优方案

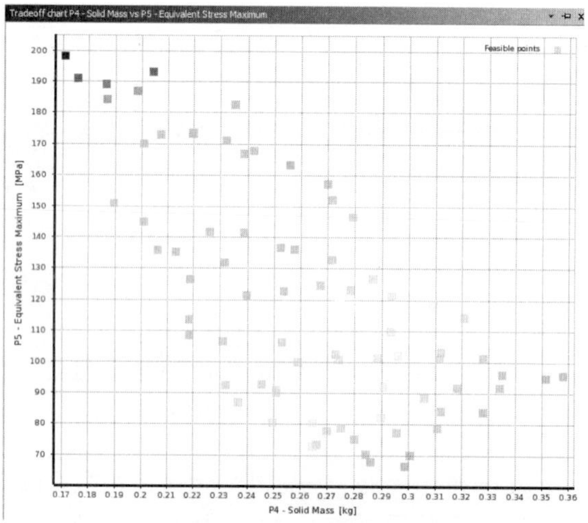

图 19－10　散点图

将三个优化方案与原模型进行比较，如图 19－11 所示，与原模型相比，最优方案质量少了 38.17%。

Table of Schematic C4: Optimization , Candidate Points

	A	B	C	D	E	F	G	H	I
1	Reference	Name	P1 - length (mm)	P2 - width (mm)	P3 - fillet (mm)	P4 - Solid Mass (kg)		P5 - Equivalent Stress Maximum (M	
2						Parameter Value	Variation from Reference	Parameter Value	Variation from I
3	○	Candidate Point 1	154.25	21.35	13.939	0.17072	-38.17%	198.3	28.12%
4	○	Candidate Point 2	152.25	22.6	9.4944	0.17597	-36.27%	191.08	23.45%
5	○	Candidate Point 3	164.25	24.475	8.5068	0.19836	-28.16%	187.11	20.89%
6	◉	Custom Candidate Point	200	30	10	× 0.27612	0.00%	154.78	0.00%
7	○	Custom Candidate Point (verified) (DP 0)				× 0.27613	0.00%	154.9	0.08%
*		New Custom Candidate Point	175	30	10				

图 19－11　三个优化方案与原模型进行比较

（4）拓扑优化

设置测试选项显示“Beta options”。设置拓扑优化模块“Shape Optimization（Beta）”。在 mechanical 中进行与上述静力分析相同的约束与载荷设置。设置优化目标。在“shape finder”中设置“target reduction”调节值。进行优化计算。计算完成后，查看优化结果，如图 19－12 所示。图中浅色部分为优化建议移除部分，深色为保留部分。

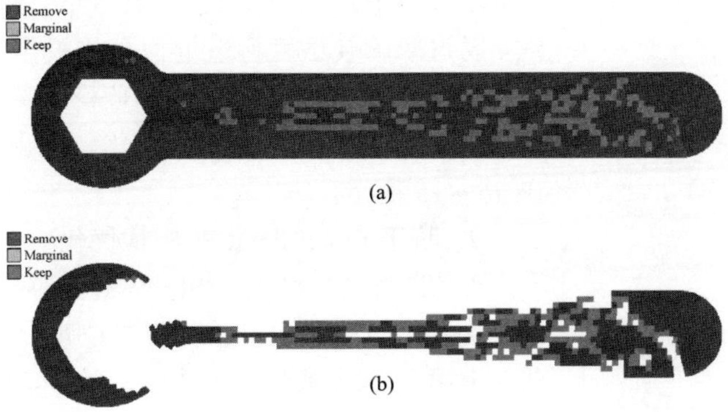

图 19－12　优化结果

根据优化结果进行结构设计。将内六角左半部分材料去除，缩短扳手长度并将扳手中心部分少量去除，设计方案如图 19－13 所示。

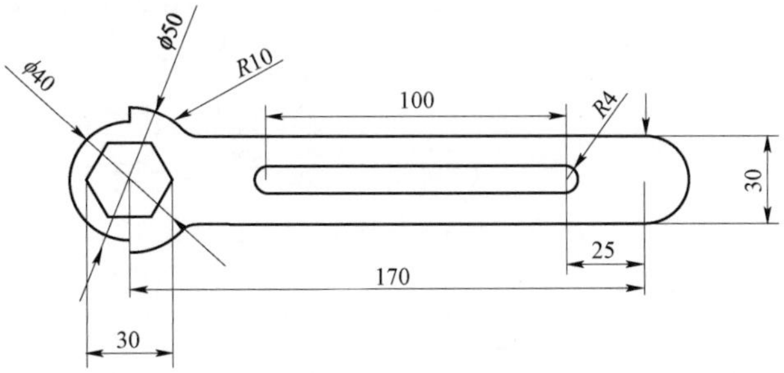

图 19－13　设计方案

设计校验。对新设计方案建立静力分析项目，进行分析计算，等效应力云图如图 19－14 所示，最大应力值为 181.7 MPa，满足要求。

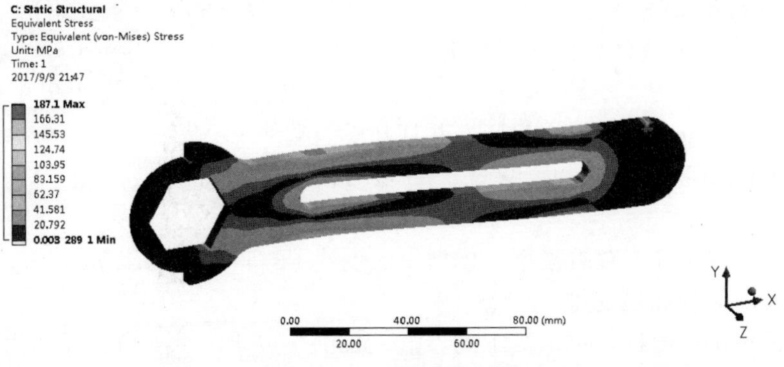

图 19－14　等效应力云图

19.4 结构形状优化设计

1. 基于 OptiStruct 的优化设计概述

OptiStruct 是 Altair 公司 HyperWorks 软件中的结构优化产品模块，支持尺寸优化、拓扑优化、形貌优化、形状优化等。OptiStruct 采用数学规划方法，通过求解灵敏度构造近似显式模型，采用小步长迭代找到最优解，是目前工程上应用广泛的高效、稳健优化方法，可求解含上百万变量或约束的优化问题。其内部优化流程如图 19－15 所示。

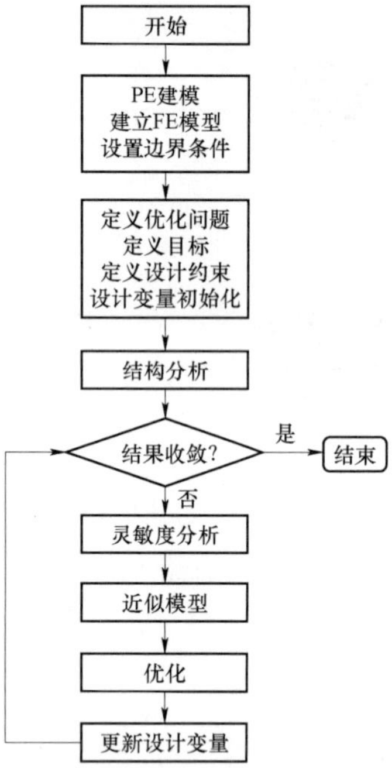

图 19－15　OptiStruct 内部优化流程

2. 基于 OptiStruct 的形状优化

形状优化技术通过将网格节点移动或变形到某个新位置，提高零部件的性能，如提高刚度、模态，减小应力集中等，常用于产品详细设计阶段。网格变形方式可分为基于手工建立网格变形的形状优化技术和基于边界节点自由变形的自由形状优化技术。

在进行基于手工建立网格变形的形状优化设计时，先确定形状变量，形状变量通过 HyperMorph 模块实现可能有助于提高性能的网格变形，再通过 OptiStruct 优化确定变形的最佳位置。

在进行基于边界节点自由变形的自由形状优化时，不需要手工对网格进行变形，需选取边上节点或表面节点等的边界节点集，并设定节点变形方式，再通过 OptiSruct 优化自动确定具有最佳性能的边界形状。

3.【例 19－4】支撑结构的形状优化设计

【问题描述】一个支撑结构的有限元网格模型如图 19－16 所示，有限元模型中含材料属性及工况。通过自由形状优化技术优化模型中均布的 8 个圆形开口的形状，要求结构应力不超过 125 MPa，且质量最小。

【要点分析】本例已建立有限元模型，在此基础上完成对支撑结构开口的自由形状优化，包括：创建自由形状优化变量；创建优化响应；创建优化约束及优化目标；查看并应用优化结果。

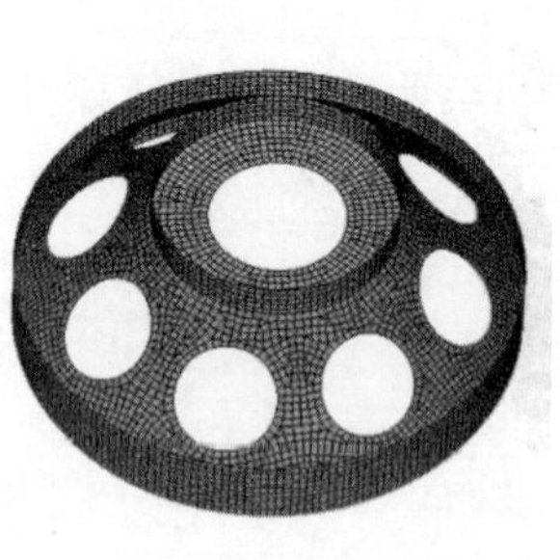

图 19－16　支撑结构的网格模型

（1）运行 HyperMesh，设置用户属性并打开模型文件

在“HyperMesh”工作界面设置“User Profiles”为“Optistruct”。

导入有限元模型文件，查看模型，模型中已设置了材料属性与工况。

（2）创建自由形状优化变量

进入“free shape”面板，单击其下的“free shape”按钮，进入自由尺寸优化变量创建面板，输入优化变量名称 DV1；在模型上选取圆形区域上的节点，创建关于所选节点的形状变量 DV1，如图 19－17（a）所示。类似于 DV1 的创建过程，创建其他开口区域处的优化变量 DV2～DV8，如图 19－17（b）所示。

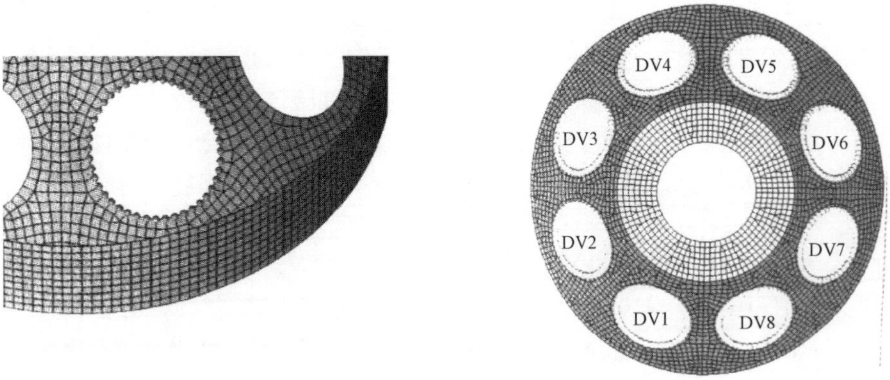

(a)　　(b)

图 19－17　选择开口区域节点创建形状变量

（3）创建优化响应

单击“optimization”中的“responses”，进入响应创建面板。输入响应名称，选取响应类型为“static stress”，响应范围选“props”，并单击模型中的支撑结构，以选择该部分属性。应力类型选“von mises”。单击“create”创建应力响应。创建体积响应，范围选“total”。

（4）创建优化约束及优化目标

单击“optimization”中的“dconstraints”，进入约束创建面板，输入约束名称，选取应力响应，选取模型中的工况，应力约束值为 125 MPa，完成应力约束创建。

单击“optimization”中的“objective”，进入优化目标创建面板，选目标类型为“min”，并选择体积响应，完成优化目标创建。

（5）求解计算及结果查看

单击“OptiStruct”进行求解计算。计算完成后，在“OptiStruct”面板中单击“HyperView”，结果文件自动导入。在结果控制区域选“Design”及迭代步，查看最后一步的优化结果。可以通过“HyperMesh”直接将优化结果应用到原来的有限元网格，选择“Post”面板，单击“apply result”按钮，单击“simulation =”，选择将应用的优化结果，单击“data type =”，选择“Shape Change”，单击“nodes”，选择“all”，单击“apply”按钮，将优化结果应用到网格，如图 19－18 所示。

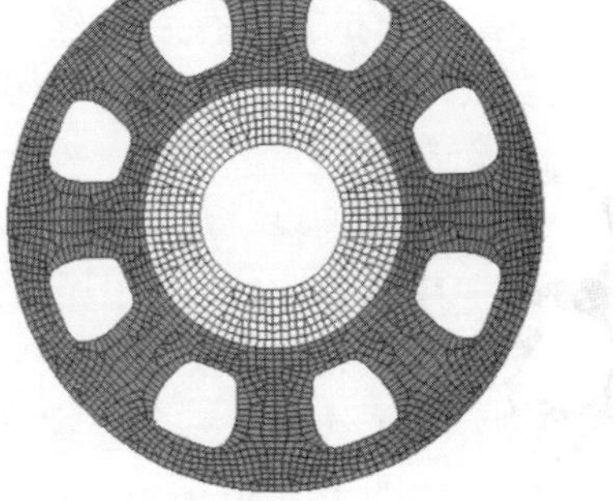

图 19－18　优化结果应用后的网格模型

19.5　结构拓扑优化设计

1. 基于 OptiStruct 的结构拓扑优化概述

OptiStruct 拓扑优化的材料模式采用密度法（SIMP 方法），即将有限元模型设计空间的每个单元的“单元密度”作为设计变量。该“单元密度”与结构的材料参数有关，在 0～1 连续取值，优化求解后，单元密度为1或接近1，表示该单元位置处的材料很重要，需要保留；单元密度为0或接近0，表示该单元处的材料不重要，可以去除，以达到材料的充分利用，实现轻量化设计。

进行拓扑优化设计时，首先确定设计变量，然后创建结构所需的响应，如体积、位移等；同时确定优化目标，如质量等；最后创建优化的约束，如部分节点位移、应力等。优化设计前，通常对结构进行仿真计算，根据结果如应力、位移等，对优化设计整体规划。之后按优化基本步骤开始设置及计算，计算完成后，根据优化目标的优化程度，进行结构设计及仿真分析。

2.【例19－5】自动控制臂优化设计

【问题描述】图19－19所示为一个自动控制臂的有限元模型，材料为钢，弹性模量 2×10^5 MPa，泊松比0.3。工作时，*A*、*B* 和 *C* 点受不同约束；*D* 点是施力点，在三个不同工况受三个不同方向的力。现对其进行拓扑优化，使零件用料最省，部件包括不可设计区域（模型上三个圆柱形区域）和可设计区域（除去不可设计区域的所有模型区域），优化目标为材料使用最少，且分别对部件的三个工况施力点 *D* 施加0.05 mm、0.02 mm和0.04 mm的强制位移约束。

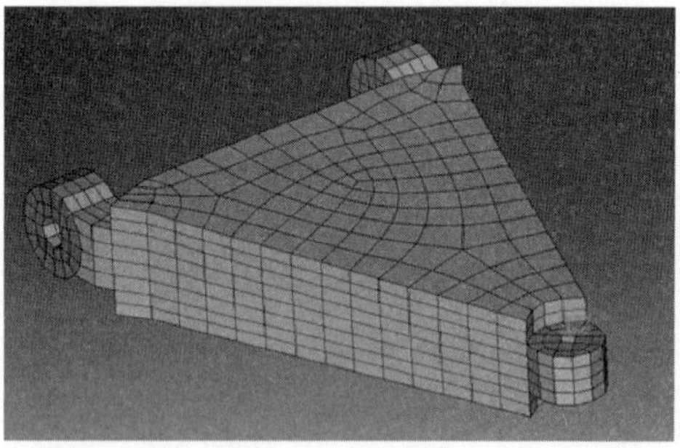

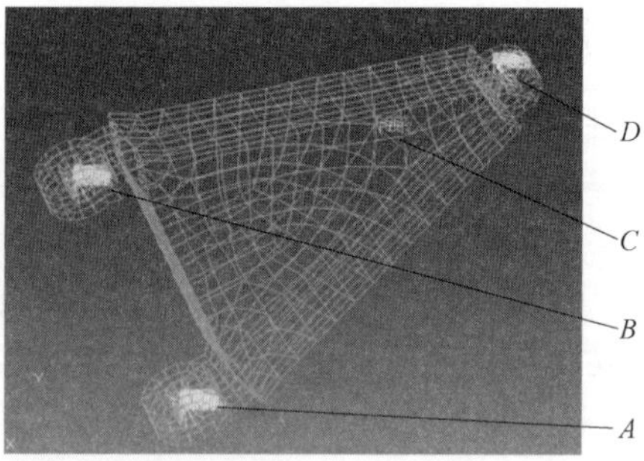

图19－19　自动控制臂的有限元模型

【要点分析】将有限元模型导入到HyperMesh，定义材料属性、工况及优化参数，用OptiStruct软件确定优化的材料分布。通过设计空间中密度值变化的云图查看结果。密度值经归一化，在0～1。

（1）静力计算

在“HyperMesh”工作界面设置“User Profiles”为“Optistruct”。

导入有限元模型文件，定义材料参数与属性，并赋予建好的组件。

创建一个约束和三个力载荷集。分别对四个载荷集定义。约束载荷集包括三个点的自由度限制，如图19－20所示。三个力载荷分别在三个工况中使用，施加力点相同，力大小与方向不同，如图19－21所示。

创建三个线性静力分析工况。选择上述定义的约束与三个工况对应的力。

用“Radioss”进行静力分析，结束后在“HyperView”中查看结果。

（2）拓扑优化

进入“optimization”面板，再进入“topology”面板，单击“create”按钮，创建拓扑优化设计变量。创建拓扑空间，选择模型组件中所有具有设计属性的单元，这些单元均包含在该设计空间中。

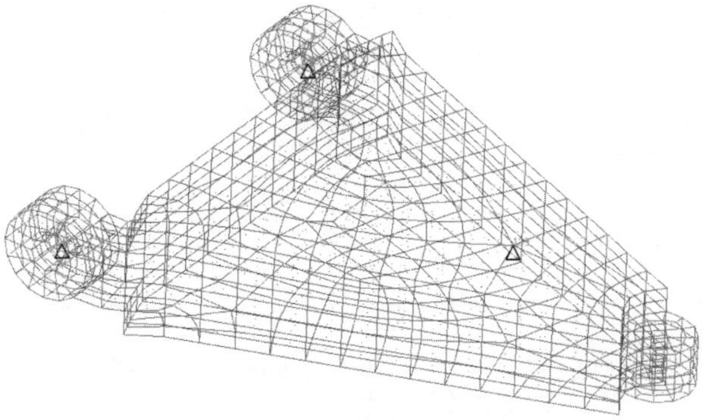

图 19－20　约束载荷集

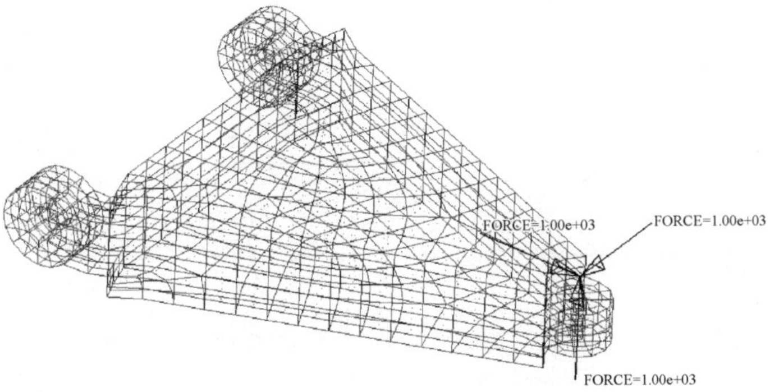

图 19－21　三个力载荷的三个工况

进入“responses”面板，创建体积响应与三个工况下施力点位移响应。

进入“objective”页，定义目标为体积最小化。进入“dconstraints”面板，设置分析中位移响应约束的上下限。

单击“OptiStruct”，进行拓扑优化分析计算。

计算完成后查看结构变形。查看密度结果云图，选择最后一个迭代步的结果。查看单元密度的等值线云图，改变密度阈值可以看到对应更新等值线值的模型，可查看材料分布和载荷传递路线。图 19－22 所示是阈值为 0.15 时的密度等值线云图。

查看优化前后位移。查看优化前后应力。

根据上述三个工况计算结果，力施加点位移均满足要求，最大应力虽有所增大，但仍满足设计要求。

（3）根优化结果进行结构设计，并进行校验。

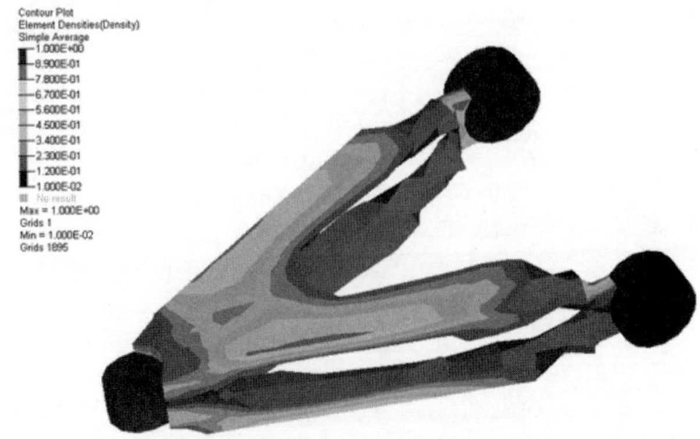

图 19－22　阈值为 0.15 时的密度等值线云图

习　题

1. 优化设计问题的数学模型由哪几部分组成？其一般表达式是什么？试建立下列压力容器紧固螺栓最小成本的优化设计数学模型：

已知压力容器内部气体压强 p、容器内径 D_i，螺栓中心分布在直径为 D_0 的圆周上，用衬垫密封。螺栓材料选用35钢，根据市场调查得每个螺栓的价格 c 与螺栓直径 d 的关系为

$$c = 0.020\,2d - 0.148$$

要求：合理选择螺栓的直径 d 和个数 n，使其成本最低。螺栓数量既要考虑密封要求（螺栓的周向间距不应大于 $6d$），又要兼顾扳手的工作空间（螺栓的周向间距不应小于 $5d$），同时还要满足强度要求。

2. 用进退法确定函数 $f(x) = x^2 - 2x + 2$ 的一个搜索区间（初始点 $x_0 = 0$，初始步长 $h = 0.5$）。

3. 已知某汽车行驶速度 v（km/min）与百公里耗油量 Q（L）的函数关系为 $Q(v) = v + \dfrac{20}{v}(\mathrm{L})$，试用黄金分割法找出当速度 v 在 0.2～1 km/min 时的最经济车速 v^*（迭代精度 $\varepsilon = 0.05$）。

4. 用二次插值法求函数 $f(\alpha) = 8\alpha^3 - 2\alpha^2 - 7\alpha + 3$ 的极小点，给定初始区间为［0，2］，迭代精度 $\varepsilon = 0.01$。

5. 试用最速下降法求目标函数 $f(\boldsymbol{x}) = x_1^2 + 25x_2^2$ 的极小点。初始点取 $\boldsymbol{x}^{(0)} = [2 \quad 2]^{\mathrm{T}}$，迭代精度 $\varepsilon = 0.005$。

6. 试用共轭梯度法求目标函数 $f(\boldsymbol{x}) = 2x_1^2 + 2x_1x_2 + x_2^2 + x_1 - x_2$ 的极小点，初始点取 $\boldsymbol{x}^{(0)} = [0 \quad 0]^{\mathrm{T}}$，迭代精度 $\varepsilon = 0.005$。

7. 试用牛顿法求目标函数 $f(\boldsymbol{x}) = x_1^2 + 4x_2^2 + 9x_3^2 - 2x_1 + 18x_3$ 的极小点（初始点取 $\boldsymbol{x}^{(0)} = [1 \quad 1 \quad 1]^{\mathrm{T}}$）。

8. 试用 DFP 变尺度法求目标函数 $f(\boldsymbol{x}) = 4(x_1 - 5)^2 + (x_2 - 6)^2$ 的极小点，初始点取 $\boldsymbol{x}^{(0)} = [8 \quad 9]^{\mathrm{T}}$，迭代精度 $\varepsilon = 0.01$。

9. 分别用内点惩罚函数法和外点惩罚函数法求如下问题的约束最优解。

$$\min f(\boldsymbol{x}) = x_1^2 + x_2^2$$
$$\text{s.t.} \quad g(\boldsymbol{x}) = 1 - x_1 < 0$$

10. 结合工程实际，提出一个最优化设计问题，建立数学模型，并用最优化软件求解。

第Ⅴ部分　可靠性设计

第 20 章
可靠性设计概述

可靠性作为衡量产品质量的一个重要指标已不是一个新的概念，早期人们对可靠性的理解仅从定性方面，没有数值量度，但为更好地表达可靠性的准确含义，不能只从定性方面来评价，而应从定量的角度来衡量。

从 20 世纪 50 年代起，国外就兴起了可靠性技术的研究。第二次世界大战期间，美国有相当数量的通信设备、航空设备、水声设备因失效而不能使用。因此，美国便开始研究电子元件和系统的可靠性问题。德国在第二次世界大战中，由于研制 V-1 火箭的需要，也开始进行可靠性工程的研究。1957 年，美国发表了《军用电子设备的可靠性》的重要报告，被公认为是可靠性的奠基文献。

20 世纪六七十年代，随着航空航天事业的发展，可靠性问题的研究取得了长足的进展，引起了国际社会的普遍重视。许多国家相继成立了可靠性研究机构，对可靠性理论进行了广泛的研究。

1990 年，我国机械电子工业部印发的《加强机电产品设计工作的规定》中明确指出：可靠性、适应性、经济性三性统筹作为我国机电产品设计的原则。在新产品鉴定定型时，必须要有可靠性设计资料和实验报告，否则不能通过鉴定。现今可靠性的观点和方法已经成为质量保证、安全性保证、产品责任预防等不可缺少的依据和手段，也是我国工程技术人员学习现代设计方法所必须掌握的重要内容之一。

20.1 可靠性的概念和特点

可靠性（Reliability）是产品重要的质量特性，它表示产品在规定的工作条件下和规定的时间区间内完成规定功能的能力，也指产品在规定时间内发生失效的难易程度。这一定义中包含以下几个要点：

（1）产品　指作为单独研究、分别试验对象的任何元件、零件、部件、设备、机组等，甚至还可以把人的因素也包括在内。在具体使用“产品”这一词时，必须明确其确切含义。

（2）规定的条件　一般指的是使用条件、维护条件、环境条件、操作技术，如载荷、温度、压力、振动、噪声、磨损、腐蚀等。这些条件必须在使用说明书中加以规定，这是判断发生故障时有关责任方的关键。

（3）规定的时间区间　可靠度是随时间而降低的，产品只能在一定的时间区间内满足目标可靠度。因此，对时间的规定一定要明确。需要指出的是，这里所说的时间，不仅仅是日历时间，根据产品的不同，还可能是与时间成比例的次数、距离等，如应力循环次数、汽车的行驶里程等。

（4）规定的功能　首先要明确具体产品的功能是什么，怎样才算是完成规定的功能。产品丧失规定的功能称为失效，对可修复产品可称为故障。怎样才算失效或故障，有时是很容易判定的，但更多的情况是很难判定的。例如，对于某个齿轮，轮齿的折断显然就是失效，而当齿面发生了某种程度的磨损，对某些精密或重要的机械来说，该齿轮就是失效，而对某些机械，并不影响其正常运转，因此就不能算失效。对一些大型设备来说更是如此。因此，必须明确地规定产品的功能。

（5）能力　对能力只是定性地分析是不够的，应该加以定量地描述。产品的失效或故障具有偶然性，一个确定的产品在某段时间的工作情况并不能很好地反映该种产品可靠性的高低，应该观察这种产品大量的运转情况并进行合理的处理后，才能正确反映这种产品的可靠性。因此，这里所说的能力具有统计学的意义，需要用概率论和数理统计的方法来处理。

可靠性设计是以实现产品可靠性为目的的设计技术。作为一种设计方法，它是常规设计方法的深化和发展，所以机械设计等有关课程所阐明的设计原理、方法和基本公式，对可靠性设计仍然适用。但与常规设计相比，它具有如下特点：

① 可靠性设计法认为作用在零部件上的载荷（广义的）和材料性能等都不是定值，而是随机变量，具有明显的离散性质，在数学上必须用分布函数来描述。

② 由于载荷和材料性能等都是随机变量，所以必须用概率统计的方法求解。

③ 可靠性设计法认为所设计的任何产品都存在一定的失效可能性，并且可以定量地回答产品在工作中的可靠程度，从而弥补了常规设计的不足。

可靠性从面向对象分类可分为电子产品可靠性和机械类非电子产品可靠性两类。目前电子产品可靠性经过 60 余年的发展，可靠性方法和技术已相对成熟。而机械产品可靠性设计还有较大的发展空间。电子类和机械类产品可靠性特点不同，在可靠性指标方面，机械产品通常使用耐用寿命（时间、次数）、零件更换寿命、整机可用性、可靠度等指标，而电子产品主要使用平均无故障工作时间（Mean Time Between Failure，MTBF）、元件故障率、整机可用性等指标；在故障机制方面，机械产品故障呈现随机性，主要包括疲劳、老化、磨损、腐蚀等，因此主要以损耗性故障为主，而电子产品元件和整机故障多属随机性，由偶然因素造成；在使用环境方面，机械产品使用环境条件复杂，需掌握环境变化和极值条件，准确预测应力较难，而电子产品使用环境一般良好；在可靠性试验方面，机械产品子样数小，试验时间长、成本高，而电子产品子样数大，试验速度快，成本较低；在失效曲线方面，机械产品表现为斜底“浴盆曲线”，而电子产品为典型的平底“浴盆曲线”。

从可靠性的研究范畴看，可靠性学科就是定量地研究产品动态质量问题的学科，大致包括可靠性数学、可靠性物理（失效分析）、可靠性工程等。

（1）可靠性数学　解决可靠性问题的数学模型和数学方法，属于应用数学范畴。主要内容是概率论、数理统计、随机过程、运筹学、模糊数学等，现已成为一门相对独立的数学。

（2）可靠性物理　研究失效现象及其机制和检测方法的学科，包括发展失效分析方法和技术、研究各种元件的失效机制及失效模式、建立各种器件及材料失效的数学与物理模型等。

（3）可靠性工程　是对产品（零件、部件、设备或系统）的失效现象及发生概率进行分析、预测、试验、评定和控制的边缘工程学科。其发展与概率论和数理统计、运筹学、系统工程、环境工程、价值工程、人机工程、计算机技术、失效物理学、机械学、电子学等学科有着密切的联系。可靠性工程强调技术和管理并重。所谓管理，包括全过程、全寿命周期管理，制订可靠性计划，组织可靠性设计评审，进行可靠性认证，制定可靠性标准，确定可靠性指标等。

可靠性的研究对象包括：电子和电器的、机械和结构的、零件和系统的、硬件和软件的可靠性设计、试验和验证等。广义的可靠性包括维修性和有效性。

20.2　可靠性技术的发展历程

可靠性学科起源于传统的质量分析方法无法解释的实际中出现的失效问题。

可靠性技术起源于电子产品。在第二次世界大战期间，由于飞行故障，美军损失飞机 21 000 架，比实战中被击落的多 1.5 倍。运往远东的作战飞机上的电子设备，60%在运输中失效，50%在存储期内失效。海军舰艇上的电子设备，70%因意外事故失效。美军方开始研究意外事故发生的规律，提出可靠性的概念。1952 年，美国军事部门、工业部门和有关学术部门联合成立了电子设备可靠性咨询组（AGREE）。1957 年，AGREE 发表了《军用电子设备的可靠性》报告，提出了在研制和生产过程中对产品的可靠性指标进行试验和鉴定的方法，电子产品在生产包装、储存和运输方面要注意的问题及要求等。这个报告被公认为是电子产品可靠性理论和方法的奠基性文件。从此，可靠性科学逐渐发展为一门独立的学科。

从机械可靠性方面看，对结构可靠性设计理论和方法的研究可追溯到 20 世纪 40 年代。A.M.Freudenthal 教授是早期从事结构可靠性研究的代表人物之一，1947 年，他在 *Safety of Structures* 一文中提出了用于结构件静强度可靠性设计的应力－强度干涉模型，利用该模型可以进行构件的可靠性设计。之后的 20 年中，他在结构可靠性与风险率的分析及疲劳与断裂的研究等方面一直处于领先地位，发表了许多具有代表性的论著。

由于机械设备和零部件多样性、故障机制的复杂性、影响可靠性因素多、产品批次数量少等原因，以统计数据为基础的可靠性方法体系在机械可靠性设计中存在局限性，基于故障物理的可靠性设计方法在可靠性设计中快速发展。

从失效形式看，80%的零件失效形式为疲劳破坏，因此对疲劳问题的研究受到广泛的重视。从 20 世纪 60 年代始，F.B.Stulen，D.Kececioglu 和 A.M.Freudenthal 将应力－强度干涉模型用于疲劳强度的可靠性设计中。E.B.Haugen 创造了统计代数运算，为可靠性设计的应用奠定了理论基础。20 世纪 70 年代前后，D.Kececioglu、E.B.Haugen 等提出了一套基于干涉模型的疲劳强度可靠性设计方法，并在工程上得到广泛应用；1975 年，E.B.Haugen 等在 *Machine Design* 杂志上连续发表关于机械可靠性设计理论及应用方面的论文，列举了很多应用实例；1980 年，E.B.Haugen 出版了比较全面的概率机械设计专著。

从各国的情况看，美国在 20 世纪 70 年代将可靠性技术引入汽车、发电设备、拖拉机和发电机等机械产品中。80 年代，美国 Rome 航空发展中心专门调查分析了一次非电子设备可靠性应用情况，指出非电子设备的可靠性设计非常困难；美国国防部可靠性分析中心（RAC）收集和出版了非电子零部件的可靠性数据手册。美国亚利桑那大学 D.Kececioglu 教授等专家开展了机械可靠性设计理论研究，推行概率设计法，提出开展机械概率设计的 15 个步骤。由美国、英国、加拿大、澳大利亚和新西兰组成的技术合作计划委员根据机械设备单功能和多功能的设计特征、特定的使用环境以及对载荷等因素的敏感性特点，编制了常用机械设备可靠性预测手册。

日本以民用产品为主，大力推进了机械可靠性的应用研究，其将故障模式与影响分析等技术成功引入机械工业企业中。日本重视采用可靠性概率设计方法的结果与实物试验比较总结经验，收集和积累机械可靠性数据。苏联在 20 年的科技规划中，将提高机械产品的可靠性和寿命作为重要任务之一，制定了很多以机械产品为主的国家标准，推进可靠性技术的应用。此外，相比设计阶段可靠性，苏联还重视工艺可靠性和制造过程的控制管理。

我国从 20 世纪 80 年代开始重视机械可靠性的研究。1986 年起，原机电部发布了 6 批限期考核的机电产品可靠性指标的清单，前后共有 879 种产品进行了可靠性指标的考核。

在进行机械零件的可靠性设计时，强度分布的确定是非常重要的。我国投入了大量的人力和经费，花费了几年时间，获得了一批珍贵的疲劳试验数据，并经统计处理后，得出了分布的统计参数供设计时使用。美国学者 D. Kececioglu 等做了大量材料试验，给出了指定应力下疲劳寿命分布。日本材料学会 1984 年出版了可靠性论文集，其中大部分都是报道有关金属材料及粉末冶金材料的疲劳和断裂试验数据及统计处理结果的。

随着理论研究的不断丰富和计算机水平的快速发展，可靠性设计软件也相继出现。电子产品可靠性分析软件如 ERsim 等。机械产品可靠性软件方面，典型如美国西南研究院开发的 NESSUS 机械构件/结构可靠性分析软件，美国 ANASY 公司 Workbench 软件的 Six Sigma Analysis 模块，美国 UNIPASS 公司开发的 UNIPASS，美国联邦航空管理局（FAA）的航空发动机适航认证用的可靠性分析软件 DARWIN 等。我国西北工业大学也开发了结构可靠性定量计算软件。

20.3 可靠性设计的流程

可靠性设计一般流程包括三个主要步骤：

（1）明确可靠性目标。可靠性设计之初，首先根据用户要求，明确可靠性要求，然后根据可靠性特征量，确定可靠性目标。可靠性目标受产品功能、使用条件、重要程度等因素影响。不同产品常用可靠性指标不同，表 20－1 为典型产品的常用可靠性指标。

表 20－1 典型产品常用可靠性指标

使用条件	连续使用				一次修复	
可否修复	可修复		不可修复		可修复	不可修复
维修种类	预防维修	事后维修	用到耗损期	一定时间后报废	预防维修	
产品示例	电子系统、计算机、通信机、雷达、飞机、生产设备	家用电器、机械装置、	电子元器件、机械零部件、一般消费品	电子管	武器、过载荷继电器、救生器具	熔丝、闪光灯、雷管
常用指标	可靠度、有效度、平均无故障工作时间、平均修复时间	平均无故障修复时间、有效寿命、有效度	失效率、平均寿命	失效率、更换寿命	成功率	成功率

（2）可靠性初步设计。明确可靠性设计目标后，需根据当前设计情况包括技术情况、市场情况、环境情况、经济情况等，分析当前可靠性设计条件；然后对产品对象以往故障、原因、故障发生概率进行分析，并利用可靠性设计方法进行相关技术设计。可靠性设计方法基于分析产品的构成特征及可靠性目标确定，常见的可靠性设计方法包括预防故障设计、概率设计、储备设计、耐环境设计、安全设计、维修性设计、人–机构成设计、权衡设计。

（3）可靠性评价及迭代修正。基于初步设计内容对可靠性进行预计评价，计算相关可靠性指标，开展可靠性试验，对重要的部分采用故障模式、效应及危害度分析、故障树分析等方法进行可靠性、安全性分析，由此对技术设计内容进行迭代改进，通过修正完成可靠性指标目标值，由此完成可靠性设计。

20.4 可靠性设计的常用概率分布及典型指标

20.4.1 可靠性设计常用概率分布

在可靠性设计中，主要的也是基础的工作是对数据进行统计处理，判定分布类型，估计分布参数，以获得寿命、应力、强度等概率分布，为产品可靠性的定量计算奠定基础。可靠性中常用的概率分布有均匀分布、正态分布、对数正态分布、威布尔分布、指数分布、瑞利分布、伽马分布、χ^2 分布、t 分布、F 分布等，见表 20–2。

表 20–2 可靠性中常用的概率分布

分布类型	概率密度	均值 $E(X)$	方差 $D(X)$	图形
均匀分布 $u(a,b)$	$f_u(x)=\dfrac{1}{b-a},a\leqslant x\leqslant b$ $-\infty<a<b<\infty$	$\dfrac{a+b}{2}$	$\dfrac{(b-a)^2}{12}$	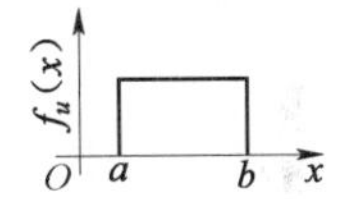
正态分布 $N(\mu,\sigma^2)$	$f_N(x)=\dfrac{1}{\sqrt{2\pi}\sigma}\exp\left[-\dfrac{(x-\mu)^2}{2\sigma^2}\right]$ $-\infty<x<\infty$ $-\infty<\mu<\infty,\sigma>0$	μ	σ^2	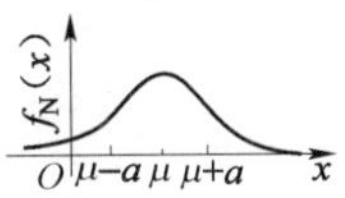
对数正态分布 $\ln(\mu,\sigma^2)$ 或 $\lg(\mu,\sigma^2)$	$f_{\ln}(x)=\dfrac{1}{\sqrt{2\pi}\sigma x}\exp\left[-\dfrac{(\ln x-\mu)^2}{2\sigma^2}\right]$ 或 $f_{\lg}(x)=\dfrac{\lg e}{\sqrt{2\pi}\sigma x}\exp\left[-\dfrac{(\lg x-\mu)^2}{2\sigma^2}\right]$ $x>0$	$\exp\left(\mu+\dfrac{\sigma^2}{2}\right)$ 或 $10^{\mu+\frac{\sigma^2}{2}\ln 10}$	$e^{2\mu+\sigma^2}(e^{\sigma^2}-1)$ 或 $10^{2\mu+\sigma^2\ln 10}(10^{\sigma^2\ln 10}-1)$	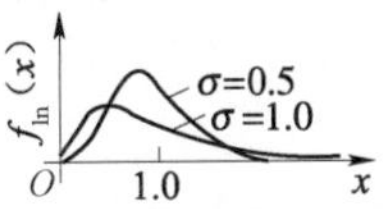
威布尔分布 $W(k,a,b)$	$f_W(x)=\dfrac{k}{b}\left(\dfrac{x-a}{b}\right)^{k-1}\cdot$ $\exp\left[-\left(\dfrac{x-a}{b}\right)^k\right]$ $x\geqslant a,k>0,b>0$	$b\Gamma\left(1+\dfrac{1}{k}\right)+a$	$b^2\left[\Gamma\left(1+\dfrac{2}{k}\right)-\Gamma^2\left(1+\dfrac{1}{k}\right)\right]$	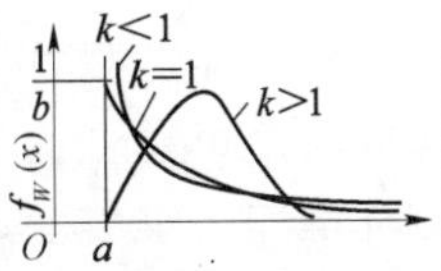

续表

分布类型	概率密度	均值 $E(X)$	方差 $D(X)$	图形
指数分布 $e(\lambda)$	$f_e(x)=\lambda e^{-\lambda x}$ $x\geqslant 0,\lambda>0$	$\dfrac{1}{\lambda}$	$\dfrac{1}{\lambda^2}$	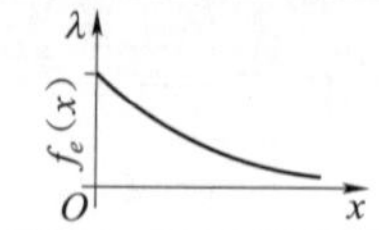
瑞利分布 $R(\mu)$	$f_R(x)=\dfrac{x}{\mu^2}\exp\left(-\dfrac{x^2}{2\mu^2}\right)$ $x\geqslant 0,\mu>0$	$\sqrt{\dfrac{\pi}{2}}\mu$	$\dfrac{(4-\pi)}{2}\mu^2$	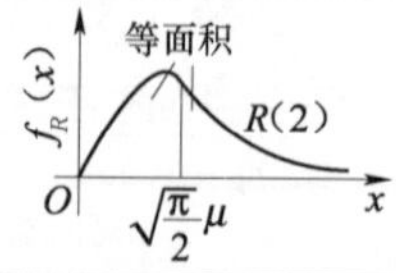
伽马分布 $\Gamma(\alpha,\beta)$	$f_\Gamma(x)=\dfrac{\beta^\alpha}{\Gamma(\alpha)}x^{\alpha-1}e^{-\beta x}$ $x>0$	$\dfrac{\alpha}{\beta}$	$\dfrac{\alpha}{\beta^2}$	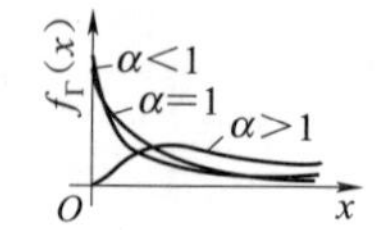
χ^2 分布 $\chi^2(\nu)$	$f_{\chi^2}(x)=\dfrac{1}{2^{\frac{\nu}{2}}\Gamma\left(\dfrac{\nu}{2}\right)}x^{\frac{\nu}{2}-1}\cdot e^{-x/2}$ ν 为整数	ν	2ν	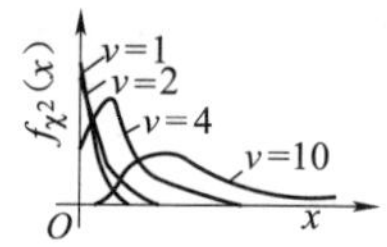
t 分布 $t(\nu)$	$f_t(x)=\dfrac{\Gamma\left(\dfrac{\nu+1}{2}\right)}{\sqrt{\pi\nu}\Gamma\left(\dfrac{\nu}{2}\right)}\cdot$ $\left(1+\dfrac{x^2}{2}\right)^{-\frac{\nu+1}{2}}$ ν 为正整数	0 $(\nu>1)$	$\dfrac{\nu}{\nu-2}$ $(\nu>2)$	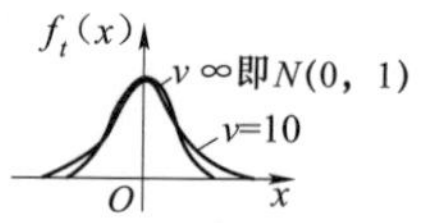
F 分布 $F(\nu_1,\nu_2)$	$f_F(x)=\dfrac{x^{\frac{\nu_1}{2}-1}}{\beta\left(\dfrac{\nu_1}{2},\dfrac{\nu_2}{2}\right)}\left(\dfrac{\nu_1}{\nu_2}\right)^{\frac{\nu}{2}}\cdot$ $\left(1+\dfrac{\nu_1 x}{\nu_2}\right)^{-\frac{\nu_1+\nu_2}{2}}$ $x\geqslant 0$，贝塔函数 $\beta\left(\dfrac{\nu_1}{2},\dfrac{\nu_2}{2}\right)$， $\beta(\alpha,\beta)=\dfrac{\Gamma(\alpha)\Gamma(\beta)}{\Gamma(\alpha+\beta)}$ ν_1、ν_2 为正整数	$\dfrac{\nu_2}{\nu_2-2}$ $(\nu_2>2)$	$\dfrac{2\nu_2^2(\nu_1+\nu_2-2)}{\nu_1(\nu_2-2)^2(\nu_2-4)}$ $(\nu_2>4)$	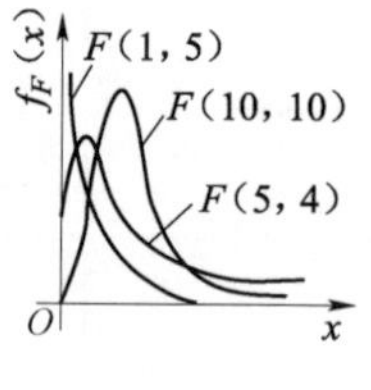

20.4.2 可靠性设计典型指标

在可靠性设计过程中，需制定和计算可靠性相关指标以评价产品可靠性。可靠性的数值指标就是可靠性的尺度。常用的可靠性的指标有可靠度、失效率、平均寿命、寿命方差和寿命标准差、维修度、平均修理时间、修复率、有效度和重要度等。有了统一的可靠性尺度或评价产品可靠性的数值指标，就可在设计产品时用数学方法来计算和预测其可靠性；在产品生产出来后用试验方法来考核和评定其可靠性，下面介绍这几种度量可靠性的常用指标。

1. 可靠度

可靠度是产品在规定时间和条件下完成规定功能（或不失效）的概率，可靠度通常根据故障密度函数、故障率函数、故障分布函数、可靠函数分析计算。

（1）故障密度函数

产品丧失规定的功能称为故障，如果检修是不可能的或不划算的，又称为失效（Failure）。

假定 N_0 个相同产品在 $t=0$ 时投入运行，随着时间的推移，有些产品将发生故障，记 $N_s(t)$ 为 t 时刻完好的产品个数，故障密度函数 $f(t)$ 的观测值为在 t 时刻以后下一个单位时间内失效的产品数与初始子样数之比，即

$$f(t)=\frac{1}{\Delta t}[N_s(t)-N_s(t+\Delta t)]/N_0 \quad (t>0) \tag{20-1}$$

故障密度函数 $f(t)$ 表征的是产品在 $t \sim t+\Delta t$ 时间间隔内单位时间的失效频率。当 $\Delta t \to 0$，$N_0 \to \infty$ 时，$f(t)$ 就是产品在 t 时刻发生故障的概率密度函数。

（2）故障率函数

故障率函数 $\lambda(t)$ 的观测值为 t 时刻以后下一个单位时间内发生故障的产品数与工作到此时刻完好的产品数之比，是对故障的瞬时速度的度量。

$$\lambda(t)=\frac{1}{\Delta t}[N_s(t)-N_s(t+\Delta t)]/N_s(t) \tag{20-2}$$

故障率函数又称失效率或风险函数，是工作到某时刻尚未发生故障的产品，在该时刻后单位时间内发生故障的概率。如果用随机变量 T 表示产品从开始工作到发生故障的时间（即产品的寿命），则产品在某一时刻 t 的失效率为

$$\lambda(t)=\lim_{\Delta t \to 0}\frac{1}{\Delta t}P(t<T \leqslant t+\Delta t \mid T>t) \tag{20-3}$$

（3）故障分布函数

记已发生故障的产品个数为 $N_f(t)$，则

$$N_f(t)=N_0-N_s(t) \tag{20-4}$$

故障分布函数 $F(t)$ 的观测值为时刻 t 发生故障的产品数与起始产品数之比，即

$$F(t)=\frac{N_f(t)}{N_0} \tag{20-5}$$

故障分布函数也称失效概率、不可靠度，指产品在规定条件下和规定时间内未完成规定功能的概率，因此，产品在某一时刻 t 的失效概率为

$$F(t)=P(T \leqslant t)=\int_0^t f(t)\mathrm{d}t \tag{20-6}$$

（4）可靠函数

可靠函数 $R(t)$ 又称可靠度，其观测值为在时刻 t 尚完好的产品数与起始产品数之比，即

$$R(t)=\frac{N_s}{N_0}=1-\frac{N_f(t)}{N_0}=1-F(t) \tag{20-7}$$

可靠函数（可靠度）是产品在规定条件下和规定时间内完成规定功能的概率，因此产品在某一时刻 t 的可靠度为

$$R(t)=P(T>t)=\int_t^{\infty} f(t)\mathrm{d}t \tag{20-8}$$

故障密度函数 $f(t)$、故障分布函数 $F(t)$和可靠函数 $R(t)$关系如图 20－1 所示。

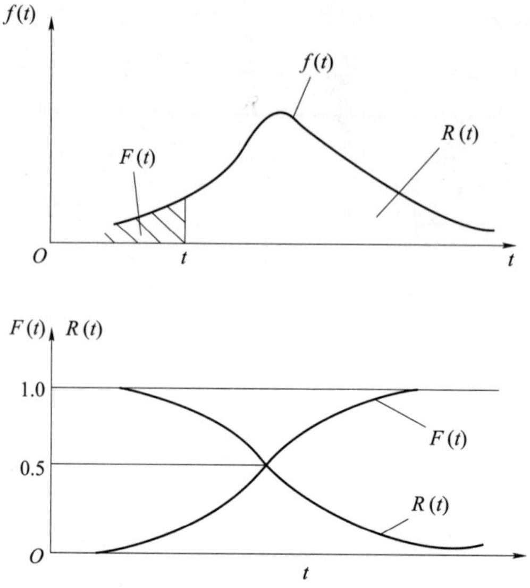

图 20－1　$f(t)$、$R(t)$和 $F(t)$曲线

（5）四种基本函数间的关系

$R(t)$与 $F(t)$概率互补，如图 20－1 所示。

故障密度函数 $f(t)$为

$$f(t)=\frac{1}{N_0}\frac{N_s(t)-N_s(t+\Delta t)}{\Delta t}$$

$$=\frac{N_s(t)}{N_0}\frac{N_s(t)-N_s(t+\Delta t)}{N_s(t)\Delta t}=\frac{N_s(t)\lambda(t)}{N_0(t)}$$

则

$$\lambda(t)=\frac{f(t)}{R(t)} \tag{20-9}$$

可靠函数 $R(t)$ 与故障率函数 $\lambda(t)$ 的关系：

$$\lambda(t)=\frac{f(t)}{R(t)}=\frac{\frac{\mathrm{d}}{\mathrm{d}t}(R(t))}{R(t)}=-\frac{\mathrm{d}}{\mathrm{d}t}(\ln R(t)) \tag{20-10}$$

$$\ln R(t)=-\int_0^t \lambda(t)\mathrm{d}t$$

$$R(t)=\exp\left[-\int_0^t \lambda(t)\mathrm{d}t\right] \tag{20-11}$$

$$f(t)=\lambda(t)\exp\left[-\int_0^t \lambda(t)\mathrm{d}t\right] \tag{20-12}$$

表 20－3 表示出了可靠性设计中常用的四个基本函数 $R(t)$、$F(t)$、$f(t)$、$\lambda(t)$ 之间的关系。

表 20－3　可靠性基本函数 $R(t)$、$F(t)$、$f(t)$、$\lambda(t)$之间的关系

基本函数	$R(t)$	$F(t)$	$f(t)$	$\lambda(t)$
$R(t)$	—	$1-F(t)$	$\int_t^\infty f(t)\mathrm{d}t$	$\mathrm{e}^{-\int_0^t \lambda(t)\mathrm{d}t}$
$F(t)$	$1-R(t)$	—	$\int_0^t f(t)\mathrm{d}t$	$1-\mathrm{e}^{-\int_0^t \lambda(t)\mathrm{d}t}$
$f(t)$	$-\dfrac{\mathrm{d}(R(t))}{\mathrm{d}t}$	$\dfrac{\mathrm{d}(F(t))}{\mathrm{d}t}$	—	$\lambda(t)\mathrm{e}^{-\int_0^t \lambda(t)\mathrm{d}t}$
$\lambda(t)$	$-\dfrac{\mathrm{d}}{\mathrm{d}t}(\ln R(t))$	$\dfrac{1}{1-F(t)}\dfrac{\mathrm{d}(F(t))}{\mathrm{d}t}$	$\dfrac{f(t)}{\int_t^\infty f(t)\mathrm{d}t}$	—

（6）典型的故障率曲线

如果用横坐标表示时间 t，纵坐标表示故障率 $\lambda(t)$，则可绘制出反映产品在整个寿命期故障率情况的曲线，称为故障率曲线。对大量不同类型产品的故障数据的研究表明，$\lambda(t)$ 呈浴盆曲线形状，如图 20－2 所示。它可分为三部分：

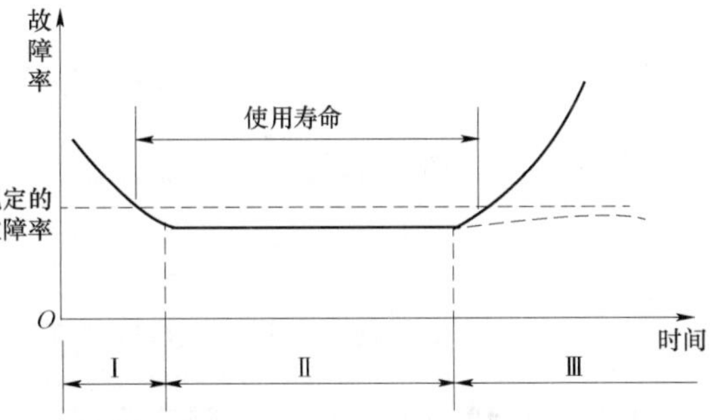

图 20－2　典型的故障曲线

早期失效期（区域Ⅰ）：产品使用初期，故障率较高而下降很快。主要是由于设计、制造、储存、运输等形成的缺陷，以及调试、跑合、启动不当等人为因素造成的。

偶然失效期（区域Ⅱ）：此阶段故障率近似为常数，失效主要是由非预期的过载、误操作、意外的天灾及一些尚不清楚的偶然因素造成的。偶然失效期是能有效工作的时期，这段时间称为有效寿命。

损耗失效期（区域Ⅲ）：故障率上升较快。这是由于产品已经老化、疲劳、磨损、蠕变、腐蚀等所谓耗损引起的。针对耗损失效的原因，应该注意检查、监控、预测耗损开始的时间，提前维修，使故障率仍不上升，如图 20－2 中虚线所示，以延长有效寿命。当然，若修复需要很大费用而延长寿命不多，则报废更为经济。

可用威布尔分布来表示故障率曲线：

$$\lambda(t)=kt^{\beta-1} \tag{20－13}$$

当 $\beta>1$ 时，$\lambda(t)$ 呈上升趋势，即区域Ⅲ。当 $\beta<1$ 时，$\lambda(t)$ 呈下降趋势，即区域Ⅰ。当 $\beta=1$ 时，$\lambda(t)=k$，即区域Ⅱ。此时，

$$R(t)=\exp(-\lambda(t)) \tag{20－14}$$

$$F(t)=1-\exp(-\lambda(t)) \tag{20－15}$$

$$f(t)=\lambda\exp(-\lambda(t)) \tag{20－16}$$

这表明，故障率为常数时，寿命服从指数分布。对于寿命服从指数分布的产品，若产品在时刻 t 以前正常工作，则在 $(t,t+\Delta t)$ 期间故障概率是一样的。如果产品在时刻 S 以前可靠工作，那么

$$\begin{aligned}P[T>S+t\mid T>S]&=\frac{P[(T>S+t)\cap(T>S)]}{P[T>S]}\\&=\frac{P[T>S+t]}{P[T>S]}=\frac{\mathrm{e}^{-\lambda(S+t)}}{\mathrm{e}^{-\lambda S}}=\mathrm{e}^{-\lambda t}=P[T>t]\end{aligned}\qquad(20-17)$$

式（20－17）表明，若一个产品的寿命服从指数分布，那么产品在时刻 S 以前可靠工作的条件下，在 $S+t$ 期间仍然正常工作的概率等于产品在时刻 t 正常工作的概率，与过去的工作时间 S 无关。这种特点称为无记忆性，只有指数分布具有这种特点。

（7）平均寿命

平均寿命是寿命的平均值，对不可修复产品指失效前的平均时间，记为 MTTF（Mean Time To Failure）；对可修复产品，指平均无故障工作时间，记为 MTBF（Mean Time Between Failure）。一般二者均记为 $\overline{t}$ 。

$$\text{MTTF(or)MTBF}=\overline{t}=\int_0^{\infty}tf(t)\mathrm{d}t=\int_0^{\infty}R(t)\mathrm{d}t\qquad(20-18)$$

平均寿命的观测值为

$$\overline{t}=\frac{1}{n}\sum_{i=1}^{n}t_i\qquad(20-19)$$

式中，n 为试验样品数，t_{i} 为第 i 个样品的工作寿命。

【例 20－1】 一组产品的故障密度函数为 $f(t)=0.25-\left(\dfrac{0.25}{8}\right)t$ ，t 的单位为年，求 $F(t)$、$R(t)$、$\lambda(t)$、MTTF。

解：

$$F(t)=\int_0^t f(t)\,\mathrm{d}t=0.25t-\left(\frac{0.25}{16}\right)t^2$$

$$R(t)=1-0.25t+\left(\frac{0.25}{16}\right)t^2$$

$$\lambda(t)=\frac{f(t)}{R(t)}=\frac{2-0.25t}{8-2t+0.125t^2}$$

令 $R(t)=0$ ，即

$$1-0.25t+\left(\frac{0.25}{16}\right)t^2=0$$

解得 $t=8$ 。

这表明，$t=8$ 年时，产品残存概率为 0，即 8 年后产品全部失效。

$$\begin{aligned}\text{MTTF}&=\int_0^{\infty}R(t)\mathrm{d}t=\int_0^{\infty}\left[1-0.25t+\left(\frac{0.25}{16}\right)t^2\right]\mathrm{d}t\\&=\left[t-\frac{0.25}{2}t^2+\frac{0.25}{48}t^3\right]_0^8=2.667\text{（年）}\end{aligned}$$

第 21 章
可靠性设计原理与方法

可靠性设计又称为概率设计。这种设计方法将各设计参数视为随机变量，即将作用于零部件的真实外载荷及零部件的真实承载能力，以及零部件的实际尺寸等看成是属于某种概率分布的统计量，设计时不可能精确地确定，它服从一定的分布。

可靠性设计理论的基本任务是：应用概率论与数理统计及力学理论，考虑各种随机因素的影响，推导出在给定设计条件下零部件不产生破坏的概率（或可靠度）的公式和设计公式，能够得到与客观实际情况更符合的零部件设计，用可靠度来确保结构的安全性，把失效控制在可接受的水平。

可靠性设计能够解决两方面问题：根据设计进行分析计算，以确定产品的可靠度；根据任务提出的可靠性指标，确定零部件的参数。

机械零件的可靠性设计以应力—强度干涉理论为基础，该理论运用应力—强度干涉模型可清楚地揭示机械零件产生故障而有一定故障率的原因和机械强度可靠性设计的本质。

21.1 应力–强度干涉模型及可靠度计算

1. 应力–强度干涉模型

一般而言，施加于产品或零件的物理量，如应力、压力、温度、湿度、冲击等导致失效的任何因素，统称为应力，用 x_1 表示；而产品或零件能够承受这种应力的程度，即阻止失效发生的任何因素，统称为强度，用 x_s 表示。在此主要以机械应力和强度进行分析，但对应力和强度应该做广义的理解，其他形式的应力和强度可用类似的方法进行处理。

在常规的设计方法中，满足强度的判据为：零件的强度必须大于工作应力。而可靠性设计的目标是：零件的强度大于工作应力的概率要大于或等于所要求满足的可靠度 R。这个设计准则的变换，对设计过程本身有着深远的影响。在机械设计中，强度与应力具有相同的量纲，因此可以将它们的概率密度曲线表示在同一个坐标系中，如图 21–1 所示。相交的区域是产品或零件可能出现失效的区域，称为干涉区。如果

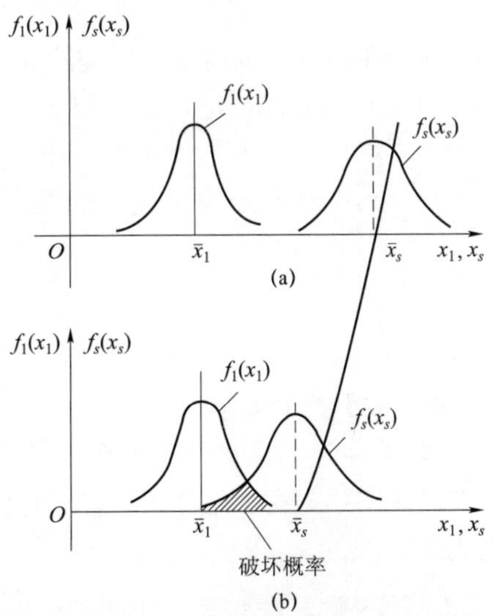

图 21–1　应力–强度分布曲线的相互关系

在机械设计中使零件在工作初期的正常工作条件下，强度总是大于应力，则不会发生故障。即使是这种设计使应力与强度分布曲线无干涉的情况下，该零件在动载荷、腐蚀、磨损、疲劳载荷的长期作用下，强度也会逐渐衰减，可能会出现从图 21－1（a）中的位置沿衰减退化曲线移到图 21－1（b）中的位置，而使应力和强度分布曲线发生干涉。即由于强度的降低，导致应力超过强度而产生不可靠问题。

由应力－强度干涉图还可以看出，当零件的强度和工作应力的离散程度大时，干涉部分就会加大，零件的不可靠度也就增大；当材质性能好、工作应力稳定而使应力与强度分布的离散度小时，干涉部分会相应地减小，零件的可靠度就会增大。另外，由该图也可以看出，即使在安全系数大于 1 的情况下，仍然会存在一定的不可靠度。所以，按传统的机械设计方法只进行安全系数的计算是不够的，还需要进行可靠度的计算，这正是可靠性设计有别于传统的常规设计最重要的特点。机械可靠性设计，就是要搞清楚零件的应力与其强度的分布规律，严格控制发生故障的概率，以满足设计要求。机械强度可靠性设计的过程如图 21－2 所示。

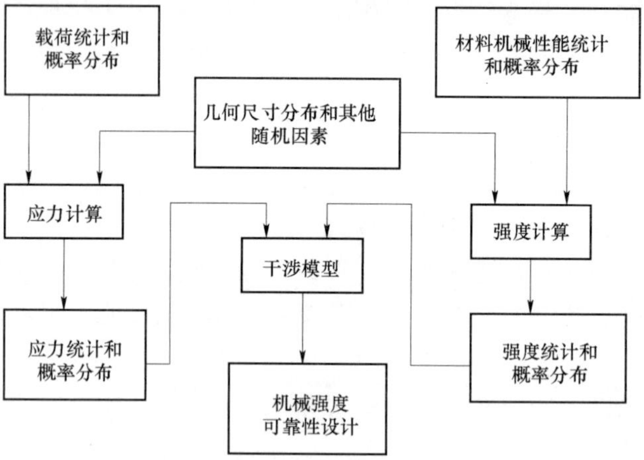

图 21－2　机械强度可靠性设计的过程

由上述应力－强度干涉模型的分析可知，机械零件的可靠度主要取决于应力－强度分布曲线干涉的程度。如果应力、强度的概率分布曲线已知，就可以根据其干涉模型计算零件的可靠度。根据干涉情况计算可靠度的模型称为应力－强度干涉模型，简称为应力－强度模型。应力－强度模型认为强度 x_s 大于应力 x_1 就不会发生失效，可靠度为零件不发生失效的概率，故可靠度为

$$R=P(x_s>x_1)=P(x_s-x_1>0)=P\left(\frac{x_s}{x_1}>1\right) \quad (21-1)$$

式中，应力 x_1 和强度 x_s 均应理解为随机变量。

2. 可靠度计算

图 21－3 为应力－强度分布干涉区放大图，在图 21－3 中，设应力 x_1 落在 x_{10} 附近 dx_1 小区间内的概率为

$$P\left(x_{10}-\frac{dx_1}{2}\leqslant x_1\leqslant x_{10}+\frac{dx_1}{2}\right)=f_1(x_{10})dx_1 \quad (21-2)$$

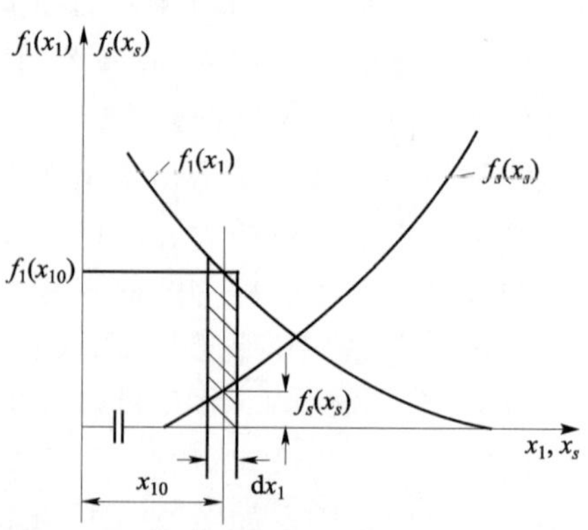

图 21－3　应力－强度分布干涉区放大图

强度 x_s 大于应力 x_{10} 的概率为

$$P\left(x_s > x_{10} \mid x_{10} - \frac{\mathrm{d}x_1}{2} \leqslant x_1 \leqslant x_{10} + \frac{\mathrm{d}x_1}{2}\right) = \int_{x_{10}}^{\infty} f_s(x_s)\mathrm{d}x_s \tag{21-3}$$

根据概率乘法定理，两事件 x_1 落在小区间 $\left(x_{10} - \frac{\mathrm{d}x_1}{2}, x_{10} + \frac{\mathrm{d}x_1}{2}\right)$ 与 $(x_s > x_{10})$ 同时发生的概率为

$$\begin{aligned} &P\left(x_{10} - \frac{\mathrm{d}x_1}{2} \leqslant x_1 \leqslant x_{10} + \frac{\mathrm{d}x_1}{2}, x_s > x_{10}\right) \\ &= P\left(x_{10} - \frac{\mathrm{d}x_1}{2} \leqslant x_1 \leqslant x_{10} + \frac{\mathrm{d}x_1}{2}\right) \times \\ &\quad P\left(x_s > x_{10} \middle| x_{10} - \frac{\mathrm{d}x_1}{2} \leqslant x_1 \leqslant x_{10} + \frac{\mathrm{d}x_1}{2}\right) \\ &= f_1(x_{10})\mathrm{d}x_1 \cdot \int_{x_{10}}^{\infty} f_s(x_s)\mathrm{d}x_s \end{aligned} \tag{21-4}$$

根据可靠度的定义，对于应力 x_1 所有的可能值，强度 x_s 均大于应力 x_1 的概率，即事件 $(x_s > x_1)$ 的概率就是零件或构件的可靠度：

$$R = P(x_s > x_1) = \int_{-\infty}^{\infty} f_1(x_1)\left[\int_{x_1}^{\infty} f_s(x_s)\mathrm{d}x_s\right]\mathrm{d}x_1 \tag{21-5}$$

同理，也可以求得可靠度的另一种表达式：

$$R = \int_{-\infty}^{\infty} f_s(x_s)\left[\int_{-\infty}^{x_s} f_1(x_1)\mathrm{d}x_1\right]\mathrm{d}x_s \tag{21-6}$$

3. 常用应力–强度分布的可靠度计算

式（21–5）或式（21–6）即为可靠度的一般表达式。当应力和强度的概率分布形式已知时，应用上式即可求出零件的可靠度。几种典型应力、强度分布求取可靠度的公式列于表 21–1 中，下面仅综合几种最常见的情况（推导过程略）。

表 21–1　几种典型应力、强度分布求可靠度的公式

序列	应力	强度	可靠度公式
1	正态 $N(\overline{x}_1, s_{x_1}^2)$	正态 $N(\overline{x}_s, s_{x_s}^2)$	$R = \Phi(z_R)$，$z_R = \dfrac{\overline{x}_s - \overline{x}_1}{(s_{x_s}^2 + s_{x_1}^2)^{\frac{1}{2}}}$ z_R 称为联结系数
2	对数正态 $N(\mu_{\ln x_1}, s_{\ln x_1}^2)$	对数正态 $N(\mu_{\ln x_s}, s_{\ln x_s}^2)$	$R = 1 - \Phi(z_P) = \Phi(z_R)$， $z_R = \dfrac{\mu_{\ln x_s} - \mu_{\ln x_1}}{\sqrt{s_{\ln x_s}^2 + s_{\ln x_1}^2}} \approx \dfrac{\mu_{\ln x_s} - \mu_{\ln x_1}}{\sqrt{V_{x_s}^2 + V_{x_1}^2}}$
3	指数 $\mathrm{e}(\lambda_1)$	指数 $\mathrm{e}(\lambda_s)$	$R = \dfrac{\lambda_1}{\lambda_1 + \lambda_s}$
4	正态 $N(\overline{x}_1, s_{x_1}^2)$	指数 $\mathrm{e}(\lambda_s)$	$R \approx \exp\left[-\dfrac{1}{2}(2\overline{x}_1\lambda_s - \lambda_s{}^2 s_{x_1}^2)\right]$

续表

序列	应力	强度	可靠度公式
5	指数 $e(\lambda_1)$	正态 $N(\overline{x}_s, s_{x_s}^2)$	$R \approx 1 - \exp\left[-\frac{1}{2}(2\overline{x}_s\lambda_1 - \lambda_1^2 s_{x_s}^2)\right]$
6	指数 $e(\lambda_1)$	Γ $\Gamma(\alpha_s, \beta_s)$	$R = 1 - \left(\frac{\beta_s}{\beta_s + \lambda_1}\right)^{\alpha_s}$
7	Γ $\Gamma(\alpha_1, \beta_1)$	指数 $e(\lambda_s)$	$R = \left(\frac{\beta_1}{\beta_1 + \lambda_s}\right)^{\alpha_1}$
8	Γ $\Gamma(\alpha_1, \beta_1)$	正态 $N(\overline{x}_s, s_{x_s}^2)$	$R = 1 - (1 + \overline{x}_s\beta_1 - s_{x_s}^2\beta_1^2)\exp\left[-\frac{1}{2}(s_{x_s}^2\beta_1^2 - 2\overline{x}_s\beta_1)\right]$
9	瑞利 $R(\mu_1)$	正态 $N(\overline{x}_s, s_{x_s}^2)$	$R = 1 - \frac{\mu_1}{(\mu_1^2 + s_{x_s}^2)^{\frac{1}{2}}}\exp\left[-\frac{1}{2}\left(\frac{\overline{x}_s^2}{\mu_1^2 + s_{x_s}^2}\right)\right]$
注：$\Phi(\cdot)$为标准正态分布函数。			

（1）应力－强度均为正态分布

此时，应力 $x_1 \sim N(\overline{x}_1, s_{x_1}^2)$，强度 $x_s \sim N(\overline{x}_s, s_{x_s}^2)$，$f_1(x_1) = \frac{1}{s_{x_1}\sqrt{2\pi}}e^{-\frac{(x_1-\overline{x}_1)^2}{2s_{x_1}^2}}$，$f_s(x_s) = \frac{1}{s_{x_s}\sqrt{2\pi}}e^{-\frac{(x_s-\overline{x}_s)^2}{2s_{x_s}^2}}$，则可靠度公式 $R = \Phi(z_R)$，z_R 称为联结系数或可靠度系数或可靠度指数，其值为

$$z_R = \frac{\overline{x}_s - \overline{x}_1}{\sqrt{s_{x_s}^2 + s_{x_1}^2}} \tag{21-7}$$

根据 z_R 值查本部分习题后的附表，即可得到可靠度的值。

（2）应力－强度均为对数正态分布

应力 x_1 和强度 x_s 均呈对数正态分布时，其对数值 $\ln x_1$、$\ln x_s$ 服从正态分布，即 $\ln x_1 \sim N(\mu_{\ln x_1}, s_{\ln x_1}^2)$，$\ln x_s \sim N(\mu_{\ln x_s}, s_{\ln x_s}^2)$，可靠度公式仍为 $R = \Phi(z_R)$，可靠度指数 z_R 值为

$$z_R = \frac{\mu_{\ln x_s} - \mu_{\ln x_1}}{\sqrt{s_{\ln x_s}^2 + s_{\ln x_1}^2}} \approx \frac{\mu_{\ln x_s} - \mu_{\ln x_1}}{\sqrt{V_{x_s}^2 + V_{x_1}^2}} \tag{21-8}$$

式中，$\mu_{\ln x_s}$、$\mu_{\ln x_1}$ 分别为强度和应力的对数均值：

$$\mu_{\ln x_s} = \ln\overline{x}_s - \frac{1}{2}s_{\ln x_s}^2,\quad \mu_{\ln x_1} = \ln\overline{x}_1 - \frac{1}{2}s_{\ln x_1}^2$$

$s_{\ln x_s}$、$s_{\ln x_1}$ 分别为强度和应力的对数标准差；V_{x_s}、V_{x_1} 分别为强度和应力的变差系数（或变异系数），$s_{\ln x_s}^2 \approx V_{x_s}^2$，$s_{\ln x_1}^2 \approx V_{x_1}^2$。

（3）应力 – 强度均为指数分布

强度 x_s 为指数分布时的概率密度函数为 $f_s(x_s)=\lambda_s e^{-\lambda_{x_s} x_s}$ $(0 \leqslant x_s \leqslant \infty)$，应力 x_1 为指数分布时的概率密度函数为 $f_1(x_1)=\lambda_1 e^{-\lambda_{x_1} x_1}$ $(0 \leqslant x_1 \leqslant \infty)$，代入可靠度公式（21 – 5）得

$$R=\frac{\lambda_1}{\lambda_1+\lambda_s} \tag{21-9}$$

有些应力和强度的分布用式（21 – 5）难以积分，又没有像表 21 – 1 给出的结论式可用，这时可用数值积分法进行计算，例如用辛普森或高斯公式等。这些数值积分都有现成的计算程序，使用时可以查阅。

21.2　一般应力 – 强度干涉模型

机械产品结构功能差异大，其失效模式及可靠性影响因素多，可靠性模型中随机变量不止为单一的应力，其失效阈值也不仅仅通过强度评估，失效表征参数与阈值要综合考虑机械产品设计、制造、运行过程中多个随机变量影响下的应力、磨损、疲劳等多个响应。因此，基于狭义的应力 – 强度干涉模型，需发展一般的应力 – 强度干涉模型。

机械产品稳定运行需保证其功能性能和结构性能可靠性，功能性能包括特定运动功能的实现，不出现停滞、干涉等失效，同时满足精度要求，结构性能则包括静强度、疲劳强度以及摩擦磨损响应在要求范围内。根据不同失效模式的表征量和对应的许可值（阈值），可得到相应的功能函数：

$$G=g(Y,Y_m) \tag{21-10}$$

式中，Y 为实现模式表征参数，或称功能表征参数，是材料性能、结构几何尺寸、载荷情况、环境温度、加工精度等多源随机因素的函数，Y_m 是该表征参数的许可值或许可范围，或称失效阈值。

类似于应力 – 强度干涉理论，可以得到更具一般性的机械产品可靠性模型，其可靠度表达式为

$$P_r=P(G>0)=P(Y>Y_m)=P(Y-Y_m>0) \tag{21-11}$$

或

$$P_r=P(G>0)=P(Y<Y_m)=P(Y_m-Y>0) \tag{21-12}$$

由上式可知，机械产品可靠性的计算最终转换为功能函数 $G>0$ 范围内对随机变量联合概率密度函数或功能函数响应量概率密度函数 $f_X(\boldsymbol{x})$的积分。相应地，失效概率的计算最终转换为在功能函数 $G\leqslant 0$ 范围内对随机变量联合概率密度函数或功能函数响应量概率密度函数 $f_X(\boldsymbol{x})$ 的积分。由此，机械产品可靠性模型即可以将常规的应力 – 强度干涉理论扩展到更为一般的情况，而不限于仅考虑“应力 S”和“强度 R”这两个基本随机变量与两者的概率密度函数在坐标系内发生“干涉”的情况。

针对机械产品一般性的可靠性模型，需要注意以下几点：

（1）不同的机械产品的功能要求，其失效模式不尽相同，相对应的表征参数不再是单一的应力参数，应根据不同的失效模式确定，机械产生常见的失效模式及其所对应的表征参数和失效判据如表 21 – 2 所示。

表21－2 机械产品常见失效模式及对应表征参数与判据

失效模式	表征参数	失效判据
零部件强度破坏	零部件载荷或疲劳应力幅	载荷超过临界载荷或应力幅超过疲劳极限
零部件磨损失效	磨损量（磨损深度、体积）	磨损量超过许可值
零部件刚度不足	零部件最大变形量	变形量超过许可值
机构运动精度不足	实际位置与设计位置偏差	位置偏差超过许可值
机构运动卡滞	机构运动所需驱动力	所需驱动力超过系统可提供的最大驱动力
机构运动过快/过慢	机构的动作时间	动作时间超过许可值
机构工作不同步/不协调	机构的动作时间差	动作时间差超过许可值

（2）根据失效表征参数及其判据，可得出对应的安全范围可能是失效模式表征参数必须大于或小于某一许可值，因此，得出的功能函数（安全余量方程）有所不同，对应的可靠度的计算公式也有两种形式，如式（21－11）和式（21－12）所示。

（3）对于机构类产品而言，机构需要完成特定的运动功能要求，如减速、变速、换向等运动状态要求和转动、平移、空间复合运动等运动形式转换要求。那么，机构在从启动、运动到定位整个运动过程中，失效模式表征参数可能是于时间相关的函数，而对应的许可值也可能为与时间相关的函数曲线，因此，其失效判据可能的表现形式为实现表征参数随时间的动态曲线超出所允许的许可函数曲线。也就是说，其可靠度表达式中需要将机构的运动周期的时间变量考虑进去，解决机构在运行周期内动态响应随时间变化的可靠性问题。

一般应力－强度干涉模型可靠度计算方法为：首先，在已确定失效模式表征量G，影响因素$(X_1,X_1,\cdots,X_N)$及其联合概率密度函数$f_X(\boldsymbol{x})$的情况下，基于产品本身功能原理建立功能函数$G(X_1,X_1,\cdots,X_N)$，当$G\geqslant 0$，产品处于安全状态，否则处于失效状态；然后，确定产品失效域$F=(\boldsymbol{X}\mid G(\boldsymbol{X})>0)$和安全域$S_a=(\boldsymbol{X}\mid G(\boldsymbol{X})>0)$，或功能函数响应量的概率密度函数$f_X(g)$；最后，在失效域$F$（安全域$S_a$）范围内对基本随机变量的联合概率密度函数进行积分，或在功能函数响应量$G\leqslant 0$（$G>0$）的区间内对功能函数响应量概率密度函数$f_X(g)$进行积分，即得产品失效概率（可靠度），如下所示：

$$\begin{cases} P_f = \int\limits_{G(x)\leqslant 0} f_X(\boldsymbol{x})\cdot \mathrm{d}x = \int_{-\infty}^{0} f_G(g)\cdot \mathrm{d}g \\ P_r = \int\limits_{G(x)>0} f_X(\boldsymbol{x})\cdot \mathrm{d}x = \int_{0}^{+\infty} f_G(g)\cdot \mathrm{d}g \end{cases} \tag{21-13}$$

因此，机械产品可靠性分析的实质即利用功能函数（基本随机变量与失效模式表征量之间的确定性函数关系）和基本随机变量的统计规律，求解功能函数响应量的统计规律，进而对其在小于或大于0的区间内进行积分，以获取产品失效概率或可靠度。

21.3　可靠性设计的近似解析法

对于机械产品，特别是复杂运动机构，失效模式表征量与基本随机变量之间的函数关系极为复杂，有时无法获得显示功能函数，在此条件下，机械产品可靠性设计关键为获取功能函数响应的统计特征（概率密度函数）。功能函数响应量的统计特征主要通过两类方法获得，分别为近似解析法和数值模拟方法。

1. 一次二阶矩法

一次二阶矩法（First Order Second Moment）是最基础的结构可靠性设计近似解析法，其是在随机变量的分布尚不清楚的情况下，采用均值和标准差两种统计指标，对设计的功能函数进行线性泰勒展开，并仅取其一阶项，由此将非线性的功能函数线性化，由此通过基本随机变量的一阶矩（通常为均值）和二阶矩（通常为方差）计算线性化后的近似功能函数的一阶矩和二阶矩，进而计算原功能函数的近似可靠度指标。其中，一次指的是泰勒展开后仅保留自变量的线性项，二阶指的是统计指标中出现的最高阶（标准差为二阶）。

一次二阶矩法建立在随机变量和功能函数响应量近似服从正态分布的前提下，通过随机变量分布特征得其统计特征值，然后通过泰勒展开求出其均值和标准差。其主要包括两个步骤：

（1）单一随机变量的统计特征值

在可靠性设计中，设计变量应以统计特征值的形式给定。然而，在一般的手册和文献中只给出这一变量的变化范围，这就需要将其转化为所需的均值和标准差。

在多数情况下，手册中给出的参数范围是大量试验测试的基础上得到的，一般服从正态分布，而假设该范围覆盖了该随机变量的 $\pm 3s$，即 6 倍的标准差。由正态分布函数的性质可知，对应 $\pm 3s$ 范围的可靠度高达 0.997 3，有足够的精度。

设随机变量 $x = x_{\min} \sim x_{\max}$，则其统计特征值为

$$均值\ \bar{x} = \frac{1}{2}(x_{\min} + x_{\max}) \tag{21-14}$$

$$标准差\ s_x = \frac{1}{6}(x_{\max} - x_{\min}) \tag{21-15}$$

（2）随机变量函数的统计特征值

设随机变量函数 y 是随机变量 $x_2, x_2, \cdots, x_n$ 的函数，即 $y = f(x_1, x_2, \cdots, x_n)$。已知各随机变量 $x_i (i = 1, 2, \cdots, n)$ 服从正态分布，其均值 $\bar{y}$ 和标准差 s_y 可分别由下式近似计算。

均值 $\bar{y}$：

$$\begin{aligned}\bar{y} &\approx f\left(\bar{x}_1, \bar{x}_2, \cdots, \bar{x}_n\right) + \frac{1}{2}\sum_{i=1}^{n}\left(\frac{\partial^2 y}{\partial x_i^2}\right)s_{x_i}^2 + \sum_{i=1}^{n-1}\sum_{j=i+1}^{n}\rho_{ij}s_{x_i}s_{x_j} \\ &\approx f\left(\bar{x}_1, \bar{x}_2, \cdots, \bar{x}_n\right)\end{aligned} \tag{21-16}$$

标准差 s_y：

$$s_y \approx \left[\sum_{i=1}^{n}\left(\frac{\partial y}{\partial x_i}\right)^2 s_{x_i}^2 + 2\sum_{i=1}^{n-1}\sum_{j=i+1}^{n}\left(\frac{\partial y}{\partial x_i}\right)_0\left(\frac{\partial y}{\partial x_j}\right)_0 \rho_{ij}s_{x_i}s_{x_j}\right]^{\frac{1}{2}} \qquad (21-17)$$

式中，角标 0 表示求偏导后自变量取均值；ρ_{ij} 表示 x_i 和 x_j 的相关系数，就概念上判定为正相关（$\rho_{ij}=1$）、负相关（$\rho_{ij}=-1$）和不相关（$\rho_{ij}=0$）常比较容易，而对非线性又不独立的变量往往难以估计。在工程计算中，为了简便，常假定变量之间相互独立而取 $\rho_{ij}=0$。

将常用函数作为基本函数，用泰勒展开法求出其均值和标准差的结论式，列于表 21－3 中可供查用。对于较复杂的函数一般可化为这些基本函数的形式。

表 21－3　基本函数形式和近似结论式

序号	函数形式	均值 $\bar{y}$	标准差 s_y
1	$y=ax$	$a\bar{x}$	as_x
2	$y=a\pm x$	$a\pm\bar{x}$	s_x
3	$y=x^m$	$\bar{x}^m$	$\lvert m\rvert\bar{x}^{m-1}s_x$
4	$y=x_1\pm x_2$	$\bar{x}_1\pm\bar{x}_2$	$(s_{x_1}^2+s_{x_2}^2\pm2\rho_{12}s_{x_1}s_{x_2})^{\frac{1}{2}}$
5	$y=x_1x_2$	$\bar{x}_1\bar{x}_2+\rho_{12}s_{x_1}s_{x_2}$	$(\bar{x}_1^2s_{x_1}^2+\bar{x}_2^2s_{x_2}^2+2\rho_{12}\bar{x}_1\bar{x}_2s_{x_1}s_{x_2})^{\frac{1}{2}}$
6	$y=\dfrac{x_1}{x_2}$	$\dfrac{\bar{x}_1}{\bar{x}_2}$	$\dfrac{\bar{x}_1}{\bar{x}_2}\left(\dfrac{s_{x_1}^2}{\bar{x}_1^2}+\dfrac{s_{x_2}^2}{\bar{x}_2^2}-2\rho_{12}\dfrac{s_{x_1}s_{x_2}}{\bar{x}_1\bar{x}_2}\right)^{\frac{1}{2}}$

【例 21－1】 已知 $x_i(i=1,2,3)$ 的统计特征值，求 $y=\dfrac{x_1x_3}{x_2+x_3}$ 的均值和标准差。

解：可计算 y 的均值：$\bar{y}\approx f(\bar{x}_1,\bar{x}_2,\cdots,\bar{x}_n)=\dfrac{\bar{x}_1\bar{x}_3}{\bar{x}_2+\bar{x}_3}$

假定各变量间不相关，则标准差 $s_y\approx\left[\sum_{i=1}^{n}\left(\dfrac{\partial y}{\partial x_i}\right)_0^2 s_{x_i}^2\right]^{\frac{1}{2}}$

$$\frac{\partial y}{\partial x_1}=\frac{x_3}{x_2+x_3}, \quad \frac{\partial y}{\partial x_2}=-\frac{x_1x_3}{(x_2+x_3)^2}, \quad \frac{\partial y}{\partial x_3}=\frac{x_1x_2}{(x_2+x_3)^2}$$

$$s_y\approx\left[\sum_{i=1}^{n}\left(\frac{\partial y}{\partial x_i}\right)_0^2 s_{x_i}^2\right]^{\frac{1}{2}}=\left[\left(\frac{\partial y}{\partial x_1}\right)_0^2 s_1^2+\left(\frac{\partial y}{\partial x_2}\right)_0^2 s_2^2+\left(\frac{\partial y}{\partial x_3}\right)_0^2 s_3^2\right]^{\frac{1}{2}}$$

$$=\left[\left(\frac{x_3}{x_2+x_3}\right)_0^2 s_1^2+\left(\frac{x_1x_3}{(x_2+x_3)^2}\right)_0^2 s_2^2+\left(\frac{x_1x_2}{(x_2+x_3)^2}\right)_0^2 s_3^2\right]^{\frac{1}{2}}$$

21.4　可靠性设计的数值模拟法

机械产品可靠性建模应用更广泛的是数值模拟法，包括基于抽样技术的可靠性建模方法和基于近似技术的可靠性建模方法两种。基于抽样技术的可靠性分析是使用随机抽样和统计分析来评估机械结构在不确定条件下的可靠性，应用最广泛的为蒙特卡洛模拟法（Monte Carlo Simulation，MCS），其他高效抽样方法包括重要抽样法、子集模拟法、线抽样方法等也快速发展。基于近似技术的可靠性分析是使用代理模型或简化模型以代替原始的功能函数模型，由此提高结构响应计算效率，常见近似技术包括响应面法、Kriging 模型、神经网络和支持向量机等。下面介绍几种应用广泛的可靠性建模数值模拟法。

1. 蒙特卡洛法

蒙特卡洛可靠性分析方法又称为随机抽样法，概率模拟法或统计试验法，该方法通过随机模拟（统计试验）进行结构可靠性分析，因它以概率论和数理统计理论为基础，故被物理学家以赌城 Monte Carlo 来命名。

蒙特卡洛模拟用于可靠性分析的理论依据为两条大数定律：样本均值依赖率收敛于母体均值，以及事情发生的频率依概率收敛于事件发生的概率。采用蒙特卡洛进行可靠性分析时，首先将要求解的问题转化为某个概率模型的期望值，然后对概率模型进行随机抽样，在计算机上进行模拟试验，抽取足够多的随机数并对需求解的问题进行统计分析。

上述计算步骤如下：

1）依据随机变量的分布形式和参数，由随机样本的产生方法产生 N 组随机向量的样本 $\boldsymbol{x}_j=(x_{j1},x_{j2},\cdots,x_{jN})(j=1,2,\cdots,N)$。

2）将随机向量样本 $\boldsymbol{x}_j$ 代入功能函数，计算功能函数值 G，或进行仿真分析，由此得到各样本点功能函数值。

3）统计所有样本点落入失效域 $F=(\boldsymbol{X}\mid G(\boldsymbol{X})>0)$ 的样本点个数 N_f，用失效发生的频率 N_f/N 近似代替失效概率 P_f。

图 21－4 为以蒙特卡洛进行可靠性分析的基本步骤。

MCS 是可靠性分析最基础、适用范围最广的数值模拟方法。该方法对于功能函数的形式和维数、基本变量的维数及其分布形式均无特殊要求，而且十分易于编程实现。但对于采用商业软件建立的仿真模型，如有限元模型，模型一次计算需要大量时间，MCS 在时间上不可接受，尤其近年来可靠性功能函数越来越复杂，在此情况下，一些高效抽样方式被发展以提高求解计算效率。

2. 重要抽样法

重要抽样法（Importance sampling）是 MCS 最重要的抽样方法之一，其基本思路为通过采用重要抽样密度函数代替原来的抽样密度函数，使样本落入失效域的概率增加，由此获得高的抽样效率和快的收敛速度，如图 21－5 所示，它的特征是对所给定的概率分布进行修改，使得对模拟结果有重要贡献的部分多出现，从而达到提高效率，减少模拟的时间，以及缩减方差的目的。

构造重要抽样密度函数的一般方法是：将重要抽样的密度函数中心放在功能函数的设计点，从而使得按重要抽样密度函数抽取的样本点有较大的比率落在对失效概率贡献较大的区域，进而使得数值模拟算法的失效概率结果较快地收敛于真值。

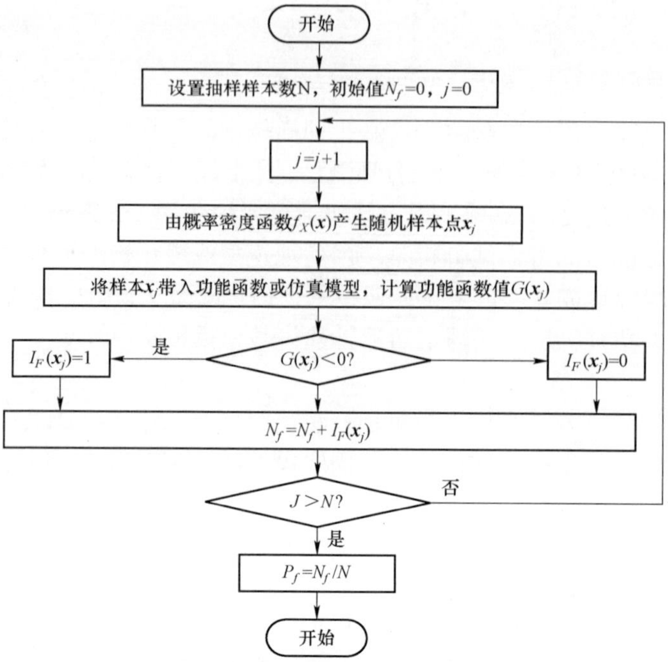

图 21－4　蒙特卡洛可靠性分析流程图

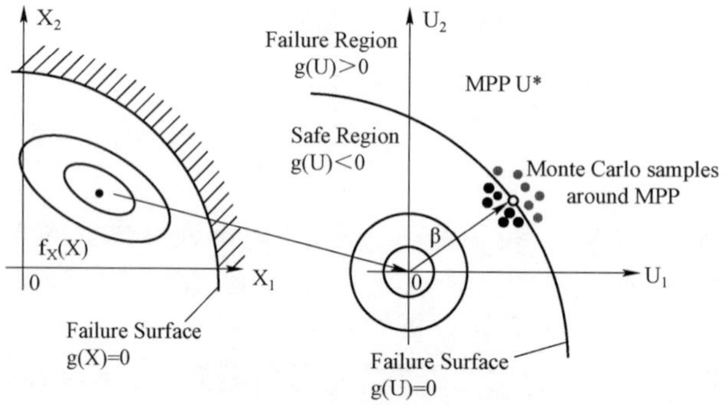

图 21－5　重要抽样法示意图

3. 响应面法

在机械产品结构复杂隐式功能函数问题进行分析时，通常遇到计算时间长、效率低的问题，通过简单的显示函数代替真实隐式函数的近似方法在可靠性分析中广泛使用。响应面法是发展最成熟的近似方法，其通过一系列确定性实验，用多项式函数来近似隐式功能函数，通过合理选取实验点和迭代策略，来保证多项式函数能够在概率上收敛于真实的功能函数。

最早出现的可靠性分析的响应面法是采用线性多项式或二次多项式来近似真实隐式功能函数的。目前主要研究的有加权线性响应面法，这种方法以线性多项式来代替隐式功能函数，通过给予对失效概率贡献大的样本点在回归分析中更大的权数，来保证对失效概率的高精度近似。加权的思想也可以与非线性多项式近似函数相结合，形成加权非线性响应面。

由于响应面可靠性分析方法具有很强的操作性，它可以直接与有限元结合起来对复杂的结构进行可靠性分析,并且这类方法在工程中也有一定的适用性，故该法在机械结构可靠性分析中应用广泛。

4. 神经网络模型

基于近似技术的可靠性分析关键是建立随机因素与响应高精度映射模型以代替原有功能函数模型。近年来快速发展的神经网络因能够充分逼近复杂的非线性关系也用于可靠性分析中。神经网络是由大量简单的处理单元（神经元）广泛地互相连接而形成的复杂网络系统，其是一个高度复杂的非线性动力学习系统，具有并行分布处理、高度鲁棒性和容错能力、分布存储及学习能力等特点。使用神经网络拟合训练建立随机因素与结构响应的非线性映射模型，由此求解可靠度等特征量，也是目前快速发展的可靠性设计方法。

第 22 章
零部件的可靠性设计

机械零部件的可靠性设计是以应力—强度分布干涉模型与可靠度计算为基础的，设计过程需要知道有关设计变量的概率分布，继而通过输入–输出映射关系建立功能函数，进行可靠度分析计算。对于尺寸要求小、重量要求轻的重要零部件，或者大量使用的零部件，应该做专门的试验，获取所需数据的统计规律，并做必要的验证试验以保证所设计产品的可靠性，目前这方面的数据还比较缺乏。对于一般的零部件，可靠性设计可选用有关参考资料中的统计数据，采用近似处理方法。

22.1　零部件典型失效模式

零部件典型失效模式包括静强度不足、疲劳失效、刚度不足、磨损过大等。

不随时间变化或变化缓慢的应力为静应力，当应力循环次数小于 1 000 次也近似作为静应力处理，静强度不足而引起的失效形式主要是整体破断或过大的残余变形，前者是应力超过强度极限所致，后者是应力超过屈服极限所致。

疲劳失效则是材料在低于屈服强度的情况下承受往复交互和周期循环应力下，在部分缺陷或应力集中位置萌生裂纹，继而裂纹逐渐扩展导致的最终的部件断裂失效，典型疲劳包括高周疲劳、低周疲劳、腐蚀疲劳、接触疲劳、热疲劳等。疲劳失效是零部件占比最高的失效形式，失效比例最高可达 80%。

部分零部件对构件刚度有一定要求，即部分位置变形程度不可过大，例如弹簧、轴、梁、刀具等的挠度、角和转角等不满足要求即认为失效，部分位置的变形量不满足要求也认为失效。

部分零部件的磨损也是一种典型的失效模式，零部件与其他表面接触相对运动过程中导致材料表面的损耗和减少，典型磨损包括磨粒磨损、粘着磨损、表面疲劳磨损、微动磨损等。

上述零部件的各种典型失效模式相互关联，例如零部件接触表面出现磨损，导致表面材料剥落，继而导致了表面疲劳裂纹的萌生和扩展，最终导致零部件的断裂失效。

零部件的可靠性设计需依据各类型失效行为，建立相关失效物理模型，明确失效模式表征参量和表征量许可值，由此可建立零部件各失效模式判据。上述零部件各典型失效模式中，静强度以静应力值表征，疲劳失效以循环应力幅值或疲劳寿命等参数表征，刚度不足失效一般通过变形量、扭转角等参数表征，磨损失效则主要以磨损量表征。

22.2　零部件静强度可靠性设计

1. 静强度的可靠性设计步骤

零件静强度的可靠性设计步骤是：首先，根据零部件的受载情况，确定其最危险部位的工作应力$(\overline{x}_1, s_{x_1})$；其次，根据零部件的材料及热处理情况，由手册查出其强度的分布参数$(\overline{x}_s, s_{x_s})$；最后，根据应力和强度的分布类型，代入相应的公式计算可靠度或确定结构参数等未知量。

2. 静强度的可靠性设计举例

【例 22－1】要设计一拉杆，所承受的拉力$P \sim N(\overline{P}, s_P^2)$，其中$\overline{P} = 40\ 000\ \text{N}$，$s_P = 1\ 200\ \text{N}$；取 45 钢为制造材料，其抗拉强度数据为均值$\overline{x}_s = 667\ \text{MPa}$，标准差$s_{x_s} = 25.3\ \text{MPa}$，也服从正态分布。求拉杆的截面尺寸。

解：设拉杆取圆截面，其半径为 r，单位为 mm，求$\overline{r}$、s_r。

选定可靠度为$R = 0.999$，查本部分习题后的附表得$z_R = 3.09$。

列出应力表达式：

$$x_1 = \frac{P}{A} = \frac{P}{\pi r^2}\text{MPa}$$

其中，

$$\overline{A} = \pi \overline{r}^2$$

取拉杆圆截面半径的公差为$\pm\varDelta_r = \pm 0.015\overline{r}$，可求得

$$s_r = \frac{\varDelta_r}{3} = \frac{0.015}{3}\overline{r} = 0.005\overline{r}(\text{mm})$$

$$s_A = 2\pi\overline{r} \cdot s_r = 0.01\pi\overline{r}^2(\text{mm}^2)$$

则

$$\overline{x}_1 = \frac{\overline{P}}{\overline{A}} = \frac{\overline{P}}{\pi\overline{r}^2} = \frac{40\ 000}{\pi\overline{r}^2} = 12\ 732.406\frac{1}{\overline{r}^2}(\text{MPa})$$

$$s_{x_1} = \frac{1}{\overline{A}^2}\sqrt{\overline{P}^2 \cdot s_A^2 + \overline{A}^2 \cdot s_P^2} = \frac{1}{\pi\overline{r}^2}\sqrt{0.01^2\,\overline{P}^2 + s_P^2} = 402.634\frac{1}{\overline{r}^2}(\text{MPa})$$

将应力、强度及 z_R 代入联结方程：

$$z_R = \frac{\overline{x}_s - \overline{x}_1}{\sqrt{s_{x_s}^2 + s_{x_1}^2}} = \frac{667 - 12\ 732.406/\overline{r}^2}{\sqrt{25.3^2 + 402.634^2/\overline{r}^4}} = 3.09$$

$$\overline{r}^4 - 38.710\overline{r}^2 + 365.940 = 0$$

解得

$$\overline{r}^2 = 22.301\text{ 和 }\overline{r}^2 = 16.410\text{ 或 }\overline{r} = 4.722\text{ 和 }\overline{r} = 4.050$$

代入联结方程验算，取$\overline{r} = 4.722$，舍去$\overline{r} = 4.050$，则

$$s_r = 0.005\overline{r} = 0.023\ 6\ (\text{mm})$$

$$r = \overline{r} \pm \varDelta_r = 4.722 \pm 3s_r = 4.722 \pm 0.070\ 8\ (\text{mm})$$

因此，为保证拉杆的可靠度为 0.999，其半径应为 $4.722 \pm 0.070\ 8\,(\text{mm})$。

3. 讨论

下面从两方面对例 22－1 的结果做进一步的分析。

（1）与常规设计比较

为方便比较，拉杆的材料不变，仍用圆截面，取安全系数 $n=3$，则有

$$\sigma=\frac{P}{\pi r^2}\leqslant[\sigma]=\frac{\overline{x}_s}{n}=\frac{667}{3}=222.333\,(\text{MPa})$$

即有

$$\frac{40\ 000}{\pi r^2}\leqslant 222.333,\quad r^2\geqslant\frac{40\ 000}{\pi\times 222.333}=57.267$$

得拉杆的圆截面的半径为 $r\geqslant 7.568(\text{mm})$。

显然，常规设计结果比可靠性设计结果大了许多。如果在常规设计中采用拉杆半径为 $r=4.722\ \text{mm}$，即可靠性设计结果，则其安全系数变为

$$n\leqslant\frac{\overline{x}_s\pi r^2}{P}=\frac{667\times\pi\times 4.722^2}{40\ 000}=1.168$$

从常规设计来看是不敢采用的，而可靠性设计采用这一结果，其可靠度竟达到 0.999，即拉杆破坏的概率仅有 0.1%。但从联结方程可以看出，要保证这么高的可靠度，必须使 $\overline{x}_s$、s_{x_s}、$\overline{x}_1$、s_{x_1} 值保持稳定不变，即可靠性设计的先进性要以材料制造工艺的稳定性及对载荷测定的准确性为前提条件。

（2）敏感度分析

在其他条件不变，而载荷与强度的标准差即 s_{x_s}、s_{x_1} 均增大，通过具体计算就可以明显看出，由于载荷和强度值的分散性的增加，可靠度将迅速下降。因此，当载荷及强度的均值不变时，只有严格控制载荷和强度的分散性，才能保证可靠性设计结果能更好地应用。

22.3 零部件疲劳强度的可靠性设计

疲劳失效是零部件最主要的失效方式，零部件的疲劳强度与很多因素有关，因此疲劳强度设计常以验算为主。通常可先按静强度设计定出具体尺寸、结构和加工情况后，再验算可靠度或预计可靠寿命。

1. 按 $3S-S-N$ 线图验算疲劳强度可靠度

在常规疲劳强度设计中，所用的疲劳曲线是在应力循环特征 r 一定的条件下（常用 $r=-1$），应力（或应变）与循环次数之间的关系曲线，记为 $S-N$ 曲线。在疲劳强度的可靠性设计中，应力（或应变）应视为随机变量，具有一定的离散性，因此疲劳曲线成为一条曲线分布带，记为 $R-S-N$ 线图。图中每根曲线都表示有相同的可靠度 R。工程上一般按三倍标准差原则绘制两条曲线：均值曲线（即常规疲劳设计中的 $S-N$ 曲线，对应可靠度 $R=50\%$）和一条 $-3S$ 曲线（对应可靠度 $R=99.9\%$），记为 $3S-S-N$ 线图。若将横坐标取为对数，则 $3S-S-N$ 线图为两条折线，如图 22－1 所示。

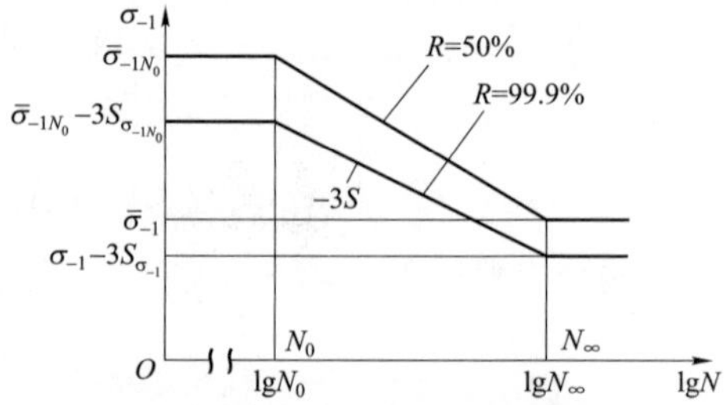

图 22－1　$3S-S-N$ 线图

用 $3S-S-N$ 线图验算零部件疲劳强度可靠度的具体步骤如下。

（1）绘制材料的 $3S-S-N$ 线图

由于 $3S-S-N$ 线图为折线，所以只需确定起点和转折点位置，即可绘制出所需线图。起点在 $N_0=10^3$ 处，该处的疲劳强度（$\bar{\sigma}_{-1N_0},S_{\sigma_{-1N_0}}$）可根据材料的抗拉强度（$\bar{\sigma}_b,S_{\sigma_b}$）估算。建议一般钢取 $\sigma_{-1N_0}=0.85\sigma_b$，淬火钢取 $\sigma_{-1N_0}=0.65\sigma_b$，灰铸铁、碳素体球墨铸铁取 $\sigma_{-1N_0}=\sigma_b$，珠光体球墨铸铁取 $\sigma_{-1N_0}=0.7\sigma_b$。由 $\bar{\sigma}_{-1N_0}$ 和 $\bar{\sigma}_{-1N_0}-3S_{\sigma_{-1N_0}}$ 分别得到点 b 和 b'；转折点在 N_∞ 处，对于常用钢铁可近似取 $N_\infty=(1\sim10)\times10^6$，无把握时可取 $N_\infty=10^6$。该处的疲劳强度即为材料的对称循环疲劳极限 σ_{-1}，由 $\bar{\sigma}_{-1}$ 和 $\bar{\sigma}_{-1}-3S_{\sigma_{-1}}$ 分别得到点 a 和 a'，从而可绘得材料的 $3S-S-N$ 线图，如图 22－2 中虚线所示。

（2）绘制零部件的 $3S-S-N$ 线图

绘制零部件的 $3S-S-N$ 线图时，要考虑几何形状、尺寸、表面状态等因素对材料疲劳强度的影响。

当 $N=N_0$ 时，零件的疲劳强度 $\sigma_{-1cN_0}=\dfrac{\sigma_{-1N_0}}{K_{\sigma N_0}}$，其均值为 $\bar{\sigma}_{-1cN_0}=\dfrac{\bar{\sigma}_{-1N_0}}{\bar{K}_{\sigma N_0}}$，标准差为

$$S_{\sigma_{-1}cN_0}=\bar{\sigma}_{\sigma_{-1}cN_0}\left[\left(\frac{S_{\sigma_{-1}N_0}}{\sigma_{-1N_0}}\right)^2+\left(\frac{S_{K_\sigma N_0}}{K_{\sigma N_0}}\right)^2\right]^{1/2}=\bar{\sigma}_{-1cN_0}(V_{\sigma_{-1}N_0}^2+V_{K_\sigma N_0}^2)^{1/2} \tag{22-1}$$

式中，$\bar{\sigma}_{-1N_0}$、$S_{\sigma_{-1}N_0}$、$V_{\sigma_{-1}N_0}$ 分别为 $N=N_0$ 时材料的疲劳强度均值、标准差及变差系数；$\bar{K}_{\sigma N_0}$、$S_{K_\sigma N_0}$、$V_{K_\sigma N_0}$ 分别为 $N=N_0$ 时有效应力集中系数均值、标准差及变差系数，一般取 $V_{K_\sigma N_0}=(0.3\sim0.5)V_\rho$，$V_\rho$ 为应力集中处过渡圆角半径 $(\bar{\rho},S_\rho)$ 的变差系数，$V_\rho=\dfrac{S_\rho}{\rho}$；$K_{\sigma N_0}$ 的均值 $\bar{K}_{\sigma N_0}=(\bar{K}_\sigma-1)q_{N_0}+1$，式中 $\bar{K}_\sigma$ 为 $N\geqslant N_\infty$ 时的有效应力集中系数的均值；q_{N_0} 为 $N=N_\infty$ 时的修正系数，查图 22－3 可得。

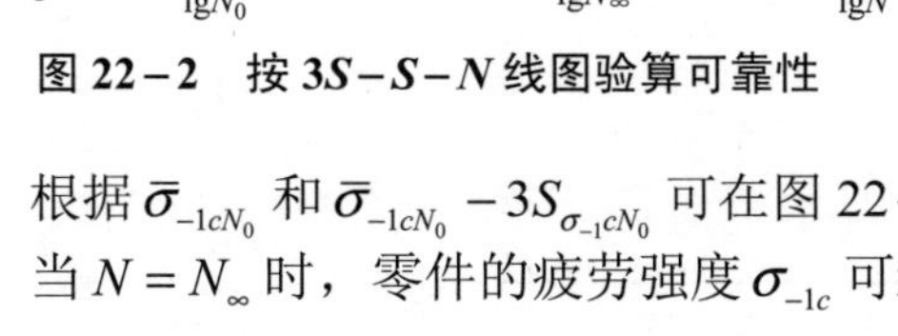

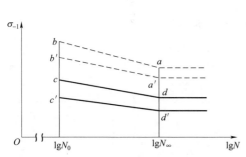

图 22－2　按 $3S-S-N$ 线图验算可靠性

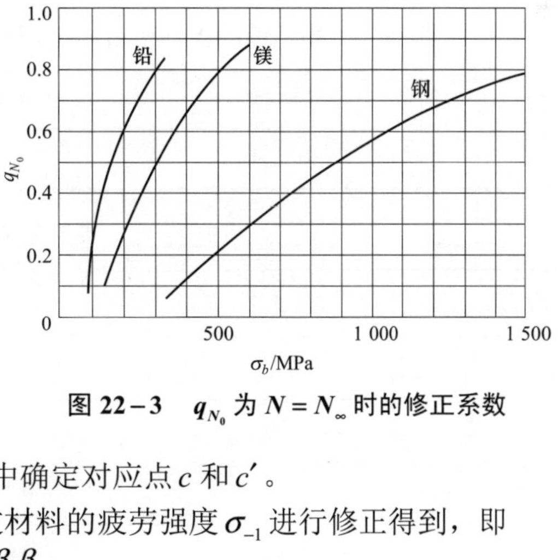

图 22－3　q_{N_0} 为 $N=N_\infty$ 时的修正系数

根据 $\bar{\sigma}_{-1cN_0}$ 和 $\bar{\sigma}_{-1cN_0}-3S_{\sigma_{-1}cN_0}$ 可在图 22－2 中确定对应点 c 和 c'。

当 $N=N_\infty$ 时，零件的疲劳强度 σ_{-1c} 可通过材料的疲劳强度 σ_{-1} 进行修正得到，即

$$\sigma_{-1c}=\frac{\varepsilon\beta_1\beta_2}{K_\sigma}\sigma_{-1} \tag{22-2}$$

均值：

$$\bar{\sigma}_{-1c}=\frac{\bar{\varepsilon}\bar{\beta}_1\bar{\beta}_2}{K_\sigma}\bar{\sigma}_{-1} \tag{22-3}$$

标准差：
$$S_{\sigma_{-1c}}=\left[\left(\frac{S_\varepsilon}{\bar{\varepsilon}}\right)^2+\left(\frac{S_{\beta_1}}{\bar{\beta}_1}\right)^2+\left(\frac{S_{\beta_2}}{\bar{\beta}_2}\right)^2+\left(\frac{S_{K_\sigma}}{\bar{K}_\sigma}\right)^2+\left(\frac{S_{\sigma_{-1}}}{\bar{\sigma}_{-1}}\right)^2\right]^{1/2}\bar{\sigma}_{-1c}$$
$$=(V_\varepsilon^2+V_{\beta_1}^2+V_{\beta_2}^2+V_{K\sigma}^2+V_{\sigma-1}^2)^{1/2}\bar{\sigma}_{-1c} \tag{22-4}$$

式中，$\bar{\varepsilon}$、S_ε、V_ε 分别为尺寸系数的均值、标准差及变差系数，查表 22－1 可得；$\bar{\beta}_1$、S_{β_1}、V_{β_1} 分别为表面加工系数的均值、标准差及变差系数，查表 22－2 可得；$\bar{\beta}_2$、S_{β_2}、V_{β_2} 分别为表面强化系数的均值、标准差及变差系数，查表 22－3 可得；$\bar{K}_\sigma$、S_{K_σ}、$V_{K\sigma}$ 分别为应力集中系数的均值、标准差及变差系数。由 $(\bar{K}_\sigma,S_{K_\sigma})=\dfrac{(\bar{\sigma}_{-1},S_{\sigma_{-1}})}{(\bar{\sigma}'_{-1},S_{\sigma'_{-1}})}$ 得均值 $\bar{K}_\sigma=\dfrac{\bar{\sigma}_{-1}}{\bar{\sigma}'_{-1}}$，标准差 $S_{K_\sigma}=\bar{K}_\sigma V_{K_\sigma}=\bar{K}_\sigma\,(V_{\sigma_{-1}}^2+V_{\sigma'_{-1}}^2)^{1/2}$。式中，$\bar{\sigma}_{-1}$、$S_{\sigma_{-1}}$、$V_{\sigma_{-1}}$ 分别为光滑试样的疲劳极限均值、标准差及变差系数，$\bar{\sigma}'_{-1}$、$S_{\sigma'_{-1}}$、$V_{\sigma'_{-1}}$ 分别为缺口试样的疲劳极限均值、标准差及变差系数，均查表 22－4 得到。根据 $\bar{\sigma}_{-1c}$ 和 $\bar{\sigma}_{-1c}-3S_{\sigma_{-1c}}$ 可在图 22－2 中确定对应点 d 和 d'。

表 22－1　尺寸系数 ε 统计检验表

材质	尺寸线/mm	回归方程 $\varepsilon=\bar{\varepsilon}-S_\varepsilon Z_\varepsilon$	变差系数 V_ε
碳钢	30～150	$\varepsilon=0.856\ 25-0.103\ 08Z_\varepsilon$	0.120 4
	150～250	$\varepsilon=0.802\ 50-0.058\ 18Z_\varepsilon$	0.072 5
	250～350	$\varepsilon=0.790\ 98-0.040\ 10Z_\varepsilon$	0.050 7
	350 以上	$\varepsilon=0.730\ 00-0.046\ 5Z_\varepsilon$	0.063 7
合金钢	30～150	$\varepsilon=0.789\ 99-0.081\ 02Z_\varepsilon$	0.105 7
	150～250	$\varepsilon=0.766\ 70-0.086\ 73Z_\varepsilon$	0.113 1
	250～350	$\varepsilon=0.674\ 00-0.086\ 80Z_\varepsilon$	0.128 8
	350 以上	$\varepsilon=0.672\ 30-0.077\ 51Z_\varepsilon$	0.115 3

表 22－2　表面加工系数 β_1 统计检验表

应力状态	加工方式	回归方程 $\beta_1=\bar{\beta}_1+S_{\beta_1}Z_{\beta_1}$	变差系数 V_{β_1}
弯曲	抛光	$\beta_1=1.132\ 19+0.047\ 04Z_{\beta_1}$	0.041 5
	车削	$\beta_1=0.793\ 26+0.037\ 963Z_{\beta_1}$	0.047 9
	热轧	$\beta_1=0.539\ 31+0.010\ 608\ 5Z_{\beta_1}$	0.196 7
	锻造	$\beta_1=0.385\ 51+0.074\ 41Z_{\beta_1}$	0.193 0
拉伸	抛光	$\beta_1=1.123\ 19+0.045\ 108Z_{\beta_1}$	0.040 2
	车削	$\beta_1=0.794\ 445+0.043\ 930Z_{\beta_1}$	0.055 3

续表

应力状态	加工方式	回归方程 $\beta_1=\overline{\beta}_1+S_{\beta_1}Z_{\beta_1}$	变差系数 V_{β_1}
拉伸	热轧	$\beta_1=0.529\ 04+0.104\ 29Z_{\beta_1}$	0.197 1
	锻造	$\beta_1=0.377\ 24+0.088\ 267Z_{\beta_1}$	0.234 0
扭转	抛光	$\beta_1=1.123\ 58+0.065\ 165Z_{\beta_1}$	0.058 0
	车削	$\beta_1=0.803\ 386+0.051\ 03Z_{\beta_1}$	0.063 5
	热轧	$\beta_1=0.534\ 84+0.109\ 09Z_{\beta_1}$	0.204 0
	锻造	$\beta_1=0.365\ 782+0.067\ 01Z_{\beta_1}$	0.183 2

表 22－3　钢构件表面强化系数 β_2 统计检验表

强化工艺	平滑试件			有应力集中试件					
				$K_\sigma\leqslant1.5$			$K_\sigma>1.8\sim2$		
	β_2	$\overline{\beta_2}$	变差系数 V_{β_2}	β_2	$\overline{\beta_2}$	V_{β_2}	β_2	$\overline{\beta_2}$	V_{β_2}
高频淬火	1.5～1.7	1.6	0.022	1.6～1.7	1.65	0.010	2.4～2.8	2.6	0.026
	1.3～1.5	1.4	0.024	1.4～1.5	1.45	0.012	2.1～2.4	2.25	0.022
渗氮	1.1～1.25	1.175	0.021	1.5～1.7	1.6	0.021	1.5～1.7	1.9	0.035
渗碳淬火	1.8～2.0	1.9	0.018	3	—	—	—	—	—
	1.4～1.5	1.45	0.012	—	—	—	—	—	—
	1.2～1.3	1.25	0.013	2	—	—	—	—	—
辊压	1.1～1.3	1.25	0.013	1.3～1.5	1.4	0.024	1.6～2.0	1.8	0.037
喷丸	1.1～1.25	1.175	0.021	1.5～1.6	1.55	0.011	1.7～2.1	1.9	0.035
镀铬	0.5～0.6	0.6	0.056	—	—	—	—	—	—
镀镍	0.5～0.9	0.7	0.095	—	—	—	—	—	—
热浸镀锌	0.6～0.95	0.775	0.075	—	—	—	—	—	—

表 22－4　几种国产钢铁的疲劳极限

材质	光滑试件			缺口试件		
	$\overline{\sigma}_{-1}/(\mathrm{N\cdot mm^{-2}})$	$s_{\sigma_{-1}}/(\mathrm{N\cdot mm^{-2}})$	$V_{\sigma_{-1}}$	$\overline{\sigma}_{-1c}/(\mathrm{N\cdot mm^{-2}})$	$s_{\sigma_{-1c}}/(\mathrm{N\cdot mm^{-2}})$	$V_{\sigma_{-1c}}$
Q235－A 钢热轧	213.1	8.105	0.038	132.4	4.386	0.033
20 钢正火	250.1	5.085	0.02	146.8	5.098	0.035
35 钢正火	228.3	2.070	0.009	161.1	3.377	0.021
45 钢正火	249.3	5.307	0.021	161.0	7.711	0.048

续表

材质	光滑试件			缺口试件		
	$\bar{\sigma}_{-1}$ / (N·mm^{-2})	$s_{\sigma_{-1}}$ / (N·mm^{-2})	$V_{\sigma_{-1}}$	$\bar{\sigma}_{-1c}$ / (N·mm^{-2})	$s_{\sigma_{-1c}}$ / (N·mm^{-2})	$V_{\sigma_{-1c}}$
45 钢调质	388.3	9.666	0.025	211.7	9.212	0.044
45 钢电渣熔铸	432.9	14.320	0.033	281.7	10.400	0.037
16Mn 钢热轧	280.8	8.443	0.030	169.9	3.854	0.023
35CrMo 钢调质	431.5	13.869	0.032	248.4	10.891	0.044
40Cr 钢调质	421.7	10.337	0.025	239.2	12.191	0.051
40MnB 钢调质	436.2	19.806	0.045	279.7	10.607	0.038
42CrMo 钢调质	503.9	12.367	0.025	313.1	7.158	0.023
50CrV 钢淬火中温回火	746.5	32.003	0.043	477.7	16.511	0.035
60Si2Mn 钢淬火中温回火	563.6	23.936	0.042	389.0	8.007	0.021
65Mn 钢淬火中温回火	708.2	31.527	0.045	483.3	16.506	0.034
1Cr13 钢调质	374.2	12.993	0.035	221.6	9.664	0.044
2Cr13 钢调质	374.0	13.803	0.037	208.7	10.533	0.051
QT40－17 球铁退火 149HBS 楔形式样	202.5	7.479	0.037	158.8	4.773	0.030
QT40－17 球铁退火 149HBS 梅花式样	233.9	6.757	0.029	164.8	7.379	0.045
QT60－2 球铁正火 273HBS 楔形式样	290.0	5.821	0.020	169.5	9.330	0.055
QT60－2 球铁正火 243HBS 梅花式样	251.1	9.664	0.038	154.2	7.803	0.051

（3）零部件疲劳强度的可靠性设计

首先计算零部件危险剖面所受应力$(\bar{\sigma}, S_{\sigma})$，并在零件 $3S-S-N$ 线图上查出与寿命相对应的疲劳强度$(\bar{\sigma}_{CN}, S_{\sigma_{CN}})$。若无特别声明，认为强度和应力均服从正态分布，将数据代入联结方程即可求解。

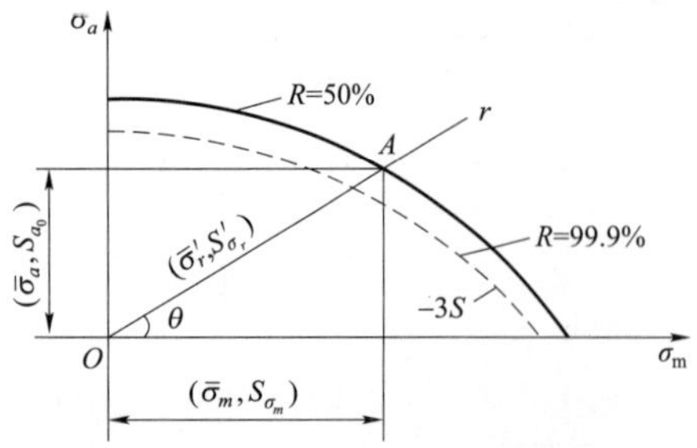

图 22－4　$3S-\sigma_m-\sigma_a$ 线图

2. 按 $3S-\sigma_m-\sigma_a$ 线图验算疲劳强度可靠性

$3S-S-N$ 线图是循环特征 r 一定时，寿命与疲劳强度的关系曲线。如果对某种材料保持寿命一定，则可测得不同循环特征 r 下的疲劳极限图，即为 $3S-\sigma_m-\sigma_a$ 线图，如图 22－4 所示。

图中横坐标为平均应力 σ_m，纵坐标为应力幅 σ_a，过坐标原点的射线与均值图线交于 A 点，此直线与横坐标的夹角为 θ，显然 $\tan\theta=\dfrac{\sigma_a}{\sigma_m}=\dfrac{1-r}{1+r}$ 。可见，过坐标原点的一条射线表示了一种确定的循环特征 r；直线 $\overline{OA}$ 的值称为对应循环特征为 r 时的相当疲劳极限，记作 σ_r'。由几何关系可知 $\sigma_r'=(\sigma_a^2+\sigma_m^2)^{1/2}$ 。

在可靠性设计中，上式中各应力均应视为随机变量。应用分布函数的运算公式，可得相当疲劳极限的分布参数。

均值：

$$\bar{\sigma}_r'=(\bar{\sigma}_a^2+\bar{\sigma}_m^2)^{1/2} \tag{22-5}$$

标准差：

$$S_{\sigma r}'=\left[\frac{\bar{\sigma}_a^2 S_{\sigma_a}^2+\bar{\sigma}_m^2 S_{\sigma_m}^2}{\bar{\sigma}_a^2+\bar{\sigma}_m^2}\right] \tag{22-6}$$

用 $3S-\sigma_m-\sigma_a$ 线图验算零部件疲劳强度可靠度的具体步骤为：

（1）绘制材料的 $3S-\sigma_m-\sigma_a$ 线图

根据循环特征 r，利用式（22-5）和式（22-6）计算出来的均值 $\bar{\sigma}_r'$ 及标准差 $S_{\sigma r}'$，即可绘出材料的 $3S-\sigma_m-\sigma_a$ 线图，如图 22-5 中的虚线所示。

（2）绘制零部件的 $3S-\sigma_m-\sigma_a$ 线图

对应于循环特征 r 时的零部件的相当疲劳极限为

$$(\bar{\sigma}_r,S_{\sigma r})=\frac{(\bar{\varepsilon},S_\varepsilon)(\bar{\beta}_1,S_{\beta_1})(\bar{\beta}_2,S_{\beta_2})}{(\bar{K}_\sigma,S_{K_\sigma})}(\bar{\sigma}_r',S_{\sigma r}') \tag{22-7}$$

疲劳极限均值和标准差为

$$\begin{cases}\bar{\sigma}_r=\dfrac{\bar{\varepsilon}\bar{\beta}_1\bar{\beta}_2}{\bar{K}_\sigma}\bar{\sigma}_r' \\ S_{\sigma r}=\left[\left(\dfrac{S_\varepsilon}{\bar{\varepsilon}}\right)^2+\left(\dfrac{S_{\beta_1}}{\bar{\beta}_1}\right)^2+\left(\dfrac{S_{\beta_2}}{\bar{\beta}_2}\right)^2+\left(\dfrac{S_{K_\sigma}}{\bar{K}_\sigma}\right)^2+\left(\dfrac{S_{\sigma_r}'}{\bar{\sigma}_r'}\right)^2\right]^{1/2}\bar{\sigma}_r \\ \quad\;=\left[V_\varepsilon^2+V_{\beta_1}^2+V_{\beta_2}^2+V_{K_\sigma}^2+V_{\sigma_r}'^2\right]^{1/2}\bar{\sigma}_r\end{cases} \tag{22-8}$$

据此可绘制零部件的 $3S-\sigma_m-\sigma_a$ 线图，如图 22-5 中的实线所示。

（3）零部件疲劳强度的可靠性设计

先根据零部件的受载情况，计算危险剖面的相当合成应力 $(\bar{\sigma}_L,S_{\sigma_L})$ 。

均值：

$$\bar{\sigma}_L=(\bar{\sigma}_{L_a}^2+\bar{\sigma}_{L_m}^2)^{1/2}$$

标准差：

$$S_{\sigma_L}=\left[\frac{\bar{\sigma}_{L_a}^2 S_{\sigma L_a}^2+\bar{\sigma}_{L_m}^2 S_{\sigma L_m}^2}{\bar{\sigma}_{L_a}^2+\bar{\sigma}_{L_m}^2}\right]^{1/2}$$

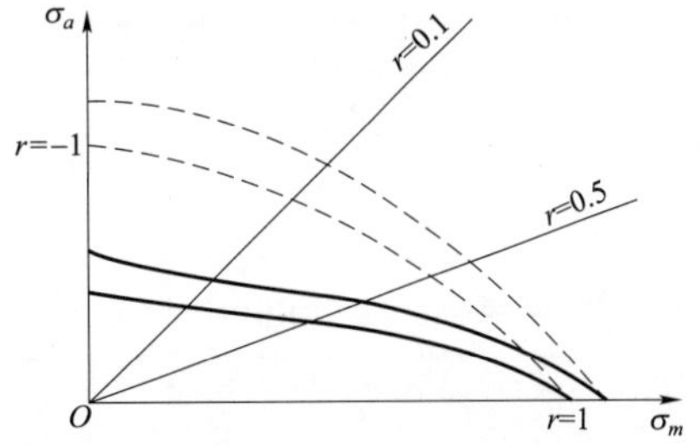

图 22-5　按 $3S-\sigma_m-\sigma_a$ 线图验算可靠性

式中，$(\bar{\sigma}_{L_a},S_{\sigma L_a})$ 为工作应力幅；$(\bar{\sigma}_{L_m},S_{\sigma L_m})$ 为工作平均应力。

然后根据所受载荷的循环特征 r，在零部件的 $3S-\sigma_m-\sigma_a$ 线图上查出与 r 相对应的相当疲劳极限 $(\bar{\sigma}_r,S_{\sigma r})$ 。

再根据应力和强度的分布情况，将数据代入相应公式中求解可靠度 R。

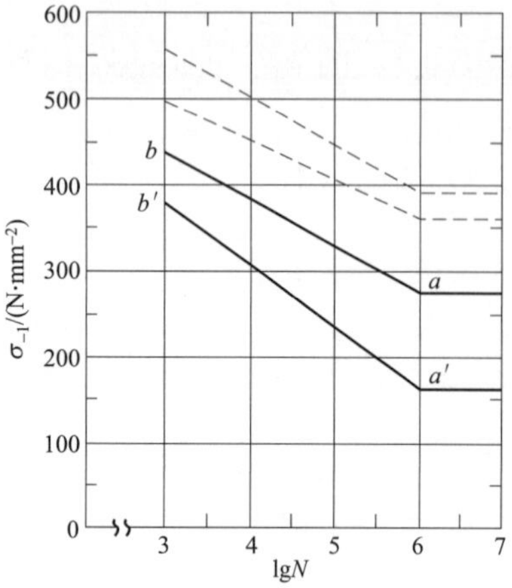

图 22－6　按 3S－S－N 线图计算实例

3. 疲劳强度的可靠性设计举例

【例 22－2】 某回转心轴用 45 钢制造，调质后抗拉强度极限 $(\bar{\sigma}_b, S_{\sigma_b}) = (654.3, 24.82)\ \text{N/mm}^2$，危险截面为变断面圆角过渡，$D = 120\ \text{mm}$，$d = 100\ \text{mm}$，$\rho = (10 \pm 2)\ \text{mm}$，精车并经喷丸处理，受应力 $(\bar{\sigma}, S_\sigma) = (200, 20)\ \text{N/mm}^2$。验算 $N = 10^5$ 时不疲劳失效的可靠度。

解：

（1）绘制材料的近似 $3S-S-N$ 线图

取 $N_\infty = 10^6$，查表 22－4 得 45 钢的疲劳极限 $(\bar{\sigma}_{-1}, S_{\sigma_{-1}}) = (388.3, 9.666)\ \text{N/mm}^2$；取 $N_0 = 10^3$，对钢 $(\bar{\sigma}_{-1N_0}, S_{\sigma_{-1N_0}}) = 0.85(\bar{\sigma}_b, S_{\sigma_b}) = (556.155, 21.097)\ \text{N/mm}^2$，在图上描点连接成光滑试件的近似 $3S-S-N$ 线图，如图 22－6 中的虚线所示。

（2）绘制零件的近似 $3S-S-N$ 线图

由表 22－4 查得光滑试件的疲劳极限 $(\bar{\sigma}_{-1}, S_{\sigma_{-1}}) = (388.3, 9.666)\ \text{N/mm}^2$，变差系数 $V_{\sigma_{-1}} = 0.025$；缺口试件的疲劳极限 $(\bar{\sigma}'_{-1}, S'_{\sigma_{-1}}) = (211.7, 9.212)\ \text{N/mm}^2$，变差系数 $V'_{\sigma_{-1}} = 0.044$。因此应力集中系数为：

均值
$$\bar{K}_\sigma = \frac{\bar{\sigma}_{-1}}{\bar{\sigma}'_{-1}} = 1.834$$

标准差
$$S_{K_\sigma} = \bar{K}_\sigma (V_{\sigma_{-1}}^2 + V_{\sigma'_{-1}}'^2)^{1/2} = 0.092\ 8$$

变差系数
$$V_{K_\sigma} = \frac{S_{K_\sigma}}{\bar{K}_\sigma} = 0.050\ 6$$

由表 22－1 查出尺寸系数 $(\bar{\varepsilon}, S_\varepsilon) = (0.856\ 25, 0.103\ 08)$，$V_\varepsilon = 0.120\ 4$；由表 22－2 查出表面加工系数 $(\bar{\beta}_1, S_{\beta_1}) = (0.793\ 26, 0.037\ 963)$，$V_{\beta_1} = 0.047\ 9$；由表 22－3 查出表面强化系数 $\bar{\beta}_2 = 1.9$，$V_{\beta_2} = 0.035$。所以 N_∞ 时零件疲劳强度为：

均值
$$\bar{\sigma}_{-1c} = \frac{\bar{\varepsilon}\bar{\beta}_1\bar{\beta}_2}{\bar{K}_\sigma}\bar{\sigma}_{-1} = 273.24\ \text{N/mm}^2$$

标准差
$$S_{\sigma_{-1c}} = (V_\varepsilon^2 + V_{\beta_1}^2 + V_{\beta_2}^2 + V_{K_\sigma}^2 + V_{\sigma-1}^2)^{1/2}\bar{\sigma}_{-1c} = 39.79\ \text{N/mm}^2$$

在图上描出 a、a' 点。

由图 22－3 查得 $q_{N_0} = 0.35$，则 N_0 时的有效应力集中系数的均值 $\bar{K}_{\sigma N_0} = (\bar{K}_\sigma - 1)q_{N_0} + 1 = 1.291\ 9$，标准差 $S_{K_{\sigma N_0}} = 0.3\dfrac{S_\rho}{\bar{\rho}} = 0.02$。

N_0 时的疲劳强度均值 $\bar{\sigma}_{-1cN_0}=\dfrac{\bar{\sigma}_{-1N_0}}{\bar{K}_{\sigma N_0}}=430.49\ \text{N/mm}^2$，标准差 $S_{\sigma_{-1}cN_0}=\bar{\sigma}_{\sigma_{-1}cN_0}\left[\left(\dfrac{S_{\sigma_{-1N_0}}}{\bar{\sigma}_{-1N_0}}\right)^2+\left(\dfrac{S_{K_{\sigma N_0}}}{\bar{K}_{\sigma N_0}}\right)^2\right]=17.64\ \text{N/mm}^2$。在图上描点 b、b'，连接后得零件近似的 $3S-S-N$ 线图，如图 22-6 中的实线所示。

（3）零件疲劳强度设计

由图 22-6 查得 $N=10^5$ 时零件的疲劳强度为均值 $\bar{\sigma}_{N_5}=329\ \text{N/mm}^2$，$\bar{\sigma}_{N_5}-3S_{\sigma N_5}=231\ \text{N/mm}^2$，则标准差 $S_{\sigma N_5}=\dfrac{1}{3}(329-231)=32.67\ \text{N/mm}^2$。

将强度和应力的分布参数代入联结方程，得联结系数：

$$z_R=\frac{\bar{\sigma}_{N_5}-\bar{\sigma}}{\sqrt{S_{\sigma N_5}^2+S_{\sigma}^2}}=\frac{329-200}{\sqrt{32.67^2+20^2}}=3.368$$

查表得可靠度 $R=0.999\ 6$。

第 23 章
机构的可靠性设计

相比机械零部件，机械机构由多个零部件组成，其结构功能多样，失效模式和失效机理也较复杂。机构的可靠性设计主要任务是评价机构运动可靠度及其机构动态精度，对机构运动精度做出合理的可靠性预计。由于制造和装配中存在公差、驱动装置重复位置精度误差、外部系统因素（载荷、温度、人为）随机性等，机械系统本身必然存在一定的随机性。机构工作时人们更关心的是机构运动的可靠度，即机构在某一特定的工作时间点（或时间段内）运动轨迹落入许用精度范围内的概率，为改善机构的设计质量和提高机械的设计水平提供准确可靠的资料和依据。

23.1　机构可靠性特征

根据人们对机构功能要求，在机构学的研究中把它分为机构运动学和机构动力学两方面问题。因此机构可靠性问题也主要分为对应的两大类。一类是机构运动精确度可靠性，它是在给定机构主运动件运动规律的条件下，研究机构中指定构件上某点的位移、速度和加速度，以及这些构件的角位移、角速度和角加速度，在尺寸误差、磨损、松动等随机变量作用下，达到规定值或落在规定范围内的概率，机构运动可靠性旨在评估和预测机构在设计寿命内的运动精度和对应可靠性水平。另一类是计及动力源工作特性的可靠性，计及负载、惯性、阻尼特性等随机因素，研究机构瞬态运动特性、载荷、力矩等输出参数达到规定值，或在规定区间的可靠性问题，机构动力学可靠性更关注机构受载等响应，旨在评估和预测机构在设计寿命内的性能、安全性和可靠性。

机构工作时人们更关心的是机构运动的可靠度，即机构在某一特定的工作时间点运动轨迹落入许用精度范围内的概率。本章主要介绍机构运动学可靠性分析。机构运动可靠性分析的主要任务是建立机构性能输出参数与影响机构性能输出参数变化的主要随机变量间的函数或相关关系的数学模型。

根据机构运动学可靠性定义，给定机构位置误差表达式为

$$\Delta S=\sum_{i=1}^{n}\frac{\partial D}{\partial x_i}\cdot\Delta x_i \tag{23-1}$$

式中，ΔS 为机构误差，Δx_i 为组成机构的部件原始误差。由上式可见机构从动件的误差 ΔS 是各原始误差 Δx_i 引起的局部误差之和，而 $\partial D/\partial x_i$ 是各元件的原始误差传递到从动件的传递函数，也称为误差传递比。

根据式（23－1），机构位置误差是相互独立的各原始误差的线性函数。由概率分布组合大数定律知，尽管各原始误差的分布规律不同，但它们的综合作用的结果仍服从正态分布。求出机构位置误差的均值和方差后，根据机构运动精度可靠度定义，即机构运动输出误差落在最大允许误差范围内的概率为

$$R = P(\varepsilon_m' < \Delta S < \varepsilon_m'') \tag{23-2}$$

式中，ε_m' 和 ε_m'' 为误差上下限，再由正态分布规律，可以得到可靠度计算公式：

$$R = P(\varepsilon_m' < \Delta S < \varepsilon_m'') = P(\Delta S < \varepsilon_m'') - P(\Delta S < \varepsilon_m'') = \phi\left(\frac{\varepsilon_m'' - \mu}{\sigma}\right) - \phi\left(\frac{\varepsilon_m' - \mu}{\sigma}\right) \tag{23-3}$$

上述可靠度计算是在假设各构件的弹性变形和配合间隙对输出构件位置的影响可以忽略不计的情况下进行的。

23.2　机构运动可靠性建模

设机构的输出参数 $Y(t)$ 是随机变量，机构输出参数的允许范围为 $[Y_{下}, Y_{上}]$，当输出参数位于允许范围内时，则认为机构工作可靠，即事件 $[Y_{下} < Y(t) < Y_{上}]$ 发生的概率 $P(Y_{下} < Y(t) < Y_{上})$ 即为机构的可靠度：

$$R = P(Y_{下} < Y(t) < Y_{上}) \tag{23-4}$$

对应的失效概率为

$$F = 1 - P(Y_{下} < Y(t) < Y_{上}) \tag{23-5}$$

设机构由使用要求确定的性能输出参数为 $Y_k(k = 1,2,3,\cdots,s)$，它是随机变量 $x_1, x_2, x_3, \cdots, x_m$ 的函数，故 Y_k 也是随机变量，所以有

$$Y_k = f_k(x_1, x_2, x_3, \cdots, x_m) \tag{23-6}$$

假设机构性能输出参数的允许上下极限为 a_k 和 b_k，则机构的可靠度表示为

$$R_k = P(a_k \leqslant Y_k \leqslant b_k) \tag{23-7}$$

R_k 表示机构的第 k 项性能输出参数达到规定要求的可靠度。

机构的可靠性建模包括机构运动学建模、机构运动精度概率模型建模和可靠性计算几个部分。

1. 机构运动学建模

机构运动学数学模型是建立机构多元随机变量下的运动函数，即建立机构的输入运动与输出运动的函数表达式。

（1）运动方程

$$F(Y, X, q) = 0 \tag{23-8}$$

式中，$Y = [y_1, y_2, y_3, \cdots, y_\lambda]^{\mathrm{T}}$，为机构广义输出运动；$X = [x_1, x_2, x_3, \cdots, x_m]^{\mathrm{T}}$，为机构广义输入运动；$q = [q_1, q_2, q_3, \cdots, q_n]^{\mathrm{T}}$，为考虑各种随机误差情况下，机构有效结构参数；$F =$

$[f_1,f_2,f_3,\cdots,f_\lambda]^{\mathrm{T}}$，为 λ 个独立运动方程，可解出 λ 个输出运动；

（2）输出响应（位移、速度、加速度）与输入运动的关系式

位移表示为

$$Y = Y(X,q) \tag{23-9}$$

速度表示为

$$\dot{Y} = -(\partial F^{-1} / \partial Y)(\partial F^{-1} / \partial X)\dot{X} \tag{23-10}$$

加速度表示为

$$\ddot{Y} = -(\partial F^{-1} / \partial Y)\left[\frac{\mathrm{d}}{\mathrm{d}t}(\partial F / \partial Y)\dot{Y} + (\partial F / \partial X)\ddot{X} + \frac{\mathrm{d}}{\mathrm{d}t}(\partial F / \partial X)\dot{X}\right] \tag{23-11}$$

式中，

$$\frac{\partial F}{\partial Y} = \begin{bmatrix} \partial f_1/\partial y_1 & \partial f_1/\partial y_2 & \cdots & \partial f_1/\partial y_\lambda \\ \partial f_2/\partial y_1 & \partial f_2/\partial y_2 & \cdots & \partial f_2/\partial y_\lambda \\ \vdots & \vdots & & \vdots \\ \partial f_\lambda/\partial y_1 & \partial f_\lambda/\partial y_2 & \cdots & \partial f_\lambda/\partial y_\lambda \end{bmatrix}$$

$$\frac{\partial F}{\partial X} = \begin{bmatrix} \partial f_1/\partial x_1 & \partial f_1/\partial x_2 & \cdots & \partial f_1/\partial x_\lambda \\ \partial f_2/\partial x_1 & \partial f_2/\partial x_2 & \cdots & \partial f_2/\partial x_\lambda \\ \vdots & \vdots & & \vdots \\ \partial f_\lambda/\partial x_1 & \partial f_\lambda/\partial x_2 & \cdots & \partial f_\lambda/\partial x_\lambda \end{bmatrix}$$

2. 机构运动精度概率建模

在机构运动学模型基础上，建立机构运动精度概率模型，通过建立运动误差模型，得到运动误差概率模型。

（1）运动误差模型

由于各种误差的存在，运动方程中变量可以写为

$$\begin{cases} Y = Y^* + \Delta Y = Y^* + \overline{\Delta Y} + \overset{0}{Y} \\ X = X^* + \Delta X = X^* + \overline{\Delta X} + \overset{0}{X} \\ q = q^* + \Delta q = q^* + \overline{\Delta q} + \overset{0}{q} \end{cases} \tag{23-12}$$

其中，“*”代表理想值（名义值），“—”代表均值或期望值，“Δ”代表偏差，“0”代表中心化随机过程。若不考虑随机构运动构件弹性变形行为的变化，可认为构件有效参数 q 不随时间变化，因而 $\overset{0}{q}$ 是中心化随机变量。

将式（23－12）在各随机变量理想值处一阶泰勒展开，化简后有

$$(\partial F / \partial Y)\Delta Y + (\partial F / \partial X)\Delta X + (\partial F / \partial q)\Delta q = 0 \tag{23-13}$$

$$\Delta Y = -(\partial F^{-1} / \partial Y)[(\partial F / \partial X)\Delta X + (\partial F / \partial q)\Delta q] \tag{23-14}$$

式中，

$$\frac{\partial F}{\partial q}=\begin{bmatrix}\partial f_1/\partial q_1 & \partial f_1/\partial q_2 & \cdots & \partial f_1/\partial q_n\\ \partial f_2/\partial q_1 & \partial f_2/\partial q_2 & \cdots & \partial f_2/\partial q_n\\ \vdots & \vdots & & \vdots\\ \partial f_\lambda/\partial q_1 & \partial f_\lambda/\partial q_2 & \cdots & \partial f_\lambda/\partial q_n\end{bmatrix}$$

令

$$Z=(\partial F^{-1}/\partial Y)[\partial F/\partial X]；\quad T=(\partial F^{-1}/\partial Y)(\partial F/\partial q)$$

则

$$\Delta Y=-Z\Delta X-T\Delta q \tag{23-15}$$

由此建立了输出位移误差与输入位移误差及结构参数误差之间的关系。

对式（23－15）微分：

$$\frac{\partial F}{\partial Y}\Delta\dot{Y}+\frac{\mathrm{d}}{\mathrm{d}t}\left(\frac{\partial F}{\partial Y}\right)\Delta Y+\frac{\partial F}{\partial X}\Delta\dot{X}+\frac{\mathrm{d}}{\mathrm{d}t}\left(\frac{\partial F}{\partial X}\right)\Delta X+\frac{\mathrm{d}}{\mathrm{d}t}\left(\frac{\partial F}{\partial q}\right)\Delta q=0 \tag{23-16}$$

令

$$Z_1=\frac{\partial F^{-1}}{\partial Y}\left[\frac{\mathrm{d}}{\mathrm{d}t}\left(\frac{\partial F}{\partial X}\right)-\frac{\mathrm{d}}{\mathrm{d}t}\left(\frac{\partial F}{\partial Y}\right)Z\right] \tag{23-17}$$

$$T_1=\frac{\partial F^{-1}}{\partial Y}\left[\frac{\mathrm{d}}{\mathrm{d}t}\left(\frac{\partial F}{\partial q}\right)-\frac{\mathrm{d}}{\mathrm{d}t}\left(\frac{\partial F}{\partial Y}\right)T\right] \tag{23-18}$$

则

$$\Delta\dot{Y}=-Z\Delta\dot{X}-Z_1\Delta X-T_1\Delta q \tag{23-19}$$

此式建立了输出速度误差与输入速度误差，输入位移误差及结构参数误差之间的关系。

将上式再对时间微分，并令

$$Z_2=\frac{\partial F^{-1}}{\partial Y}\left[\frac{\mathrm{d}^2}{\mathrm{d}t^2}\left(\frac{\partial F}{\partial X}\right)-\frac{\mathrm{d}^2}{\mathrm{d}t^2}\left(\frac{\partial F}{\partial Y}\right)Z-2\frac{\mathrm{d}}{\mathrm{d}t}\left(\frac{\partial F}{\partial Y}\right)Z_1\right] \tag{23-20}$$

$$T_2=\frac{\partial F^{-1}}{\partial Y}\left[\frac{\mathrm{d}^2}{\mathrm{d}t^2}\left(\frac{\partial F}{\partial q}\right)-\frac{\mathrm{d}^2}{\mathrm{d}t^2}\left(\frac{\partial F}{\partial Y}\right)T-2\frac{\mathrm{d}}{\mathrm{d}t}\left(\frac{\partial F}{\partial Y}\right)T_1\right] \tag{23-21}$$

则

$$\Delta\ddot{Y}=-Z\Delta\ddot{X}-2Z_1\Delta\dot{X}-Z_2\Delta X-T_2\Delta q \tag{23-22}$$

式（23－22）建立了输出加速度与输入加速度误差，输入速度误差，输入位移误差及结构参数误差之间的关系。

上述式中，Z、Z_1、Z_2 均为 $\lambda\times m$ 矩阵，T、T_1、T_2 均为 $\lambda\times n$ 矩阵。Z、Z_1、Z_2 和 T、T_1、T_2 称为误差传递系数矩阵，矩阵各元素在各随机变量理想处取值。

（2）运动误差概率模型

机构输出运动误差均值表示为

$$\begin{cases}E(\Delta Y)=E(-Z\Delta X-T\Delta q)=-ZE(\Delta X)-TE(\Delta q)\\ E(\Delta\dot{Y})=-ZE(\Delta\dot{X})-Z_1E(\Delta X)-T_1E(\Delta q)\\ E(\Delta\ddot{Y})=-ZE(\Delta\ddot{X})-2Z_1E(\Delta\dot{X})-Z_2E(\Delta X)-T_2E(\Delta q)\end{cases} \tag{23-23}$$

当不考虑输入误差，即 $\Delta X=\Delta\dot{X}=\Delta\ddot{X}=0$，可化简为

$$\begin{cases}E(\Delta Y)=-TE(\Delta q)\\E(\Delta\dot{Y})=-T_1E(\Delta q)\\E(\Delta\ddot{Y})=-T_2E(\Delta q)\end{cases}\tag{23-24}$$

随机过程与其导数互不相关，由式（23－15）、式（23－19）和式（23－22）可得机构输出误差方程矩阵为

$$\begin{cases}\boldsymbol{V}_Y=\boldsymbol{ZV}_X\boldsymbol{Z}^{\mathrm{T}}+\boldsymbol{TV}_q\boldsymbol{T}^{\mathrm{T}}\\\boldsymbol{V}_{\dot{Y}}=\boldsymbol{ZV}_{\dot{X}}\boldsymbol{Z}^{\mathrm{T}}+\boldsymbol{Z}_1\boldsymbol{V}_X\boldsymbol{Z}_1^{\mathrm{T}}+\boldsymbol{T}_1\boldsymbol{V}_q\boldsymbol{T}_1^{\mathrm{T}}\\\boldsymbol{V}_{\ddot{Y}}=\boldsymbol{ZV}_{\ddot{X}}\boldsymbol{Z}^{\mathrm{T}}+\boldsymbol{Z}_1\boldsymbol{V}_{\dot{X}}\boldsymbol{Z}_1^{\mathrm{T}}+\boldsymbol{Z}_2\boldsymbol{V}_X\boldsymbol{Z}_2^{\mathrm{T}}+\boldsymbol{T}_2\boldsymbol{V}_q\boldsymbol{T}_2^{\mathrm{T}}\end{cases}\tag{23-25}$$

其中，

$$\begin{cases}\boldsymbol{V}_X=\mathrm{diag}(\sigma_{x_1}^2,\sigma_{x_2}^2,\cdots,\sigma_{x_m}^2)\\\boldsymbol{V}_{\dot{X}}=\mathrm{diag}(\sigma_{\dot{x}_1}^2,\sigma_{\dot{x}_2}^2,\cdots,\sigma_{\dot{x}_m}^2)\\\boldsymbol{V}_{\ddot{X}}=\mathrm{diag}(\sigma_{\ddot{x}_1}^2,\sigma_{\ddot{x}_2}^2,\cdots,\sigma_{\ddot{x}_m}^2)\\\boldsymbol{V}_q=\mathrm{diag}(\sigma_{q_1}^2,\sigma_{q_2}^2,\cdots,\sigma_{q_m}^2)\\\boldsymbol{V}_Y=\begin{bmatrix}V_{Y_{11}}&V_{Y_{12}}&\cdots&V_{Y_{1\lambda}}\\V_{Y_{21}}&V_{Y_{22}}&\cdots&V_{Y_{2\lambda}}\\\vdots&\vdots&&\vdots\\V_{Y_{\lambda1}}&V_{Y_{\lambda2}}&\cdots&V_{Y_{\lambda\lambda}}\end{bmatrix}\\\boldsymbol{V}_{Y_{ij}}=\mathrm{Cov}(y_i,y_j)=\begin{Bmatrix}\sigma_{y_i}^2=\sigma_{y_j}^2,i=j\\\rho_{ij}\sigma_{y_i}\sigma_{y_j},i\neq j\end{Bmatrix}\end{cases}\tag{23-26}$$

为了确定 $\sigma_{y_i}^2,\sigma_{\dot{y}_i}^2,\sigma_{\ddot{y}_i}^2$，需要考虑 y_i 的相关函数。令 $K_{y_i}(t_1,t_2)$ 为 y_i 的相关函数，则

$$\begin{cases}K_{\dot{y}_i}(t_1,t_2)=-(\partial^2K_{y_i}(t_1,t_2)/\partial t_1\partial t_2)\\\sigma_{\dot{y}_i}^2=K_{\dot{y}_i}(t_1,t_2)\\K_{\ddot{y}_i}(t_1,t_2)=-(\partial^2K_{\dot{y}_i}(t_1,t_2)/\partial t_1\partial t_2)\\\sigma_{\ddot{y}_i}^2=K_{\ddot{y}_i}(t_1,t_2)\end{cases}\tag{23-27}$$

对于平稳过程则有

$$\begin{cases}K_{\dot{y}_i}(\tau)=-\mathrm{d}^2K_{y_i}(\tau)/\mathrm{d}\tau^2 & \sigma_{\dot{y}_i}^2=K_{\dot{y}_i}(0)\\K_{\ddot{y}_i}(\tau)=-\mathrm{d}^2K_{\dot{y}_i}(\tau)/\mathrm{d}\tau^2 & \sigma_{\ddot{y}_i}^2=K_{\ddot{y}_i}(0)\end{cases}\tag{23-28}$$

实际中可以近似地将过程假定为平稳过程，且其相关函数具有如下形式：

$$K_{y_i}(\tau)=\sigma_{y_i}^2\,\mathrm{e}^{-\alpha\tau^2}\tag{23-29}$$

其中，$\alpha\geqslant0$ 为常数，则

$$\sigma_{y_i}^2=K_{y_i}(0)\quad\sigma_{\dot{y}_i}^2=2\alpha\sigma_{y_i}^2\quad\sigma_{\ddot{y}_i}^2=12\alpha\sigma_{y_i}^2\tag{23-30}$$

若假定

1）输入为等速运动，$\dot{X}^* =$ 常数，$\ddot{X}^* = 0$。

2）不考虑输入误差，$\Delta X = \Delta\dot{X} = \Delta\ddot{X} = 0$。

3）有效结构参数误差均值为零，$\overline{\Delta q} = 0$。

则上述关于机构输出误差统计特征的有关各式可化简为

$$\begin{cases} E(Y) = Y^*(X^*, q^*) \\ E(\dot{Y}) = -(\partial F^{-1} / \partial Y)(\partial F / \partial X)\dot{X}^* \\ E(\ddot{Y}) = -(\partial F^{-1} / \partial Y)\left[\dfrac{\mathrm{d}}{\mathrm{d}t}(\partial F / \partial Y)E(\dot{Y}) + \dfrac{\mathrm{d}}{\mathrm{d}t}(\partial F / \partial X)\dot{X}^*\right] \\ E(\Delta Y) = E(\Delta\dot{Y}) = E(\Delta\ddot{Y}) = 0 \\ \boldsymbol{V}_Y = \boldsymbol{T}\boldsymbol{V}_q\boldsymbol{T}^{\mathrm{T}} \\ \boldsymbol{V}_{\dot{Y}} = \boldsymbol{T}_1\boldsymbol{V}_q\boldsymbol{T}_1^{\mathrm{T}} \\ \boldsymbol{V}_{\ddot{Y}} = \boldsymbol{T}_2\boldsymbol{V}_q\boldsymbol{T}_2^{\mathrm{T}} \end{cases} \tag{23-31}$$

3. 机构运动可靠度计算

最后计算机构运动可靠度，与应力－强度干涉模型类似，设功能函数为

$$G(z) = \delta - \Delta Y \geqslant 0 \tag{23-32}$$

其中，ΔY 表示输出误差，δ 表示允许极限误差，则此式表示输出误差要小于允许极限误差。

假设 ΔY 与 δ 均为正态分布，即

$$\Delta Y = \frac{1}{\sqrt{2\pi}\sigma_u}\mathrm{e}^{-\frac{1}{2}\left(\frac{x-\mu_u}{\sigma_u}\right)^2} \tag{23-33}$$

$$\delta = \frac{1}{\sqrt{2\pi}\sigma_0}\mathrm{e}^{-\frac{1}{2}\left(\frac{x-\mu_0}{\sigma_0}\right)^2} \tag{23-34}$$

则有

$$f = \frac{1}{\sqrt{2\pi}\sigma_z}\mathrm{e}^{-\frac{1}{2}\left(\frac{x-\mu_z}{\sigma_z}\right)^2} \tag{23-35}$$

可靠度 R 为

$$R = P(Z > 0) = \int_0^{\infty} f(z)\,\mathrm{d}z = \int_0^{\infty}\frac{1}{\sqrt{2\pi}\sigma_z}\mathrm{e}^{-\frac{1}{2}\left(\frac{z-\mu_z}{\sigma_z}\right)^2}\,\mathrm{d}z \tag{23-36}$$

化为标准正态分布，设：$u = \dfrac{z - \mu_z}{\sigma_z}$，则

$$R = P(Z > 0) = \int_0^{\infty} f(z)\,\mathrm{d}z = \int_{-\beta}^{\infty}\frac{1}{\sqrt{2\pi}}\mathrm{e}^{-\frac{1}{2}(u)^2}\,\mathrm{d}u = \varPhi(\beta) \tag{23-37}$$

其中，

$$\beta = \frac{\mu_z}{\sigma_z} = \frac{\mu_0 - \mu_u}{\sqrt{\sigma_0^2 + \sigma_u^2}} \tag{23-38}$$

当知道输出误差及允许极限误差分布特征值后，即可求出可靠度 R。

23.3 连杆机构可靠性设计

连杆机构是最典型的机械传动机构之一，广泛用于航空、动力、机械、医疗等工程领域。连杆机构是由若干刚性构件用低副连接而成的机构，故又称低副机构，通常分为平面连杆机构和空间连杆机构。本节以四杆机构为例，介绍机构可靠性设计过程。

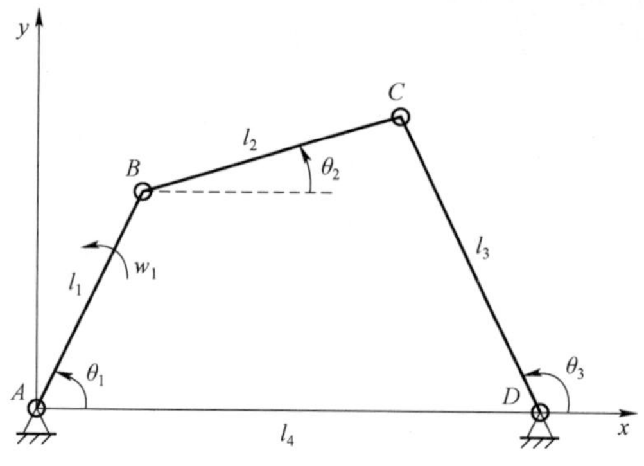

图 23-1 四杆机构示意图

1. 四杆机构运动学分析

四杆机构是一种最常见的连杆机构，因其运动副均为转动副，又称为铰链四杆机构，如图 23-1 所示。

图 23-1 中，l_4 为固定机架，l_1 和 l_3 为连架杆，l_2 为连杆。连架杆中能够整周运动的称为曲柄，连架杆中不能够整周运动的称为摇杆。根据连架杆的运动形式，将四杆机构分为 3 种：一个连架杆是曲柄，另一个连架杆为摇杆的四杆机构称为曲柄摇杆机构；两个连架杆都为曲柄的四杆机构称为双曲柄机构；两个连架杆都为曲柄的四杆机构称为双摇杆机构。

根据图 23-1 对四杆机构进行运动学分析，已知四杆机构的杆长和连架杆 l_1 的转角和角速度，通过运动学分析连杆 l_2 和 l_3 的角位移、角速度和角加速度。根据机构闭环向量方程：

$$\boldsymbol{l}_1+\boldsymbol{l}_2=\boldsymbol{l}_3+\boldsymbol{l}_4 \tag{23-39}$$

向 x，y 轴方向投影：

$$\begin{cases} l_1\cos\theta_1+l_2\cos\theta_2=l_3\cos\theta_3+l_4 \\ l_1\sin\theta_1+l_2\sin\theta_2=l_3\sin\theta_3 \end{cases} \tag{23-40}$$

对公式进行平方相加：

$$l_2^2=l_1^2+l_3^2+l_4^2-2l_3l_4\cos\theta_3-2l_1l_3\cos(\theta_3-\theta_1)-2l_1l_4\cos\theta_1 \tag{23-41}$$

计算得

$$\begin{cases} \theta_3=2\arctan\dfrac{a+m\sqrt{a^2+b^2-c^2}}{b-c} \\ \theta_2=\arctan\dfrac{l_3\sin\theta_3-l_1\sin\theta_1}{l_4+l_3\cos\theta_3-l_1\cos\theta_1} \end{cases} \tag{23-42}$$

对角位移方程求导以获得角速度：

$$\begin{cases} l_1\dot{\theta}_1\sin\theta_1+l_2\dot{\theta}_2\sin\theta_2=l_3\dot{\theta}_3\sin\theta_3 \\ l_1\dot{\theta}_1\cos\theta_1+l_2\dot{\theta}_2\cos\theta_2=l_3\dot{\theta}_3\cos\theta_3 \end{cases} \tag{23-43}$$

得 θ_3 和 θ_2 角速度为

$$\begin{cases} \dot{\theta}_3 = \dfrac{l_1 \sin(\theta_1 - \theta_2)}{l_3 \sin(\theta_3 - \theta_2)} \cdot \dot{\theta}_1 \\ \dot{\theta}_2 = \dfrac{l_1 \sin(\theta_1 - \theta_3)}{l_2 \sin(\theta_2 - \theta_3)} \cdot \dot{\theta}_1 \end{cases} \tag{23-44}$$

再对时间求导后，得到角加速度方程：

$$\begin{cases} l_1\dot{\theta}_1^2 \cos\theta_1 + l_2\dot{\theta}_2^2 \cos\theta_2 + l_2\ddot{\theta}_2^2 \sin\theta_2 = l_3\dot{\theta}_3^2 \cos\theta_3 + l_3\ddot{\theta}_3 \sin\theta_3 \\ -l_1\dot{\theta}_1^2 \sin\theta_1 - l_2\dot{\theta}_2^2 \sin\theta_2 + l_2\ddot{\theta}_2^2 \cos\theta_2 = -l_3\dot{\theta}_3^2 \sin\theta_3 + l_3\ddot{\theta}_3 \cos\theta_3 \end{cases} \tag{23-45}$$

得到 θ_3 和 θ_2 角加速度为

$$\begin{cases} \ddot{\theta}_3 = \dfrac{l_1\dot{\theta}_1^2 \cos(\theta_1 - \theta_2) + l_2\dot{\theta}_2^2 - l_3\dot{\theta}_3^2 \cos(\theta_3 - \theta_2)}{l_3 \sin(\theta_3 - \theta_2)} \\ \ddot{\theta}_2 = \dfrac{l_3\dot{\theta}_3^2 - l_1\dot{\theta}_1^2 \cos(\theta_1 - \theta_3) - l_2\dot{\theta}_2^2 \cos(\theta_2 - \theta_3)}{l_2 \sin(\theta_2 - \theta_3)} \end{cases} \tag{23-46}$$

2. 四杆机构运动误差建模

平面四杆机构的误差来源主要有静态误差和动态误差。静态误差主要有机构杆长尺寸误差、关节间隙误差等。动态误差主要有连杆的弹性变形、关节间隙磨损等。将机构静态误差视为线性累积，重点研究动态误差对机构运动可靠性的影响。

由于关节间隙的影响，导致机构运动位置产生微小误差。采用有效长度模型分析关节间隙，有效长度模型如图 23－2 所示。

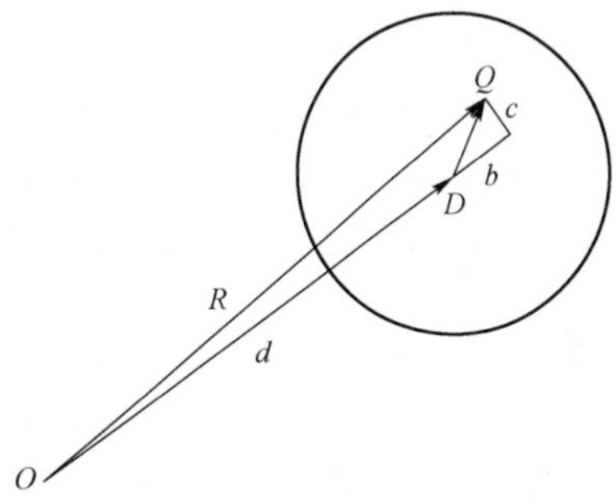

图 23－2　有效长度模型

图 23－2 中，O 为前一个运动副销轴中心；D 为套孔中心；Q 为销轴中心；d 为理论杆长；R 为连杆有效长度，将其向机构连杆尺寸进行映射，得到有效杆长为

$$R = \sqrt{(d+b)^2 + c^2} \tag{23-47}$$

在机构动态误差中，关节磨损是影响运动时变可靠性的重要因素，忽略关节运动产生的热力学影响，只考虑磨损随时间的变化对关节径向间隙的影响根据通用的 Archard 模型建立关节磨损量 W 为

$$W = \int kpv\,\mathrm{d}t \tag{23-48}$$

式中，k 为运动副磨损系数；p 为法向接触力；v 为销轴和套孔的相对速度；t 为机构运动时间。

得到运动副的磨损深度 h_t 为

$$h_t = \frac{W}{\rho S} \tag{23-49}$$

式中，ρ 为材料密度；S 为磨损面积。

时变磨损间隙模型为

$$\varDelta_t = \varDelta_0 + h_t = \varDelta_0 + \frac{1}{\rho S}\int_0^t kpv\,\mathrm{d}t \tag{23-50}$$

$$S = 2\pi(\varDelta_0 + h_t) \tag{23-51}$$

式中：$\varDelta_t$ 为运动 t 时刻的间隙；$\varDelta_0$ 为初始间隙；z 为套孔宽度。

考虑连杆尺寸误差、关节间隙、运动副磨损建立动态四杆机构运动学模型为

$$\begin{cases}(R_1+h_t)\cos\theta_1+(R_2+h_t)\cos\theta_2=(R_3+h_t)\cos\theta_3+(R_4+h_t)\\(R_1+h_t)\sin\theta_1+(R_2+h_t)\sin\theta_2=(R_3+h_t)\sin\theta_3\end{cases} \tag{23-52}$$

由此得到新的 θ_3^* 为

$$\begin{cases}\theta_3^*=2\arctan\dfrac{A+M\sqrt{A^2+B^2-C^2}}{B-C}\\A=-\sin\theta,\quad M=\pm1,\quad B=\dfrac{R_4+h_t}{R_1+h_t}-\cos\theta_1\\C=\dfrac{(R_1+h_t)^2+(R_3+h_t)^2+(R_4+h_t)^2-(R_2+h_t)^2}{2(R_1+h_t)(R_3+h_t)}-\dfrac{R_4+h_t}{R_3+h_t}\cos\theta_1\end{cases} \tag{23-53}$$

根据计算得到角位移误差为

$$\Delta\theta_3=\theta_3-\theta_3^* \tag{23-54}$$

分析角位移进一步得到角速度和角加速度。通过角位移三角变换可以进一步分析计算四杆机构中 l_3 杆的位置误差为

$$\Delta p=\begin{bmatrix}\Delta x\\\Delta y\end{bmatrix}=\begin{bmatrix}\Delta l_3\sin(180-\theta_3)-\Delta l_3\sin(180-\theta_3^*)\\\Delta l_3\cos(180-\theta_3)-\Delta l_3\cos(180-\theta_3^*)\end{bmatrix} \tag{23-55}$$

在机构运动过程中，由于连杆的弹性变形导致的误差不容忽视。根据达朗贝尔原理，视惯性力为外力，将柔性臂简化成悬臂梁，基于有限元法，得

$$\boldsymbol{F}_i=\boldsymbol{K}_i\boldsymbol{e}_i \tag{23-56}$$

式中，$\boldsymbol{F}_i$ 为构建 i 的外力阵列；$\boldsymbol{K}_i$ 为构建 i 的刚度阵列；$\boldsymbol{e}_i$ 为坐标原点变形阵列。

通过机构外力和构件的刚度矩阵得到机构的变形阵列为

$$\boldsymbol{e}_i=\begin{bmatrix}d_{xi}\\d_{yi}\\d_{zi}\\\delta_{xi}\\\delta_{yi}\\\delta_{zi}\end{bmatrix}=\begin{bmatrix}\dfrac{l_i}{E_iA_i}F_{2i}\\\dfrac{l_i^3}{3E_iI_{zi}}F_{2i}-\dfrac{l_i^2}{2E_iI_{zi}}F_{6i}\\\dfrac{l_i^3}{3E_iI_{yi}}F_{3i}+\dfrac{l_i^2}{2E_iI_{yi}}F_{5i}\\\dfrac{l_i}{G_iJ_{ki}}F_{4i}\\\dfrac{l_i^2}{2E_iI_{yi}}F_{3i}+\dfrac{l_i^2}{E_iI_{yi}}F_{5i}\\\dfrac{l_i}{E_iI_{zi}}F_{6i}-\dfrac{l_i^2}{2E_iI_{zi}}F_{2i}\end{bmatrix} \tag{23-57}$$

将式（23－57）向机构的末端坐标系转化，得到连杆位置误差为

$$\Delta d = \sum_{i=1}^{n} \boldsymbol{C}_i^n d_{ni} \tag{23-58}$$

式中，Δd 为考虑连杆柔性的末端位置误差；d_{ni} 为各连杆位置误差；$\boldsymbol{C}$ 为变换矩阵中的旋转矩阵。

得到连杆 l_3 的位置误差数学模型为

$$\Delta P = \Delta p + \Delta d \tag{23-59}$$

3. 四杆机构运动可靠性建模

根据传统的机构运动可靠性理论建立运动可靠性模型。从机构的运动点可靠性入手，将运动空间离散化成有限个点。通过实际误差与允许极限误差之间的关系建立极限状态函数，使用概率法分析计算机构运动可靠度。在笛卡儿空间建立允许极限误差与实际误差的极限状态函数，研究机构在时域内的运动可靠性问题。机构在笛卡儿空间运动末端的理论运动点坐标可以表示为

$$K(t) = (x^*(t),\ y^*(t),\ z^*(t)) \tag{23-60}$$

式中，$t = 1,2,3,\cdots,n$；t 为机构运动时间。

由于机构运动随机变量随时间的变化造成运动误差，因此，实际运动点坐标为

$$I_i(X,t) = (x^*(t),\ y^*(t),\ z^*(t)) \tag{23-61}$$

式中，i 为 t 时刻运动轨迹内实际运动点的个数；$X = (x_1, x_2, \cdots, x_n)$ 为机构运动随机变量。

建立机构运动点可靠性模型，即

$$R_i(t) = \Pr\left\{x_i(t) \leqslant x^*(t) \cap y_i(t) \leqslant y^*(t) \cap z_i(t) \leqslant z^*(t)\right\} \tag{23-62}$$

机构运动时变可靠性可以视为实际运动误差在允许极限误差之内的概率交集，得到机构运动时变可靠性模型为

$$R(t_0, t_q) = \Pr\left\{\bigcap_i^n \varepsilon_{\min} \leqslant I_i(X,t) - K_i \leqslant \varepsilon_{\max}, (t_0 \leqslant t \leqslant t_q)\right\} \tag{23-63}$$

设实际运动误差函数为

$$F_i(Y,t) = I_i(X,t) - K_i \tag{23-64}$$

式中，$Y = (y_1, y_2, \cdots, y_n)$ 为机构运动误差变量。

化简之后的数学模型为

$$R(t_0, t_q) = \Pr\left\{\bigcap_i^n \varepsilon_{\min} \leqslant F_i(Y,t) \leqslant \varepsilon_{\max}, (t_0 \leqslant t \leqslant t_q)\right\} \tag{23-65}$$

根据机构允许误差和实际误差，建立误差极限状态函数为

$$g_i(Y,t) = |\varepsilon_i| - |F_i(Y,t)| > 0 \tag{23-66}$$

机构运动可靠性模型为

$$R(t_0, t_q) = \Pr\left\{\bigcap_i^n g_i(Y,t) > 0, (t_0 \leqslant t \leqslant t_q)\right\} \tag{23-67}$$

机构运动误差的发生机理十分复杂，各个随机变量之间相互作用，传统方法通常假设允

许极限误差与实际运动误差都服从正态分布，通过求分布函数计算运动可靠度，即

$$R_i = P(Y > 0) = \int_0^{\infty} \frac{1}{\sqrt{2\pi}\sigma_y} \exp\left[-\frac{1}{2}\left(\frac{y-\mu_y}{\sigma_y}\right)^2\right] \mathrm{d}y \tag{23-68}$$

得到机构运动区间可靠度为

$$R = \frac{1}{n}\sum_{i=1}^{n} R_i \tag{23-69}$$

第 24 章
系统的可靠性设计

机械系统是由某些彼此相对独立又相互协调工作的零部件、子系统组成的能完成特定功能的综合体。组成系统并相对独立的元件统称为单元。系统与单元的含义均为相对的概念，由研究对象而定。例如，将汽车作为一个系统时，发动机、离合器、变速器、传动轴、驱动桥、从动桥、车身、车架、悬架、转向、制动等，都是作为汽车这一系统的单元而存在的。而将驱动桥作为一个系统加以研究时，主减速器、差速器、驱动车轮的传动装置及桥壳就是它的组成单元。因此，系统的单元可以是子系统、机器、总成、部件或零件、元件等。

系统的可靠性不仅与组成该系统各单元的可靠性有关，还与组成该系统各单元间的组合方式有关。

系统可靠性设计的目的，就是要使系统在满足规定的可靠性指标、完成预定功能的前提下，使系统的技术性能、重量指标、制造成本及使用寿命等取得协调并达到最优化的结果；或者在性能、重量、成本、寿命和其他要求的约束下，设计出高可靠性系统。

系统可靠性设计方法，可归结为两种类型：

① 按照已知零部件或各单元的可靠性数据，计算系统的可靠性指标，称为可靠性预测。应进行系统的几种结构模型的计算、比较，以得到满意的系统设计方案和可靠性指标。

② 按照给定的系统可靠性指标，对组成系统的单元进行可靠性分配，并在多种设计方案中比较、选优。

上述两种方法有时需要联用。即首先要根据各单元的可靠度，计算或预测系统的可靠度，看它是否能够满足规定的系统可靠性指标；若不能满足，则还要将系统规定的可靠性指标重新分配到组成系统的各单元。

深入分析单元与系统间的功能关系、系统及其组成单元的失效模式及其影响，开展必要的可靠性试验等，对于系统可靠性设计来说也是必要的。

24.1 系统可靠性预计模型

系统可靠性预计模型为单元的可靠性与系统可靠性之间的函数关系。系统可靠性预计模型通过系统结构图分析得到，系统结构图表示系统中各元件的结构装配关系，用逻辑框图表示系统各元件间的功能关系。逻辑框图包含一系列方框，每个方框代表系统的一个元件，方框之间用短线连接起来，表示各元件功能之间的关系，所以也称为可靠性框图。下面介绍常见的系统可靠性预计模型。

1. 串联系统的可靠性

图 24－1 所示为 n 个单元组成的串联系统的逻辑图。串联系统特征为只有当 n 个单元都正常工作时，系统才正常工作；其中任一单元失效，则系统功能失效。

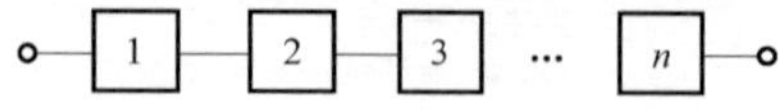

图 24－1　串联系统逻辑框图

根据概率乘法定理，串联系统的可靠度为

$$R_s(t)=R_1(t)R_2(t)\ \cdots\ R_n(t)=\prod_{i=1}^{n}R_i(t) \tag{24-1}$$

式中，$R_i(t)$ 为单元 i 的可靠度，$i=1,2,\cdots,n$。

由于 $0\leqslant R_i(t)\leqslant 1$，所以 $R_s(t)$ 随单元数量的增加和单元可靠度的减小而降低，串联系统的可靠度总是小于系统中任一单元的可靠度。因此，简化设计和尽可能减少系统的零件数，将有助于提高串联系统的可靠性。

2. 并联系统的可靠性

图 24－2 为 n 个单元组成的并联系统的逻辑图。并联系统特征为组成系统的所有单元中任一个单元不失效，整个系统就不会失效；只有当 n 个单元全部失效时，系统才失效。

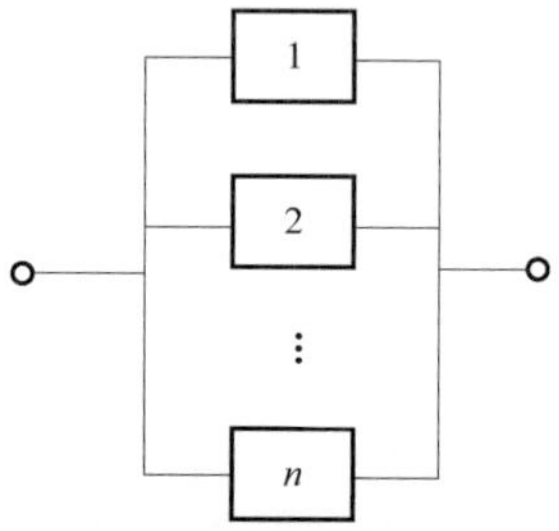

图 24－2　n 个单元组成的并联系统的逻辑图

并联系统的可靠度为

$$R_s(t)=1-F_s(t)=1-\prod_{i=1}^{n}F_i(t)=1-\prod_{i=1}^{n}(1-R_i(t)) \tag{24-2}$$

式中，$F_s(t)$ 为系统的失效概率；$F_i(t)$ 为单元的失效概率，$i=1,2,\cdots,n$。

由此可知，并联系统的可靠度 $R_s(t)$ 随单元数量的增加和单元可靠度的增加而增加。在提高元件的可靠度受到限制的情况下，采用并联系统，可以提高系统的可靠度。

3. 混联系统的可靠性

一般混联系统是由串联和并联混合组成的系统，系统逻辑框图举例如图 24－3（a）所示。对于一般混联系统，可用串联和并联原理，将混联系统中的串联和并联部分简化成等效单元，即子系统，如图 24－3（b）、（c）所示。先利用串联和并联系统可靠性特征量计算公式求出系统的可靠性特征量。最后把每一个子系统作为一个等效单元，得到一个与混联系统等效的串

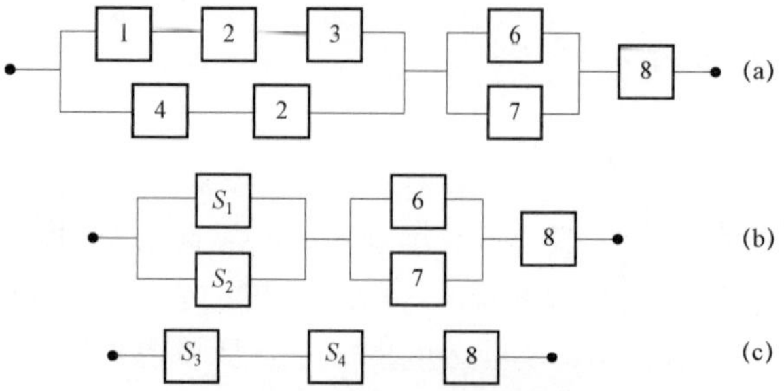

图 24－3　混联系统逻辑框图例

联或并联系统，即可求得全系统的可靠性特征量，如式（24－3）为图 24－3（a）混联系统的可靠度。常见的混联系统有飞机整机等。

$$\begin{aligned}R_s &= R_{s3}R_{s4}R_8 = (1-(1-R_{s1})(1-R_{s2}))(1-(1-R_6)(1-R_7))R_8 \\ &= (1-(1-R_1R_2R_3)(1-R_4R_5))(1-(1-R_6)(1-R_7))R_8\end{aligned} \tag{24-3}$$

4. *k*/*n* 表决系统的可靠性

如果组成系统的 n 个单元中，只要有 $k(1 \leqslant k \leqslant n)$ 个单元不失效，系统就不会失效，则称该系统为 n 中取 k 的表决系统，或 k/n 系统。

在机械系统中，通常使用 3 中取 2 的表决系统，即 2/3 系统，其逻辑图如图 24－4 所示。

根据概率乘法定理和加法定理，2/3 表决系统的可靠度为

$$\begin{aligned}R_s(t) = R_1(t)R_2(t)R_3(t) + (1-R_1(t))R_2(t)R_3(t) + \\ R_1(t)(1-R_2(t))R_3(t) + R_1(t)R_2(t)(1-R_3(t))\end{aligned} \tag{24-4}$$

当各单元可靠度相同时，$R_1(t) = R_2(t) = R_3(t) = R(t)$，则有

$$R_s(t) = 3R^2(t) - 2R^3(t) \tag{24-5}$$

由此可以看出表决系统的可靠度要比并联系统的低。

5. 复杂系统的可靠性

在实际问题中，会遇到大量非串联、非并联的复杂系统，如图 24－5 所示的桥形网络是典型的复杂系统，其可靠性数学模型是很难建立的。然而，无论是简单系统还是复杂系统，都可以用网络表示，因此通过建立复杂系统的网络模型，可以进行复杂系统的可靠性计算，即网络可靠性分析方法。

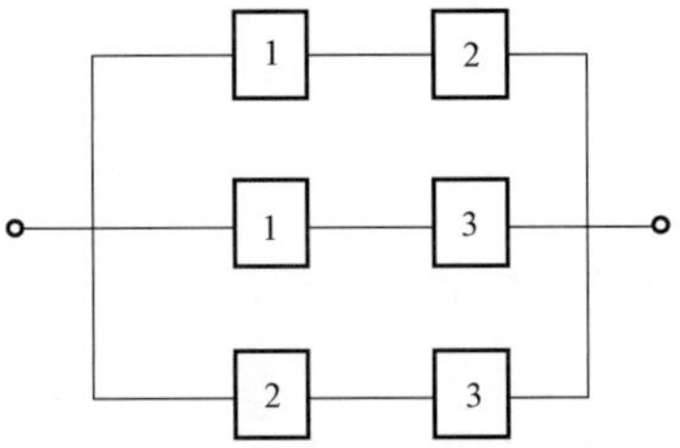

图 24－4　2/3 表决系统逻辑图

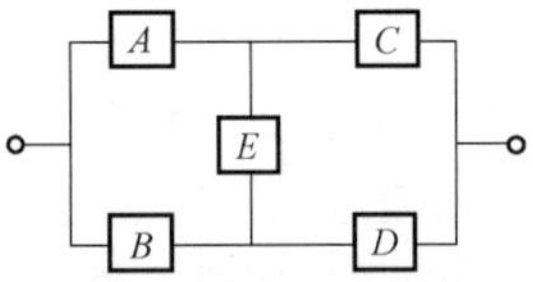

图 24－5　桥形网络

网络分析方法是利用网络图表示大规模复杂系统的逻辑关系，从成功角度分析单元与系统正常之间的关系，按照一定的逻辑，计算复杂系统可靠度的方法。有很多有效的网络分析方法，包括条件概率法、割集与连集分析法、联络矩阵法、布尔真值表法（状态穷举法）、卡诺图法及边值法等，可参考相关文献。

24.2　系统可靠性分配

可靠性分配（Reliability Allocation）是指将工程设计规定的系统可靠度指标合理地分配给组成该系统的各个单元，确定系统各组成单元（总成、分总成、组件、零件）的可靠性定量要求，从而使整个系统可靠性指标得到保证。

可靠性分配的本质是一个工程决策问题，应按系统工程原则来进行，即技术上合理，经

济上效益高，时间方面见效快。在进行可靠性分配时，必须明确目标函数和约束条件。随着目标函数和约束条件的不同，可靠性的分配方法也会有所不同。有的是以系统可靠度指标为约束条件，把体积、重量、成本等系统参数尽可能小地作为目标函数；有的则以体积、重量、成本等为约束条件，要求将系统可靠度尽可能高地分配到各单元。一般还应根据系统的用途分析哪些参数应予以优先考虑，哪些单元在系统中占有重要位置，其可靠度应予优先保证等来选择设计方案。如果说可靠性预测是从单元到系统、由个体到整体进行的话，那么可靠性分配则是按相反方向由系统到单元，也即由整体到个体对可靠度进行落实的。因此，可靠性预测可以说是可靠性分配的基础。

系统的可靠度分配有许多方法，随掌握可靠性资料的多少、设计的时期以及目标和限制条件等的不同而不同。下面介绍几种常用的方法。

1. 等分配法

此法常用于设计初期，由于对各单元可靠性资料掌握很少，故假定各单元条件相同。

（1）串联系统。

n 个单元组成串联系统，按等分配法，即每个单元分配相同的可靠度，则

$$R_i = R_s^{1/n} \quad (i=1 \sim n) \tag{24-6}$$

式中，R_s 为系统要求的可靠度；R_i 为第 i 单元分配得到的可靠度；n 为串联单元数。

【例 24-1】设有一台设备，由三个相同单元串联而成，如图 24-6 所示，如 $R_s=0.95$，求系统中各单元的可靠度。

解：按等分配法，$R_i = R_s^{1/n} = 0.95^{1/3} = 0.983$，即

$$R_1 = R_2 = R_3 = 0.983$$

（2）并联系统

n 个单元组成并联系统，按等分配法，则

$$F_i = F_s^{1/n} = (1-R_s)^{1/n} \quad (i=1 \sim n) \tag{24-7}$$

式中，F_s 为系统要求的不可靠度；F_i 为第 i 单元分配得到的不可靠度；R_s 为系统要求的可靠度；n 为并联单元数。

【例 24-2】设有三个相同单元并联系统，如图 24-7 所示，$R_s=0.999$，求系统中各单元的可靠度。

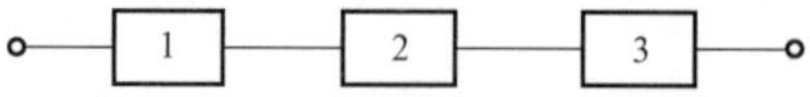

图 24-6　三个相同单元串联系统

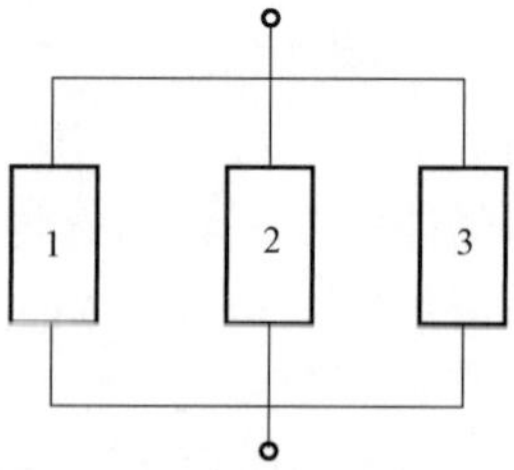

图 24-7　三个相同单元并联系统

解：按等分配法：$F_i = F_s^{1/n} = (1-R_s)^{1/n} = (1-0.999)^{1/3} = 0.1$

所以　$R_1 = R_2 = R_3 = 1 - F_i = 1 - 0.1 = 0.90$

3. 混联系统等分配法

混联系统利用等分配法进行可靠度分配时，一般先化为等效的单元，同级等效单元分配

给相同的可靠度。

如图 24－8 所示，先从最后等效逻辑框图开始，按等分配法分配给各单元可靠度为

$$R_1 = R_{s_2} = R_s^{1/2} \tag{24-8}$$

再由图 24－8（b）得

$$R_2 = R_{s_1} = 1-(1-R_{s_2})^{1/2} \tag{24-9}$$

最后求图 24－8（a）中的 $R_3 = R_4 = R_{s_1}^{1/2}$ 。

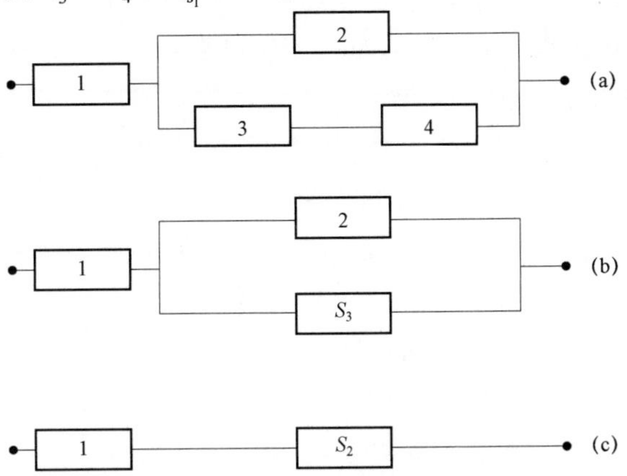

图 24－8　混联系统可靠度分配

（a）混联系统；（b）中间等效系统；（c）等效系统

2. ARINC 权值分配法

ARINC（Aeronautical Ratio Inc）权值分配法通常用于部件独立、失效率为常数的串联逻辑结构系统。该分配方法假设部件的工作时间与系统时间相等，ARINC 分配法中将式（25－6）中可靠度参数用失效率替换，该失效率一般通过失效率预计或可靠性预计得到，也可通过历史数据或者类似设备现场数据统计得到，系统和子系统失效率表示为

$$\lambda_i^* = \omega_i \lambda^* \tag{24-10}$$

式中，λ^* 为系统失效率目标值，λ_i^* 为分配给第 i 个子系统的失效率。如果各子系统的失效率可以预测得到，则可以得到各子系统的分配权重和对应的可靠度：

$$\omega_i = \frac{\lambda_i}{\sum_{i=1}^{n} \lambda_i} \quad (i=1,2,\cdots,n) \tag{24-11}$$

$$R_i = (R_s)^{\omega_i} \quad (i=1,2,\cdots,n) \tag{24-12}$$

3. AGREE 分配法

等分配法和 ARINC 分配法未考虑系统组成和特点，AGREE（Advisor Group on Reliability of Electronic Equipment）分配法则根据子系统复杂度和重要度两个因素确定分配权重，其基本思想是如果第 i 个子系统组成较复杂，则应分配较高的失效率；如果第 i 个子系统组成较重要，则应分配较低的失效率，该子系统失效率分配公式为

$$\lambda_i^* = \frac{n_i(-\ln R_s^*)}{NE_i t_i} \tag{24-13}$$

式中，λ_i^* 为分配给系统 i 的失效率，R_s^* 是系统要求的可靠度，n_i 为子系统 i 包含的组成组件数量，N 是系统的总组件数量，E_i 为子系统 i 的重要度，t_i 为子系统 i 的工作时间。

对应的可靠度分配公式为

$$R_i^* = 1 - \frac{1-(R_s^*)^{n_i/N}}{E_i} \tag{24-14}$$

4. FOO 分配法

FOO 分配法考虑各子系统的复杂度（A_{i1}）、技术水平（A_{i2}）、运行时间（A_{i3}）和环境条件（A_{i4}）4 种因素来确定权重。4 种因素为 1～10 的整数，子系统所需的技术或方法越新，组成越复杂，相对运行时间越长，运行环境越恶劣，分配给该子系统的失效率越高：

$$\omega_i = \frac{A_{i1}A_{i2}A_{i3}A_{i4}}{\sum_{i=1}^{n}\left(A_{i1}A_{i2}A_{i3}A_{i4}\right)} \quad (i=1,2,\cdots,n) \tag{24-15}$$

上述 4 种因素的取值由专家经验打分确定。子系统复杂度指子系统所有组成单元数量的相对数量。组成单元相对数量越多，说明子系统越复杂，子系统复杂度 A_{i1} 取值越大。技术水平是指设计子系统所采用的技术或方法的成熟度。技术或方法越成熟，技术水平 A_{i2} 取值越小。运行时间是指子系统相对系统总任务时间所占的比例。子系统运行时间所占比例越大，运行时间 A_{i3} 取值越大。环境条件是指子系统运行时所在的环境恶劣程度，环境越恶劣，环境条件 A_{i4} 取值越大。

24.3　系统失效行为分析方法

产品在规定的条件下，在规定的时间内，不能完成规定功能的现象称为失效，也称故障。从一定意义上说，失效与故障具有同等概念，但失效更多用于不可修复产品丧失规定功能，等待报废；而故障则用于可修复产品丧失规定功能，等待修复。

失效分析的目的在于了解产品失效的真实情况，对失效产品进行系统分析，鉴别其失效模式、失效机理、失效部位、失效时间、失效影响，并进行后果分析，把失效影响和后果分析及时反馈给设计与制造部门，并据此制定改进措施，以防止同类失效再度发生，使产品获得更高的可靠性。

失效分析是提高产品质量的重要手段。现在在许多先进工业国家的现代化企业中，失效分析已经成为一项重要的业务内容。失效分析是可靠性技术的重要组成内容，是一门跨学科的综合技术，涉及系统分析、系统安全、产品结构、设计学、断裂力学、冶金材料、测试及检验、金属工艺、科学计算等学科。失效分析贯穿于产品设计、制造和使用全寿命周期中。失效分析工作具有重要意义。

失效分析应该先搞清失效对象的状态，再分析并确定失效原因，最后做出结论，提出对策。对象状态、失效原因和结果是失效分析的三要素。

失效分析的基本方法是对已发生的失效事件，按照一定的思路去分析研究失效现象的因果关系，进而寻找失效原因，提出改进措施，包括按失效模式分析、按检验项目失效分析及按系统工程分析法分析等。其中，按失效检验项目分析方法主要用于零件的失效分析，按失效模式和按系统工程的分析方法大多用于系统的失效分析。

故障树分析（Fault Tree Analysis，FTA）是目前国内外主要应用的系统工程失效分析方法之一。

1. 故障树的基本概念

故障树分析也叫失效树分析，它是系统可靠性和安全性分析的工具之一。故障树是一种特殊的倒立树状逻辑因果关系图，它用事件符号、逻辑门符号和转移符号（见表 24－1 故障树分析中常用的符号）描述系统中各种事件之间的因果关系。在故障树分析中，各种故障状态皆称为故障事件，各种完好状态皆称为成功事件，二者均可简称为事件。逻辑门只描述事件间的逻辑因果关系。转移符号是为了避免画图时重复和使图形简明而设置的符号。

故障树分析包括定性分析和定量分析。定性分析的主要目的是：寻找导致与系统有关的不希望事件发生的原因和原因的组合，即寻找导致顶事件发生的所有故障模式。定量分析是根据底事件发生的概率定量地回答顶事件或任一中间事件发生的概率及其他定量指标。在系统设计阶段，故障树分析可帮助判明潜在故障，以便改进设计。

表 24－1　故障树分析中常用的符号

符号名称		定　　义
事件符号	底事件	底事件是故障树分析中仅导致其他事件的原因事件
	 基本事件	基本事件是分析中无须探明其发生原因的底事件
	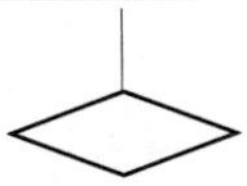 未探明事件	未探明事件原则上应进一步探明其原因，但暂时不必或暂时不能探明其原因的事件
	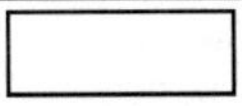 结果事件	结果事件是故障树分析中由其他事件或事件组合导致的事件
	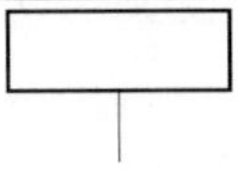 顶事件	顶事件是故障树分析中所关心的结果事件
	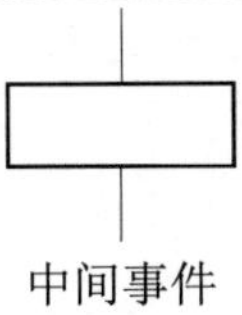 中间事件	中间事件是位于底事件和顶事件之间的结果事件
	特殊事件	特殊事件指在故障树分析中需用特殊符号表明其特殊性或引起注意的事件
	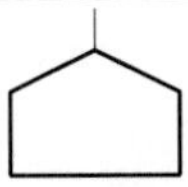 开关事件	开关事件是在正常工作条件下必然发生或必然不发生的特殊事件
	 条件事件	条件事件是描述逻辑门起作用的具体限制的特殊事件

续表

符号名称		定　义
逻辑门符号	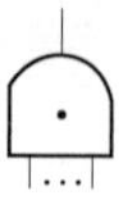 与门	与门表示仅当所有输入事件发生时，输出事件才发生
	 或门	或门表示只要有一个输入事件发生时，输出事件就发生
	 非门	非门表示输出事件是输入事件的对立事件
	 表决门	表决门表示仅当 n 个输入事件中有 k 个或 k 个以上的事件发生时，输出事件才发生
	 顺序与门	顺序与门表示仅当输入事件按规定的顺序发生时，输出事件才发生
	 异或门	异或门表示仅当单个输入事件发生时，输出事件才发生
	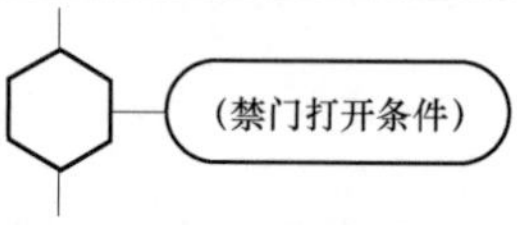 禁门	禁门表示仅当条件事件发生时，输入事件的发生方导致输出事件的发生
转移符号	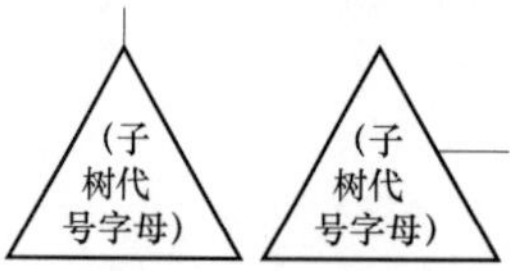 转向符号、转此符号	相同转移符号用以指明子树的位置，转向和转此符号相同
	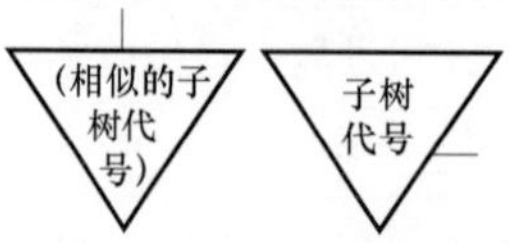 相似转向、相似转此	相似转移符号用以指明相似子树的位置，转向和转此符号相同，事件的标号不同

2. 故障树的建立

建立故障树按演绎法从顶事件开始由上而下，循序渐进逐级进行，步骤如下：

① 选择和确定顶事件。顶事件是系统最不希望发生的事件，或是指定进行逻辑分析的故障事件。

② 将顶事件作为输出事件，将所有直接原因作为输入事件，并根据这些事件实际的逻辑关系用适当的逻辑门相联系。

③ 分析已有的输入事件，如果还能进一步分解，则将其作为下一级的输出事件，再寻找其输入事件。

④ 重复上述过程，逐级向下分解，直至所有的输入事件不能再分解为止（即到底事件为止）。

3. 故障树的定性分析

故障树的定性分析是找出故障树中所有导致顶事件发生的最小割集，即导致故障树顶事件发生的若干底事件的集合。当这些底事件同时发生时，顶事件必然发生，若割集中的任一底事件不发生，顶事件就不发生，则这样的割集就是最小割集。

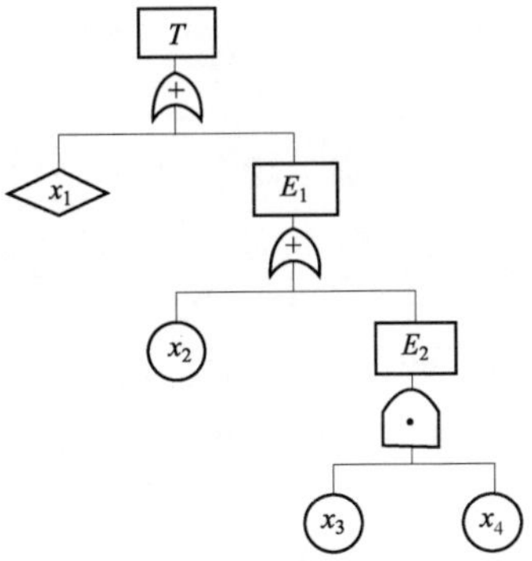

图 24－9　故障树定性分析示例

如图 24－9 所示的故障树，若将各底事件分别用 x_1，x_2，x_3，x_4 表示。其割集有 $\{x_1\}$，$\{x_2\}$，$\{x_3,x_4\}$，$\{x_1,x_2\}$，$\{x_1,x_2,x_3\}$，…，$\{x_1,x_2,x_3,x_4\}$ 等，而最小割集只有 $\{x_1\}$，$\{x_2\}$，$\{x_3,x_4\}$ 三个。这也正表明能导致该系统故障的三种可能形式。组成最小割集的底事件个数称为最小割集的阶。所以，$\{x_1\}$、$\{x_2\}$ 为一阶割集，$\{x_3,x_4\}$ 为二阶割集。一般阶数越低，越容易故障，因此最低阶的最小割集常是系统的薄弱环节。

4. 故障树的定量分析

定量分析的主要目的：当给定所有底事件发生的概率时，求出顶事件发生的概率及其他定量指标。下面介绍进行定量分析最常用的直接概率法。

这种方法根据故障树的或门（相当于可靠性框图中的串联模型）、与门（相当于可靠性框图中的并联模型）进行计算。如图 24－10（a）所示的或门，事件 E 发生的概率为

$$P(E)=q_E=1-\prod_{i=1}^{n}(1-q_i) \tag{24-16}$$

式中，q_i 为故障树中底事件 x_i 发生的概率。

如图 24－10（b）所示的与门，事件 E 发生的概率为

$$P(E)=q_E=\prod_{i=1}^{n}q_i \tag{24-17}$$

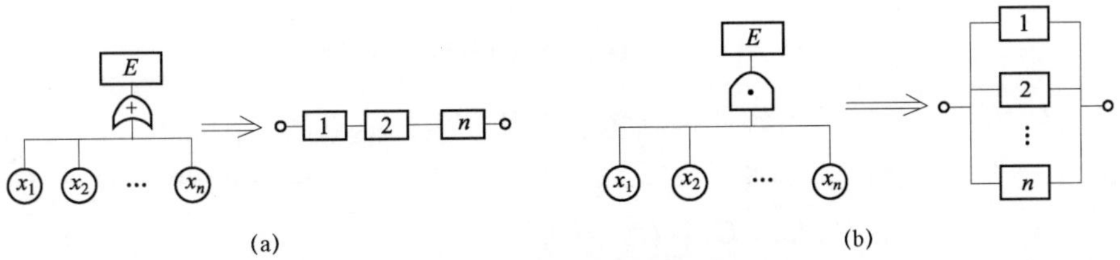

图 24－10　与可靠性框图相对应的或门及与门

（a）或门；（b）与门

对复杂的故障树，可以据此原理逐级计算，直至求出顶事件发生的概率为止。

应该注意，用本方法时，不仅要求所有底事件相互独立，而且同一底事件在故障树中只能出现一次。

5. 应用实例

【例 24－3】 场地剪草机用发动机是风冷双缸小型内燃机，使用汽油、机油混合燃料，最大功率为 3 kW。油箱在气缸上方以重力式给油，无燃料泵。启动可以用蓄电池供电的电动机，也可以用拉索启动。试进行内燃机的故障树分析。

【解】

（1）确定顶事件，以“内燃机不能启动”作为故障树的顶事件。

（2）自上而下建立故障树。首先分析内燃机不能启动的直接原因：① 燃烧室内无燃料；② 活塞在气缸内形成的压力低于规定值；③ 燃料室内无点火火花。用或门与顶事件相连，即形成故障树的第一级中间事件。再分别对这三个事件的发生原因进行跟踪分析，得到第二级、第三级中间事件与 14 个底事件，最后形成图 24－11 所示的故障树。

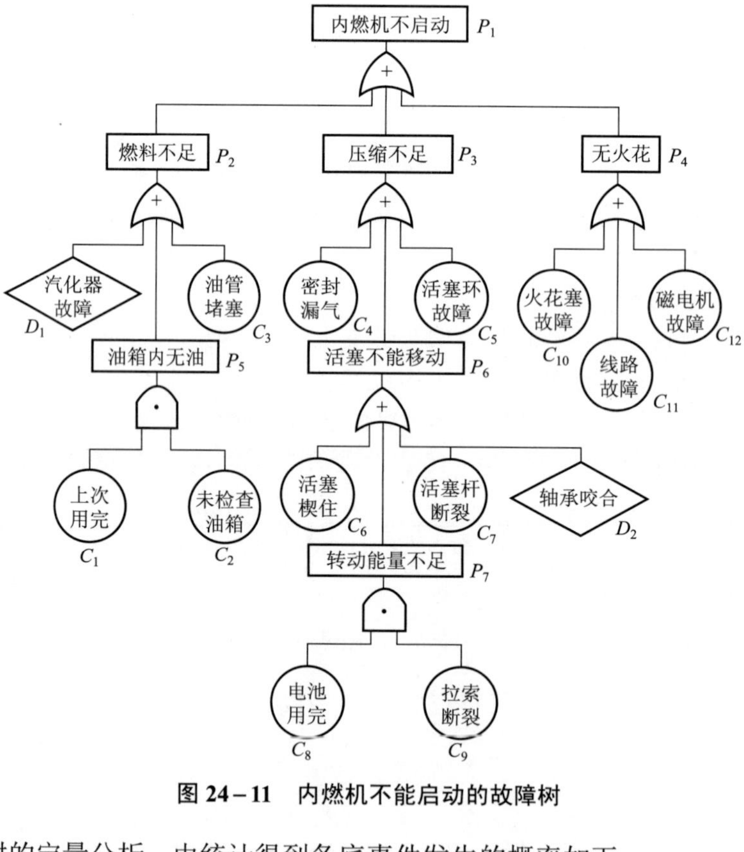

图 24－11　内燃机不能启动的故障树

（3）故障树的定量分析。由统计得到各底事件发生的概率如下：

$C_1 = 0.08$,　$C_2 = 0.02, C_3 = 0.01$,　$D_1 = 0.02$,　$C_4 = C_5 = C_6 = C_7 = 0.001$,　$D_2 = 0.001$, $C_8 = 0.04$,　$C_9 = 0.03$,　$C_{10} = 0.02$,　$C_{11} = C_{12} = 0.01$

计算中间事件发生的概率，得

$$P_5 = C_1C_2 = 0.001\,6,\quad P_7 = C_8C_9 = 0.001\,2$$

$$P_2 = 1 - \prod_{i=1}^{n}[1 - P(x_i)] = 1 - (1 - P_5)(1 - D_1)(1 - C_3) = 0.031\ 352$$

$$P_6 = 1 - (1 - C_6)(1 - P_7)(1 - C_7)(1 - D_2) = 0.004\ 193\ 4$$

$$P_3 = 1 - (1 - C_4)(1 - P_6)(1 - C_5) = 0.006\ 184\ 0$$

$$P_4 = 1 - (1 - C_{10})(1 - C_{11})(1 - C_{12}) = 0.039\ 502$$

所以顶事件发生的概率为

$$P_1 = 1 - (1 - P_2)(1 - P_3)(1 - P_4) = 0.075\ 369$$

此即为内燃机不能启动的概率，所以其可靠度为 $R_s = 1 - P_1 = 0.924\ 631$。

第 25 章
可靠性设计示例

机械产品可靠性设计对象从低到高分别为零部件可靠性设计、机构可靠性设计和系统可靠性设计三个层级。在前述章节学习的基础上，本章对典型零部件、机构和系统进行可靠性设计的案例分析。

25.1 零部件的可靠性设计

本节分别使用 ANSYS Workbench 软件和 Isight 与 Abaqus 软件，对扳手和平板零部件进行可靠性案例分析。

1. 扳手结构可靠性设计

以扳手结构为例，基于 ANSYS Workbench 软件，使用蒙特卡洛方法在软件中产生大量随机样本，基于建立的有限元模型（即响应函数），进行各样本响应数值计算，最后对结果统计获得可靠度。

ANSYS Workbench 提供的 Design Exploration 应用中的 Six Sigma Analysis（六西格玛）模块，可以用来对结构进行可靠性分析，主要是评估有限元模型中的不确定因素对有限元分析结果的影响程度。

在六西格玛分析模块中进行结构的可靠性分析一般包含以下主要步骤：

① 定义输入变量，确定每个输入变量的统计特征，即其服从的分布类型及其相应参数。

② 定义输出变量，作为可靠性分析的结果，其中应当包括结构的功能函数。

③ 选择可靠性分析的工具或方法。

④ 进行可靠性分析计算。

⑤ 分析结构的可靠性。查询输出参数分布。可以指定输出参数和概率返回西格玛水平值或指定概率或西格玛水平返回其余两个值。

【问题描述】对例 19－3 所描述的扳手零件进行结构可靠性分析，扳手的长度、宽度、倒角、载荷及屈服极限为随机变量。扳手的失效准则为$\sigma_{max} \geqslant \sigma_s$，其中$\sigma_{max}$为扳手上在使用中出现的最大应力；$\sigma_s$为扳手材料的屈服强度。

【分析流程】假设结构功能函数为$g(X) \geqslant \sigma_s - \sigma_{max}$。其中，$X$ 为所有未知量组成的向量。本例中要求结构的可靠度就是计算$g(X) \geqslant 0$的概率。

① 建立六西格玛项目分析流程。完成扳手零件的静力学分析及参数化设置。拖动“Six Sigma Analysis”进入项目流程图。如图 25－1 所示。

② 进入“Design of Experiments”，设置试验设计类型为“Central Composite Design”，设

计类型为“Face – Centered”，如图 25 – 2 所示。

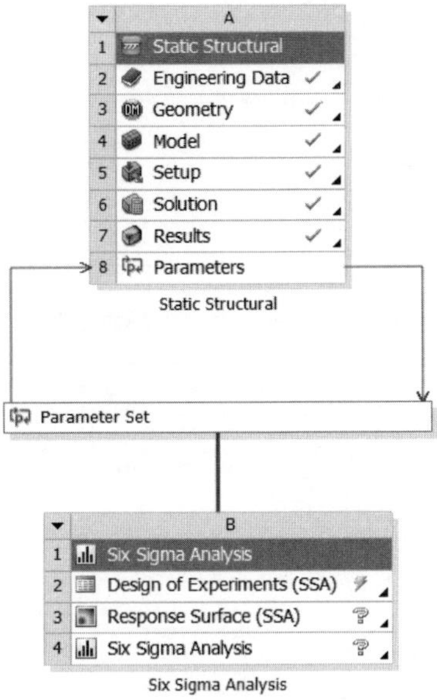

图 25 – 1　建立六西格玛项目分析流程

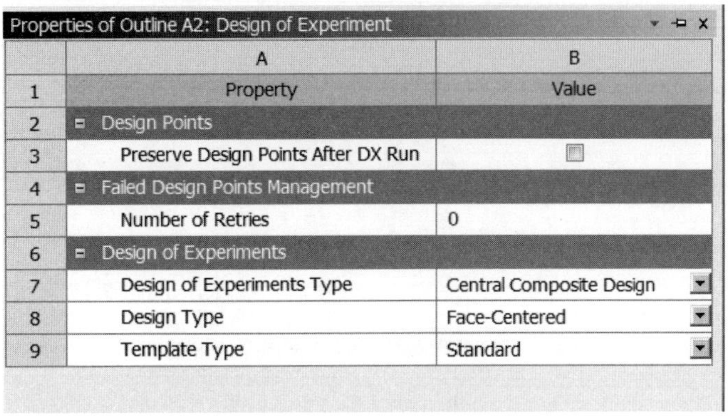

图 25 – 2　试验设计设置

③ 设置输入、输出参数。输入参数包括长度、宽度、倒角、载荷和屈服强度。设置长度为正态分布，均值为 200，标准差为 10，如图 25 – 3 所示。类似过程设置其他输入参数：宽度为在 29～31 均匀分布；倒角为均值 10，标准差 1 的正态分布；载荷为均值 – 500，标准差 20 的正态分布；屈服强度为均值 180，标准差 20 的正态分布。输出函数为 $g(X) \geqslant \sigma_s - \sigma_{max}$，为屈服强度减去最大等效应力。完成后预览设计点（图 25 – 4）并计算。

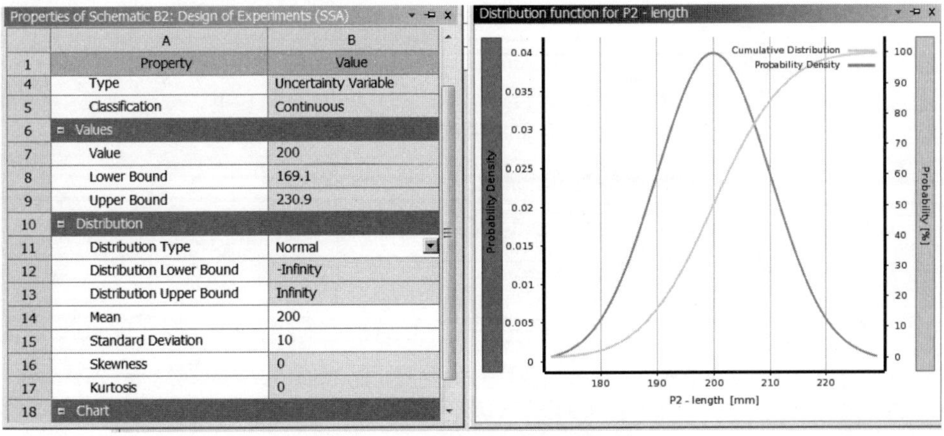

图 25 – 3　设置长度为正态分布

④ 进入“Surface Response”，更新计算获得 Local Sensitivity 图，如图 25 – 5 所示。

⑤ 进入“Six Sigma Analysis”，如图 25 – 6 所示。设置样本类型为“LHS”，样本个数为 100，如图 25 – 7 所示，并更新计算。

Table of Schematic B2: Design of Experiments (SSA) (Central Composite Design : Face-Centered : Standard)

	A	B	C	D	E	F	G	H
1	Name	P2 - length (mm)	P3 - width (mm)	P4 - filletr (mm)	P7 - Force Y Component (N)	P8 - Tensile Yield Strength (MPa)	P5 - Equivalent Stress Maximum (MPa)	P9 - function (MPa)
2	1	200	30	10	-500	180	150.86	29.145
3	2	169.1	30	10	-500	180	125.12	54.883
4	3	230.9	30	10	-500	180	176.91	3.0883
5	4	200	29.002	10	-500	180	161.06	18.939
6	5	200	30.998	10	-500	180	141.45	38.547
7	6	200	30	6.9098	-500	180	159.57	20.427
8	7	200	30	13.09	-500	180	145.73	34.267
9	8	200	30	10	-561.8	180	169.5	10.497
10	9	200	30	10	-438.2	180	132.21	47.792
11	10	200	30	10	-500	149.1	150.86	-1.7577
12	11	200	30	10	-500	210.9	150.86	60.047
13	12	169.1	29.002	6.9098	-561.8	210.9	158.96	51.944
14	13	230.9	29.002	6.9098	-561.8	149.1	224.95	-75.851
15	14	169.1	30.998	6.9098	-561.8	149.1	139.1	9.9962
16	15	230.9	30.998	6.9098	-561.8	210.9	196.18	14.723
17	16	169.1	29.002	13.09	-561.8	149.1	144.42	4.6805
18	17	230.9	29.002	13.09	-561.8	210.9	204.91	5.9928
19	18	169.1	30.998	13.09	-561.8	210.9	126.75	84.153
20	19	230.9	30.998	13.09	-561.8	149.1	179.35	-30.247
21	20	169.1	29.002	6.9098	-438.2	149.1	123.95	25.143
22	21	230.9	29.002	6.9098	-438.2	210.9	175.45	35.447
23	22	169.1	30.998	6.9098	-438.2	210.9	108.5	102.41
24	23	230.9	30.998	6.9098	-438.2	149.1	153.02	-3.9177
25	24	169.1	29.002	13.09	-438.2	210.9	112.64	98.26
26	25	230.9	29.002	13.09	-438.2	149.1	159.82	-10.727
27	26	169.1	30.998	13.09	-438.2	149.1	98.862	50.236
28	27	230.9	30.998	13.09	-438.2	210.9	139.89	71.017

图 25－4　输入随机参数设计点预览

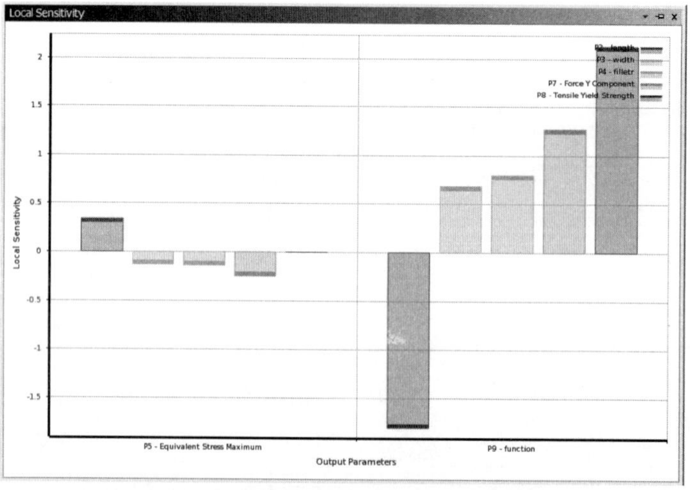

图 25－5　更新计算后所得 Local Sensitivity 图

Outline of Schematic B4: Six Sigma Analysis

	A	B
1		Enabled
2	⊟ ✓ Six Sigma Analysis	
3	⊟ Input Parameters	
4	⊟ Static Structural (A1)	
5	P2 - length	☑
6	P3 - width	☑
7	P4 - filletr	☑
8	P7 - Force Y Component	☑
9	P8 - Tensile Yield Strength	☑
10	⊟ Output Parameters	
11	⊟ Static Structural (A1)	
12	P5 - Equivalent Stress Maximum	
13	P9 - function	
14	⊟ Charts	
15	✓ Sensitivities	

图 25－6　进入“Six Sigma Analysis”

Properties of Schematic B4: Six Sigma Analysis

	A	B
1	Property	Value
2	⊟ Six Sigma	
3	Sampling Type	LHS
4	Number of Samples	100

图 25－7　设置样本类型和个数

⑥ 分析结构可靠性。在“Probability Table”下选“Percentile－Quantile”，对应表格如图 25－8 所示。输入 P9－function 为 0，其对应 Probability 为 0.052，故屈服强度小于最大等效应力的概率为 5.2%，可靠度为 94.8%。查看输出函数分布，如图 25－9 所示，为近似正态分布。

Table of Outline A13: P9 - function

	A	B	C
1	P9 - function (MPa)	Probability	Sigma Level
2	-15.691	0.0069075	-2.462
3	-10.081	0.015617	-2.1541
4	-4.4706	0.030148	-1.8786
5	0	0.052211	-1.6238
6	1.1396	0.054927	-1.5988
7	6.7499	0.13809	-1.0889
8	12.36	0.16543	-0.97239
9	17.97	0.25352	-0.66347
10	23.581	0.37532	-0.31779
11	29.191	0.51606	0.040266
12	34.801	0.67916	0.46535
13	40.411	0.82849	0.94821
14	46.022	0.90342	1.3013
15	51.632	0.94086	1.562
16	57.242	0.95747	1.7221
17	62.852	0.96247	1.7801
18	68.463	0.98074	2.0692
19	74.073	0.99309	2.462
*			

图 25－8　功能函数对应表格

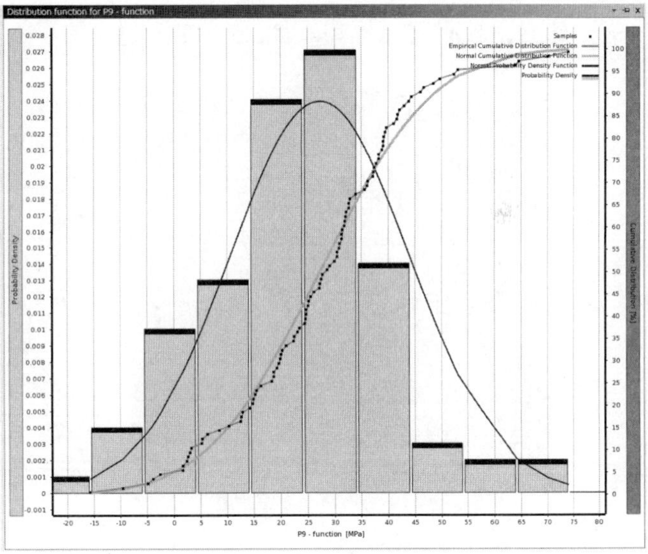

图 25－9　输出函数分布

2. 平板结构可靠性设计

以平板结构为例，使用 Abaqus 软件建立零部件输入与输出映射函数，然后在 Isight 软件中建立可靠性分析蒙特卡洛模拟过程，包括抽样方法选择、调用 Abaqus 软件、计算可靠度等步骤。

【问题描述】如图 25－10 为一个承受拉力的平板，在其中心位置有一个四分之一小圆孔，平板边长为 50 mm，小孔半径为 5 mm。该平板近似为平面应变状态，厚度为 1 mm，左侧和底部边受对称约束，右侧边受拉力，该材料特性为，弹性模量 $E=210\ 000$ MPa，泊松比 $\upsilon=0.3$。右侧承受 100 MPa 的拉伸载荷，上述参数中，材料弹性模量、泊松比和拉伸载荷为随机变量，要求计算在上述随机载荷下的平板的静强度可靠度，该材料静强度失效阈值为 200 MPa。

【要点分析】上述零部件可靠性分析包括三个步骤，首先在 Abaqus 软件进行有限元应力分析，包括模型搭建、材料属性定义与赋予、网格划分、边界设置等步骤；然后在 Isight 软件中调用 Abaqus，设置弹性模量、泊松比和拉伸载荷统计特性，并设置蒙特卡洛随机取样方法；最后进行蒙特卡洛数值模拟与可靠度计算。

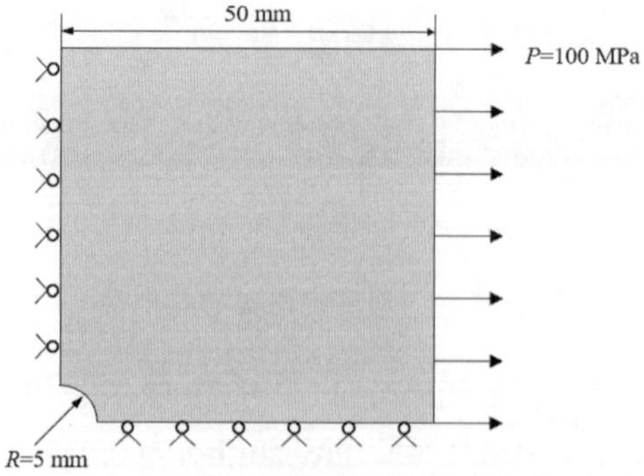

图 25－10　承受拉力的平板示意图

① 建立平板有限元模型。图 25－11 为建立的平板有限元模型边界条件和网格划分。

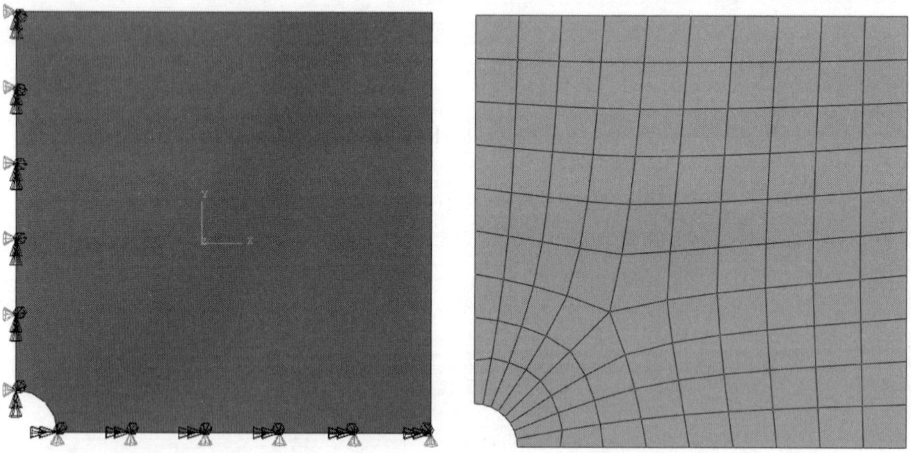

图 25－11　平板有限元模型边界条件和网格划分

② 建立可靠性模型。在 Isight 软件中建立“Six Sigma”分析模块，并调用 Abaqus 软件，图 25－12 为可靠性分析流程示意图。在“Six Sigma”分析模块选择“Six Sigma Analysis”单选按钮，在“Analysis type”下拉菜单选择基于可靠性评估方法（Reliability Technique），并设置抽样方法为重要性抽样法（Importance sampling），如图 25－12 所示。

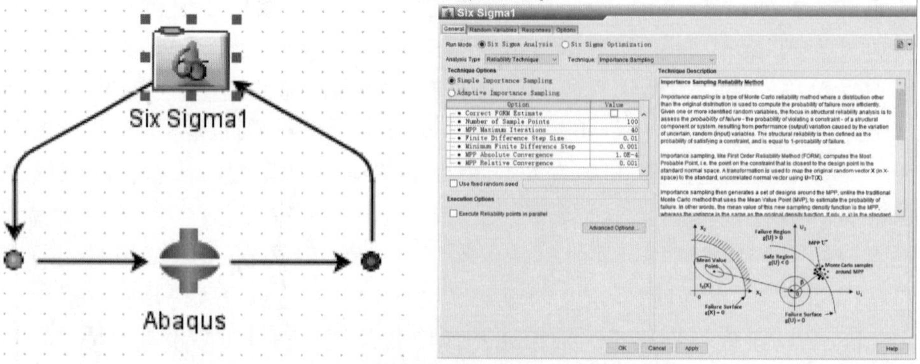

图 25－12　可靠性分析流程和参数设置

③ 随机设置输入。在“Random Variables”属性页中，分别设置三个输入随机变量的分布特征“Distribution information”，三个变量的“Coeff. Of Variance”变异系数设置为 0.1，即各参数的标准差为其均值的 0.1，本例中弹性模量、泊松比、载荷的标准差分别为 27000、0.03 和 10，如图 25－13 所示。在“Responses”属性页中，设置部件材料失效阈值，静强度要求 Mises 等效应力最高值低于某值，设置该阈值为 200 MPa。

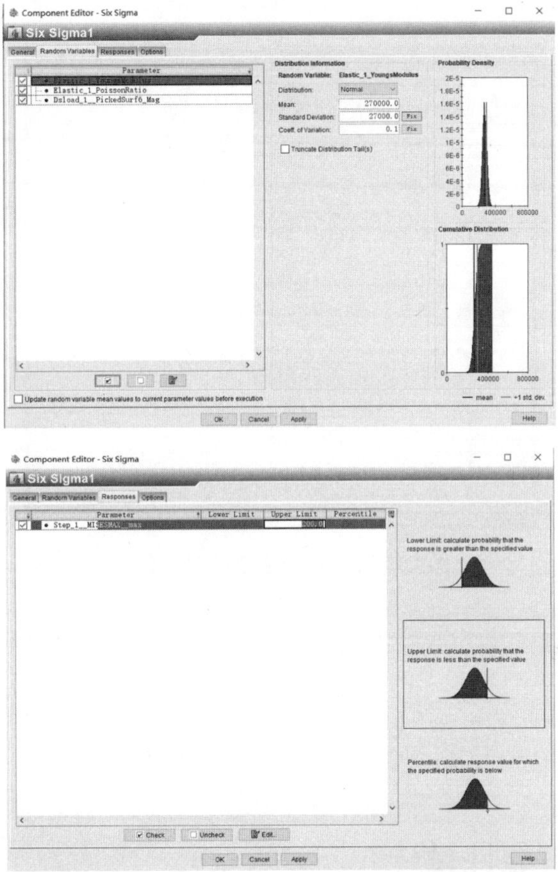

图 25－13　输入参数统计特征和响应阈值设置

④ 蒙特卡洛模拟，完成参数设置后进行蒙特卡洛模拟计算分析，图 25－14 为计算过程中输入参数和输出参数变化特征。

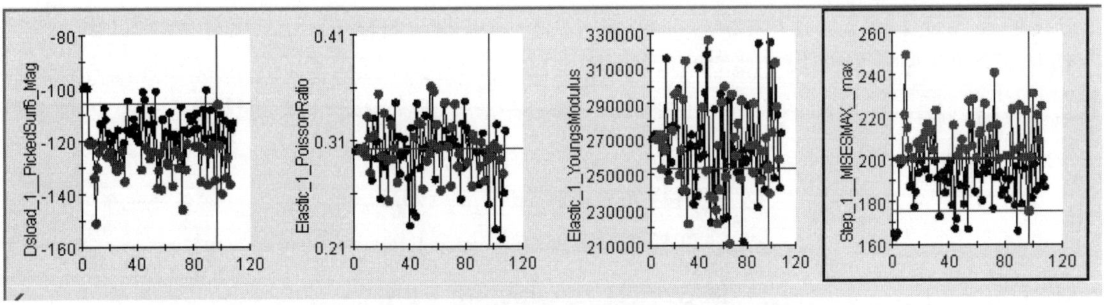

图 25－14　计算过程输入与输出参数变化特征

⑤ 可靠度计算。完成上述蒙特卡洛计算后，在“Runtime Gateway”窗口中，选择右侧的“Graphs”属性页，单击图形按钮，在弹出的“Graph Creation Wizard”对话框中选择“Six Sigma Graph”，得到响应变量的概率分布如图 25－15 所示，图中红色竖线为实现阈值，同时查看可靠度结果，最后查看可靠性分析报告，单击“Summary”，图 25－16 为最终计算的可靠性分析报告，表中显示“Reliability less than upper limit 200”可靠度为 0.982 79，即可靠度为 98.279%。

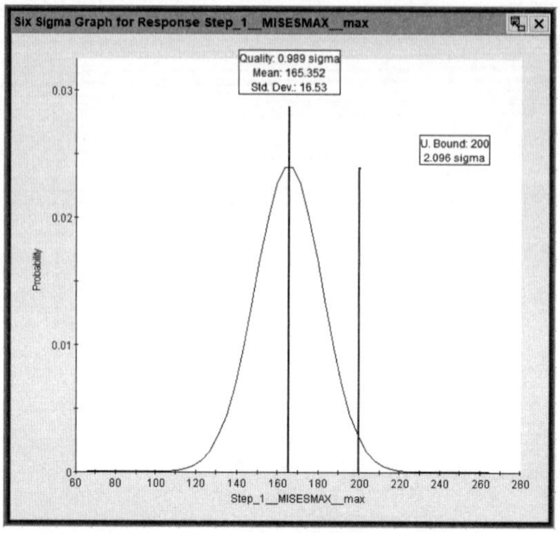

图 25－15　响应变量的概率分布

RESPONSES
Step_1__MISESMAX__max

Reliability less than upper limit 200.0	0.98279

Six Sigma Analysis

Parameter	Sigma Level	Probability of Success	Probability of Failure	Defects per Million
Step_1__MISESMAX__max	2.3822	0.98279	0.017211	17211.0

图 25－16　可靠度分析报告

25.2　机构的可靠性设计

本节以偏心曲柄滑块机构为例，基于 Matlab 软件，建立该机构输入运动与输出运动的关系，然后考虑机构组成零部件尺寸误差，通过蒙特卡洛模拟方法建立该机构运动可靠性模型，进行各随机样本下滑块位移、速度响应计算，最后对结果统计进行可靠度计算。

【问题描述】图 25－17 为偏心曲柄滑块机构示意图，曲柄 $CA=r$，连杆 $AB=l$，偏心距为 e。机构零部件制造过程中产生随机尺寸误差，尺寸误差导致机构滑块的位移和速度存在运动精度不足的问题。假设曲柄长 r、连杆长 l、偏心距 e 均正态分布，其统计特征值（均值和标准差，单位为 mm）如下所示：

曲柄长 r：$\mu_r = 200,\ \sigma_r = 0.2$

连杆长 l：$\mu_l = 400,\ \sigma_l = 0.3$

偏心距 e：$\mu_e = 150,\ \sigma_e = 0.1$

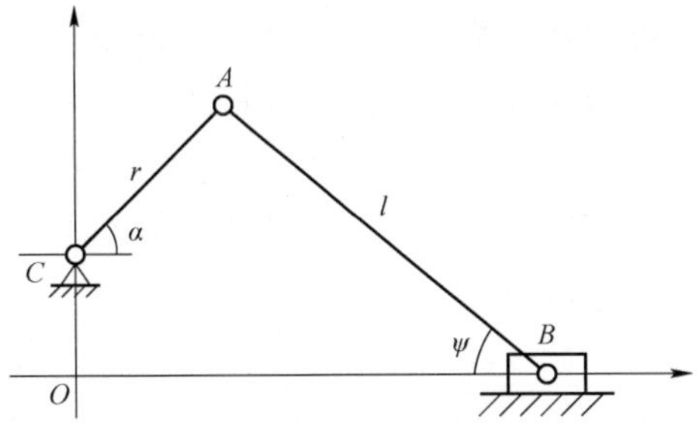

图 25-17　偏心曲柄滑块机构示意图

偏心的曲柄滑块机构失效准则为$|Y_a - Y_0| \geqslant Y_{critical}$，$|V_a - V_0| \geqslant V_{critical}$，其中，$Y_a$为尺寸误差影响下，滑块在指定位置的输出位移实际值，Y_0为滑块在指定位置的输出位移理想值，$Y_{critical}$为该位移误差上限值；同理，V_a，V_0，$V_{critical}$为滑块在指定位置的输出速度的实际值、理想值和速度误差上限值。对图 25-17 为偏心曲柄滑块机构进行可靠性分析。

【问题分析】偏心曲柄滑块可靠性分析包含响应函数理论值分析及计算、蒙特卡洛模拟及可靠度计算步骤，具体包括：

① 建立偏心曲柄滑块机构输出响应函数，根据机构运动学分析得，滑块的位移 Y、速度 V 方程分别为

$$Y = r\cos\alpha + l\cos\psi = r\cos\alpha + \sqrt{l^2 - (r\sin\alpha + e)^2} \tag{25-1}$$

$$\begin{aligned} V &= \frac{\mathrm{d}Y}{\mathrm{d}t} = -r\sin\alpha\frac{\mathrm{d}\alpha}{\mathrm{d}t} - \frac{r^2\sin\alpha\cos\alpha + er\cos\alpha}{\sqrt{l^2-(r\sin\alpha+e)^2}}\frac{\mathrm{d}\alpha}{\mathrm{d}t} \\ &= -r\sin\alpha\left(1+\frac{r\cos\alpha}{\sqrt{l^2-(r\sin\alpha+e)^2}}\right)\frac{\mathrm{d}\alpha}{\mathrm{d}t} - \frac{er\cos\alpha}{\sqrt{l^2-(r\sin\alpha+e)^2}} \\ &= \left[-r\sin\alpha\left(1+\frac{r\cos\alpha}{\sqrt{l^2-(r\sin\alpha+e)^2}}\right) - \frac{er\cos\alpha}{\sqrt{l^2-(r\sin\alpha+e)^2}}\right]\omega \end{aligned} \tag{25-2}$$

上述两式即为偏心曲柄滑块机构输出位移 Y、速度 V 与输入转角 α、角速度 ω 的关系。

② 滑块位移与速度理想值计算。使用 Matlab 软件，对滑块位移和速度理想值计算，图 25-18 为滑块位移与速度随时间变化曲线。

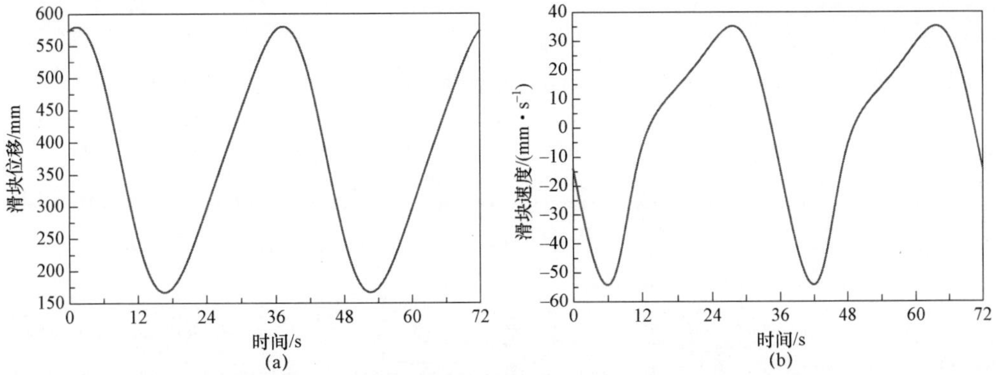

图 25-18　偏心曲柄滑块机构滑块位移（a）与速度（b）理想值

③ 根据结构尺寸随机分布，对滑块位移与速度进行蒙特卡洛模拟，模拟1 000次。该机构要求滑块在位移最小位置（指定位置）的位移与速度满足精度要求。图25－19为滑块位移与速度在指定位置随模拟次数变化情况。图中黑色水平线条为位移和速度理想值，图中可见滑块位移和速度在理想值上下随机波动，图25－20为滑块位移与速度误差分布情况，图中可见位移与速度误差均近似呈正态分布。

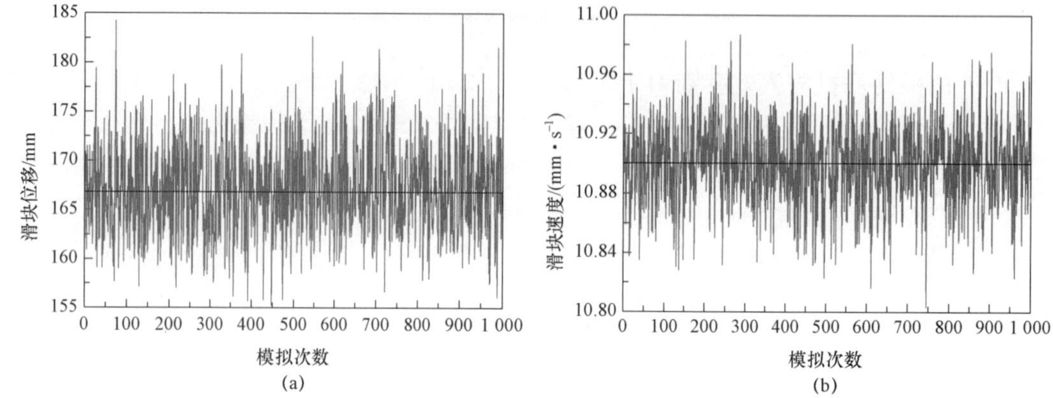

图25－19　偏心曲柄滑块机构滑块位移（a）与速度（b）随机波动

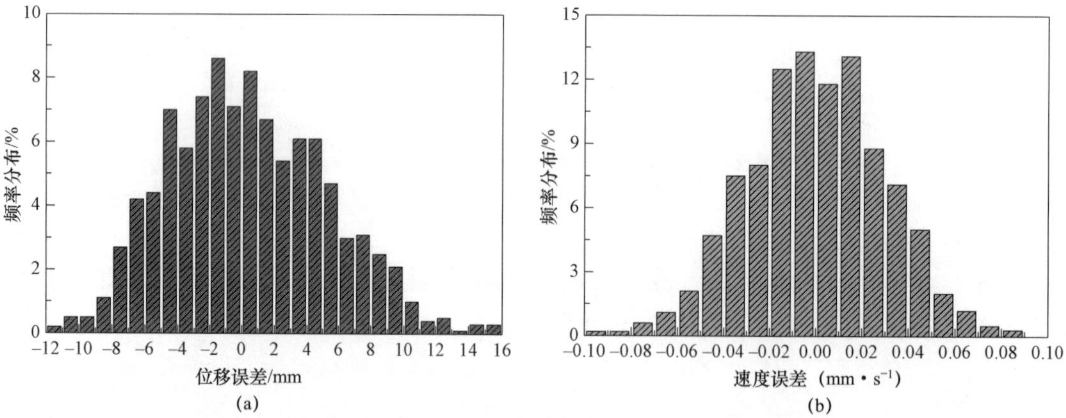

图25－20　偏心曲柄滑块机构滑块位移（a）与速度（b）误差分布

④ 可靠度计算。根据偏心曲柄滑块失效准则为$\left|Y_a - Y_0\right| \geqslant Y_{\text{critical}}$，$\left|V_a - V_0\right| \geqslant V_{\text{critical}}$进行滑块可靠度计算，滑块在指定位置位移与速度误差上限值分别为$Y_{\text{critical}} = 5$ mm和$V_{\text{critical}} = 0.05$ mm/s，统计上述1 000次模拟过程中位移和速度失效次数分别为281次和80次，由此计算对应可靠度分别为71.9%和92.0%。

图25－21为滑块位移可靠度和速度可靠度随蒙特卡洛模拟次数变化曲线，图中可见，当模拟次数较少时，可靠度波动误差较大，随模拟次数增加，可靠度波动范围降低，二者可靠度分别稳定在70%和91.5%附近。

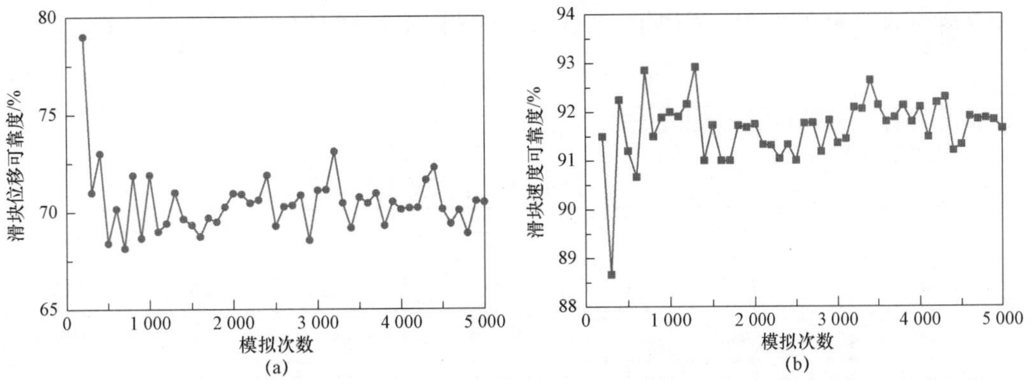

图 25－21　滑块位移（a）与速度（b）可靠度随模拟次数变化趋势

25.3　机械系统的可靠性设计

对某机械系统进行不同方式的系统可靠性分配分析，该机械系统包括 5 个子系统，分别为 S_1，S_2，S_3，S_4，S_5，上述 5 个子系统串联而成。要求该机械系统可靠度达到 R_s=0.95，。影响机械系统可靠度分配的基本影响因素有重要度、复杂度、技术水平、运行时间、环境条件等。

下面分别采用 24.2 节介绍的等分配法、ARINC 权值分配法、AGREE 法、FOO 法对该机械系统可靠度进行分配计算。

（1）等分配法

等分配法假设 5 个子系统相互独立，分配给各子系统可靠度相同，各子系统分配权重 $\omega_i = 1/n = 1/5$，由此得各子系统可靠度为

$$R_i = (R_s)^{\omega_i} = (0.95)^{1/5} = 0.989\,8 \quad (i = 1, 2, \cdots, 5)$$

由此得各子系统分配的可靠度为 0.989 8。

（2）ARINC 权值分配法

ARINC 权值分配法根据各子系统失效率以计算各子系统分配权重，其基本思想为失效率高的子系统可靠度分配权重高，对应的该子系统分配可靠度则较低，表 25－1 为各子系统失效率。

表 25－1　各子系统失效率

λ_1	λ_2	λ_3	λ_4	λ_5
0.03	0.02	0.025	0.005	0.01

根据下述公式计算各子系统分配权重：

$$\omega_i = \frac{\lambda_i}{\sum_{i=1}^{n} \lambda_i} \quad (i = 1, 2, \cdots, 5) \qquad (25-3)$$

计算所得权重 ω_i 如表 25－2 所示，由此计算各子系统分配的可靠度 R_i：

$$R_i=(R_s)^{\omega_i}\quad(i=1,2,\cdots,5)\tag{25-4}$$

计算所得各子系统可靠度如表 25－2 所示。

表 25－2 各子系统可靠度权重及可靠度

ω_1	ω_2	ω_3	ω_4	ω_5
0.33	0.22	0.28	0.06	0.11
R_1	R_2	R_3	R_4	R_5
0.965 8	0.977 1	0.970 9	0.993 7	0.988 5

（3）AGREE 分配法

AGREE 分配法通过各子系统组成单元数量、重要度以对可靠度进行分配计算，表 25－3 为各子系统包含的组成构件数量 n_i 、各子系统重要度 E_i 等参数。

根据下述公式计算各子系统失效率和可靠度：

$$R_i^*=1-\frac{1-(R_s^*)^{n_i/N}}{E_i}\quad(n=1,2,\cdots,5)\tag{25-5}$$

计算所得各子系统可靠度 R_i 如表 25－3 所示。

表 25－3 各子系统组成单元数量、重要度和可靠度

n_1	n_2	n_3	n_4	n_5
24	19	32	12	16
E_1	E_2	E_3	E_4	E_5
0.95	0.93	0.95	0.96	0.93
R_1	R_2	R_3	R_4	R_5
0.987 5	0.989 9	0.983 4	0.993 4	0.991 5

（4）FOO 法

FOO 分配法考虑了各子系统的复杂度（ A_{i1} ）、技术水平（ A_{i2} ）、运行时间（ A_{i3} ）和环境条件（ A_{i4} ）4 种因素来确定权重，各影响因素在 1～10，表 25－4 为各子系统上述各影响因素值。

根据下述公式计算各子系统分配权重，并计算可靠度，计算结果如表 25－4 所示。

$$\omega_i=\frac{A_{i1}A_{i2}A_{i3}A_{i4}}{\sum_{i=1}^{n}\left(A_{i1}A_{i2}A_{i3}A_{i4}\right)}\quad(i=1,2,\cdots,5)\tag{25-6}$$

表 25－4 各子系统影响因素、分配权重和可靠度

A_{11}	A_{21}	A_{31}	A_{41}	A_{51}
3	5	4	3	4

续表

A_{12}	A_{22}	A_{32}	A_{42}	A_{52}
5	6	5	8	6
A_{13}	A_{23}	A_{33}	A_{43}	A_{53}
4	5	3	5	3
A_{14}	A_{24}	A_{34}	A_{44}	A_{54}
7	9	7	8	9
ω_1	ω_2	ω_3	ω_4	ω_5
0.11	0.36	0.11	0.25	0.17
R_1	R_2	R_3	R_4	R_5
0.994 4	0.981 7	0.994 4	0.987 3	0.991 3

习　题

1. 为什么要重视和研究可靠性？

2. 将某规格的轴承 50 个投入恒定载荷下运行，失效时的运行时间及失效数见表 25－5，求该规格轴承工作到 100 h、400 h 时的可靠度 $R(100)$、$R(400)$。

表 25－5　失效时的运行时间及失效数

运行时间/h	10	25	50	100	150	250	350	400	500	600	700	1 000
失效数/个	4	2	3	7	5	3	2	2	0	0	0	0

3. 某种产品的失效率 $\lambda(t)$ 与时间无关为 λ，投入使用的产品总数为 N_0。试求：发生失效的产品数目 $N_f(t)$ 与时间的关系；失效密度函数 $f(t)$；故障分布函数 $F(t)$。

4. 某型发动机 18 台（该发动机失效后不进行修复），从开始使用到发生失效前工作时间的数据为（单位为 h）：26、39、60、80、100、150、180、210、250、301、340、400、484、570、620、1 100、2 500、3 100，试求其平均寿命。

5. 已知某一承力零件，其危险点应力 x_1 服从正态分布 $(\bar{x}_1, s_{x_1}) = (1\ 000\ \text{MPa}, 400\ \text{MPa})$，其所用材料的强度 x_s 也服从正态分布 $(\bar{x}_s, s_{x_s}) = (1\ 500\ \text{MPa}, 200\ \text{MPa})$，求零件的可靠度。当强度标准偏差变成 400 MPa 时，零件的可靠度是多少？

6. 已知某零件中的拉应力 x_{1l} 服从正态分布 $(\bar{x}_{1l}, s_{x_{1l}}) = (241.2\ \text{MPa}, 27.6\ \text{MPa})$。制造过程中产生的残余压应力 x_{1y} 也服从正态分布 $(\bar{x}_{1y}, s_{x_{1y}}) = (68.9\ \text{MPa}, 10.4\ \text{MPa})$，由零件的强度分析可知，有效强度的均值为 $\bar{x}_s = 344.6\ \text{MPa}$，但对各种强度因素产生的变化尚不清楚，试问，为确保零件的可靠度不低于 0.999，强度的标准差的最大值为多少？

7. 已知某零件所受的应力 x_1 服从正态分布 $(\bar{x}_1, s_{x_1}) = (900\ \text{MPa}, 100\ \text{MPa})$，现有两种材料，它们的强度均服从正态分布，强度均值都为 1 400 MPa，强度的标准偏差分别为 150 MPa 和 200 MPa，要保证零件可靠度不低于 0.995，应选用哪种材料？

8. 设计一圆截面拉杆。已知作用于杆上的拉力 F 服从正态分布 $(\bar{F}, s_F) = (38\ 000\ \text{N}, 644\ \text{N})$，拉杆所用材料的强度极限 x_s 也服从正态分布 $(\bar{x}_s, s_{x_s}) = (984\ \text{MPa}, 58\ \text{MPa})$，要求拉杆可靠度为 0.999。

9. 计算图 25－22 所示系统的可靠度。图中各单元可靠度分别为 $R_1 = 0.80$，$R_2 = 0.95$，$R_3 = 0.70$，$R_4 = 0.90$。

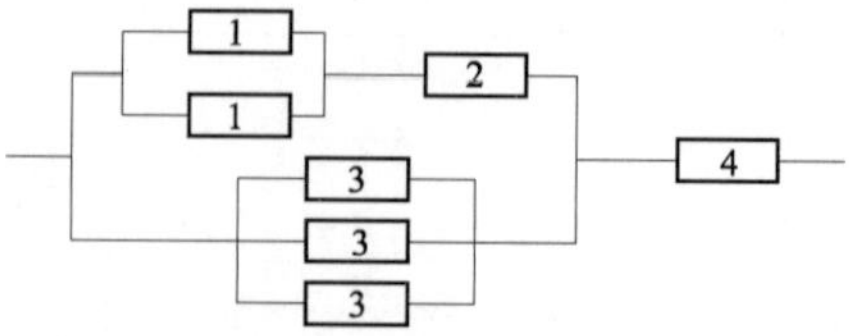

图 25－22　习题 9 图

10. 某型飞机有 4 台发动机，左侧和右侧分别 2 台，当任意一侧的 2 台均发生故障时，飞机丧失正常功能。若只考虑发动机故障，试建立此飞机的故障树，若各发动机的可靠度均为 0.99，试求飞机的可靠度。

附　　表

标准正态分布表

Z_R	0.00	0.01	0.02	0.03	0.04	0.05	0.06	0.07	0.08	0.09
0.0	0.500 00	50 399	50 798	51 197	51 595	51 994	52 392	52 790	53 188	53 586
0.1	53 983	54 380	54 776	55 172	55 567	55 962	56 356	56 749	57 142	57 535
0.2	57 926	58 317	58 706	59 095	59 483	59 871	60 257	60 642	61 026	61 409
0.3	61 791	62 172	62 552	62 930	63 307	63 683	64 058	64 431	64 803	65 173
0.4	65 542	65 910	66 276	66 640	67 003	67 364	67 724	68 082	68 439	68 793
0.5	69 146	69 497	69 847	70 194	70 540	70 884	71 226	71 566	71 904	72 240
0.6	72 575	72 907	73 237	73 565	73 891	74 215	74 537	74 857	75 175	75 490
0.7	75 804	76 115	76 424	76 730	77 035	77 337	77 637	77 935	78 230	78 524
0.8	78 814	79 103	79 389	79 673	79 955	80 234	80 511	80 785	81 057	81 327
0.9	81 594	81 859	82 121	82 381	82 639	82 894	83 147	83 398	83 646	83 891
1.0	84 134	84 375	84 614	84 850	85 083	85 314	85 543	85 769	85 993	86 214
1.1	86 433	86 650	86 864	87 076	87 286	87 493	87 698	87 900	88 100	88 298
1.2	88 493	88 686	88 877	89 065	89 251	89 435	89 617	89 796	89 973	90 147
1.3	90 320	90 490	90 658	90 824	90 988	91 149	91 309	91 466	91 621	91 774
1.4	91 924	92 073	92 220	92 364	92 507	92 647	92 786	92 922	93 056	93 189
1.5	93 319	93 448	93 574	93 699	93 822	93 943	94 062	94 179	94 295	94 408
1.6	94 520	94 630	94 738	94 845	94 950	95 053	95 154	95 254	95 392	95 449
1.7	95 543	95 637	95 728	95 818	95 907	95 994	96 080	96 164	96 246	96 327
1.8	96 407	96 485	96 562	96 639	96 712	96 784	96 856	96 926	96 995	97 062
1.9	97 128	97 193	97 257	97 320	97 381	97 441	97 500	97 558	94 615	97 670
2.0	97 725	97 778	97 831	97 882	97 932	97 982	98 030	98 077	98 124	98 169
2.1	98 214	98 257	98 300	98 341	98 382	98 422	98 461	98 500	98 537	98 574
2.2	98 610	98 645	98 679	98 713	98 745	98 778	98 809	98 840	98 870	98 899
2.3	98 928	98 956	98 983	99 010	99 036	99 061	99 086	99 111	99 134	99 158
2.4	99 180	99 202	99 224	99 245	99 266	99 286	99 305	99 324	99 343	99 361
2.5	99 379	99 396	99 413	99 430	99 446	99 461	99 477	99 492	99 506	99 520
2.6	99 534	99 547	99 560	99 573	99 585	99 598	99 609	99 621	99 632	99 643

续表

Z_R	0.00	0.01	0.02	0.03	0.04	0.05	0.06	0.07	0.08	0.09
2.7	99 653	99 664	99 674	99 683	99 693	99 702	99 711	99 720	99 728	99 736
2.8	99 744	99 752	99 760	99 767	99 774	99 781	99 788	99 790	99 801	99 807
2.9	99 813	99 819	99 825	99 831	99 836	99 841	99 846	99 851	99 856	99 861
3.0	99 865	99 869	99 874	99 878	99 882	99 886	99 889	99 893	99 897	99 900
3.1	99 903	99 907	99 910	99 913	99 916	99 918	99 921	99 924	99 926	99 929
3.2	99 931	99 934	99 935	99 938	99 940	99 942	99 944	99 946	99 948	99 950
3.3	99 952	99 953	99 955	99 957	99 958	99 960	99 951	99 962	99 964	99 965
3.4	99 966	99 968	99 969	99 970	99 971	99 972	99 973	99 974	99 975	99 976

参 考 文 献

［1］闻邦椿. 机械设计手册［M］. 北京：机械工业出版社，2015.

［2］杨义勇. 现代机械设计理论与方法［M］. 北京：清华大学出版社，2014.

［3］Robort L Norton. 机械设计［M］. 黄平，译. 北京：机械工业出版社，2016.

［4］Rrehard G Budynas. 机械工程设计［M］. 朱殿华，译. 北京：机械工业出版社，2016.

［5］施法中. 计算机辅助几何设计与非均匀有理 B 样条［M］. 北京：高等教育出版社，2013.

［6］张安鹏，马佳宾. Creo Parametric 高级应用［M］. 北京：北京航空航天大学出版社，2013.

［7］蔡学熙. 现代机械设计方法实用手册［M］. 北京：化学工业出版社，2004.

［8］中国机械设计大典编委会. 中国机械设计大典（第 1 卷）［M］. 南昌：江西科学技术出版社，2002.

［9］童秉枢. 现代 CAD 技术［M］. 北京：清华大学出版社，2000.

［10］Ahmed A Shabana. Dynamics of multibody systems, 4th edition［M］. Cambridge: Cambridge University Press, 2013.

［11］Ahmed A Shabana. Computational dynamics, 3th edition［M］. Chichester: John Wiley & Sons, 2010.

［12］Harold Josephs, Ronald L Huston. Dynamics of mechanical systems［M］. Boca Raton: CRC Press, 2002.

［13］Edward J Haug. Computer aided kinematics and dynamics of mechanical system, volume 1: Basic methods［M］. Allyn and Bacon, 1989.

［14］洪嘉振. 计算多体系统动力学［M］. 北京：高等教育出版社，1999.

［15］张劲夫，秦卫阳. 高等动力学［M］. 北京：科学出版社，2004.

［16］袁士杰，吕哲勤. 多刚体系统动力学［M］. 北京：北京理工大学出版社，1992.

［17］Michel Géradin, Alberto Cardona. Flexible multibody dynamics: a finite element approach［M］. Chichester: John Wiley & Son Ldt., 2001.

［18］王勖成. 有限单元法［M］. 北京：清华大学出版社，2004.

［19］曾攀. 有限元基础教程［M］. 北京：高等教育出版社，2009.

［20］Tirupathi R. Chandrupatla. 工程中的有限元方法［M］. 4 版. 曾攀，雷丽萍，译. 北京：机械工业出版社，2014.

［21］G. R. 布查南. 有限元分析［M］. 董文军，谢伟松，译. 北京：科学出版社，2002.

［22］杨骊先. 弹性力学及有限单元法［M］. 杭州：浙江大学出版社，2002.

［23］G. R. Liu，S. S. Quek. 有限元法实用教程［M］. 龙述尧，等译. 长沙：湖南大学出版社，2004.

［24］杜平安，于亚婷，刘建涛. 有限元法——原理、建模及应用［M］. 2 版. 北京：国防工

业出版社，2011.
［25］Saeed Moaveni. 有限元分析［M］. 欧阳宇，王崧，译. 北京：电子工业出版社，2005.
［26］荣先成. 有限元法［M］. 成都：西南交通大学出版社，2006.
［27］张连洪. 现代设计方法及其应用［M］. 2版. 天津：天津大学出版社，2013.
［28］左正兴，廖日东，冯慧华，等. 高强化柴油机结构仿真与分析［M］. 北京：北京理工大学出版社，2010.
［29］廖日东. 有限元法原理简明教程［M］. 北京：北京理工大学出版社，2009.
［30］黄红选，韩继业. 数学规划［M］. 北京：清华大学出版社，2006.
［31］孙靖民，梁迎春. 机械优化设计［M］. 北京：机械工业出版社，2012.
［32］白清顺. 机械优化设计［M］. 北京：机械工业出版社，2017.
［33］邢文训，谢金星. 现代优化计算方法［M］. 北京：清华大学出版社，1999.
［34］陈立周，俞必强. 机械优化设计方法［M］. 北京：冶金工业出版社，2014.
［35］周廷美，蓝悦明. 机械零件与系统优化设计建模及应用［M］. 北京：化学工业出版社，2005.
［36］吴兆汉，万耀青，汪萍，等. 机械优化设计［M］. 北京：机械工业出版社，1986.
［37］S. S. 雷欧. 工程优化原理及应用［M］. 祁载康，万耀青，梁嘉玉，译. 北京：北京理工大学出版社，1990.
［38］Jorge Nocedal, Stephen J W. Numerical Optimization［M］. 北京：科学出版社，2006.
［39］Andrew D Dimarogonas. Computer Aided Machine Design［M］. New York：Prentice Hall, 1989.
［40］刘惟信. 机械最优化技术［M］. 北京：清华大学出版社，1994.
［41］Jasbir S Arora. Introduction to Optimum Design. Boton［M］. MA：Elsevier/Academic Press，2004.
［42］钱令希. 工程结构优化设计［M］. 北京：水利电力出版社，1983.
［43］Nirwan Ansari，Edwin Hou. 用于最优化的计算智能［M］. 李军，边肇祺，译. 北京：清华大学出版社，1999.
［44］李芳，凌道盛. 工程结构优化设计发展综述［J］. 工程设计学报，2002，9（5）：229－235.
［45］喻天翔，宋笔锋，张玉刚，等. 机械系统可靠性设计与分析计算［M］. 北京：国防工业出版社，2023.
［46］谢里阳，高鹏，吴祥宁. 常用机械传动系统可靠性分析与仿真［M］. 北京：国防工业出版社，2022.
［47］谢里阳. 可靠性设计［M］. 北京：高等教育出版社，2013.
［48］王霄锋. 汽车可靠性工程基础［M］. 北京：清华大学出版社，2020.
［49］刘树林，刘勇，伊枭剑，等. 坦克装甲车辆通用质量特性设计与评估技术［M］. 北京：北京理工大学出版社，2020.
［50］吕震宙，宋述芳，李洪双，等. 结构机构可靠性及可靠性灵敏度分析［M］. 北京：科学出版社，2017.
［51］孙志礼，姬广振，闫玉涛，等. 机构运动可靠性设计与分析技术［M］. 北京：国防工业出版社，2015.

［52］ Kapur K C, Lamberson L R. Reliability in Engineering Design［M］. New York：John Wiley & Sons, 1977.

［53］ Backalic S, Jovanovic D, Backalic T. Reliability reallocation models as a supportools in traffic safety analysis［J］. Accident Analysis & Prevention, 2014, 65(4): 47－52.

［54］ 向宇，黄大荣，黄丽芬. 基于灰色关联理论 AGREE 方法的 BA 系统可靠性分配［J］. 计算机应用研究，2010，27（12）：4489－4491.

［55］ 庞欢，喻天翔，宋笔锋. 平面连杆机构运动精度可靠性及灵敏度分析［J］. 中国机械工程，2014，25（18）：7.